U0177919

住房和城乡建设部"十四五"规划教材
高等学校系列教材

给 水 工 程

（第五版）

严煦世　高乃云　主编
范瑾初　主审

中国建筑工业出版社

图书在版编目（CIP）数据

给水工程/严煦世，高乃云主编. —5 版. —北京：
中国建筑工业出版社，2021.12（2023.1 重印）
住房和城乡建设部"十四五"规划教材　高等学校系
列教材
ISBN 978-7-112-26794-1

Ⅰ.①给…　Ⅱ.①严…　②高…　Ⅲ.①给水工程-高
等学校-教材　Ⅳ.①TU991

中国版本图书馆 CIP 数据核字（2021）第 211109 号

全书分为上、下两册，上册分为给水系统总论、输水和配水系统以及取水工
程 3 篇；下册分为给水处理和特种水处理 2 篇。上册共分 13 章，主要内容包括给
水系统，设计用水量，给水系统的工作情况，输水管渠和管网布置，管段流量、
管径和水头损失计算，管网水力计算，管网优化计算，分区给水系统，水管、管
网附件和附属构筑物，管网的技术管理，取水工程概论，地下水取水构筑物，地
表水取水构筑物；下册共分 12 章，主要内容包括给水处理概论，预处理，混凝，
沉淀和澄清，过滤，深度处理，膜处理法，消毒，水厂设计，特种水源水处理方
法，水的软化与除盐，水的冷却和循环冷却水水质处理。

本书基本理论和基本概念阐述严谨，重视理论和实际相结合，内容深入浅出，
系统性和逻辑性强，吸收国内外给水工程新理论、新技术、新材料和新设备。书
中附有大量例题、思考题和习题，帮助读者深入理解和掌握书中内容。

本书为高等学校给排水科学与工程、环境工程及相关专业教材，也可供从事
本专业的设计、施工、管理的工程技术人员参考。

为便于教学，作者特制作了与教材配套的电子课件，如有需求，请发邮件至
jckj@cabp.com.cn 索取，或到建工书院 http://edu.cabplink.com 下载，电话
（010）58337285。

责任编辑：王美玲
责任校对：芦欣甜

住房和城乡建设部"十四五"规划教材
高等学校系列教材

给　水　工　程
（第五版）

严煦世　高乃云　主编
范瑾初　主审

＊

中国建筑工业出版社出版、发行（北京海淀三里河路 9 号）
各地新华书店、建筑书店经销
霸州市顺浩图文科技发展有限公司制版
廊坊市海涛印刷有限公司印刷

＊

开本：787 毫米×1092 毫米　1/16　印张：18　字数：435 千字
2022 年 1 月第五版　　2023 年 1 月第二次印刷
定价：**55.00 元**（赠教师课件）
ISBN 978-7-112-26794-1
（38568）

出 版 说 明

党和国家高度重视教材建设。2016 年，中办国办印发了《关于加强和改进新形势下大中小学教材建设的意见》，提出要健全国家教材制度。2019 年 12 月，教育部牵头制定了《普通高等学校教材管理办法》和《职业院校教材管理办法》，旨在全面加强党的领导，切实提高教材建设的科学化水平，打造精品教材。住房和城乡建设部历来重视土建类学科专业教材建设，从"九五"开始组织部级规划教材立项工作，经过近 30 年的不断建设，规划教材提升了住房和城乡建设行业教材质量和认可度，出版了一系列精品教材，有效促进了行业部门引导专业教育，推动了行业高质量发展。

为进一步加强高等教育、职业教育住房和城乡建设领域学科专业教材建设工作，提高住房和城乡建设行业人才培养质量，2020 年 12 月，住房和城乡建设部办公厅印发《关于申报高等教育职业教育住房和城乡建设领域学科专业"十四五"规划教材的通知》（建办人函〔2020〕656 号），开展了住房和城乡建设部"十四五"规划教材选题的申报工作。经过专家评审和部人事司审核，512 项选题列入住房和城乡建设领域学科专业"十四五"规划教材（简称规划教材）。2021 年 9 月，住房和城乡建设部印发了《高等教育职业教育住房和城乡建设领域学科专业"十四五"规划教材选题的通知》（建人函〔2021〕36 号）。为做好"十四五"规划教材的编写、审核、出版等工作，《通知》要求：（1）规划教材的编著者应依据《住房和城乡建设领域学科专业"十四五"规划教材申请书》（简称《申请书》）中的立项目标、申报依据、工作安排及进度，按时编写出高质量的教材；（2）规划教材编著者所在单位应履行《申请书》中的学校保证计划实施的主要条件，支持编著者按计划完成书稿编写工作；（3）高等学校土建类专业课程教材与教学资源专家委员会、全国住房和城乡建设职业教育教学指导委员会、住房和城乡建设部中等职业教育专业指导委员会应做好规划教材的指导、协调和审稿等工作，保证编写质量；（4）规划教材出版单位应积极配合，做好编辑、出版、发行等工作；（5）规划教材封面和书脊应标注"住房和城乡建设部'十四五'规划教材"字样和统一标识；（6）规划教材应在"十四五"期间完成出版，逾期不能完成的，不再作为《住房和城乡建设领域学科专业"十四五"规划教材》。

住房和城乡建设领域学科专业"十四五"规划教材的特点：一是重点以修订教育部、住房和城乡建设部"十二五""十三五"规划教材为主；二是严格按照专业标准规范要求编写，体现新发展理念；三是系列教材具有明显特点，满足不同层次和类型的学校专业教学要求；四是配备了数字资源，适应现代化教学的要求。规划教材的出版凝聚了作者、主审及编辑的心血，得到了有关院校、出版单位的大力支持，教材建设管理过程有严格保障。希望广大院校及各专业师生在选用、使用过程中，对规划教材的编写、出版质量进行反馈，以促进规划教材建设质量不断提高。

住房和城乡建设部"十四五"规划教材办公室

2021 年 11 月

第 五 版 前 言

《给水工程》（第五版）又与读者见面了。《给水工程》自从出版以来受到广大读者的欢迎与好评，在我国高等院校获得较广泛的应用。本书第一版于 1980 年出版；第二版于 1986 年出版；第三版于 1995 年出版；第四版于 1999 年出版。《给水工程》曾经被列为国家级"九五"重点教材和高等学校推荐教材；《给水工程》（第三版）于 1997 年获国家级教学成果二等奖。《给水工程》（第五版）于 2021 年被评为住房和城乡建设部"十四五"规划教材。前辈学者杨钦教授、许保玖教授和李圭白院士以及参与编写的赵锡纯、孙立成、朱启光、王训俭、鲁汉珍、刘荣光、王乃忠、安鼎年等诸位教授对本教材的建设、更迭、提高和完善做出了有目共睹的历史贡献。

《给水工程》（第四版）出版以来，"十五"国家高技术研究发展计划（863 计划）率先对给水处理领域投入研究经费；后续"十一五"国家 863 计划、国家科技支撑计划和国家重大水专项，"十二五"和"十三五"国家重大水专项，国家先后相继投入科研经费，对给水工程领域的水处理理论和净水技术展开了全面深入的研究和示范，取得了值得推广应用的成果。根据给水工程技术的理论和学科发展现状以及教学的要求，《给水工程》（第五版）在第四版的基础上进行了较大的修改和补充。此外，给水处理增加了预处理和深度处理以及膜处理法等内容。

全书分为上、下两册。上册为给水系统总论、输水和配水系统及取水工程 3 篇；下册为给水处理和特种水处理 2 篇。

《给水工程》（第五版）由同济大学严煦世、高乃云主编，范瑾初主审。参加编写人员及分工如下：

同济大学　严煦世（第 1 章～第 10 章）；
同济大学　吴一蘩（第 11 章～第 13 章）；
同济大学　高乃云（第 14 章～第 19 章、第 21 章～第 23 章）；
同济大学　董秉直（第 20 章，第 24 章，第 25 章）。

由于编者水平有限，教材不足之处，请读者批评指正。

第四版前言

《给水工程》自 1980 年第一版发行迄今已整整 20 年。在这 20 年中，本书历经三次修订再版，现在第四版又与读者见面了。《给水工程》被列为国家级"九五"重点教材和高等学校推荐教材，不仅是本书作者的努力结果，也包括第一版和第二版的主编之一、前辈学者杨钦教授和参与编写的李圭白、赵锡纯、孙立成、朱启光、王训俭、鲁汉珍诸位教授、先生所作的历史贡献。教材质量的提高和完善是逐步的，也是没有止境的。当本书与读者见面以后，细阅全书，一定还会感到又有许多不足和遗憾。

本书是在 1995 年出版的《给水工程》第三版基础上修订的，包括部分章节的调整和部分内容的增加、删减和更新，但全书仍保持第三版整体构架和风格。本书在保证基本理论的系统性和完整性的同时，充分注意吸收国内外给水工程新理论、新技术、新设备和新经验，力求反映 21 世纪给水工程学科发展趋势和人才培养要求。从 21 世纪我国人才培养要求、教育改革方向和专业调整趋势看，专业课教学时数将会减少，给水工程和排水工程学科的内在联系将逐渐增强，学生业务能力的培养将放在重要地位，因此，在教学过程中，授课教师可根据新的教学计划和要求对本教材内容进行酌情取舍。书中所列的思考题和习题，一方面有助于学生理解课文内容，更重要的也是引导学生深入思考问题，提高学生分析问题和解决问题的能力。

在本书编写过程中，得到了给水排水工程学科专业指导委员会、兄弟院校老师和有关专家的指导和帮助，在此表示衷心感谢。

本书由同济大学严煦世、范瑾初主编，清华大学许保玖主审。参加编写人员及分工编写的内容如下：

同济大学	严煦世	第 1 章~10 章，第 19 章；
同济大学	范瑾初	第 11 章，第 12 章，第 14 章~18 章，第 20 章，第 24 章；
重庆建筑大学	刘荣光	第 13 章；
兰州铁道学院	王乃忠	第 21 章，第 22 章；
天津大学	安鼎年	第 23 章。

第 三 版 前 言

本书是高等学校给水排水工程专业本科学生学习给水工程的教材。本教材是根据全国高等学校给水排水工程学科专业指导委员会提出的关于教材编写要求和"《给水工程》课程教学基本要求"编写的,是专业指导委员会的推荐教材。本教材在编写过程中,以1987年出版的《给水工程》(第二版)为基本内容,参照各校长期使用该教材时积累的教学经验,充分吸收了近年来给水工程建设中的先进经验和科学研究成果。鉴于近10年来给水工程无论在理论上或实践上都有很大的发展,高等学校给水排水工程专业对给水工程学科的教学也提出了新的要求,故本书与原《给水工程》(第二版)相比,在内容上有较大变动,编写单位和编写人员也已重新组成。但原《给水工程》(第一、二版)主编、前辈学者杨钦教授以及参与编写的赵锡纯、孙立成、朱启光、王训俭、鲁汉珍诸位先生对原给水工程教材所作的历史贡献是永存的。

本教材在保证基本概念和基本理论要求的同时,充分注意吸收国内外给水工程新理论、新技术、新设备和新经验,反映了现代给水工程学科的发展趋势。为便于学生理解课文内容,书中例题以有助于学生理解给水工程基本概念和基本理论为原则,内容简短,不列大型或综合性作业类例题,同时,每章均列有思考题和习题。使用本教材时,可根据各校条件和要求对教材内容酌情增减。在水处理方面,有些内容与排水工程重复,讲授时应统筹决定内容取舍。气浮处理法在排水工程中介绍,本书从略。

本书亦可作为环境工程专业教学用书。

在本书编写过程中,得到了给水排水专业指导委员会和有关教授的具体指导和帮助,有关设计、施工、管理单位和兄弟院校专家、教师们提出了很多宝贵意见,提供了不少资料(包括思考题和习题),在此表示衷心感谢。

本书由同济大学严煦世、范瑾初主编,清华大学许保玖主审。参加编写人员及其分工编写内容如下:

同济大学	严煦世	第1章~10章,第19章;
同济大学	范瑾初	第11章、第12章,第14章~18章,第20章,第24章;
重庆建筑工程学院	刘荣光	第13章;
兰州铁道学院	王乃忠	第21章、第22章;
天津大学	安鼎年	第23章。

限于编者水平,书中缺点错误难免,请读者不吝指教。

编 者

第 二 版 前 言

给水工程这门学科经人们长期努力，无论在理论或实践方面都积累了不少经验和成果。但是，当前我国的给水工程和世界先进水平相比，还有一定差距，它将督促和鼓励我们奋起直追，进一步开展科学研究，在给水事业上为祖国作出贡献。

本书是高等院校给水排水工程和环境工程专业学习给水工程的教材。本教材是在1980年9月第一版的基础上，参照各校教学经验，吸收近年来给水工程建设中的先进经验和科学研究成果，加强基本概念，更新了部分内容，并由原参编单位修订而成。

修订时力求贯彻少而精的原则，删繁就简。并采用法定计量单位制。使用本教材时，可根据各校条件和要求，对教材内容酌情增删。地下水和地表水取水工程可按各地区需要有所侧重。有关活性炭吸附、臭氧消毒、气浮法等内容，在《排水工程》中介绍，本书仅作简要叙述。由于近年来电子计算机的运用日益普遍，管网的水力计算和最优化设计、水厂运行管理方面都可运用电算技术，本教材已适当编入这方面内容，各校可根据具体情况进行教学。

在本书编写过程中，有关设计施工单位和兄弟院校提出了很多宝贵意见，在此表示感谢。

本书由同济大学杨钦、严煦世主编，清华大学许保玖主审。各章编写人员如下：

第一章至第十章，同济大学严煦世；第十一章、第十二章，哈尔滨建筑工程学院朱启光；第十三章，重庆建筑工程学院刘荣光、鲁汉珍；第十四章、第十五章、第十七章、第二十章，同济大学范瑾初；第十六章、第十八章、第十九章，同济大学孙立成；第二十一章、第二十二章，兰州铁道学院王乃忠；第二十三章，天津大学安鼎年；第二十四章，天津大学王训俭。

因编者水平所限，书中缺点错误在所难免，请读者批评指正。

编 者
1986 年 5 月

第 一 版 前 言

给水工程这门学科经前辈科技人员长期努力，无论在理论或实践方面都积累了不少成果。但在理论研究和新技术的发展上还需进行大量工作。当前我国的给水工程和世界先进技术相比还有一定距离，它将督促和鼓励我们从事给水工程的人员奋起直追，进一步开展科学研究，在给水事业上为祖国作出贡献。

本书是给水排水工程专业本科学生学习给水工程的试用教材。本教材是根据1978年3月在上海同济大学由有关高等院校代表共同拟订的《给水工程》教材大纲编写的。

本教材在加强理论基础的同时，介绍了我国给水工程建设中的先进技术经验和科学成就，也吸取了一些国外先进技术。

本教材编写时力求贯彻少而精的原则。使用本教材时，根据各校不同条件和要求，对某些内容可酌情增删。取水工程中的地下水部分和地表水部分，可按各地区的教学和实际需要有所侧重。有关活性炭吸附、臭氧消毒、溶气浮渣法、反渗透技术等内容，在《排水工程》中介绍，本书仅作简要叙述。由于近年来国内外电子计算机运用日益普遍，管网的水力计算及最优化设计、水处理运行管理方面都运用电算技术，本教材已适当编入这方面的内容，各校可根据具体情况增删。

在本书编写过程中以及在历次审稿会中，承各单位及兄弟院校提出了很多宝贵意见，在此表示感谢。

本书由同济大学杨钦、严煦世主编。各章分工如下：

第一章至第十章，同济大学严煦世；第十一章、第十二章，哈尔滨建筑工程学院朱启光；第十三章，重庆建筑工程学院赵锡纯、鲁汉珍；第十四、第十五章、第十七章、第二十一章，同济大学范瑾初；第十六章、第十八章、第十九章，同济大学孙立成；第二十章，哈尔滨建筑工程学院李圭白；第二十二章、第二十三章，兰州铁道学院王乃忠；第二十四章，天津大学安鼎年；第二十五章，天津大学王训俭。

本书由哈尔滨建筑工程学院主审。参加审稿的有李圭白、刘馨远、朱启光、赵洪宾。

因编者水平所限，书中缺点错误在所难免，请读者批评指正。

编 者

1979.8.17

目　　录

第4篇　给水处理

第5篇　特种水处理

第4篇　给水处理

第14章　给水处理概论

14.1　水源水质

14.1.1　原水中的杂质

取自任何水源的水中，都不同程度地含有各种各样的杂质。这些杂质不外乎两种来源：一是自然过程，例如，地层矿物质在水中的溶解，水中微生物的繁殖及其死亡残骸，水流对地表及河床冲刷所带入的泥砂和腐殖质等。二是人为因素即工业废水、农业污水及生活污水的污染。这些杂质按照其化学结构等可分为无机物、有机物和水生物；按尺寸大小可分成悬浮物、胶体和溶解物3类，见表14-1。

水中杂质分类

表 14-1

杂质	溶解物(低分子、离子)	胶体	悬浮物	
颗粒尺寸	0.1nm　　1nm	10nm　　100nm	1μm　　10μm	100μm　　1mm
分辨工具	电子显微镜可见	超显微镜可见	显微镜可见	肉眼可见
水的外观	透明	浑浊	浑浊	浑浊

表14-1中的颗粒尺寸系按球形计，且各类杂质的尺寸界限只是大体的概念，而不是绝对的。如悬浮物和胶体之间的尺寸界限，根据颗粒形状和密度不同而略有变化。一般说，粒径在100nm～1μm之间属于胶体和悬浮物的过渡阶段。小颗粒悬浮物往往也具有一定的胶体特性，只有当粒径大于10μm时，才与胶体有明显差别。

1. 悬浮物和胶体杂质

悬浮物尺寸较大，易于在水中下沉或上浮。如果密度小于水，则可上浮到水面。易于下沉的一般是大颗粒泥砂及矿物质废渣等；能够上浮的一般是体积较大而密度小的某些有机物。

胶体颗粒尺寸很小，在水中长期静置也难下沉。水中所存在的胶体通常有黏土、某些细菌及病毒、腐殖质及蛋白质等。有机高分子物质通常也属于胶体一类。工业废水排入水体，会引入各种各样的胶质或有机高分子物质，例如人工合成的高聚物通常来自生产这类产品的工厂所排放的废水中。天然水中的胶体一般带负电荷，有时也含有少量带正电荷的金属氢氧化物胶体。

悬浮物和胶体是使水产生浑浊现象的根源。其中有机物，如腐殖质及藻类等，往往会造成水的色、臭、味。随生活污水排入水体的病菌、病毒及原生动物等病原体会通过水传播疾病。

悬浮物和胶体是饮用水处理的主要去除对象。粒径大于 0.1mm 的泥砂去除较易，通常在水中可很快自行下沉。而粒径较小的悬浮物和胶体杂质，须投加混凝剂方可去除。

2. 溶解杂质

溶解杂质包括有机物和无机物两类。无机溶解物是指水中所含的无机低分子、气体和离子。它们与水所构成的均相体系，外观透明，属于真溶液。但有的无机溶解物可使水产生色、臭、味。无机溶解杂质主要是某些工业用水的去除对象，但有毒、有害无机溶解物也是生活饮用水的去除对象。有机溶解物主要来源于水源污染，也有天然存在的，如腐殖质等。在饮用水处理中，溶解的有机物已成为重点去除对象之一，也是目前水处理领域重点研究对象之一。

受污染水中溶解杂质多种多样。这里重点介绍天然水体中含有的主要溶解杂质。

（1）溶解气体

天然水中的溶解气体主要是氧气、氮气和二氧化碳，有时也含有少量硫化氢。

天然水中的氧主要来源于空气中氧的溶解，部分来自藻类和其他水生植物的光合作用。地表水中溶解氧的量与水温、气压及水中有机物含量等有关。不受工业废水或生活污水污染的天然水体，溶解氧含量一般为 5～10mg/L，最高含量不超过 14mg/L。当水体受到废水污染时，溶解氧含量降低。严重污染的水体，溶解氧甚至为零。

地表水中的二氧化碳主要来自有机物的分解。地下水中的二氧化碳除来源于有机物的分解外，还有在地层中所进行的化学反应。因为按亨利定律，水中 CO_2 含量已远远超过来自空气中 CO_2 的饱和溶解度。地表水中（除海水以外）CO_2 含量一般小于 20～30mg/L；地下水中 CO_2 含量约每升几十毫克至一百毫克，少数高达数百毫克。海水中 CO_2 含量很少。水中 CO_2 约 99％呈分子状态，仅 1％左右与水作用生成碳酸。

水中氮主要来自空气中氮的溶解，部分是有机物分解及含氮化合物的细菌还原等生化过程的产物。

水中硫化氢的存在与某些含硫矿物（如硫铁矿）的还原及水中有机物腐烂有关。由于 H_2S 极易被氧化，故地表水中含量很少。如果发现地表水中 H_2S 含量较高，往往与含有大量含硫物质的生活污水或工业废水污染有关。

（2）离子

天然水中所含主要阳离子有 Ca^{2+}、Mg^{2+}、Na^+；主要阴离子有 HCO_3^-、SO_4^{2-}、Cl^-。此外还含有少量 K^+、Fe^{2+}、Mn^{2+}、Cu^{2+} 等阳离子及 $HSiO_3^-$、CO_3^{2-}、NO_3^- 等阴离子。所有这些离子，主要来源于矿物质的溶解，也有部分可能来源于水中有机物的分解。例如，当水流接触石灰石（$CaCO_3$）且水中 CO_2 含量足够时，可溶解产生 Ca^{2+} 和 HCO_3^-；当水流接触白云石（$MgCO_3 \cdot CaCO_3$）或菱镁矿（$MgCO_3$）且水中有足够 CO_2 时，可溶解产生 Mg^{2+} 和 HCO_3^-；Na^+ 和 K^+ 则为水流接触含钠盐或钾盐的土壤或岩层溶解产生；SO_4^{2-} 和 Cl^- 则为接触含有硫酸盐或氯化物的岩石或土壤时溶解产生。水中 NO_3^- 一般主要来自有机物的分解，但也有可能由盐类溶解产生。当天然水体流经某些重金属矿藏或附近时，会导致重金属离子含量偏高。

由于各种天然水源所处环境、条件及地质状况各不相同，所含离子种类及含量也有很大差别。

14.1.2 各种天然水源的水质特点

结合我国水源情况，主要就未受污染的自然环境下各种水源水质特点作简要叙述。

1. 地下水

水在地层渗滤过程中，悬浮物和胶体已基本或大部分去除，水质清澈，且水源不易受外界污染和气温影响，因而水质、水温较稳定，一般宜作为饮用水和工业冷却用水的水源。

由于地下水流经岩层时溶解了各种可溶性矿物质，因而水的含盐量通常高于地表水（海水除外）。盐类成分及含盐量多少，决定于地下水流经地层的矿物质成分、地下水埋深和与岩层接触时间等。我国水文地质条件比较复杂。各地区地下水中含盐量相差很大，在 $100 \sim 5000 \mathrm{mg/L}$ 之间但大部分地下水的含盐量在 $200 \sim 500 \mathrm{mg/L}$ 之间。一般情况下，多雨地区，如东南沿海及西南地区，由于地下水受到大量雨水补给，故含盐量较低；干旱地区，如西北、内蒙古等地，地下水含盐量较高。

我国长春、西安、成都等都市的地下水中硝酸盐浓度最高达 $600 \mathrm{mg/L}$。

含砷浓度超过 $50 \mu \mathrm{g/L}$ 的地下水，主要分布在吉林、江苏、山东、河南、湖南、安徽、内蒙古、新疆、山西、云南等地。

高氟水在我国地下水中分布较广，其含量一般大于 $5 \mathrm{mg/L}$，最高达 $35 \mathrm{mg/L}$。

地下水硬度高于地表水。我国地下水总硬度通常为 $60 \sim 300 \mathrm{mg/L}$（以 CaO 计），少数地区有时高达 $300 \sim 700 \mathrm{mg/L}$。

我国含铁地下水分布较广，比较集中的地区是松花江流域和长江中、下游地区。黄河流域、珠江流域等也都有含铁地下水。我国地下水的含铁量通常在 $10 \mathrm{mg/L}$ 以下，个别可高达 $30 \mathrm{mg/L}$。

地下水中的锰常与铁共存，但含量比铁少。我国地下水含锰量一般不超过 $2 \sim 3$ $\mathrm{mg/L}$，个别高达 $10 \mathrm{mg/L}$。

由于地下水含盐量和硬度较高，故用以作为某些工业用水水源未必经济。地下水含铁、锰量超过饮用水标准时，需经处理方可使用。

2. 江河水

江河水易受自然条件影响。水中悬浮物和胶态杂质含量较多，浑浊度高于地下水。由于我国幅员辽阔，大小河流纵横交错，自然地理条件相差悬殊，因而各地区江河水的浑浊度也相差很大。甚至同一条河流，上游和下游、夏季和冬季、晴天和雨天，浑浊度也颇相悬殊。我国是世界上高浊度水河流众多的国家之一。西北及华北地区流经黄土高原的黄河水系、海河水系及长江中、下游等，河水含砂量很大。暴雨时，少则几千克每立方米，多则几十乃至数百千克每立方米，个别甚至达千千克每立方米。浑浊度变化幅度也很大。冬季浑浊度有时仅几 NTU 至几十 NTU，暴雨时，几小时内浑浊度就会突然增加。

凡土质、植被和气候条件较好地区，如华东、东北和西南地区大部分河流，浑浊度均较低，一年中大部分时间内河水较清，只是雨季河水较浑，一般年平均浑浊度在 $50 \sim 400 \mathrm{NTU}$ 之间。

江河水的含盐量和硬度较低。河水含盐量和硬度与地质、植被、气候条件及地下水补给情况有关。我国西北黄土高原及华北平原大部分地区，河水含盐量较高，大部分为

300～400mg/L；秦岭以及黄河以南次之；东北松黑流域及东南沿海地区最低，含盐量大多小于 100mg/L。我国西北及内蒙古高原大部分河流，河水硬度较高，可达 100～150mg/L（以 CaO 计）甚至更大；黄河流域、华北平原及东北辽河流域次之；松黑流域和东南沿海地区，河水硬度较低，一般均在 15～30mg/L（以 CaO 计）以下。总的说来，我国大部分河流，河水含盐量和硬度一般均无碍于生活饮用。

江、河水最大缺点是，易受工业废水、生活污水及其他各种人为污染，因而水的色、臭、味变化较大，有毒或有害物质易进入水体。水温不稳定，夏季常不能满足工业冷却用水要求。

3. 湖泊及水库水

主要由河水供给，水质与河水类似。但由于湖（或水库）水流动性小，贮存时间长，经过长期自然沉淀，浑浊度较低。只有在风浪时以及暴雨季节，由于湖底沉积物或泥砂泛起，才产生浑浊现象。水的流动性小和透明度高又给水中浮游生物特别是藻类的繁殖创造了良好条件，湖水一般含藻类较多。藻类（无论是活藻还是死藻）均会产生嗅味化合物。蓝藻中的某些藻属会产生微囊藻毒素（microcystin，MC），又称肝毒素，主要毒害人体肝脏。蓝藻、绿藻、放线菌和真菌的分泌物主要为挥发性嗅味化合物有几十种，诸如土臭素（GSM）和二甲基异冰片（2-MIB）等，在水中只要以"ng/L"为单位存在，就可以嗅到。同时，水生物死亡残骸沉积湖底，使湖底淤泥中积存了大量腐殖质，一经风浪泛起，便使水质恶化，湖水也易受废水污染。

水源水中有检出引起水媒传播疾病的贾第虫和隐孢子虫，主要寄生于人或动物的肠道内，引起肠道感染。贾第虫孢囊呈椭圆形，直径 7～14μm。隐孢子虫的卵囊呈圆形或椭圆形，直径 4～6μm。

夏季气温高时，江河和湖库边会有红虫繁殖，红虫是摇蚊的前身，特别是受污染的水明显有利于摇蚊幼虫的繁殖和生长。红虫体内、外可携带各种病原虫、病菌和病毒等。

由于湖水不断得到补给又不断蒸发浓缩，故含盐量往往比河水高。按含盐量分，有淡水湖、微咸水湖和咸水湖 3 种。这与湖的形成历史、水的补给来源及气候条件有关。干旱地区内陆湖由于换水条件差，蒸发量大，含盐量往往很高。微咸水湖和咸水湖含盐量在1000mg/L 以上直至数万 mg/L。咸水湖的水不宜生活饮用。我国大的淡水湖主要集中在雨水丰富的东南地区。

4. 海水

海水含盐量高，一般高达 6000～50000mg/L，而且所含各种盐类或离子的质量比例基本上一定，这是与其他天然水源所不同的一个显著特点。其中氯化物含量最高，约占总含盐量的 89%；硫化物次之，再次为碳酸盐；其他盐类含量极少。海水一般须经淡化处理才可作为居民生活用水。

14.1.3 受污染水源中常见的污染物分类

水源污染是当今世界所面临的普遍问题。由于污染源不同，水中污染物种类和性质也不同。按污染物毒性，可分为有毒污染物和无毒污染物。无毒污染物虽然本身无直接毒害作用，但会影响水的使用功能或造成间接危害，故也称污染物。

有直接毒害作用的无机污染物主要是氰化物、砷化物和汞、镉、铬、铅、铜、钴、镍、铍等重金属离子。地表水中这类无机污染物主要源于工业废水的排放。当前，水源污染最重要的是有机污染物。本书重点介绍水源中的有机污染物。

目前已知的有机物种类多达 700 万种，其中人工合成的有机物种类达 10 万种以上，每年还有成千上万种新品种不断问世。这些化学物质中相当大一部分通过人类活动进入水体，例如生活污水和工业废水的排放，农业上使用的化肥、除草剂和杀虫剂的流失等，这使水源中杂质种类和数量不断增加，水质不断恶化。有机化合物进入水体后，与河床泥土或沉积物中的有机质、矿物质等发生诸如物理吸附、化学反应、生物富集、挥发、光解作用等，使水中溶解性部分浓度下降而转入固相或气相中去。在一定的条件下，吸附到泥土和沉积物上的有机化合物又会发生各种转化，重新进入水中，甚至危及水生生物和人体健康。

引起地表水体有机污染的来源各异，有机污染的物质种类很多，在不同水体中其表现的污染特征有所不同。20 世纪六七十年代，重金属离子的污染比较受重视；80 年代后，水源中的有机污染物成为人类最关注的问题。不少有机污染物对人体有急性或慢性、直接或间接的毒害作用，其中包括致癌、致畸和致突变作用。

根据污染物本身毒性，有机污染物可分为无毒有机污染物和有毒有机污染物：无毒有机污染物主要指碳水化合物、木质素、维生素、脂肪、类脂、蛋白质等有机化合物；有毒有机污染物指那些进入生物体内后能使生物体发生生物化学或生理功能变化，并危害生物生存的有机物质，如农药、杀虫剂、有机致癌物、石油、藻毒素等物质。

根据有机污染物来源，有机污染物可分为外源有机污染物和内源有机污染物：外源有机污染物指水体从外界接纳的有机物，主要来自地表径流、土壤溶沥、城市生活污水和工业废水排放、大气降水、垃圾填埋场渗出液、水体养殖的投料、运输事故中的排泄、采矿及石油加工排放和娱乐活动的带入等；内源有机物来自于生长在水体中的生物群体（藻类、细菌及水生植物等及其代谢活动所产生的有机物和水体底泥释放的有机物）。

根据污染物在自然界的存在，水源水中的有机污染物可分为：天然有机物（NOM）和人工合成有机物（SOC）。

1. 天然有机物

天然有机物是指动植物在自然循环过程中所产生的物质，包括腐殖质、微生物分泌物、溶解的动物组织及动物的废弃物等。典型的天然有机污染物不超过 20 种，腐殖质是其中主要成分。这些有机物质大部分呈胶体微粒状，部分呈真溶液状，部分呈悬浮物状。

（1）腐殖质

腐殖质是土壤的有机组分，是由动、植物残体通过化学和生物降解以及微生物的合成作用而形成的。腐殖质来自于动、植物残骸腐烂过程中的中间产物和微生物的合成过程。腐殖质成分包括亲水酸、糖类、羧酸、氨基酸等，其分子量在几百到数万之间。腐殖质可根据溶解性的不同分为三类，即腐殖酸、富里酸及胡敏酸，富里酸含有较多的氧和较少的氮，分子量小于腐殖酸。按照富里酸、腐殖酸和胡敏酸的顺序，在颜色强度、聚合度、分子量、含碳量方面逐渐增大，而在酸度、含氧量和溶解度方面则顺序减小。腐殖质是天然水体中有机污染物的主要组成部分，占水中溶解性有机碳（DOC）的 40%～60%，也是地表水的成色物质。腐殖质中 50%～60% 是碳水化合物及其关联物质，10%～30% 是本质素及其衍生物，1%～3% 是蛋白质及其衍生物。腐殖质是三卤甲烷和其他氯化消毒副产物的前体物，其中亲水酸和氨基酸的氯化消毒副产物生成潜能大于糖类和羧酸。

（2）耗氧有机物

耗氧有机物包括蛋白质、脂肪、氨基酸、碳水化合物等。一般生活污水中包含较多的耗氧有机物，面污染源也给水体带来大量的耗氧有机物。耗氧有机物来源多，排放量大，污染范围广，是一种普遍性的污染。

耗氧有机物，易被微生物分解，故又称可生物降解的有机物。这类有机物在生物降解过程中消耗水中溶解氧而恶化水质，破坏水体功能。这类有机物主要来源于生活污水的排放。

（3）藻类有机物

藻类有机物是藻类的分泌物及藻类尸体分解产物的总称。藻类生长的基本条件是要有适宜的水温、充足的阳光、含氮、磷过量的富营养化水体。藻细胞的胞内和胞外有机物均是氯化消毒副产物的前体物。活藻可产生许多挥发性和非挥发性的有机物质。这些有机物或是简单的光合作用产物，或是合成为较复杂的化合物，变成异养有机物（如细菌和真菌）的食物。藻的细胞外物质的分解会引起异嗅。活藻会释放嗅味代谢物，大部分藻源嗅味化合物由活藻释放，包括小分子和大分子量物质。死亡藻类细胞的解体，使得细胞内物质进入水中，释放出嗅味化合物；死藻可作为放线菌等细菌的食物，放线菌可产生嗅味化合物。腐烂的蓝藻、绿藻可以产生各种各样的嗅味硫化物，包括甲烷硫醇、异丁硫醇、n-丁基硫醇、二甲基硫醚、三硫酸二甲酯等。藻类腐烂时，藻的产物就会释放出来。许多产物会引起嗅味，诸如蓝、绿藻产生的酚类和挥发性化合物，水处理中酚类化合物与氯反应会产生扑鼻的氯酚臭。

藻类在其生长过程中由于新陈代谢从体内排出的一些代谢残渣以及细胞分解的产物，即藻类分泌物，是从藻类中分离出来的一类有机物，其中一部分溶于水中，另一部分仍吸附在藻类的表面。藻类在新陈代谢和细胞分解过程中产生的溶于水的物质中糖类物质占60%左右，主要是葡萄糖、半乳糖、木糖、鼠李糖、甘露糖、阿拉伯糖等，其余40%的化合物中还可能含有氨基酸、有机酸、糖醛、糖酸、腐殖质类物质和多肽等。

2. 人工合成有机物

人工合成有机物一般具有以下特点：难于降解，具有生物富集性、三致（致癌、致畸、致突变）作用和毒性。相对于水体中的天然有机物，它们对人体的健康危害更大。

有毒有机污染物的数量成千上万，而且人工合成有机化学品的不断问世、使这类污染物的种类还在不断增加。这些有害化学物质往往吸附在悬浮颗粒物上和底泥中，成为不可移动的一部分。它们对水环境的影响时间可能会很长，例如 PCBs（多氯联苯）在水环境中的停留时间可长达几年。

上述有机和无机化学污染物，特别是有毒有机化学污染物在环境中的行为（光解、水解、微生物降解、挥发、生物富集、吸附等）及其可能产生的潜在危害迄今知之甚微，因而日益受到人们的关注。但是由于有毒物质品种繁多，不可能对每一种污染物都制定控制标准，因而提出在众多污染物中筛选出潜在危险大的作为优先研究和控制对象，称之为优先污染物（Priority Pollutant）或称为优先控制污染物。1977 年 USEPA 根据污染物的毒性、生物降解的可能性以及在水体中出现的概率等因素，从 7 万种化合物中筛选出 65 类 129 种优先控制的污染物，其中有机化合物 114 种，占总数的 88.4%，包括 21 种杀虫剂、26 种卤代脂肪烃、8 种多氯联苯、11 种酚、7 种亚硝酸及其他化合物。我国借鉴国外的经验并根据我国国情，国家环保局 1989 年通过的"水中优先控制污染物名单"中，包括了 14 类共 68 种有毒化学污染物质。随着科学技术的发展，优先污染物的种类还会有所变化。

14.2　水　质　标　准

水质是指水与水中杂质共同表现的综合特性。对特定目的或用途的水中所含杂质或污染物种类与浓度的限制和要求称为水质标准。一种水质参数指能反映水的使用性质的一种量，但不涉及具体数值，如水中各种有机和无机化合物等；另一种水质参数，如水的色度、浑浊度、总溶解固体、高锰酸盐指数等称"替代参数"，它们并不代表某一具体成分，但能直接或间接反映水的某一方面的可使用性质。高锰酸盐指数为反映水中有机物含量的综合指标。不同用水对象，要求的水质标准也不同。因此水质标准又分为国家标准、地区标准、行业标准等不同等级。随着科学技术的进步和水源污染日益严重，水质标准总是在不断修改、补充之中。

14.2.1　生活饮用水水质标准

生活饮用水包括人们饮用和日常生活用水（如洗涤、沐浴等）。其水质与人类健康直接相关。故生活饮用水水质首先要满足安全、卫生要求，同时还需要使人感到清澈可口。生活饮用水水质标准就是为满足上述要求而制定的技术法规。因此，生活饮用水水质标准通常包括 4 大类指标，即：

（1）微生物指标

饮用水中不应含有病原微生物。因为病原微生物对人类健康影响最大。它能够在同一时间内使大量饮用者患病。例如：伤寒、霍乱、痢疾、肠胃炎等往往是通过水中病原微生物传播的。通过水传染疾病的病原微生物种类很多，包括各种病原菌、病毒及病原原生动物等，要直接测定各种病原微生物显然不可能。因而，自来水厂一般采用能充分反映病原微生物存在与否的指示微生物作为控制指标。例如，总大肠杆菌群和大肠埃希氏菌，它们普遍存在于人类粪便内而且数量很多，检测又较方便。当水中含有这类细菌时，表明水源可能受到粪便污染。当水中检测不出这类细菌时，表明病原菌不复存在，且具有较大的安全系数。

近年来，欧美等国家曾爆发了多起由隐孢子虫和甲第鞭毛虫等致病原生动物引起的水媒介流行病。因而，这两种致病原生动物也列入了饮用水卫生标准中。不过，目前我国将此类指标暂列入"非常规指标"中。

水中消毒剂余量是指消毒剂加入水中与水接触一定时间后尚余的消毒剂量，它是保证在供水过程中继续维持消毒效果，抑制水中残余病毒微生物再度繁殖的信号。余量过少表明水质可能再度受到污染。故消毒剂余量与微生物直接相关。在过去的水质标准中往往把它列入微生物指标中。

（2）毒理指标

水中有毒化学物质少数是天然存在的，如某些地下水中含有氟或砷等无机毒物；绝大多数是人为污染的；也有少数是在水处理过程中形成的，如三卤甲烷和卤乙酸等。有毒化学物质种类繁多（包括有机和无机物），毒理、毒性各不相同。有些化学物质可引起急性中毒。如氰化物一次摄入 50～60mg 会致人死亡。但大多数化学物质摄入后会在人体内积蓄引起慢性中毒。例如，六价铬和苯并（α）芘等摄入人体后会在人体内积蓄。当体内含量积蓄到一定水平时就可能引发癌症。汞摄入后也会在人体内积蓄。当体内含量达到一定水平时，会造成神经系统和肾脏的损伤。饮用水水质标准中有毒化学物质种类和限值的确定是一项复杂而又十分严谨的问题，除了应有大量流行病学和动物毒理实验资料以外，还需考虑饮用水中检出频率和浓度范围，同时还需考虑实施的可能，包括现有处理技术的可行性和经济投入的可接受程度等。

当前，由于水源污染特别是有机物污染严重，故毒理指标中，有毒有机物指标大量增加。这给饮用水处理带来了困难，也是给从事水处理工作的技术专家带来了挑战。

（3）感官性状和一般化学指标

饮用水水质除了满足安全、卫生以外，还应满足感官性状的要求。水的浑浊度、色度、嗅、味和肉眼可见物，虽然不会直接影响人体健康，但会引起人们的厌恶感。色、嗅、味严重时，很可能是水中含有有毒物质的标志。浑浊度高时不仅使用者感到不快，而且病菌、病毒及其他有害物质往往附着于形成浑浊度的悬浮物中。美国环保署把浑浊度指标放在微生物范畴，归于细菌学指标一类，意味着浑浊度指标与对病原微生物的去除和灭活有着直接的关联。降低浑浊度不仅为满足感官性状要求，对限制水中其他有毒、有害物质含量也具有积极意义，因此各国在饮用水水质标准中均力求降低水的浑浊度（采用散射原理测定，单位 NTU）。

一般化学指标中所列的化学物质和水质参数，包括以下几类：第一类是对人体健康有益但不宜过量的化学物质。例如，铁是人体必须元素之一。但水中铁含量过高会使洗涤的衣物和器皿染色并会形成令人厌恶的沉淀或异味。第二类是对人体健康无益但毒性也很低的物质。例如阴离子合成洗涤剂对人体健康危害不大，但水中含量超过 0.5mg/L 时会使水起泡且有异味。水的硬度过高，会使烧水壶结垢，洗涤衣服时浪费肥皂等。第三类是高浓度时具有毒性，但其浓度远未达到致毒量时，在感官性状方面即表现出来。例如，酚类物质有促癌或致癌作用，但水中含量很低，远未达到致毒量时，即具有恶臭，加氯消毒后所形成的氯酚恶臭更甚。故挥发酚按感官性状制订标准是安全的。

总之，一般化学指标往往与感官性状有关。故与感官性状指标列在同一类中。

（4）放射性指标

水中放射性核素来源于天然矿物侵蚀和人为污染，通常以前者为主。放射性物质均为致癌物。因为放射性核素是发射 α 射线和 β 射线的放射源，当放射性核素剂量很低时，往往不需鉴定特定核素，只需测定总 α 射线和 β 射线的活度，即可确定人类可接受的放射水平。因此，饮用水标准（或指导）中，放射性指标通常以总 α 射线和总 β 射线作为控制（或指导）指标。若 α 或 β 射线指标超过控制值（或指导值）时，或水源受到特殊核素污染时，则应进行核素分析和评价以判定能否饮用。

由于生活饮用水水质标准直接关系到人类健康，故世界各国对此都十分重视。各国的生活饮用水水质标准均不尽相同。目前，国际上影响较大的是世界卫生组织（WHO）的《饮用水水质准则》、欧盟（EC）的《饮用水水质指令》和美国国家环保局（USEPA）的《美国饮用水水质标准》。这三个标准受到各国普遍关注、借鉴和采纳。WHO 的《饮用水水质准则》所列的指标数量最多，但指标值的限定较为宽松。原因是考虑世界各国经济、文化、环境和社会习俗等存在差异，便于各国根据本国实际情况进行选择和调整。随着科学技术的进步，国民经济的发展，人们对生活饮用水水质要求不断提高，各国生活饮用水水质标准总是在不断修订中。我国生活饮用水水质标准经历多次修订。1955年卫生部发布实施《自来水水质暂行标准》，在北京、天津、上海、旅顺（大连）等12个城市试行，这是中华人民共和国成立后最早的一部管理生活饮用水的技术法规；1956年由国家建设委员会和卫生部发布实施《饮用水水质标准》，共15项指标；1959年由建筑工程部和卫生部发布实施《生活饮用水卫生规程》，它是对《饮用水水质标准》和《集中式生活饮用水水源选择及水质评价暂行规则》进行修订，并将其合并而成的共17项指标；1976年国家卫生部组织制定了我国第一个国家饮用水标准，共有23项指标，定名为《生活饮用水卫生标准》TJ20—76，经国家基本建设委员会和卫生部联合批准；1985年卫生部对《生活饮用水卫生标准》进行了修订，指标增加至35项，于1986年10月起在全国实施。2001年，卫生部发布实施《生活饮用水卫生规范》，其第一个附件《生活饮用水水质卫生规范》，分"常规检验项目"和"非常规检验项目"，提出了96项水质指标及其限值。规范增加了铝、耗氧量、微囊藻毒素、亚氯酸盐以及一些卤代消毒副产物项目，对提高我国饮用水水质标准起到积极的促进作用。2005年建设部颁布了《城市供水水质标准》CJ/T 206—2005，检测项目为103项。我国最新颁布的《生活饮用水卫生标准》GB 5749—2022是国家级标准，检测项目调整为97项。标准中分常规指标43项和扩展指标54项。

14.2.2 中水水质标准

由于"水危机"的困扰，许多国家和地区增强了节水意识并研究城市废水再生与回用。城市污水回用就是将城市居民生活及生产中使用过的水经过处理后回用。有两种不同程度的回用：一种是将污水处理到可饮用的程度，而另一种则是将污水处理到非饮用的程度。对于前一种，因其投资较高、工艺复杂，加之人们心理上的障碍，非特缺水地区一般不常采用。多数国家则是将污水处理到非饮用的程度，在此引出了中水概念。"中水"一词原是日文的直译，但现今含义已与日文有异。所谓中水是因其水质介于上水（自来水）和下水（污水）之间而言的，是指城市污水或生活污水经过适当处理后达到一定的水质标准，可以在一定范围内重复使用的非饮用的杂用水，如厕所冲洗、绿地浇灌、景观河湖、环境用水、农业用水、工厂冷却用水、洗车用水等。其水质指标低于城市给水中饮用水水质标准，但又高于污水允许排入地面水体排放标准，亦即其水质居于生活饮用水水质和允许排放污水水质标准之间。

中水回用因回用模式不同其水质标准也大不相同。中水回用水质标准总体说来，首先应满足卫生要求，主要指标有大肠菌群数、细菌总数、余氯量、悬浮物、生物化学需氧量、化学需氧量等。

其次应满足人们感观要求，即无不快的感觉，主要衡量指标有浑浊度、色度、嗅味等。另外，水质不易引起设备、管道的严重腐蚀和结垢，主要衡量指标有pH、硬度、蒸发残渣、溶解性物质等。

市政、环境、娱乐、景观、生活杂用是住宅小区中水回用的重要部分。这些回用水主要是按用途划分，虽各有侧重但无严格界限，实际上亦常有交叉。例如，景观用水有时属灌溉、环境用水，而生活杂用水和市政用水中的绿化用水又可属景观用水。事实上环境、景观、娱乐用水往往紧密相关，但水质要求又不尽相同，例如用以维持河道自净能力的环境用水，既可改善景观，有时又可供水上娱乐。对于同人体直接接触的娱乐用水的水质要求应高于单一的环境或景观用水水质标准。

景观环境用水有两种可能的回用类型：一是观赏性景观环境用水；二是娱乐性景观环境用水。景观用水，要严格考虑污染物对水体美学价值的影响。因此要在生物二级处理的基础上，还要考虑除磷、脱氮、过滤、消毒等深度处理。一方面降低 COD、BOD_5、SS，减轻水体的有机污染负荷，防止水体发黑、发臭，影响美学效果。另一方面控制水体富营养化的程度，提高水体的感观效果。此外，还要满足卫生方面的要求，保证人体健康。

14.2.3 工业用水水质标准

工业用水种类繁多，水质要求各不相同。水质要求高的工艺用水，不仅要求去除水中悬浮杂质和胶体杂质，而且还需要不同程度地去除水中的溶解杂质。

食品、酿造及饮料工业的原料用水，水质要求应当高于生活饮用水的要求。

纺织、造纸工业用水，要求水质清澈，且对易于在产品上产生斑点从而影响印染质量或漂白度的杂质含量，加以严格限制。如铁和锰会使织物或纸张产生锈斑。水的硬度过高也会使织物或纸张产生钙斑。

对锅炉补给水水质的基本要求是：凡能导致锅炉、给水系统及其他热力设备腐蚀、结垢及引起汽水共腾现象的各种杂质，都应大部或全部去除。锅炉压力和构造不同，水质要求也不同。汽包锅炉和直流锅炉的补给水水质要求相差悬殊。锅炉压力越高，水质要求也越高。如低压锅炉（压力小于 2450kPa），主要应限制给水中的钙、镁离子含量，含氧量及 pH。当水的硬度符合要求时，即可避免水垢的产生。

在电子工业中，零件的清洗及药液的配制等，都需要纯水。例如，在微电子工业的芯片生产过程中，几乎每道工序都要用高纯水清洗。

此外，许多工业部门在生产过程中都需要大量冷却水，用以冷凝蒸汽以及工艺流体或设备降温。冷却水首先要求水温低，同时对水质也有要求，如水中存在悬浮物、藻类及微生物等，会使管道和设备堵塞；在循环冷却系统中，还应控制在管道和设备中由于水质所引起的结垢、腐蚀和微生物繁殖。

总之，工业用水的水质优劣，与工业生产的发展和产品质量的提高关系极大。各种工业用水对水质的要求由有关工业部门制定。

14.2.4 其他水质标准

针对不同的水体及其人类的需求，国家环境保护局或者相关的行业部门建立了很多水质标准，如《地表水环境质量标准》GB 3838—2002、《农田灌溉水质标准》GB 5084—2021、《海水水质标准》GB 3097—1997、《渔业水质标准》GB 11607—1989 等。

其中的《地表水环境质量标准》GB 3838—2002 适用于全国江河、湖泊、运河、渠道、水库等具有使用功能的地表水水域；集中式生活饮用水地表水源地补充项目和特定项目适用于集中式生活饮用水地表水源地一级保护区和二级保护区。标准依据地表水水域环境功能和保护目标，按功能高低依次划分为五类：

Ⅰ类　主要适用于源头水、国家自然保护区；

Ⅱ类　主要适用于集中式生活饮用水地表水源地一级保护区、珍稀水生生物栖息地、鱼虾类产卵场、仔稚幼鱼的索饵场等；

Ⅲ类　主要适用于集中式生活饮用水地表水源地二级保护区、鱼虾类越冬场、洄游通道、水产养殖区等渔业水域及游泳区；

Ⅳ类　主要适用于一般工业用水区及人体非直接接触的娱乐用水区；

Ⅴ类　主要适用于农业用水区及一般景观要求水域。

14.3 反应器

反应器是化工生产过程中的核心部分。在反应器中所进行的过程，既有化学反应过程，又有物理过程，影响因素复杂。化学反应工程把这种复杂的研究对象用数学模型的方法予以简化，使得反应装置的选择、反应器尺寸计算、反应过程的操作及最优控制等找到了科学的方法。当然，这种简化，应当与原过程（或原型）等效或近似等效。

反应器模型应用于水处理理论研究方面，是在 20 世纪 70 年代以后。在水处理方面引入反应器理论，一定程度上推动了水处理工艺理论发展。不过，在化工生产过程中，反应器只作为化学反应设备来独立研究，但在水处理中，含义较广泛。许多水处理设备与池子都可作为反应器来进行分析研究，包括化学反应、生物化学反应以至纯物理过程等。例如，水的氯化消毒池、除铁除锰滤池、生物滤池、絮凝池、沉淀池和砂滤池等，甚至一段河流自净过程都可应用反应器原理和方法进行分析、研究。

本节介绍反应器概念，目的就是提供一种分析研究水处理工艺设备的方法和思路。

14.3.1 物料衡算和质量传递

在反应器内，某物质的产生、消失或浓度的变化，或者由化学反应引起；或者由质量传递引起；或者由化学反应和质量传递两者同时作用的结果。无论由哪种因素引起，都必须遵守质量守恒定律。设在反应器内某一指定部位（亦即指定某一反应区），任选某一物料组分，根据质量守恒定律，可写出如下物料平衡式（均以单位时间、单位体积物量计）：

$$变化量＝输入量－输出量＋反应量 \tag{14-1}$$

输入量指物料组分进入反应器指定部位的量；输出量指组分输出反应器指定部位的量；反应量指组分由于化学反应而消失（或产生）的量。变化量指由上述三种作用引起反应器指定部位内物料组分的变化。变化量在化工书籍中又称"累积量"。单位均以〔摩尔/体积/时间〕或〔质量单位/体积/时间〕计。

如果反应器内物料组分和浓度均匀（如搅拌均匀的反应器），则整个反应器可作为一个反应区；如果反应器内物料组分和浓度随空间位置而变化，则反应区可任意选定。

物料平衡方程式中的组分，应根据研究对象和要求选定。例如，在水的氯化消毒过程中，可取微生物作为研究对象。方程中物质浓度的变化即指微生物浓度的变化。

对于式（14-1）需作以下几点说明：

(1) 如果在反应区内，物料组分的浓度不随时间而变化，则〔浓度变化率〕＝0，称稳定状态。必须指出，稳定状态并非化学平衡状态。在稳定状态下，由于反应物的连续投入和产物的连续输出，反应区内组分的化学反应仍在继续进行，但组分浓度却不随时间而变化。严格地说，在许多情况下，稳定状态只是个理想情况。由于在反应过程中许多因素或多或少总有些变化，绝对稳定状态是不存在的。但就总体看，只要变化微小，作为稳定状态处理会使问题简化。由式（14-1）可知，在稳定状态下，组分的（输入速率－输出速率）等于反应速率。式（14-1）中反应速率是指单位时间内，反应物浓度减小或生成物浓度增加量。

（2）物质的输入和输出，是由质量传递引起的。这是一个物理过程。

（3）反应速率一般指化学反应速率，由化学反应动力学决定，详见有关物理化学教材。但在水处理工艺过程中，生物化学反应以及某些物理过程，也列入反应速率一项内。例如，在水的混凝过程中，由于颗粒相互聚结而使颗粒数量浓度随时间而减少，即可作为反应速率列入式（14-1）中。在沉淀池中，由于颗粒沉降而从水中分离出去，也可作为反应项列入公式中。

物料平衡关系只表明任何一个过程变化的极限，不能决定过程变化的快慢。而任何一个过程以什么速率趋向平衡是关键问题。一个反应器系统如果不是处于平衡状态必然会发生趋向平衡的过程，过程变化速率（如质量传递速率、反应速率等）总是与其自身所处位置和平衡状态的差距（推动力）成正比，而与阻力成反比。推动力的性质取决于过程中的组分，流体流动过程的推动力是压力差；质量传递过程的推动力是浓度差。与推动力相对应的阻力则与操作条件和组分有关。

式（14-1）全面描述了反应器的工艺过程动力学。但要求解式（14-1），必须首先知道质量传递速率和反应速率。公式的应用将结合具体反应器类型进行阐述，从而导出各类反应器的数学模型。

如上所述，物质的输入和输出是质量传递的结果。传递机理可分为：主流传递、分子扩散传递和紊流扩散传递。

（1）主流传递

物质随水流主体而移动，称主流传递，它与液体中物质浓度分布无关，而与流速有关。传递速度与流速相等，方向与水流方向一致。例如，在平流式沉淀池中（如果作为理想推流型反应器），物质将随水流作水平迁移。物质在水平方向的浓度变化，是由主流迁移和化学反应引起。

（2）分子扩散传递

在静止或作层流运动的液体中，如果某物料组分分布不均匀，即存在浓度梯度的话，由于分子无规则运动，高浓度区内的组分总是向低浓度区迁移，最终趋于均匀分布状态，使浓度梯度消失。如果属于稳定状态，则扩散不断进行，而浓度梯度保持不变。Fick 第一定律给出了分子扩散的经验表达式：

$$J = -D_B \frac{dC_i}{dx} \tag{14-2}$$

式中　　J——物质扩散通量，即单位时间内，通过单位面积的物质量；

　　　　D_B——分子扩散系数；

　　　　C_i——组分的浓度；

　　　　x——浓度梯度方向的坐标。

式中 $\frac{dC_i}{dx}$ 为浓度梯度。显然，从宏观上而言，浓度梯度是导致分子扩散的推动力，分子扩散系数 D_B 约在 $0.5 \times 10^{-5} \sim 5 \times 10^{-5} \mathrm{cm^2/s}$ 之间。

（3）紊流扩散传递

在绝大多数情况下，水流往往处于紊流状态，此时液体质点不仅具有随水流前进的运动，还具有上、下、左、右的脉动，且伴有涡旋。紊流扩散传质速度也与浓度梯度成正比。故紊流扩散通量可写成类似于分子扩散通量式，式（14-2）中仅将 D_B 改为 D_C（称紊流扩散系数）。

无论是分子扩散或紊流扩散，如果在扩散过程的起端不断由外界投入新的扩散物质而在终端不断将扩散物质输出，扩散将不断进行下去，空间各点浓度分布将始终保持不变。这叫稳定扩散，稳定扩散在水处理中和化工过程类似，都是常见现象。

14.3.2　理想反应器模型

由于反应器内实际进行的工艺过程是复杂的，为了求得反应器数学模型，必须作某些假定予以简化。通过简化的反应器称理想反应器。虽然理想反应器内不能完全准确地描述反应器内所进行的实际过程，但可近似反映真实反应器的特征。而且，由理想反应器模型可进一步推出偏离理想状态的实际反应器模型。图 14-1 表示 3 种理想反应器，即：

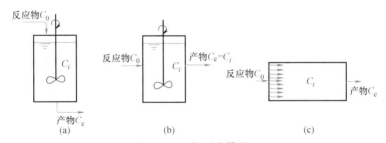

图 14-1　理想反应器图示

(a) CMB 型；(b) CSTR 型；(c) PF 型

C_0——物料进口浓度；C_i——反应器内时间 t 后物料浓度；C_e——物料出口浓度

（1）完全混合间歇式反应器（Completely Mixed Batch Reactor，CMB 型）；

（2）连续搅拌槽反应器或称完全混合流反应器（Continuous Stirred Tank Reactor，CSTR 型，或 Completely Mixed Flow Reactor，CMF 型）；

（3）推流式反应器（Plug Flow Reactor，PF 型）。

（1）完全混合间歇式反应器（CMB）

这是一种间歇操作的搅拌容器，如图 14-1（a）所示。反应物投入反应器后，通过搅拌使容器内物质均匀混合，同时进行反应，直至反应产物达到预期要求时，停止操作，排出反应产物。在整个反应过程中，既无新的反应物自外界投入，也无反应产物排出容器外。整个反应器是一个封闭系统。该系统在反应过程中，不存在由物质迁移而导致的物质输入和输出，且假定是在恒温下操作，根据物料衡算式（14-1）可写出：

$$\frac{dC_i}{dt} = r(C_i) \tag{14-3}$$

如果组分随时间而减少，反应速率 $r(C_i)$ 为负值，反之为正值。由式（14-3）可知，在这种浓度均匀、温度恒定的间歇操作反应器内，组分随时间变化率完全是由于化学反应而引起的，因而方程比较简单。当 $t=0$，$C_i = C_0$，积分式（14-3）得：

$$t = \int_{C_0}^{C_i} \frac{dC_i}{r(C_i)} \tag{14-4}$$

如果反应速率 $r(C_i)$ 已知，通过积分就可算出物料组分由进口浓度 C_0 变化至 C_i 所

需的时间 t，从而根据生产要求，求出所需反应器容积。

设为一级反应（并设组分随时间减少），根据化学反应动力学，$r(C_i) = -kC_i$

代入式（14-4）得：

$$t = \int_{c_0}^{c_i} \frac{\mathrm{d}C_i}{-kC_i} = \frac{1}{k} \ln \frac{C_0}{C_i} \qquad (14-5)$$

设为二级反应（并设组分随时间减少），则 $r(C_i) = -k \cdot C_i^2$，代入式（14-5）：

$$t = \int_{c_0}^{c_i} \frac{\mathrm{d}C_i}{-k \cdot C_i^2} = \frac{1}{k} \left(\frac{1}{C_i} - \frac{1}{C_0} \right) \qquad (14-6)$$

CMB 型反应器，通常用于实验室实验或少量的水处理。

【例 14-1】 某水样采用 CMB 反应器进行氯消毒实验，假定投氯量一定，经试验知：细菌被灭活速率为一级反应，且 $k = 0.92\mathrm{min}^{-1}$，求细菌被灭活 99% 时，所需时间为多少？

【解】 设原有细菌密度为 C_0，t 时后尚存活的细菌密度为 C_i，被杀死的细菌密度则为 $C_0 - C_i$，根据题意，在 t 时刻，$\dfrac{C_0 - C_i}{C_0} = 99\%$，$C_i = 0.01C_0$，细菌被灭速率等于活细菌减少速率，于是 $r(C_i) = -k \cdot C_i = -0.92C_i$，代入公式（14-5）得：

$$t = \frac{1}{0.92} \ln \frac{C_0}{0.01C_0} = \frac{1}{0.92} \times 4.6 \approx 5\mathrm{min}$$

应当说明，常数 k 与水温，水的 pH 及细菌种类等有关，应通过试验确定。投氯量亦应由试验决定，但因本题只想说明方程的应用，故不提具体细菌密度及投氯量问题。

（2）连续搅拌槽反应器（CSTR）

图 14-1（b）所示为 CSTR 反应器。在水处理中，这种反应器应用颇多，例如快速混合池即是一例。当反应物投入反应器后，经搅拌立即与反应器内的料液达到完全均匀混合。新的反应物连续输入，反应产物也连续输出。不难理解，输出的产物其浓度和成分必然与反应器内的物料相同。新的反应物一旦投入反应器，由于快速混合作用，一部分新鲜物料必然随产物立刻输出，理论上说，这部分物料在反应器内停留时间等于零。而其余新鲜物料在反应器内的停留时间则各不相同，最长的等于无穷大。

根据反应器内物料完全均匀混合且与输出产物相同的假定，在等温操作下，列物质平衡方程式：

$$V \frac{\mathrm{d}C_i}{\mathrm{d}t} = Q \cdot C_0 - Q \cdot C_i + V \cdot r(C_i) \qquad (14-7)$$

式中　V —— 反应器内液体体积；

　　　Q —— 流入或输出反应器的流量；

　　　C_0 —— 组分的流入浓度；

　　　C_i —— 反应器内组分的浓度。

通常，按稳定状态考虑，即在进入反应器的组分物质浓度 C_0 不变的条件下反应器内的组分浓度 C_i 不随时间而变化，即 $\dfrac{\mathrm{d}C_i}{\mathrm{d}t} = 0$，于是：

$$Q \cdot C_0 - Q \cdot C_i + V \cdot r(C_i) = 0 \qquad (14-8)$$

只要反应速率 $r(C_i)$ 已知，按式（14-8）可求出反应时间 t，且可根据设计流量 Q 求出反应器容积 $V=Q\bar{t}$。

设为一级反应，将 $r(C_i)=-kC_i$ 代入式（14-8）得：

$$Q \cdot C_0 - Q \cdot C_i - V \cdot k \cdot C_i = 0$$

将 $V=Q \cdot \bar{t}$ 代入式（14-8）并经整理得：

$$\bar{t} = \frac{1}{k}\left(\frac{C_0}{C_i} - 1\right) \tag{14-9}$$

式中 $\bar{t}$ 为平均停留时间。求出 $\bar{t}$ 后，反应器体积即可按 $V=Q \cdot \bar{t}$ 求出。

【例 14-2】 采用 CSTR 反应器作为氯化消毒池，条件同【例 14-1】，求细菌去除率达到 99% 时，所需消毒时间为多少？

【解】 $C_i=0.01C_0$，$k=0.92\text{min}^{-1}$，代入式（14-9）：

$$\bar{t} = \frac{1}{k}\left(\frac{C_0}{C_i} - 1\right)$$

$$t = \frac{1}{0.92}\left(\frac{C_0}{0.01C_0} - 1\right) = 107.6\text{min}$$

对比【例 14-1】和【例 14-2】可知，采用 CSTR 型反应器所需氯消毒时间几乎是 CMB 型反应器所需消毒时间的 21.5 倍。这是由于 CSTR 反应器仅仅是在细菌浓度为最终浓度 $C_i=0.01C_0$ 下进行反应，反应速度很低。而在 CMB 反应器内，开始反应时，反应器内细菌浓度很高（C_0），相应的反应速度很快；随着反应的进行，细菌浓度逐渐减小，反应速度也随之逐渐减低。直至反应结束时，才和 CSTR 的整个反应时间内的低反应速度一样。

应当注意的是，采用间歇式反应器（CMB）尽管反应速度较 CSTR 型快得多，但用于实际生产上时，必须有投料和卸料时间。因此，在处理相同流量时，实际生产上不能简单地认为在上例中 CMB 反应器的容积可比 CSTR 型小 21.5 倍。

如果采用多个体积相等的 CSTR 型反应器串联使用，则第 2 只反应器的输入物料浓度即为第 1 只反应器的输出物料浓度，以此类推。

$$\xrightarrow{C_0} \boxed{1} \xrightarrow{C_1} \boxed{2} \xrightarrow{C_2} \boxed{3} \longrightarrow \cdots \cdots \xrightarrow{C_{n-1}} \boxed{n} \xrightarrow{C_n}$$

设为一级反应，按式（14-9）每只反应器可写出如下公式：

$$\frac{C_1}{C_0} = \frac{1}{1+k\bar{t}}; \frac{C_2}{C_1} = \frac{1}{1+k\bar{t}}; \cdots; \frac{C_n}{C_{n-1}} = \frac{1}{1+k\bar{t}}$$

所有公式左边和右边分别相乘：

$$\frac{C_1}{C_0} \cdot \frac{C_2}{C_1} \cdot \frac{C_3}{C_2} \cdots \cdot \frac{C_n}{C_{n-1}} = \frac{1}{1+k\bar{t}} \cdot \frac{1}{1+k\bar{t}} \cdot \frac{1}{1+k\bar{t}} \cdots \cdot \frac{1}{1+k\bar{t}}$$

$$\frac{C_n}{C_0} = \left(\frac{1}{1+k\bar{t}}\right)^n \tag{14-10}$$

式中 $\bar{t}$ 为单个反应器的反应时间。总反应时间 $\bar{T}=n\bar{t}$。

【例 14-3】 在【例 14-2】中若采用 2 个 CSTR 反应器串联，求所需消毒时间为多少？

【解】
$$\frac{C_n}{C_0} = 0.01, n=2; \quad 0.01 = \left(\frac{1}{1+0.92\bar{t}}\right)^2$$

$$\bar{t} = 9.8\text{min}; \quad \bar{T} = 2\bar{t} = 2 \times 9.8 = 19.6\text{min}$$

由此可知，采用 2 个 CSTR 反应器串联，所需消毒时间比 1 个反应器大大缩短。串联的反应器数越多，所需反应时间越短，理论上，当串联的反应器数 $n \to \infty$ 时，所需反应时间将趋近于 CMB 型和 PF 型的反应时间。实际上，当 $n=8$ 时，根据公式（14-10）和 $\bar{T}=n\bar{t}$ 所算出的消毒时间为 6.2min，与 CMB 型反应器已相当接近。其原因是第 1 个反应器是在 C_1 接近于 C_0 的高浓度下进行反应，反应速度最快，而后浓度逐渐降低，反应速度才逐渐降低。当然，生产上，串联数太多，也会造成结构和操作的复杂化。在水处理中，串联的机械絮凝池即可按串联的 CSTR 型反应器考虑。

（3）推流型反应器

图 14-1（c）为理想的推流型反应器。反应器内的物料仅以相同流速平行流动，而无扩散作用。物料浓度在垂直于液流方向完全均匀，而沿着液流方向将发生变化。这种流型唯一的质量传递就是平行流动的主流传递。设反应器长度为 L，水平流速为 v，液流截面积为 ω，进口物料浓度为 C_0，出口浓度为 C_e（图 14-2）。现取长为 $\mathrm{d}x$ 的微元体积 $\omega \cdot \mathrm{d}x$ 列物料平衡式：

$$\omega \mathrm{d}x \frac{\mathrm{d}C_i}{\mathrm{d}t} = \omega \cdot v \cdot C_i - \omega \cdot v(C_i + \mathrm{d}C_i) + r(C_i) \cdot \omega \cdot \mathrm{d}x \tag{14-11}$$

在稳定状态下，沿液流方向各断面处的物料浓度 C_i 不随时间而变，即 $\frac{\mathrm{d}C_i}{\mathrm{d}t} = 0$，式（14-11）可简化为：

$$v \frac{\mathrm{d}C_i}{\mathrm{d}x} = r(C_i) \tag{14-12}$$

按边界条件 $x=0$，$C_i=C_0$；$x=x$，$C_i=C_1$；积分式（14-12）得：

$$t = \frac{x}{v} = \int_{C_0}^{C_1} \frac{\mathrm{d}C_i}{r(C_i)} \tag{14-13}$$

式（14-13）和式（14-4）完全相同。把反应动力学方程代入式（14-13），所得反应时间公式和式（14-5）及式（14-6）也完全相同。这是因为：在推流型反应器的起端（或开始阶段），物料是在 C_0 的高浓度下进行反应，反应速度很快。沿着液流方向，随着流程增加（或反应时间的延续），物料浓度逐渐降低，反应速度也随之逐渐减小。这与间歇式反应器内的反应过程是完全一样的。但它优于间歇式反应器的在于：间歇式反应器除了反应时间以外，还需考虑投料和卸料时间，而推流型反应器为连续操作。

推流型反应器在水处理中较广泛地用作水处理构筑物或设备的分析模型。如絮凝池及氯化消毒接触池就接近于 PF 型反应器，但需考虑纵向分散作用，见"纵向分散模型"。表 14-2 列出 3 种理想反应器在不同反应级数时的平均停留时间。

理想反应器的物质在不同反应级时的平均停留时间　　　　表 14-2

反应级	平均停留时间 t		
	CMB 型	PF 型	CSTR 型
0	$\frac{1}{k}(C_0 - C_i)$	$\frac{1}{k}(C_0 - C_i)$	$\frac{1}{k}(C_0 - C_i)$
1	$\frac{1}{k}\ln\frac{C_0}{C_i}$	$\frac{1}{k}\ln\frac{C_0}{C_i}$	$\frac{1}{k}\left(\frac{C_0}{C_i} - 1\right)$

续表

反应级	平均停留时间 t		
	CMB 型	PF 型	CSTR 型
2	$\dfrac{1}{kC_0}\left(\dfrac{C_0}{C_i}-1\right)$	$\dfrac{1}{kC_0}\left(\dfrac{C_0}{C_i}-1\right)$	$\dfrac{1}{kC_i}\left(\dfrac{C_0}{C_i}-1\right)$
$n(n\neq1)$	$\dfrac{1}{k(n-1)C_0^{n-1}}\left[\left(\dfrac{C_0}{C_i}\right)^{n-1}-1\right]$	$\dfrac{1}{k(n-1)\cdot C_0^{n-1}}\left[\left(\dfrac{C_0}{C_i}\right)^{n-1}-1\right]$	$\dfrac{1}{kC_i^{n-1}}\left(\dfrac{C_0}{C_i}-1\right)$

注：C_0 为进口物料浓度；C_i 为平均停留时间 t 时的物料浓度；k 为反应速率常数。

14.3.3 非理想反应器

（1）一般概念

在连续流动的反应器中，PF 型和 CSTR 型反应器是两种极端的、假想的流型，虽然有些设备接近于上述两种理想流型，但实际生产设备总要偏离理想状态，即介于两种理想流型之间。在 PF 型反应器内，液流以相同流速平行流动，物料浓度在垂直于流动方向完全混合均匀，但沿流动方向绝无混合现象，物料浓度在纵向（即流动方向）形成浓度梯度。而在 CSTR 型反应器内，物料完全均匀混合，无论进口端还是出口端，浓度都相同。图 14-3 表示两种理想反应器自进口端至出口端的浓度分布情况。

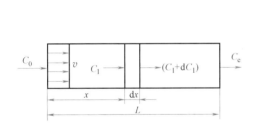

图 14-2　推流型反应器内物料浓度变化

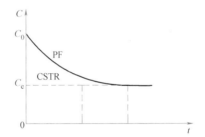

图 14-3　理想反应器中浓度分布

由图 14-3 可知，PF 型反应器在进口端是在高浓度 C_0 下进行反应，反应速率高，只是在出口端才在低浓度 C_e 下进行反应。而 CSTR 型始终在低浓度 C_e 下进行反应，故反应器始终处于低反应速率下操作，这就是 CSTR 型反应器生产能力低于 PF 型的原因。读者也许会问，间歇式搅拌反应器（CMB）同样在搅拌混合下操作，为什么反应速率和 PF 相同？对此，前文已有叙述，在此再补充说明一下。在 CMB 和 CSTR 反应器内的混合是两种不同的混合。前者是同时进入反应器又同时流出反应器的相同物料之间的混合，所有物料在反应器内停留时间相同；后者是在不同时间进入反应器又在不同时间流出反应器的物料之间的混合，物料在反应器内停留时间各不相同，理论上，反应器内物料的停留时间由 $0\rightarrow\infty$。这种停留时间不同的物料之间混合，在化学反应工程上称之为"返混"。显然，在 PF 反应器内，是不存在返混现象的。造成返混的原因，主要是环流、对流、短流、流速不均匀、设备中存在死角以及物质扩散等。返混不但对反应过程造成不同程度的影响，更重要的是在反应器工程放大中将会产生很大偏差。

由于返混程度不同，将引起物料在反应器内停留时间分布不同，而返混程度又是衡量实际反应器偏离理想条件的一种尺度。因而，利用停留时间分布来判断设备的流型究竟是接近于 PF 型还是 CSTR 型，自然是一种合理而又简便的方法。可以做这样一个实验：设反应器容积为 V，通过的流量为 Q。在反应器进口端把示踪剂瞬间投入反应器（进口脉冲信号），同时在出口端测定该示踪剂的浓度（出口响应），然后以出口示踪剂浓度为纵坐标，以时间为横坐标，可绘出图 14-4 所示曲线。如果是 PF 型反应器，则全部示踪剂将在反应器内经过 $\bar{t}=V/Q$（平均停留时间）后，同时流出反应器。如果是 CSTR 反应器，示踪剂在时间为零时，因产生瞬间混合而有一个较高的初始浓度，随后由于非示踪物连续流入而逐渐稀释了示踪剂，故曲线连续下降。这是两种极端情况。绝大部分则介于两者之间。即极少一部分示踪剂直接从进口直达出口，绝大部分在反应器内停留一段时间后才出口，还有很少一部分在反应器内停留时间较长，如图 14-4（c）所示。

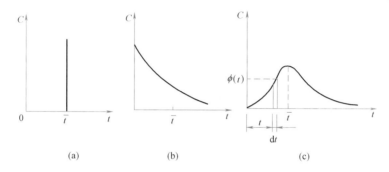

图 14-4　出口示踪剂浓度与时间关系
（a）PF 型；（b）CSTR 型；（c）非理想流型

由图 14-4（c）可知，一部分物料在反应器内实际停留时间小于平均停留时间 $\bar{t}$，另一部分则大于 $\bar{t}$，由此形成了停留时间分布。如果仅仅只要定性了解设备的返混情况，上述实验已可说明问题。若要作进一步了解，可根据实验曲线进行数学分析，求得停留时间分布函数，进而判断实际反应器偏离理想反应器的程度，并可应用于推求纵向扩散模型的扩散系数。停留时间分布函数的推求请参阅其他有关书籍，这里从略。

（2）纵向分散模型（PFD 型）

实际反应器总是介于 PF 型和 CSTR 型之间。纵向分散模型的基本设想就是在推流型基础上加上一个纵向（或称轴向）混合。而这种混合又设想为由一种扩散所引起，其中既包括分子扩散、紊流扩散，又包括短流、环流、流速不均匀等。很显然，这种扩散实际上是一种综合的、虚拟的扩散。只要这种模型与实际所研究的对象基本等效，就不必去深究扩散机理及其他细节，用类似分子扩散方程，以纵向分散系数 D_1 来表征它的特性：

$$J_1 = -D_1 \frac{\mathrm{d}C_i}{\mathrm{d}x} \qquad (14-14)$$

式中 J_1 称纵向分散通量，D_1 为纵向分散系数，其他符号同式（14-2）。该模型假定：在垂直液流方向上，浓度完全均匀。因而该模型的质量传递就是液体主流和纵向分散。图 14-5 是纵向分散模型示意。它与 PF 型类似，只是在质量传递上多了一项纵向分散量。

设反应器长为 L，断面积为 ω。液体以均匀流速 v 流动。物料仅在纵向存在浓度梯度，在垂直液流方向上完全均匀混合。在图中取出一个微元长度 Δx，列出微元体物料衡算式：

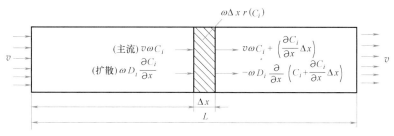

图 14-5 纵向分散模型（PFD 型）

单位时间物料输入量：$v \cdot \omega \cdot C_i + \omega\left(-D_1 \dfrac{\partial C_i}{\partial x}\right)$

单位时间物料输出量：$v \cdot \omega\left(C_i + \dfrac{\partial C_i}{\partial x} \cdot \Delta x\right) + \omega \cdot \left[-D_1 \cdot \dfrac{\partial}{\partial x}\left(C_i + \dfrac{\partial C_i}{\partial x} \cdot \Delta x\right)\right]$

单位时间化学反应量：$\omega \cdot \Delta x \cdot r(C_i)$

单位时间微元体内物料变化量：$\omega \cdot \Delta x \cdot \dfrac{\partial C_i}{\partial t}$

将上列各项代入物料衡算式并经整理可得：

$$\frac{\partial C_1}{\partial t} = D_1 \cdot \frac{\partial^2 C_i}{\partial x^2} - v \cdot \frac{\partial C_i}{\partial x} + r(C_1) \tag{14-15}$$

在稳定状态下，$\dfrac{\partial C_i}{\partial t} = 0$，上式变为：

$$v \frac{\partial C_i}{\partial x} = D_1 \cdot \frac{\partial^2 C_i}{\partial x^2} + r(C_i) \tag{14-16}$$

式（14-16）与式（14-12）的唯一区别是多了一个分散项。如果通过停留时间分布实验并进行数学分析求得 D_1，在反应动力学方程 $r(C_i)$ 已知情况下，式（14-15）或式（14-16）即可求解。由此可知，如果不存在纵向分散，即 $D_1 = 0$，就得到理想 PF 型反应器的数学式。当 $D_1 \to \infty$ 时，$\partial C_i/\partial x \to 0$，即不存在浓度梯度，反应器就接近于 CSTR 型。因此，纵向分散模型介于 CSTR 型和 PF 型之间。在水处理中，沉淀池、氯消毒池、生物滤池、冷却塔等，均可作为 PFD 型反应器来进行研究。

思考题与习题

1. 水中杂质按尺寸大小可分成几类？了解各类杂质主要来源、特点。

2. 概略叙述我国天然地表水源和地下水源的水质特点。

3. 了解《生活饮用水卫生标准》中各项指标的意义。

4. 反应器原理用于水处理有何作用和特点？

5. 3 种理想反应器的假定条件是什么？研究理想反应器对水处理设备的设计和操作有何作用？

6. 为什么串联的 CSTR 型反应器比同容积的单个 CSTR 型反应器效果好？

7. 混合与返混在概念上有何区别？返混是如何造成的？

8. PF 型和 CMB 型反应器为什么效果相同？两者优缺点比较。

9. 3 种理想反应器的容积或物料停留时间如何求得？试写出不同反应级数下 3 种理想反应器内物料

的平均停留时间公式。

    10. 何谓"纵向分散模型"？纵向分散模型对水处理设备的分析研究有何作用？

    11. 在实验室内做氯消毒试验。已知细菌被灭活速率为一级反应，且 $k = 0.85\text{min}^{-1}$。求细菌被灭 99.5％时，所需消毒时间为多少分钟？

    12. 设物料分别通过 CSTR 型和 PF 型反应器进行反应后，进水和出水中物料浓度之比均为 $C_0 / C_e = 10$，且属一级反应，$k = 2\text{h}^{-1}$。求水流在 CSTR 型和 PF 型反应器内各需多少停留时间？ （注：C_0——进水中物料初始浓度；C_e——出水中物料浓度）

    13. 题 12 中若采用 4 只 CSTR 型反应器串联，其余条件同上。求串联后水流总停留时间为多少？

    14. 液体中物料浓度为 200mg/L，经过 2 个串联的 CSTR 型反应器后，物料浓度降至 20mg/L。液体流量为 5000m³/h；反应级数为 1；速率常数为 0.8h^{-1}。求每个反应器的体积和总反应时间。

第15章 预 处 理

在常规处理工艺前面采用具有针对性去除对象的物理、化学和生物处理方法称为预处理，该工艺过程可以减轻后续处理构筑物对水中浑浊度、有机物、氨、藻类等污染物的去除负荷。预处理单元置于常规处理工艺之前，常用的原水预处理方法包括：高浊度水的预处理；微污染原水的化学预氧化、生物预处理和粉末活性炭（PAC）吸附法等。

15.1 高浊度水的预处理

高浊度水主要指流经黄土高原的黄河干流和支流的河水，水体含砂量较高，在沉降过程中形成界面沉降特征。其水质含砂量高到难以用浑浊度单位"NTU"来表述，工程上往往以单位体积的含砂量（kg/m^3）来测定。水中含砂量变化大和暴雨有关，即与汛期有关。

天然高浊度水的沉降可分为自由沉降、絮凝沉降、界面沉降和压缩沉降等四种类型。当含砂量较低（$6kg/m^3$ 以下）且泥砂颗粒组成较粗时，一般具有自由沉降的性质；当含砂量较高（$6kg/m^3$ 以上，$15\sim20kg/m^3$ 以下）且泥砂颗粒较细时，由于细小泥砂颗粒独特的电化学特性产生的自然絮凝作用，其影响因素为紊动、矿物组成、含盐量、温度、有机质含量、含砂量大小、粒度、沉降历时等，从而形成絮凝沉降；当含砂量更高时（>$15kg/m^3$ 以上时），细颗粒泥砂因强烈的絮凝作用而互相约束，形成浑水层。浑水层以同一平均速度整体下沉，并产生明显的清-浑水界面，此类沉降称界面沉降。组成浑水层的细颗粒泥砂称为稳定泥砂，其粒径范围随含砂量的升高而加大；原水含砂量继续增大，泥砂颗粒便进一步聚结为空间网状结构，黏性也急剧增高。此时颗粒在沉降中不再因粒径不同而分选，而是粗、细颗粒共同组成一个均匀的体系而压缩脱水下沉，称为压缩沉降。

当原水含砂量和浑浊度高时，宜采取预沉处理。预沉方式的选择，应根据原水含砂量及其粒径组成、砂峰持续时间、排泥要求、处理水量和水质要求等因素，结合地形条件采用沉砂、自然沉淀或凝聚沉淀。预沉处理的设计，水的含砂量应通过对设计典型年砂峰曲线的分析，结合避砂蓄水设施的设置条件，合理选取。高浊度水预处理的工艺可分为两类。一类是在条件允许的情况下，设置浑水调节水库作为天然预沉池，原水经取水设施进入预沉水库，进行自然沉淀，以去除大量泥砂。预沉水库的沉淀时间较长，一般都以天为单位，所以在设计时对流速等参数均不控制，而常按事故调蓄水量的要求确定。预沉水库的设计库容，除包括沉淀过程所需容积、积泥体积和事故调节水量容积外，还应考虑渗漏和蒸发所消耗的容积。预沉水库一般可采用吸泥船作为排泥设施。

另一类是在用地条件受限制时，采用絮凝沉淀作为沉砂的预处理，常见的辐流式沉淀（砂）池、有平流沉淀（砂）池、水力旋流沉砂池、斜板（管）沉淀池、机械搅拌澄清池等，但必须对普通池型做适当改变，以解决大量泥砂的沉积、浓缩和排除。

15.1.1 辐流式沉淀（砂）池

辐流式沉淀池是一种池深较浅的圆形构筑物。原水自池中心进入，沿径向以逐渐变小的速度流向周边，在池内完成沉淀过程后，通过周边集水装置流出，如图 15-1 所示。沉淀池直径 30～100m，周边水深 2.4～2.7m，池底最小坡度不小于 0.05，沉淀时间不少于 2～3h。可以采用自然沉淀，也可投加聚丙烯酰胺作絮凝沉降。沉淀池可采用机械排泥，也可采用人工排泥。

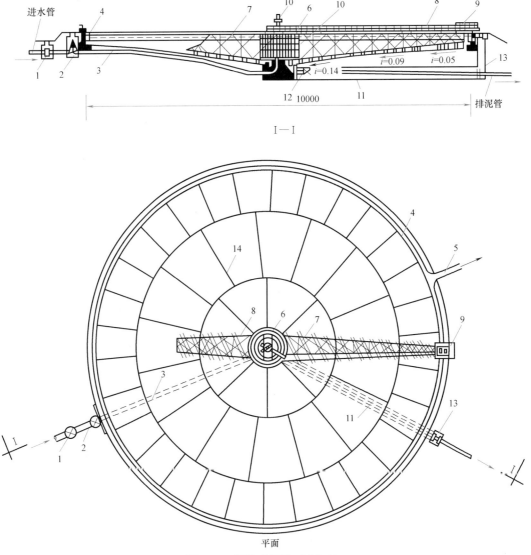

图 15-1 辐流式沉淀（砂）池

1—进水计量表；2—进水闸门；3—进水管；4—池周集水槽；5—出水槽；6、7、8—转动桁架；9—牵引小车；10—圆筒形配水罩；11—排泥管廊；12—排泥闸门；13—排泥计量表；14—池底伸缩缝

15.1.2 平流式沉淀（砂）池

平流式沉淀（砂）池如图 15-2 所示，一般沉淀时间 15～30min，水平流速 20mm/s。该池型池长较短，进水端需设水流扩散过渡段，使进水分配均匀。

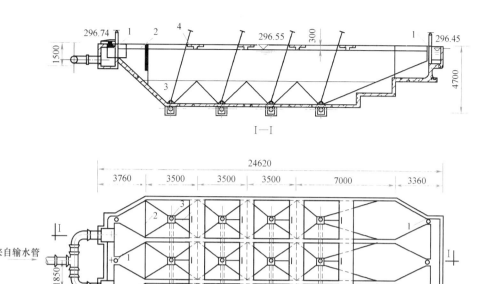

图 15-2 50000m³/d 平流沉砂池

1—提板闸；2—格栅；3—池底阀门；4—阀杆；5—检查井

15.1.3 水力旋流沉砂池

水力旋流沉砂池多用于小型预沉池布置，详见图 15-3。其利用水在容器内强烈旋转，使泥砂汇集中心而沉降除去。水力旋流沉砂池构造简单，水头损失较小但池体较高，喷嘴出口略向下偏转约 3°，池内壁要求光滑以利旋流除砂。停池时彻底清扫，以免泥砂沉积压实堵塞。

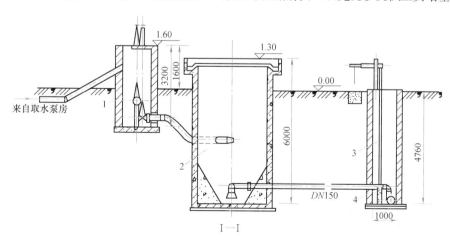

图 15-3 3000m³/d 水力旋流沉砂池（一）

1—气水分离井；2—旋流沉砂池；3—排砂井；4—阀门

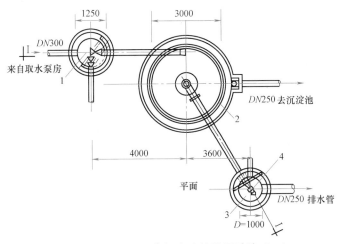

图 15-3   3000m³/d 水力旋流沉砂池（二）
1—气水分离井；2—旋流沉砂池；3—排砂井；4—阀门

15.2   微污染原水的化学预氧化

通过向水中投加化学氧化剂去除水中有机物的方法称为化学氧化法。常用的氧化剂有氯、臭氧、二氧化氯、高锰酸钾、高铁酸钾及其复合药剂等。其中，氯、臭氧、二氧化氯等，既是氧化剂，又是消毒剂。作为预处理用氧化剂，去除的对象主要是水中有机污染物和某些还原性无机物，以及微生物与藻类等。

15.2.1   氯预氧化

氯是一种经济有效的消毒剂和氧化剂，其在水中的氧化还原电位为 $E^0 = 1.36V$。在常规处理前投加氯，称预氯化，是自来水厂广泛应用的一种预氧化技术。预氯化能氧化某些有机物从而降低水中有机污染物浓度，具有控制微生物和藻类在取水管道中繁殖及其在水处理构筑物上生长的作用，并具有助凝效果。地下水中呈溶解态的二价铁、锰可经氯氧化为氢氧化铁和二氧化锰沉淀物，在后续处理工艺中去除。但当原水中有机污染物含量高时，氯与腐殖质主要是腐殖酸和富里酸有机物反应生成三卤甲烷（THMs）和卤乙酸（HAA）等对人体健康有危害作用的氯化消毒副产物。当原水中藻类腐烂时，藻的代谢产物就会释放出来，特别是蓝绿藻产生的酚类化合物。与氯反应会生成氯酚嗅味物质。氯可氧化水中部分含氮有机化合物而产生有毒有害的有机氯胺和含氮消毒副产物等。

《室外给水设计标准》GB 50013—2018 中指出，处理水加氯后，三卤甲烷等消毒副产物的生成量与前体物浓度、加氯量、接触时间成正相关。研究表明，在预沉池之前加氯，三卤甲烷等生成量最高；快速混合池次之；絮凝池再次；混凝沉淀池后更少。三卤甲烷等生成量还与氯碳比值成正比；加氯量大、游离性余氯量高则三卤甲烷等浓度也高。为了减少消毒副产物的生成量，氯预氧化的加氯点和加氯量以及反应时间等参数应合理确定。然而，氯具有较强的杀藻功能并可去除藻毒素，对于湖、库水源藻类暴发和嗅味严重时，可在取水口加氯，一般投加量控制在 0.5mg/L 左右，既可有效杀灭藻类，又可使氯化副产物控制在一定范围内。实践证明，氯杀藻的效果最明显。

15.2.2 二氧化氯预氧化

二氧化氯如果在常规处理前投加，即作为预氧化剂。二氧化氯一般与水中有机物有选择性的进行反应，在水中的标准氧化还原电位 $E^0 = 1.50V$，能氧化不饱和键及芳香族化合物的侧链。用二氧化氯处理受酚类化合物污染的水可以避免形成氯酚嗅味。二氧化氯具有良好的除藻性能，水中一些藻类的代谢产物也能被二氧化氯氧化。

对于无机物，水中少量的 S^{2-}、NO_2^- 和 CN^- 等有毒有害还原性酸根，均可被 ClO_2 氧化去除；二氧化氯可以将水中铁、锰氧化，对络合态的铁锰也有很好的去除效果。

二氧化氯预氧化的优点是生成的 THMs 类物质几乎可以忽略不计。但是二氧化氯预氧化也会产生有毒副产物（亚氯酸盐和氯酸盐），因此需要限制二氧化氯投加量最大在 $0.5 \sim 0.7mg/L$。二氧化氯预氧化一般适用于小型水厂。

15.2.3 高锰酸钾预氧化

高锰酸钾具有去除水中有机污染物、除色、除嗅、除味、除铁、除锰、除藻等功能，并具有助凝作用。高锰酸钾去除水中有机物的作用机理较为复杂，既有高锰酸钾的直接氧化作用，也有高锰酸钾在反应过程中形成的新生态水合二氧化锰对有机物的吸附和催化氧化作用。高锰酸钾氧化有机物受水的 pH 影响较大。在酸性条件下，高锰酸钾氧化能力较强（pH 极低时，E^0 可达 1.69V）；在中性条件下，氧化能力较弱（pH=7.0 时，$E^0 = 1.14V$）；在碱性条件下，氧化能力有所提高，有的人认为可能是由于某种自由基生成的结果。pH 增高，高锰酸钾氧化速度加快，投加量可适当减少。

高锰酸钾投加量取决于原水水质。研究资料表明，用于去除有机微污染物、藻和控制嗅味的投加量可为 $0.5 \sim 2.5mg/L$，投加量最大不超过 $3mg/L$，以免水的颜色发生变化。投加适量高锰酸钾亦可除锰，但过量投加反而会引起锰含量更高。例如某水厂，季节性锰超标，投加 $0.5mg/L$ 高锰酸钾除锰，效果很好，但超过此投加量，就会导致锰含量超标。其投加量应精确控制，须通过烧杯搅拌试验确定。高锰酸钾宜采用湿式投加，投加溶液浓度宜为 $1\% \sim 4\%$。用计量泵投加到管道中与待处理水混合，超过 5% 的高锰酸钾溶液易在管路中结晶沉积。

高锰酸钾投加点可设在取水口，当在水处理工艺流程中投加时，先于其他水处理药剂投加的时间不宜少于 3min；经过高锰酸钾预氧化的水应通过砂滤池过滤，以滤除所生成的二氧化锰，否则出厂水中会增加色度。

投加在取水口的高锰酸钾经过与原水充分混合反应后，再投加氯或粉末活性炭等。高锰酸钾预氧化后再加氯，可降低水的致突变性。高锰酸钾与粉末活性炭混合投加时，高锰酸钾用量将会升高。如果需要在水厂内投加，高锰酸钾投加点可设在快速混合之前，与其他水处理剂投加点之间宜有 $3 \sim 5min$ 的间隔时间。高锰酸钾系强氧化剂，其固体粉尘聚集后容易爆炸。

高锰酸钾复合药剂是以高锰酸钾为核心，由多种组分复合而成，可充分发挥高锰酸钾与复合药剂中其他组分的协同作用，强化除污染效能。

高锰酸钾使用方便，目前在给水处理中已多有应用，也有很多水厂作为应急处理储备药剂。但高锰酸钾在 pH 为中性条件下，氧化能力较差，且具有选择性。若过量投加高锰酸钾，处理后的水会有颜色，因此投加量不易控制。

高铁酸钾（K_2FeO_4）是一种具有很强氧化能力的氧化剂，含正六价铁，在水中的标

准氧化还原电位 $E^0 = 2.20V$，远高于高锰酸钾。高铁酸钾在 pH 为中性条件下，对水中有机污染物、色、嗅、味及藻类等均有很好的去除效果。六价铁被还原后生成三价铁，形成 $Fe(OH)_3$ 沉淀，通过共沉淀和吸附的作用起到絮凝剂的作用。高铁酸钾在水处理中具有发展应用前景。但目前高铁酸钾制备难度较大，成本较高，易分解，尚需进一步研究。

15.2.4 臭氧预氧化

臭氧是氧的同素异形体，在常温下是一种有特殊臭味的淡蓝色气体，有强烈刺激性、氧化性很强。常用的生产臭氧的技术为电解、核辐射、紫外线、等离子体、电晕放电法等。水处理中往往以纯氧或空气作为氧源，臭氧发生器通过放电氧化产生臭氧。

臭氧投加在混凝—沉淀之前称为臭氧预氧化（简称预臭氧）。随着水污染问题的加剧和臭氧化研究的不断深入，臭氧化技术在水质净化中的作用已更多的得到国内、外的关注和重视。臭氧与水中污染物反应有两种途径，一种是直接氧化或称直接反应，指臭氧分子直接和污染物的反应，主要有氧化还原反应、亲电取代反应详见式（15-1）、环加成反应详见式（15-2）等，臭氧分子对水中的有机污染物直接氧化，通常具有一定选择性，由于臭氧的偶极结构，臭氧分子只能与水中含有不饱和键的有机污染物反应导致键的断裂或与无机成分作用。臭氧可以与水中多种污染物发生这种缓慢反应，且对有机物氧化不彻底。另一种途径是间接氧化或称间接反应，指利用臭氧自行分解（或是其他的直接反应）产生的羟基自由基（OH·）和污染物的反应，这是因为臭氧分子中氧原子具有强亲电子或亲质子性，臭氧分解后产生新生态氧原子，在水中可形成具有强氧化作用基团-羟基自由基，OH·氧化能力很强，可以与水中大部分有机物（以及部分无机物）发生反应，具有反应速率快、无选择性等特点。碱性条件下臭氧在水体中分解后产生氧化性很强的羟基自由基等中间产物，因此当水中 pH 高于 7 时，以间接反应为主，有利于臭氧氧化，能够使许多有机物彻底氧化矿化生成 CO_2 和 H_2O。但难以达到全部矿化，可以将大分子的有机物氧化分解为小分子的有机物，以利于后续处理工艺的生物降解。一般 O_3 自行分解产生的 OH·量有限，只有与其他物理、化学方法配合，方可产生较多的 OH·。

$$\text{（15-1）}$$

$$\text{（15-2）}$$

O_3 在水中的标准氧化还原电位 $E^0 = 2.07V$，氧化能力强，能氧化大部分有机物，可降低水中三卤甲烷生成潜能（THMFP），但对水中已经形成的三氯甲烷没有去除作用。O_3 分解产物为 O_2，有助于提高水中溶解氧浓度。预臭氧能氧化水中的一些大分子天然有机物，如腐殖酸、富里酸等。水中的色度和嗅味大多与有机物有关，预臭氧可以通过与不饱和基团的反应，破坏带双键和芳香环的致色有机物的结构，从而去除水中色度。预臭氧可以将水中的溶解性铁、锰氧化为高价离子，从而使之易于被后续水处理工艺去除。预臭氧可以溶裂藻细胞，杀死藻类，并使死亡的藻类易被后续工艺去除，同时还可有效氧化去除水中的藻嗅化合物和藻毒素。预臭氧可以增加水中含氧官能团有机物（如羧酸等），使其与金属盐水解产物、钙盐等形成聚合体，降低颗粒表面静电作用，使颗粒更容易脱稳、沉淀，改善混凝条件，发挥助凝作用。预臭氧还可替代或减少前加氯以降低氯化消毒副产物。但臭氧除藻，一般需要的投加量较大，不及氯的效果。

目前，臭氧预氧化在微污染水源的自来水厂应用越来越普遍。臭氧氧化工艺设施的设计应包括气源装置、臭氧发生装置、臭氧气体输送管道、臭氧接触池和预臭氧池顶部设置的尾气破坏器等。位于常规处理的混凝、沉淀（澄清）之前的预臭氧接触池布置方式详见图 15-4。臭氧接触池的个数或能够单独排空的分格数不宜少于 2 个。臭氧接触池设计水深宜采用 4～6m。水流应采用竖向流，并应设置竖向导流隔板将接触池分成若干区格。导流隔板间净距不宜小于 0.8m，隔板顶部和底部应设置通气孔和流水孔。接触池出水宜采用薄壁堰跌水出流。臭氧接触池应全密闭，池顶部应设置臭氧尾气收集管和排放管以及自动双向压力平衡阀，池内水面与池内顶宜保持 0.5～0.7m 距离，接触池入口和出口处应采取防止接触池顶部空间内臭氧尾气进入上、下游构筑物的措施。接触池出水端水面处宜设置浮渣排除管道。

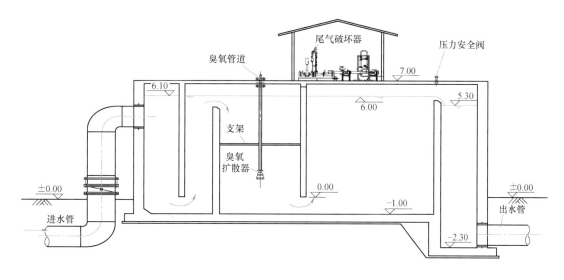

图 15-4 预臭氧接触池布置图

臭氧投加量宜根据待处理水的水质状况并结合试验结果确定，也可参照相似水质条件下的经验选用。一般，预臭氧投加量为 0.5～1.0mg/L，接触反应时间为 2～5min。臭氧的投加方式，应通过水射器抽吸臭氧气体后注入设于接触池进水管上的静态混合器（专用的臭氧管道混合器），或经设在接触池的射流扩散器直接注入接触池内。由于进入预臭氧池中的水为原水，因此常采用射流扩散器，其形状宜为弧角矩形或圆形，扩散器应设于该反应区格的平面中心。

为防止臭氧扩散装置被原水中的杂质堵塞，需外部提供部分动力水来与臭氧混合，以提高臭氧的投加输送效率。抽吸臭氧气体的水射器所用动力水，可采用沉淀（澄清）后、过滤后或水厂自用水，不宜采用原水，投加臭氧的动力水应设置专用增压泵供给。

与臭氧气体或溶解有臭氧的水体接触的材料应耐臭氧腐蚀。输送臭氧气体的管道直径应满足最大输气量的要求，管道设计流速不宜大于 15m/s，管材采用 316L 不锈钢。

以上所介绍的几种化学预氧化法处理后，原水中分子量大于 30kDa 的大分子有机物的含量明显减少。虽然对水中有机污染物有氧化去除能力，但氧化能力均有一定限度，且有不同的选择性。预氧化会将大分子有机物氧化分解成小分子有机物，如臭氧预氧化后，小分子有机物含量增加最多（有利于后续处理构筑物的生物降解）。而不能全部彻底矿化，即不会全部矿化变成二氧化碳和水。因而，有时候预氧化后，出水的致突变活性反而有所增加。

鉴于化学氧化法的局限性，人们便研究了高级氧化法。所谓高级氧化法（Advanced Oxidation Processes，AOP）是指采用物理或化学方法的诱导使水中产生羟基自由基（OH·）等的氧化。OH· 是极强的氧化剂，标准氧化还原电位 $E^0 = 2.80V$，且无选择性，可使水中许多有机物彻底矿化。诱发 OH· 产生有多种方法。例如，采用紫外光照射的光激发氧化法（UV/H_2O_2）；采用紫外光（UV）照射并以 TiO_2 作为催化剂的光催化氧化法（TiO_2/UV）；向水中投加臭氧（O_3）或 H_2O_2，同时采用超声（US）和紫外（UV）联合辐照的光声氧化法（US/UV）；H_2O_2 和 Fe^{2+} 反应的 Fenton 试剂法（H_2O_2/Fe^{2+}）等，均可产生 OH·；电化学方法生成 OH·；采用各种方法激活过硫酸盐，除了产生硫酸根自由基外，在适宜的 pH 条件下亦可产生 OH·。高级氧化法一般用于生活饮用水的深度净化，但目前尚未在城市给水中应用。影响 OH· 产率的因素较多，如何提高 OH· 产率并付诸生产应用，尚需继续深入研究。

15.3 生物预处理

当水源水中氨含量较高，或同时存在可生物降解有机污染物或藻类含量很高时，可采用生物预处理。氨是微污染原水中的主要污染物之一，氨的存在增加了氯的消耗量，间接导致消毒副产物的生成量增加，残留氨则会促进管网中硝化细菌的增殖，目前去除原水中的氨的最佳工艺是生物处理法，此法原用于污水处理，且有近百年历史。由于近些年来水源氨和有机物污染日益严重。生物处理法便应用到给水处理领域。微污染水源的预处理采用好氧生物处理，即生物膜法，当水中有足够的溶解氧时，利用好氧微生物的生命代谢活动去除水中氨和有机物，主要包括悬浮填料生物接触氧化法、塔式或曝气生物滤池和生物流化床等，曝气生物滤池则兼有降解氨和去除有机物以及固液分离作用，其基本理论和处理方法与污水处理相同。由于微污染水源中氨和有机物浓度相比于污水都低得多，故主要靠贫营养型微生物在足够的充氧条件下，不断与来水中的氨和有机物接触，通过其自身生命代谢活动（氧化、还原、合成、分解）等过程，充分发挥微生物的絮凝、吸附、硝化和生物降解作用，使水中氨和有机物得以转化和去除。

微污染原水中的含氮有机物，在微生物作用下可逐步生物降解生成 NH_3 和 NH_4^+，生物预处理就是在悬浮填料生物接触氧化池中创造富集好氧微生物的有利条件，在亚硝化杆菌和硝化杆菌的作用下进一步硝化合成 NO_2^- 和 NO_3^-，最后完成有机物的无机化过程，详见式（15-3）和式（15-4）。

$$2NH_4^+ + 3O_2 \xrightarrow{\text{亚硝化杆菌}} 2NO_2^- + 4H^+ + 2H_2O + 486 \sim 703kJ（能量） \quad (15-3)$$

$$2NO_2^- + O_2 \xrightarrow{\text{硝化杆菌}} NO_3^- + 129 \sim 175kJ（能量） \quad (15-4)$$

悬浮填料生物接触氧化法主要通过悬浮填料表面生物膜中微生物的新陈代谢活动达到去除氨和有机物的目的。悬浮填料是工艺的核心，其材质由聚乙烯、聚丙烯等塑料或树脂为主，适当添加辅助成分，一般呈球形或圆柱形等规则状，密度一般控制在 0.95～0.98g/cm³，比表面积大，孔隙率高，附着生物量多；按流体力学设计几何构型，填料在水中三维流动力强，如图 15-5 所示。图 15-6 为悬浮填料生物接触氧化池示意图。生物接触氧化池的设计，可采用池底进水、上部出水或一侧进水、另一侧出水等方式。进水配水方式宜采用穿孔花墙，出水方式宜采用三角堰或梯形堰等；水力停留时间宜采用 1～2h，曝气气水比宜为（0.8∶1）～（2∶1）曝气系统可采用穿孔曝气或微孔曝气系统；可布置成单段式或多段式，有效水深宜为 3～5m，多段式宜采用分段曝气；悬浮填料可按池有效体积的 30%～50%投配，并应采取防止填料堆积

的措施。使用相对密度略低于水的悬浮填料，在曝气作用下可达到流化状态，其主要特点为：悬浮填料具有良好的几何构型，微生物生长状态良好，微生物菌群获得较强的含碳有机物的降解能力，使有机物降解效率高。水中氧气和污染物可顺利穿过填料，增加生物膜与氧气和有机污染物的接触，流化状态有利于保持微生物的高活性，

图 15-5　悬浮填料

提高传质效率和充氧效果以及生物降解性能。悬浮填料比表面积较大，可附着大量的微生物，适合硝化菌生长，硝化脱氮效果明显。悬浮填料的密度适中，易流化，水力搅拌能耗不高，且无需反冲洗；操作及维护较简单，在处理池出水端设置栅栏就可以防止填料流失。

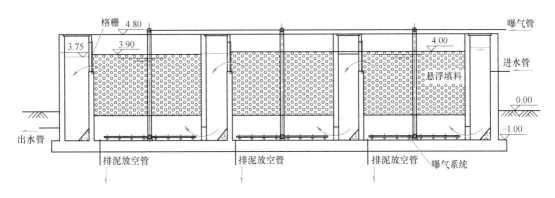

图 15-6　悬浮填料生物接触氧化池示意图

采用生物预处理的主要优点是：运行费用低，对氨去除效果好。主要缺点是：处理效果受温度影响较大。

15.4　粉末活性炭（PAC）预处理

粉末活性炭用于水处理已有数十年的历史，目前仍是水处理常用方法之一，主要用于去除水中的色、嗅、味等有毒有害的各种有机污染物，特别是对汞、铅、铬、锌等无机物

和三氯苯酚、二氯苯酚、农药、THMs前体物和藻类导致的嗅味等均有明显的吸附去除效果，粉末活性炭的吸附机理与颗粒活性炭类同，详见第19章。PAC吸附的主要优点是：设备简单，投资少，应用灵活，对季节性水质变化和突发性水质污染适应能力强。主要缺点是PAC不能再生回用。

PAC通常作为微污染水源的预处理。当取水口距水厂有较长输水管道或渠道时，粉末活性炭的投加设施宜设在取水口处。PAC也可与混凝剂同时投加。投加点的选择，应考虑以下因素：①要保证与水快速、充分的混合；②要保证与水有足够的接触时间。此外，还应考虑PAC与混凝的竞争。例如，混凝、沉淀虽然以去除水的浑浊度为主，但在去除浑浊度的同时，也能部分去除水中有机物，包括部分大分子有机物和被絮凝体所吸附的部分小分子有机物。能被混凝沉淀去除的，尽量不动用PAC，以减少PAC用量。从这个角度考虑，必要时在混凝沉淀后、砂滤前投加PAC最好。但砂滤前投加PAC往往会堵塞滤层，或部分PAC穿透滤层使滤后水变黑。总之，PAC投加点应根据原水水质和水厂处理工艺及构筑物布置慎重选择。研究结果表明，PAC投加点选择合适，在相同处理效果下，可节省PAC用量。粉末活性炭的投加量范围是根据国内、外生产实践用量规定。用于微污染水预处理的PAC的设计投加量可按20～40mg/L计，实际投加量可根据现场试验或生产需要可减少或增加，并应留有一定的安全余量。

去除藻毒素时，可采用预氧化、粉末活性炭吸附等；去除藻类代谢产物类致嗅物质

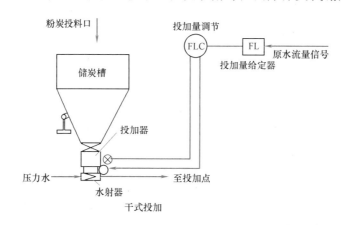

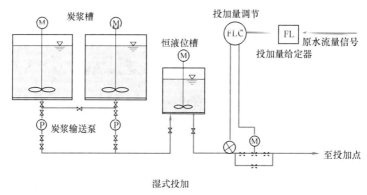

图15-7 粉末活性炭投加系统示意图

时，可采用臭氧、粉末活性炭吸附。水源存在油污染风险的水厂，除了在取水口周围设置吸油棉之外，应在取水口或水厂内设置粉末活性炭投加装置。

当一年中原水污染时间不长或应急需要或水的污染程度较低，以采用粉末活性炭吸附为宜，长时间或连续性处理，宜采用粒状活性炭吸附。粉末活性炭宜加于原水中，进行充分混合，接触 10～15min 以上之后，再加氯或混凝剂。除在取水口投加以外，根据试验结果也可在混合池、絮凝池、沉淀池中投加。目前粉末活性炭已经成为自来水厂不可或缺的应急处理备用吸附剂。

PAC 投加方式有干式和湿式两种（图 15-7），目前常用湿式投加法，即首先将 PAC 配制炭浆，而后定量的、连续的投入水中，可以进行自动化投加。大型水厂的湿投法，可在炭浆池内液面以下开启粉末活性炭包装，避免产生大量的粉尘。根据国内、外生产实践用量，规定湿投粉末活性炭的炭浆浓度一般采用 5%～10%。

思　考　题

1. 什么叫预处理？去除原水中的氨一般采用哪一种预处理方法？
2. 高浊度水的沉砂预处理一般采用哪几种絮凝沉淀池型？
3. 微污染原水的预处理有哪些方法？简述各种方法的基本原理和优缺点。
4. 预臭氧的臭氧投加量和接触反应时间如何控制？
5. 生物预处理的主要优点和缺点是什么？
6. 微污染原水预处理的粉末活性炭投加量可按多少设计？实际如何控制？

第16章 混 凝

16.1 混 凝 机 理

简而言之,"混凝"就是水中胶体粒子以及微小悬浮物的聚集过程。这一过程涉及三方面问题:水中胶体粒子(包括微小悬浮物)的性质;混凝剂在水中的水解物种以及胶体粒子与混凝剂之间的相互作用。

关于"混凝"一词的概念,目前尚无统一规范化的定义。"混凝"有时与"凝聚"和"絮凝"相互通用。现在一般认为水中胶体"脱稳"——胶体失去稳定性的过程称"凝聚";脱稳胶体相互聚集称"絮凝";"混凝"是凝聚和絮凝的总称。在概念上可以这样理解,但在实际生产中很难截然划分。

16.1.1 水中胶体稳定性

"胶体稳定性",是指胶体粒子在水中长期保持分散悬浮状态的特性。从胶体化学角度而言,高分子溶液可说是稳定系统,黏土类胶体及其他憎水胶体都并非真正的稳定系统。但从水处理角度而言,凡沉降速度十分缓慢的胶体粒子以至微小悬浮物,均被认为是"稳定"的。例如,粒径为 $1\mu m$ 的黏土悬浮粒子,沉降 10cm 约需 20h 之久,在停留时间有限的水处理构筑物内不可能沉降下来,它们的沉降性可忽略不计。这样的悬浮体系在水处理领域即被认为是"稳定体系"。

胶体稳定性分"动力学稳定"和"聚集稳定"两种。

动力学稳定是指颗粒布朗运动对抗重力影响的能力。大颗粒悬浮物如泥砂等,在水中的布朗运动很微弱甚至不存在,在重力作用下会很快下沉,这种悬浮物称动力学不稳定;胶体粒子很小,布朗运动剧烈,本身质量小而所受重力作用小,布朗运动足以抵抗重力影响,故而能长期悬浮于水中,称动力学稳定。粒子越小,动力学稳定性越高。

聚集稳定性是指胶体粒子之间不能相互聚集的特性。胶体粒子很小,比表面积大从而表面能很大,在布朗运动作用下,有自发地相互聚集的倾向,但由于粒子表面同性电荷的斥力作用或水化膜的阻碍使这种自发聚集不能发生。如果胶体粒子表面电荷或水化膜消除,便失去聚集稳定性,小颗粒便可相互聚集成大的颗粒,从而动力学稳定性也随之破坏,沉淀就会发生。因此,胶体稳定性,关键在于聚集稳定性。

对憎水胶体而言,聚集稳定性主要决定于胶体颗粒表面的动电位,即 ζ(Zeta)电位。ζ 电位越高,同性电荷斥力越大。图 16-1 表示黏土胶体结构及双电层示意。胶体滑动面上(或称胶粒表面)的电位即为 ζ 电位,ϕ 为总电位。胶体运动中表现出来的是 ζ 电位而非 ϕ 电位。带负电荷的胶核表面与扩散于溶液中的正电荷离子正好电性中和,构成双电层结构。如果胶核带正电荷(如金属氢氧化物胶体),情况正好相反,构成双电层结构的溶液中离子为负离子。天然水中的胶体杂质通常是负电荷胶体,如黏土、细菌、病毒、藻类、腐殖质等。黏土胶体的 ζ 电位一般在 $-15 \sim -40mV$ 范围内；细菌的 ζ 电位一般在 $-30 \sim -70mV$ 范围内；藻类的 ζ 电位一般在 $-10 \sim -15mV$ 范围内。由于水中杂质成分复杂，存在条件不同，同一种胶体所表现的 ζ 电位很不一致。例如，若黏土上吸附着细菌，其 ζ 电位值就高。以上所列 ζ 电位值数字，仅作为对天然地表水中某些杂质的一般 ζ 电位情况的了解。ζ 电位可采用现代仪器设备进行测定。

虽然胶体的 ζ 电位是导致聚集稳定性的直接原因（对憎水胶体而言），但研究方法却可从两胶粒之间相互作用力及其与两胶粒之间的距离关系来进行评价。德加根（Derjaguin）、兰道（Landon）、伏维（Verwey）和奥贝克（Overbeek）各自从胶粒之间相互作用能的角度阐明胶粒相互作用理论，简称 DLVO 理论。DLVO 理论认为，当两个胶粒相互接近以致双电层发生重叠时，便产生静电斥力，如图 16-2（a）所示。静电斥力与两胶粒表面间距 x 有关，用排斥势能 E_R 表示，则 E_R 随 x 增大而按指数关系减小，如图 16-2（b）所示。然而，相互接近的两胶粒之间除了静电斥力外，还存在范德华引力。此力同样与胶粒间距有关。用吸引势能 E_A 表示。球形颗粒的 E_A 与 x 成反比。排斥势能 E_R 和吸引势能 E_A 相加即为总势能 E。相互接近的两胶粒能否凝聚，决定于总势能 E。

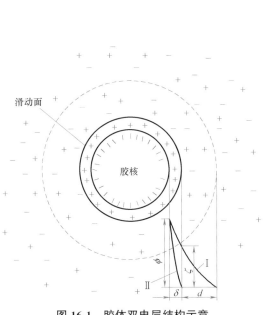

图 16-1 胶体双电层结构示意

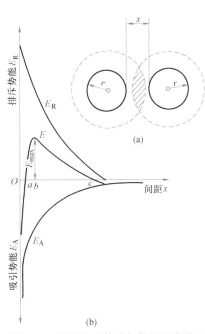

图 16-2 相互作用势能与粒间距离关系
（a）双电层重叠；（b）势能变化曲线

由图可知，当 $oa < x < oc$ 时，排斥势能占优势，$x = ob$ 时，排斥势能最大，用 E_{max} 表示，称排斥能峰。当 $x < oa$ 或 $x > oc$ 时，吸引势能均占优势。不过，$x > oc$ 时虽然两胶粒表现出相互吸引趋势，但由于存在着排斥能峰这一屏障，两胶粒仍无法靠近。只有当 $x < oa$ 时，吸引势能随间距减小而急剧增大，凝聚才会发生。要使两胶粒表面间距小于 oa，布朗运动的动能首先要能克服排斥能峰 E_{max} 才行。然而，胶粒布朗运动的动能远小于 E_{max}，两胶粒之间距离无法靠近到 oa 以内，故胶体处于分散稳定状态，具有聚集稳定性。

用 DLVO 理论阐述典型憎水胶体的稳定性及相互凝聚机理，与叔采-哈代（Schulze-Hardy）法则是一致的，并可进行定量计算。它的正确性已得到一些化学家的实验证明。

胶体的聚集稳定性并非都是由于静电斥力引起的，胶体表面的水化作用往往也是重要因素。某些胶体（如黏土胶体）的水化作用一般是由胶粒表面电荷引起的，且水化作用较弱。因而，黏土胶体的水化作用对聚集稳定性影响不大。因为，一旦胶体 ζ 电位降至一定程度或完全消失，水化膜也随之消失。但对于典型亲水胶体（如有机胶体或高分子物质）而言，水化作用却是胶体聚集稳定性的主要原因。它们的水化作用往往来源于粒子表面极性基团对水分子的强烈吸附，使粒子周围包裹一层较厚的水化膜阻碍胶粒相互靠近，因而使范德华力不能发挥作用。实践证明，虽然亲水胶体也存在双电层结构，但 ζ 电位对胶体稳定性的影响远小于水化膜的影响。因此，亲水胶体的稳定性尚不能用 DLVO 理论予以描述。

16.1.2　硫酸铝在水中的化学反应

硫酸铝是使用历史最久、目前应用仍较广泛的一种无机盐混凝剂。它的作用机理具有相当的代表性。

硫酸铝 $Al_2(SO_4)_3 \cdot 18H_2O$ 溶于水后，立即离解出铝离子，且常以 $[Al(H_2O)_6]^{3+}$ 的水合形态存在。在一定条件下，Al^{3+}（略去配位水分子）经过水解、聚合或配合反应可形成多种形态的配合物或聚合物以及氢氧化铝 $Al(OH)_3$。各种物质组分的含量多少以至存在与否，决定于铝离子水解时的条件，包括水温、pH 值，铝盐投加量等。水解产物的结构形态主要决定于羟铝比（OH）/（Al）——每摩尔铝所结合的羟基摩尔数。根据近年来有关专家研究结果，铝离子水解，聚合反应式（略去配位水分子），见表 16-1。

铝离子水解平衡常数（25℃）　　　　　　　　　　　　　　　表 16-1

反应式	平衡常数（lgK）
$Al^{3+}+H_2O \rightleftharpoons [Al(OH)]^{2+}+H^+$	−4.97
$Al^{3+}+2H_2O \rightleftharpoons [Al(OH)_2]^+ +2H^+$	−9.3
$Al^{3+}+3H_2O \rightleftharpoons Al(OH)_3 +3H^+$	−15.0
$Al^{3+}+4H_2O \rightleftharpoons [Al(OH)_4]^- +4H^+$	−23.0
$2Al^{3+}+2H_2O \rightleftharpoons [Al_2(OH)_2]^{4+} +2H^+$	−7.7
$3Al^{3+}+4H_2O \rightleftharpoons [Al_3(OH_4)]^{5+} +4H^+$	−13.94
$Al(OH)_3(无定形) \rightleftharpoons Al^{3+} +3OH^-$	−31.2

由上述反应式可知，铝离子通过水解反应后的物质分成 4 类：未水解的水合铝离子；单核羟基配合物；多核羟基配合物或聚合物；氢氧化铝沉淀物。多核羟基配合物可认为是由单核羟基配合物通过羟基桥联形成的，如两个单核羟基铝通过两个羟基（OH）桥形成双核羟基铝的反应式为：

$$2[Al(OH)(H_2O)_5]^{2+} \longrightarrow \left[(H_2O)_4Al \begin{matrix} OH \\ \diagup \diagdown \\ \diagdown \diagup \\ OH \end{matrix} Al(H_2O)_4\right]^{4+} +2H_2O$$

各种水解产物的相对含量与水的 pH 值和铝盐投加量有关，见图 16-3。由图可知，当 pH<3 时，水中的铝以 $[Al(H_2O)_6]^{3+}$ 形态存在，即不发生水解反应。随着 pH 值的提

高，羟基配合物及聚合物相继产生，但各种组分的相对含量与总的铝盐浓度有关。例如，当 pH＝5 时，在铝的总浓度为 0.1mol/L 时，见图 16-3（a），$[Al_{13}(OH)_{32}]^{7+}$ 为主要产物，而在铝总浓度为 10^{-5} mol/L 时，见图 16-3（b），主要产物为 Al^{3+} 及 $[Al(OH)_2]^+$ 等。按照给水处理中一般铝盐投加量，在 pH＝4～5 时，水中将产生较多的多核羟基配合物，如 $[Al_2(OH)_2]^{4+}$、$[Al_3(OH)_4]^{5+}$ 等。当 pH 在 6.5～7.5 的中性范围内，水解产物将以 $Al(OH)_3$ 沉淀物为主。在碱性条件下（pH＞8.5），水解产物将以负离子形态 $[Al(OH)_4]^-$ 出现。

根据已有报道，铝离子水解产物除了表 16-1 中所列几种外，还可能存在其他形态。随着研究的不断深入，新的水解、聚合产物将不断被发现，并由此而推动混凝理论和混凝技术的发展。

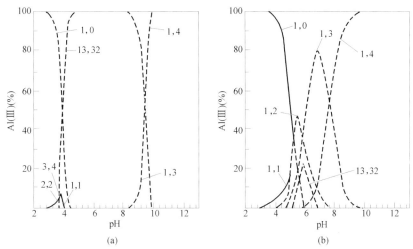

图 16-3　在不同 pH 值下，铝离子水解产物 $[Al_x(OH)_y]^{(3x-y)+}$ 的相对含量（曲线旁数字分别表示 x 和 y）

（a）铝总浓度为 0.1mol/L；（b）铝总浓度为 10^{-5} mol/L，水温 25℃

16.1.3　混凝机理

水处理中的混凝现象比较复杂。不同种类混凝剂以及不同的水质条件，混凝剂作用机理都有所不同。许多年来，水处理专家们从铝盐和铁盐混凝现象开始，对混凝剂作用机理进行了不断研究，理论也获得不断发展。DLVO 理论的提出，使胶体稳定性及在一定条件下的胶体凝聚的研究取得了巨大进展。但 DLVO 理论并不能全面解释水处理中的一切混凝现象。当前，看法比较一致的是，混凝剂对水中胶体粒子的混凝作用有 3 种：电性中和、吸附架桥和卷扫作用。这 3 种作用究竟以何者为主，取决于混凝剂种类和投加量、水中胶体粒子性质、含量以及水的 pH 值等。这 3 种作用有时会同时发生，有时仅其中 1～2 种机理起作用。

（1）电性中和

根据 DLVO 理论，要使胶粒通过布朗运动相撞聚集，必须降低或消除排斥能峰。吸引势能与胶粒电荷无关，它主要决定于构成胶体的物质种类、尺寸和密度。对于一定水质，胶粒这些特性是不变的。因此，降低排斥能峰的办法即是降低或消除胶粒的 ζ 电位。在水中投入电解质可达此目的。

对于水中负电荷胶粒而言，投入的电解质——混凝剂应是正电荷离子或聚合离子。如果正电荷离子是简单离子，如 Na^+、Ca^{2+}、Al^{3+} 等，其作用是压缩胶体双电层——为保持胶体电性中和所要求的扩散层厚度，从而使胶体滑动面上的 ζ 电位降低，如图 16-4（a）所示。$\zeta=0$ 时称等电状态，此时排斥势能消失。实际上，只要将 ζ 电位降至一定程度（如 $\zeta=\zeta_k$）使排斥能峰 $E_{max}=0$，如图 16-4（b）的虚线所示，胶粒便发生聚集作用，这时的 ζ_k 电位称临界电位。根据叔采—哈代法则，高价电解质压缩胶体双电层的效果远比低价电解质有效。对负电荷胶体而言，为使胶体失去稳定性——"脱稳"所需不同价数的正离子浓度之比为：$[M^+]:[M^{2+}]:[M^{3+}]=1:\left(\dfrac{1}{2}\right)^6:\left(\dfrac{1}{3}\right)^6$。这种脱稳方式称压缩双电层作用。

在水处理中，压缩双电层作用不能解释混凝剂投量过多时胶体重新稳定的现象。因为按这种理论，至多达到 $\zeta=0$ 状态（如图 16-4（b）中曲线Ⅲ所示）而不可能使胶体电荷符号改变。实际上，当水中铝盐投量过多时，水中原来负电荷胶体可变成带正荷的胶体。根据近代理论，这是由于带负电荷胶核直接吸附了过多的正电荷聚合离子的结果。这种吸附力，绝非单纯静电力，一般认为还存在范德华力、氢键及共价键等。混凝剂投量适中，通过胶核表面直接吸附带相反电荷的聚合离子或高分子物质，ζ 电位可达到临界电位 ζ_k，如图 16-4（c）中曲线Ⅱ所示。混凝剂投量过多，电荷变号，如图 16-4（c）的曲线Ⅲ所示。从图 16-4（c）和图 16-4（b）的不同可看出两种作用机理的区别。在水处理中，一般均投加高价电解质（如三价铝或铁盐）或聚合离子。以铝盐为例，只有当水的 pH<3 时，$[Al(H_2O)_6]^{3+}$ 才起压缩扩散双电层作用。当 pH>3 时，水中便出现聚合离子及多核羟基配合物。这些物质往往会吸附在胶核表面，分子量越大，吸附作用越强，如 $[Al_{13}(OH)_{32}]^{7+}$ 与胶核表面的吸附强度大于 $[Al_3(OH)_4]^{5+}$ 或 $[Al_2(OH)_2]^{4+}$ 与胶核表面的吸附强度。其原因，不仅在于前者正电价数高于后者，主要还是分子量远大于后者。带正电荷的高分子物质与负电荷胶粒吸附性更强。如果分子量不同的两种高分子物质同时投入水中，分子量大者优先被胶粒吸附。如果先让分子量较低者吸附然后再投入分子量高

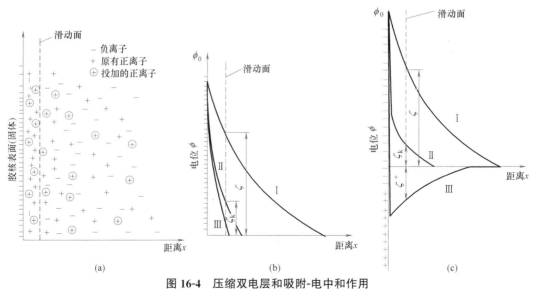

图 16-4 压缩双电层和吸附-电中和作用

的物质，会发现分子量高者将慢慢置换分子量低的物质。电性中和主要指图16-4（c）所示的作用机理，故又称"吸附-电性中和"作用。在给水处理中，因天然水的 pH 值通常总是大于 3，故图16-4（b）所示的压缩双电层作用甚微。

（2）吸附架桥

不仅带异性电荷的高分子物质与胶粒具有强烈吸附作用，不带电甚至带有与胶粒同性电荷的高分子物质与胶粒也有吸附作用。拉曼（Lamer）等通过对高分子物质吸附架桥作用的研究认为：当高分子链的一端吸附了某一胶粒后，另一端又吸附另一胶粒，形成"胶粒-高分子-胶粒"的絮凝体，如图16-5所示。高分子物质在这里起了胶粒与胶粒之间相互结合的桥梁作用，故称吸附架桥作用。当高分子物质投量过多时，将产生"胶体保护"作用，如图16-6所示。胶体保护可理解为：当全部胶粒的吸附面均被高分子物质覆盖以后，两胶粒接近时，就受到高分子的阻碍而不能聚集。这种阻碍来源于高分子之间的相互排斥，如图16-6所示。排斥力可能来源于"胶粒-胶粒"之间高分子受到压缩变形（像弹簧被压缩一样）而具有排斥势能，也可能由于高分子之间的电性斥力（对带电高分子而言）或水化膜。因此，高分子物质投量过少不足以将胶粒架桥连接起来，投量过多又会产生胶体保护作用。最佳投量应是既能把胶粒快速絮凝起来，又可使絮凝起来的最大胶粒不易脱落。根据吸附原理，胶粒表面高分子覆盖率为 1/2 时絮凝效果最好。但在实际水处理中，胶粒表面覆盖率无法测定，故高分子混凝剂投量通常由试验决定。

图 16-5　架桥模型示意　　　　　　图 16-6　胶体保护示意

起架桥作用的高分子都是线性分子且需要一定长度。长度不够不能起粒间架桥作用，只能被单个分子吸附。所需最短长度，取决于水中胶粒尺寸、高分子基团数目、分子的分枝程度等。显然，铝盐的多核水解产物，分子尺寸都不足以起粒间架桥作用。它们只能被单个分子吸附从而起电性中和作用，而中性氢氧化铝聚合物 $[Al(OH_3)]_n$ 则可起架桥作用。

若高分子物质为阳离子型聚合电解质，它具有电性中和和吸附架桥双重作用；若为非离子型（不带电荷）或阴离子型（带负电荷）聚合电解质，只能起粒间架桥作用。

（3）网捕或卷扫

当铝盐或铁盐混凝剂投量很大而形成大量氢氧化物沉淀时，可以网捕、卷扫水中胶粒以致产生沉淀分离，称卷扫或网捕作用。这种作用，基本上是一种机械作用，所需混凝剂量与原水杂质含量成反比，即原水胶体杂质含量少时，所需混凝剂多，反之亦然。

概括以上几种混凝机理，可作如下分析判断：

（1）对铝盐混凝剂（铁盐类似）而言，当 pH < 3 时，简单水合铝离子 $[Al(H_2O)_6]^{3+}$ 可起压缩胶体双电层作用，但在给水处理中，这种情况少见；在 pH =

4.5～6.0 范围内（视混凝剂投量不同而异），主要是多核羟基配合物对负电荷胶体起电性中和作用，凝聚体比较密实；在 pH = 7～7.5 范围内，电中性氢氧化铝聚合物 $[Al(OH)_3]_n$ 可起吸附架桥作用，同时也存在某些羟基配合物的电性中和作用。天然水的 pH 值一般在 6.5～7.8 之间，铝盐的混凝作用主要是吸附架桥和电性中和，两者以何为主，决定于铝盐投加量；当铝盐投加量超过一定限度时，会产生"胶体保护"作用，使脱稳胶粒电荷变号或使胶粒被包卷而重新稳定（常称"再稳"现象）；当铝盐投加量再次增大、超过氢氧化铝溶解度而产生大量氢氧化铝沉淀物时，则起网捕和卷扫作用。实际上，在一定的 pH 值下，几种作用都可能同时存在，只是程度不同，这与铝盐投加量和水中胶粒含量有关。如果水中胶粒含量过低，往往需投加大量铝盐混凝剂使之产生卷扫作用才能发生混凝作用。

（2）阳离子型高分子混凝剂可对负电荷胶粒起电性中和与吸附架桥双重作用，絮凝体一般比较密实。非离子型和阴离子型高分子混凝剂只能起吸附架桥作用。当高分子物质投量过多时，也产生"胶体保护"作用使颗粒重新悬浮。

16.2　混凝剂和助凝剂

16.2.1　混凝剂

应用于饮用水处理的混凝剂应符合以下基本要求：混凝效果好；对人体健康无害；使用方便；货源充足，价格低廉。

混凝剂种类很多，据目前所知，不少于 200～300 种。按化学成分可分为无机和有机两大类。无机混凝剂品种较少，目前主要是铁盐和铝盐及其聚合物，在水处理中用的最多。有机混凝剂品种很多，主要是高分子物质，但在水处理中的应用比无机的少。本节仅介绍常用的几种混凝剂。

1. 无机混凝剂

常用的无机混凝剂列于表 16-2，这里仅简要介绍几种。

常用的无机混凝剂

表 16-2

名称		化学式
铝系	硫酸铝	$Al_2(SO_4)_3 \cdot 18H_2O$ $Al_2(SO_4)_3 \cdot 14H_2O$
	明矾	$KAl(SO_4)_3 \cdot 12H_2O$（钾矾） $NH_4 \cdot Al(SO_4)_2 \cdot 12H_2O$（铵矾）
	聚合氯化铝(PAC)	$[Al_2(OH)_nCl_{6-n}]_m$
	聚合硫酸铝(PAS)	$[Al_2(OH)_n(SO_4)_{3-\frac{n}{2}}]_m$
铁系	三氯化铁	$FeCl_3 \cdot 6H_2O$
	硫酸亚铁	$FeSO_4 \cdot 7H_2O$
	聚合硫酸铁(PFS)	$[Fe_2(OH)_n(SO_4)_{3-\frac{n}{2}}]_m$
	聚合氯化铁(PFC)	$[Fe_2(OH)_nCl_{6-n}]_m$

（1）硫酸铝

硫酸铝有固、液两种形态，我国常用的是固态硫酸铝。固态硫酸铝产品有精制和粗制两种。精制硫酸铝为白色结晶体，相对密度约为 1.62，Al_2O_3 含量不小于 15%，不溶杂质含量不大于 0.5%，价格较贵。粗制硫酸铝的 Al_2O_3 含量不小于 14%，不溶杂质含量不大于 24%，价格较低，但质量不稳定，且因不溶杂质含量多，增加了药液配制和废渣排除方面的操作麻烦。

采用固态硫酸铝的优点是运输方便，但制造过程多了浓缩和结晶工序。如果水厂附近就有硫酸铝制造厂，最好采用液态，这样可节省浓缩、结晶的生产费用。

硫酸铝使用方便，但水温低时，硫酸铝水解较困难，形成的絮凝体比较松散，效果不及铁盐混凝剂。

（2）聚合铝

聚合铝包括聚合氯化铝（PAC）和聚合硫酸铝（PAS）等。目前使用最多的是聚合氯化铝，我国也是研制 PAC 较早的国家之一。20 世纪 70 年代，PAC 得到广泛应用。

聚合氯化铝又名碱式氯化铝或羟基氯化铝。它是以铝灰或含铝矿物作为原料，采用酸溶或碱溶法加工制成。由于原料和生产工艺不同，产品规格也不一致。分子式 $[Al_2(OH)_nCl_{6-n}]_m$ 中的 m 为聚合度，单体为铝的羟基配合物 $Al_2(OH)_nCl_{6-n}$。通常，$n=1\sim5$，$m\leqslant10$。例如 $Al_{16}(OH)_{40}Cl_8$ 即为 $m=8$，$n=5$ 的聚合物或多核配合物，溶于水后，即形成聚合阳离子，对水中胶粒起电性中和及架桥作用。作用机理与硫酸铝相似，但它的效能优于硫酸铝，例如，在相同水质下，投加量比硫酸铝少，对水的 pH 值变化适应性较强等。实际上，聚合氯化铝可看成氯化铝 $AlCl_3$ 在一定条件下经水解、聚合逐步转化成 $Al(OH)_3$ 沉淀物过程中的各种中间产物。一般铝盐如 $Al_2(SO_4)_3$ 或 $AlCl_3$，在投入水中后才进行水解聚合反应，反应产物的物种受水的 pH 值及铝盐浓度影响。而聚合氯化铝在投入水中前的制备阶段即已发生水解聚合，投入水中后也可能发生新的变化，但聚合物成分基本确定。其成分主要决定于羟基（OH）和铝（Al）的摩尔数之比，通常称之为碱化度，以 B 表示：

$$B=\frac{[OH]}{3[Al]}\times100\%\qquad(16-1)$$

例如，$Al_2(OH)_5Cl$ 的碱化度 $B=5/(3\times2)=83.3\%$。制备过程中，控制适当的碱化度，可获得所需要的优质聚合氯化铝。目前生产的聚合氯化铝的碱化度一般控制在 50%～80% 之间。

聚合氯化铝的化学式有好几种形式，表 16-2 中的化学式是其中之一。实际上，几种化学式都是同一物质即聚合氯化铝的不同表达形式，只是从不同概念上表达铝化合物的基本结构形式。因而，当读者看到诸如 $Al_n(OH)_mCl_{3n-m}$ 化学式时，切勿误解为不同于聚合氯化铝的一种新物质。这也反映了人们对这类化合物基本结构特性的不同认识。例如，分子式 $[Al_2(OH)_nCl_{6-n}]_m$ 可看作高分子聚合物；$Al_n(OH)_mCl_{3n-m}$ 可看作复杂的多核配合物等。

聚合硫酸铝（PAS）也是聚合铝类混凝剂之一。聚合硫酸铝中的 SO_4^{2-} 具有类似羟桥的作用，可把简单铝盐水解产物桥联起来，促进了铝的水解聚合反应。不过，聚合硫酸铝目前生产上尚未广泛应用。

（3）三氯化铁

三氯化铁 $FeCl_3\cdot6H_2O$ 是铁盐混凝剂中最常用的一种。三氯化铁溶于水后，和铝盐相似，水合铁离子 $[Fe(H_2O)_6]^{3+}$ 也进行水解，聚合反应。在一定条件下，铁离子 Fe^{3+} 通过水解和聚合可形成多种成分的配合物或聚合物，如单核组分 $[Fe(OH)_2]^+$、$[Fe(OH)]^{2+}$ 及多核组分 $[Fe_2(OH)_2]^{4+}$、$[Fe_3(OH)_4]^{5+}$ 等，以及 $Fe(OH)_3$ 沉淀物。三氯化铁的混凝机理也与硫酸铝相似，但混凝特性与硫酸铝略有区别。一般，三价铁适用的 pH 值范围较宽；形成的絮凝体比铝盐絮凝体密实；处理低温或低浊水的效果优于硫酸铝。但三氯化铁腐蚀性较强，且固体产品易吸水潮解，不易保管。

固体三氯化铁是具有金属光泽的褐色结晶体，一般杂质含量少。市售无水三氯化铁产品中 $FeCl_3$ 含量达 92% 以上，不溶杂质小于 4%。液体三氯化铁浓度一般在 30% 左右，价格较低，使用方便，但成分较复杂，需经化验无毒后方可使用。

（4）硫酸亚铁

硫酸亚铁 $FeSO_4 \cdot 7H_2O$ 固体产品是半透明绿色结晶体，俗称绿矾。硫酸亚铁在水中离解出的是二价铁离子 Fe^{2+}，水解产物只是单核配合物，故不具 Fe^{3+} 的优良混凝效果。同时，Fe^{2+} 会使处理后的水带色，特别是当 Fe^{2+} 与水中有色胶体作用后，将生成颜色更深的溶解物。故采用硫酸亚铁作混凝剂时，应将二价铁 Fe^{2+} 氧化成三价铁 Fe^{3+}。氧化方法有氯化、曝气等方法。生产上常用的是氯化法，反应如式（16-2）：

$$6FeSO_4 \cdot 7H_2O + 3Cl_2 = 2Fe_2(SO_4)_3 + 2FeCl_3 + 7H_2O \tag{16-2}$$

根据反应式，理论投氯量与硫酸亚铁（$FeSO_4 \cdot 7H_2O$）量之比约 1:8。为使氧化迅速而充分，实际投氯量应等于理论剂量再加适当余量（一般为 1.5~2.0mg/L）。

（5）聚合铁

聚合铁包括聚合硫酸铁（PFS）和聚合氯化铁（PFC）。聚合氯化铁目前尚在研究之中。聚合硫酸铁已投入生产使用。

聚合硫酸铁是碱式硫酸铁的聚合物，其化学式中（见表 16-2）的 $n < 2$，$m > 10$。它是一种红褐色的黏性液体。制备聚合硫酸铁有好几种方法，但目前基本上都是以硫酸亚铁 $FeSO_4$ 为原料，采用不同氧化方法，将硫酸亚铁氧化成硫酸铁，同时控制总硫酸根 SO_4^{2-} 和总铁的摩尔数之比，使氧化过程中部分羟基 OH 取代部分硫酸根 SO_4^{2-} 而形成碱式硫酸铁 $Fe_2(OH)_n(SO_4)_{3-\frac{n}{2}}$。碱式硫酸铁易于聚合而产生聚合硫酸铁 $[Fe_2(OH)_n(SO_4)_{3-\frac{n}{2}}]_n$。

聚合硫酸铁具有优良的混凝效果。它的腐蚀性远比三氯化铁小。

目前，新型无机混凝剂的研究趋向于聚合物及复合物方面较多。后者如聚合铝和铁盐的复合已在研究中。鉴于铝对生物体的影响已引起环境医学界的重视，故人们对聚合铁混凝剂的研究更感兴趣。

2. 有机高分子混凝剂

有机高分子混凝剂又分天然和人工合成两类。在给水处理中，人工合成的日益增多并居主要地位。这类混凝剂均为巨大的线性分子。每一大分子由许多链节组成且常含带电基团，故又被称为聚合电解质。按基团带电情况，又可分为以下 4 种：凡基团离解后带正电荷者称阳离子型，带负电荷者称阴离子型，分子中既含正电基团又含负电荷基团者称两性型，若分子中不含可离解基团者称非离子型。水处理中常用的是阳离子型、阴离子型和非离子型 3 种高分子混凝剂，两性型使用极少。

非离子型聚合物的主要品种是聚丙烯酰胺（PAM）和聚氧化乙烯（PEO），前者是使用最为广泛的人工合成有机高分子混凝剂（其中包括水解产品）。聚丙烯酰胺的分子式为：

$$\left[CH_2-CH\right]_n$$
$$\qquad\quad | $$
$$\qquad\quad CONH_2$$

聚丙烯酰胺的聚合度可高达 20000～90000，相应的分子量高达 150 万～600 万。它的混凝效果在于对胶体表面具有强烈的吸附作用，在胶粒之间形成桥联。聚丙烯酰胺每一链节中均含有一个酰胺基（—$CONH_2$）。由于酰胺基之间的氢键作用，线性分子往往不能充分伸展开来，致使桥架作用削弱。为此，通常将 PAM 在碱性条件下（pH＞10）进行部分水解，生成阴离子型水解聚合物（HPAM）：

$$\left[CH_2-CH\right]_x\left[CH_2-CH\right]_y$$
$$\qquad\quad | \qquad\qquad\quad | $$
$$\qquad\quad CONH_2 \qquad\qquad COO^-$$

PAM 经部分水解后，部分酰胺基带负电荷，在静电斥力下，高分子得以充分伸展开来，吸附架桥作用得以充分发挥。由酰胺基转化为羧基的百分数称水解度，亦即 y/x 值。水解度过高，负电性过强，对絮凝也产生阻碍作用。一般控制水解度在 30%～40% 较好。通常以 HPAM 作助凝剂以配合铝盐或铁盐作用，效果显著。

阳离子型聚合物通常带有氨基（—NH^{3+}）、亚氨基（—$CH_2-NH_2^+-CH_2$—）等正电基团。由于水中胶体一般带负电荷，故阳离子型聚合物均具有优良的混凝效果。国内外使用阳离子型聚合物有日益增多的趋势。

有机高分子混凝剂的毒性是人们关注的问题。PAM 及 HPAM 的毒性主要在于单体丙烯酰胺。故产品中的单体残留量应有严格控制。世界卫生组织《饮用水水质准则》和我国《生活饮用水卫生规范》GB 5749—2022 中都规定饮用水中丙烯酰胺含量不得超过 0.0005mg/L。

16.2.2 助凝剂

当单独使用混凝剂不能取得预期效果时，需投加某种辅助药剂以提高混凝效果，这种药剂称为助凝剂。助凝剂通常是高分子物质。其作用往往是为了改善絮凝体结构，促使细小而松散的絮粒变得粗大而密实，作用机理是高分子物质的吸附架桥。例如，对于低温、低浊水，采用铝盐或铁盐混凝剂时，形成的絮粒往往细小松散，不易沉淀。当投入少量活化硅酸时，絮凝体的尺寸和密度就会增大，沉速加快。

水厂内常用的助凝剂有：骨胶、聚丙烯酰胺及其水解产物、活化硅酸、海藻酸钠等。

骨胶是一种粒状或片状动物胶，属高分子物质，分子量在 3000～80000 之间。骨胶易溶于水，无毒、无腐蚀性，与铝盐或铁盐配合使用，效果显著，但价格比铝盐和铁盐高，使用时应通过试验和经济比较确定合理的胶、铁或胶、铝的投加量之比。此外，骨胶使用较麻烦，不能预制久存，需现场配制，即日使用，否则会变成冻胶。

活化硅酸为粒状高分子物质，在通常的 pH 下带负电荷。活化硅酸是硅酸钠（俗称水玻璃）在加酸条件下水解、聚合反应进行到一定程度的中间产物，故它的形态和特征与反应时间、pH 及硅浓度有关。活化硅酸作为处理低温、低浊水的助凝剂效果较显著，但使用较麻烦，也需现场调制，即日使用，否则会形成冻胶而失去助凝作用。

海藻酸钠是多糖类高分子物质，是海生植物用碱处理制得，分子量达数万以上。用以处理较高浊度的水效果较好，但价格昂贵，生产上使用不多。

聚丙烯酰胺及其水解产物是高浊度水处理中使用最多的助凝剂。投加这类助凝剂可大大减少铝盐或铁盐混凝剂用量，我国在这方面已有成熟经验。

上述各种高分子助凝剂往往也可单独作混凝剂用，但阴离子型高分子物质作混凝剂效果欠佳，作助凝剂配合铝盐或铁盐使用效果更显著。

从广义上而言，凡能提高或改善混凝剂作用效果的化学药剂也可称为助凝剂。例如，当原水碱度不足而使铝盐混凝剂水解困难时，可投加碱性物质（通常用石灰）以促进混凝剂水解反应；当原水受有机物污染时，可用氧化剂（通常用氯气）破坏有机物干扰；当采用硫酸亚铁时，可用氯气将亚铁 Fe^{2+} 氧化成高铁 Fe^{3+} 等。这类药剂本身不起混凝作用，只能起辅助混凝作用，与高分子助凝剂的作用机理也不相同。

16.3 混凝动力学

要使杂质颗粒之间或杂质与混凝剂之间发生絮凝，一个必要条件是使颗粒相互碰撞。碰撞速率和混凝速率问题属于混凝动力学范畴，这里仅介绍一些基本概念。

推动水中颗粒相互碰撞的动力来自两方面：颗粒在水中的布朗运动；在水力或机械搅拌下所造成的流体运动。由布朗运动所造成的颗粒碰撞聚集称"异向絮凝"（perikinetic flocculation）。由流体运动所造成的颗粒碰撞聚集称"同向絮凝"（orthokinetic floccula-tion）。

16.3.1 异向絮凝

颗粒在水分子热运动的撞击下所作的布朗运动是无规则的。这种无规则运动必然导致颗粒相互碰撞。当颗粒已完全脱稳后，一经碰撞就会发生絮凝，从而使小颗粒聚集成大颗粒，而水中固体颗粒总质量不变，只是颗粒数量浓度（单位体积水中的颗粒数）减少。颗粒的[1]絮凝速率决定于碰撞速率。假定颗粒为均匀球体，根据费克（Fick）定律，可导出颗粒碰撞速率：

$$N_p = 8\pi d D_B n^2 \tag{16-3}$$

式中　N_p——单位体积中的颗粒在异向絮凝中碰撞速率，$1/(cm^3 \cdot s)$；

　　　n——颗粒数量浓度，个/cm^3；

　　　d——颗粒直径，cm；

　　　D_B——布朗运动扩散系数，cm^2/s。

扩散系数 D_B 可用斯托克斯（Stokes）-爱因斯坦（Einstein）公式表示：

$$D_B = \frac{KT}{3\pi d\nu\rho} \tag{16-4}$$

式中　K——波兹曼（Boltzmann）常数，$1.38 \times 10^{-16} g \cdot cm^2/(s^2 \cdot K)$；

　　　T——水的绝对温度，K；

　　　ν——水的运动黏度，cm^2/s；

　　　ρ——水的密度，g/cm^3。

将式（16-4）代入式（16-3）得：

---

[1] ［絮凝速率］$= -\frac{1}{2}$［碰撞速率］，推导从略。

$$N_p = \frac{8}{3\nu\rho}KTn^2 \tag{16-5}$$

由式（16-5）可知，由布朗运动所造成的颗粒碰撞速率与水温成正比，与颗粒的数量浓度平方成正比，而与颗粒尺寸无关。实际上，只有小颗粒才具有布朗运动。随着颗粒粒径增大，布朗运动将逐渐减弱。当颗粒粒径大于 $1\mu m$ 时，布朗运动基本消失，异向絮凝随之停止。因此，要使较大的颗粒进一步碰撞聚集，还要靠流体运动的推动来促使颗粒相互碰撞，即进行同向絮凝。

16.3.2 同向絮凝

同向絮凝在整个混凝过程中占有十分重要的地位。有关同向絮凝的理论，现在仍处于不断发展之中，至今尚无统一认识。最初的理论公式是根据水流在层流状态下导出的，显然与实际处于紊流状态下的絮凝过程不相符合。但由层流条件下导出的颗粒碰撞凝聚公式，某些概念至今仍在沿用，因此，有必要在此简单介绍一下。

图 16-7 表示水流处于层流状态下的流速分布，i 和 j 颗粒均跟随水流前进。由于 i 颗粒的前进速度大于 j 颗粒，则在某一时刻，i 与 j 必将碰撞。设水中颗粒为均匀球体，即粒径 $d_i = d_j = d$，则在以 j 颗粒中心为圆心，以 R_{ij} 为半径的范围内的所有 i 和 j 颗粒均会发生碰撞。碰撞速率 N_0（推导从略）为：

$$N_0 = \frac{4}{3}n^2 d^3 G \tag{16-6}$$

$$G = \frac{\Delta u}{\Delta z} \tag{16-7}$$

式中 G—— 速度梯度，s^{-1}；

      Δu—— 相邻两流层的流速增量，cm/s；

      Δz—— 垂直于水流方向的两流层之间距离，cm。

公式中，n 和 d 均属原水杂质特性，而 G 是控制混凝效果的水力条件。故在絮凝设备中，往往以速度梯度 G 值作为重要的控制参数之一。

实际上，在絮凝池中，水流并非层流，而总是处于紊流状态，流体内部存在大小不等的涡旋，除前进速度外，还存在纵向和横向脉动速度。式（16-6）和式（16-7）显然不能表达促使颗粒碰撞的动因。为此，甘布（T. R. Camp）和斯泰因（P. C. Stein）通过一个瞬间受剪而扭转的单位体积水流所耗功率来计算 G 值以替代 $G = \Delta u/\Delta z$。公式推导如下：

在被搅动的水流中，考虑一个瞬息受剪而扭转的隔离体 $\Delta x \cdot \Delta y \cdot \Delta z$，如图 16-8 所示。在隔离体受剪而扭转过程中，剪力做了扭转功。设在 Δt 时间内，隔离体扭转了 θ 角

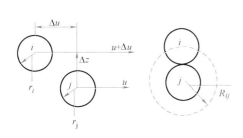

图 16-7　层流条件下颗粒碰撞示意

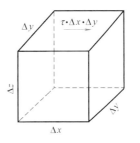
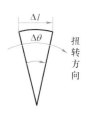

图 16-8　速度梯度计算图示

度，于是角速度 $\Delta\omega$ 为：

$$\Delta\omega = \frac{\Delta\theta}{\Delta t} = \frac{\Delta l}{\Delta t} \cdot \frac{1}{\Delta z} = \frac{\Delta u}{\Delta z} = G \tag{16-8}$$

式中 Δu 为扭转线速度，G 为速度梯度。转矩 ΔJ：

$$\Delta J = (\tau\Delta x \Delta y)\Delta z \tag{16-9}$$

式中 τ 为剪应力，$\tau\Delta x \cdot \Delta y$ 为作用在隔离体上的剪力。隔离体扭转所耗功率等于转矩与角速度的乘积，于是，单位体积水流所耗功率 p 为：

$$p = \frac{\Delta J \cdot \Delta\omega}{\Delta x \cdot \Delta y \cdot \Delta z} = \frac{G \cdot \tau \cdot \Delta x \cdot \Delta y \cdot \Delta z}{\Delta x \cdot \Delta y \cdot \Delta z} = \tau G \tag{16-10}$$

根据牛顿内摩擦定律，$\tau = \mu G$，代入式（16-6）得：

$$G = \sqrt{\frac{p}{\mu}} \tag{16-11}$$

式中 μ——水的动力黏度，$Pa \cdot s$；

      p——单位体积流体所耗功率，W/m^3；

      G——速度梯度，s^{-1}。

当用机械搅拌时，式（16-11）中的 p 由机械搅拌器提供。当采用水力絮凝池时，式中 p 应为水流本身能量消耗：

$$pV = \rho g Q h \tag{16-12}$$
$$V = QT \tag{16-13}$$

式中 V——水流体积。

将式（16-12）和式（16-13）代入式（16-11）得：

$$G = \sqrt{\frac{gh}{\nu \cdot T}} \tag{16-14}$$

式中 g——重力加速度，$9.8m/s^2$；

      h——混凝设备中的水头损失，m；

      ν——水的运动黏度，m^2/s；

      T——水流在混凝设备中的停留时间，s。

式（16-11）和式（16-14）就是著名的甘布公式。虽然甘布公式中的 G 值反映了能量消耗概念，但仍使用"速度梯度"这一名词，且一直沿用至今。

近年来，不少专家学者已直接从紊流理论出发来探讨颗粒碰撞速率。因为，将甘布公式用于式（16-6），仍未避开层流概念，即仍未从紊流规律上阐明颗粒碰撞速率。故甘布公式尽管可用于紊流条件下 G 值的计算，但理论依据不足是显然的。列维奇（Levich）等根据科尔摩哥罗夫（Kolmogoroff）局部各向同性紊流理论来推求同向絮凝动力学方程。该理论认为，在各向同性紊流中，存在各种尺度不等的涡旋。外部施加的能量（如搅拌）造成大涡旋的形成。一些大涡旋将能量输送给小涡旋，小涡旋又将一部分能量输送给更小的涡旋。随着小涡旋的产生和逐渐增多，水的黏性影响开始增强，从而产生能量损耗。在这些不同尺度的涡旋中，大尺度涡旋主要起两个作用：一是使流体各部分相互掺混，使颗粒均匀扩散于流体中；二是将外界获得的能量输送给小涡旋。大涡旋往往使颗粒作整体移动而不会相互碰撞。尺度过小的涡旋其强度往往不足以推动颗粒碰撞，只有尺度与颗粒尺寸相近（或碰撞半径相近）的涡旋才会引起颗粒间相互碰撞。由众多这样的小涡旋造成颗粒相互碰撞，类似异向絮凝中布朗扩散所造成的颗粒碰撞，因为众多小涡旋在流体中也是作无规则的脉动。按式（16-3）形式，可导出各向同性紊流条件下颗粒碰撞速率 N_0：

$$N_0 = 8\pi dDn^2 \tag{16-15}$$

式中 D 表示紊流扩散和布朗扩散系数之和。但在紊流中，布朗扩散远小于紊流扩散，故 D 可近似作为紊流扩散系数。其余符号同式（16-3）。紊流扩散系数可用式（16-16）表示：

$$D = \lambda u_\lambda \tag{16-16}$$

式中 λ——涡旋尺度（或脉动尺度）；

u_λ——相应于 λ 尺度的脉动速度。

从流体力学知，在各向同性紊流中，脉动流速用式（16-17）表示：

$$u_\lambda = \frac{1}{\sqrt{15}} \sqrt{\frac{\varepsilon}{\nu} \cdot \lambda} \tag{16-17}$$

式中 ε——单位时间、单位体积流体的有效能耗；

ν——水的运动黏度；

λ——涡旋尺度。

设涡旋尺度与颗粒直径相等，即 $\lambda = d$，将式（16-16）和式（16-17）代入式（16-15）得：

$$N_0 = \frac{8\pi}{\sqrt{15}} \sqrt{\frac{\varepsilon}{\nu}} \cdot d^3 \cdot n^2 \tag{16-18}$$

将式（16-18）和式（16-6）加以对比可知，如果令 $G = (\varepsilon/\nu)^{1/2}$，则两式仅是系数不同。此外，$(\varepsilon/\nu)^{1/2}$ 与式（16-11）也相似，不同在于 p 是单位体积流体所耗总功率，其中包括平均流速和脉动流速所耗功率；而 ε 表示脉动流速所耗功率，因为式（16-17）仅适用于受水流黏性影响的小涡旋（尺度与颗粒直径相接近），大涡旋仅传递能量而不消耗能量。由此可知，在紊流条件下，作为同向絮凝的控制指标，甘布公式（16-11）仍可应用，因为，式（16-18）虽然有理论依据，但有效功率消耗 ε 很难确定。沿用习惯，仍将 $(\varepsilon/\nu)^{1/2}$ 或 $(p/\nu)^{1/2}$ 称作速度梯度 G。

应当提出的是，式（16-18）虽然按紊流条件导出，理论上更趋合理，但并非无可挑剔。就理论上而言，水中颗粒尺寸大小不等且在混凝过程中不断增大，而涡旋尺度也大小不等且随机变化，式（16-17）仅适用于处于所谓"黏性区域"（受水的黏性影响的所有小涡旋群）小涡旋，这就使式（16-18）的应用受到局限。

根据式（16-6）或式（16-18），在混凝过程中，所施功率或 G 值越大，颗粒碰撞速率越大，絮凝效果越好。但 G 值增大时，水流剪力也随之增大，已形成的絮凝体又有破碎可能。关于絮凝体的破碎，专家学者们也进行了许多研究。它涉及絮凝体的形状、尺寸和结构密度以及破裂机理等。鉴于问题较复杂，至今尚无法用数学描述。尽管有些专家也提出了一些理论或数学方程，但并未获得统一认识，更未在实践中获得充分证实。理论上，最佳 G 值——既达到充分絮凝效果又不致使絮凝体破裂的 G 值，仍有待研究。

在絮凝过程中，水中颗粒数逐渐减少，但颗粒总质量不变。按球形颗粒计，设颗粒直

径为 d 且粒径均匀，则每个颗粒的体积为 $(\pi/6)d^3$。单位体积水中颗粒总数为 n，则单位体积水中所含颗粒总体积——体积浓度 ϕ 为：

$$\phi = \frac{\pi}{6}d^3 \cdot n \tag{16-19}$$

将式（16-19）解出的 d^3 代入式（16-6）得：

$$N_0 = \frac{8}{\pi}G\phi n \tag{16-20}$$

因絮凝速度为碰撞速率 $\left(-\dfrac{1}{2}\right)$ 倍，则絮凝速度为：

$$\frac{\mathrm{d}n}{\mathrm{d}t} = -\frac{1}{2}N_0 = -\frac{4}{\pi}G\phi n \tag{16-21}$$

由式（16-21）可知，絮凝速度与颗粒数量浓度一次方成正比，属于一级反应。令 $K = \dfrac{4}{\pi}\phi$，式（16-21）改为：

$$\frac{\mathrm{d}n}{\mathrm{d}t} = -KGn \tag{16-22}$$

式中 K 为常数。根据第 14 章表 14-2，可以得出采用不同类型反应器（絮凝池理想类型）时的停留时间 t。

当采用 PF 型反应器时，在稳态条件下，平均絮凝时间为：

$$\bar{t} = \frac{1}{KG}\ln\frac{n_0}{n} \tag{16-23}$$

当采用 CSTR 型反应器（如机械搅拌絮凝池）时，在稳态条件下平均絮凝时间为：

$$\bar{t} = \frac{1}{KG}\left(\frac{n_0}{n}-1\right) \tag{16-24}$$

当采用 m 个絮凝池串联时，按式（14-9）得：

$$\bar{t} = \frac{1}{KG}\left[\left(\frac{n_0}{n_m}\right)^{1/m}-1\right] \tag{16-25}$$

式中 n_0 为原水颗粒数量浓度，n_m 为第 m 个絮凝池出水颗粒数量浓度，$\bar{t}$ 为单个絮凝池平均絮凝时间。总絮凝时间 $\overline{T} = m\bar{t}$。

【例 16-1】 设已知 $K = 5.14 \times 10^{-5}$，$G = 30\mathrm{s}^{-1}$。经过絮凝后要求水中颗粒数量浓度减少 3/4，即 $n_0/n_m = 4$，试按理想反应器作以下计算：

1. 采用 PF 型反应器所需絮凝时间为多少分钟？

2. 采用 CSTR 反应器（如机械搅拌絮凝池）所需絮凝时间为多少分钟？

3. 采用 4 个 CSTR 反应器串联所需絮凝时间为多少分钟？

【解】

（1）将题中数据代入式（16-23）得：

$$\bar{t} = \frac{1}{5.14 \times 10^{-5} \times 30}\ln 4 = 899\mathrm{s} = 15\mathrm{min}$$

（2）将题中数据代入式（16-24）得：

$$\bar{t} = \frac{1}{5.14 \times 10^{-5} \times 30}(4-1) = 1946\mathrm{s} \approx 32\mathrm{min}$$

（3）将题中数据代入式（16-25）得：

$$\bar{t}=\frac{1}{5.14\times10^{-5}\times30}[4^{1/4}-1]=269s$$

总絮凝时间 $\bar{T}=4\bar{t}=4\times269=1076s=18min$。

以上虽然是按理想反应器考虑且假定颗粒每次碰撞均导致相互凝聚，具体数据当然和实际情况存在差距，但由此例可知，推流型絮凝池的絮凝效果优于单个机械絮凝池。但采用 4 个机械絮凝池串联时，絮凝效果接近推流型絮凝池。16.6 在介绍絮凝设备时，读者可判别出哪些设备接近 PF 型，哪些设备接近 CSTR 型，从而为合理选用絮凝设备形式提供理论依据。

16.3.3 混凝控制指标

自药剂与水均匀混合起直至大颗粒絮凝体形成为止，在工艺上总称混凝过程。相应设备有混合设备和絮凝设备或称构筑物。

在混合阶段，对水流进行剧烈搅拌的目的，主要是使药剂快速均匀地分散于水中以利于混凝剂快速水解、聚合及颗粒脱稳。由于上述过程进行很快（特别对铝盐和铁盐混凝剂而言），故混合要快速剧烈，通常在 $10\sim30s$ 至多不超过 $2min$ 即告完成。搅拌强度按速度梯度计，一般 G 在 $700\sim1000s^{-1}$ 之内。在此阶段，水中杂质颗粒微小，同时存在颗粒间异向絮凝。

在絮凝阶段，主要靠机械或水力搅拌促使颗粒碰撞凝聚，故以同向絮凝为主。同向絮凝效果，不仅与 G 值有关，还与絮凝时间 T 有关。将式（16-6）或式（16-20）乘以时间 T，TN_0 即为整个絮凝时间内单位体积流体中颗粒碰撞次数。因 N_0 与 G 成正比，因此，在絮凝阶段，通常以 G 值和 GT 值作为控制指标。在絮凝过程中，絮凝体尺寸逐渐增大，粒径变化可从微米级增到毫米级，变化幅度达几个数量级。由于大的絮凝体容易破碎，故自絮凝开始至絮凝结束，G 值应渐次减小。采用机械搅拌时，搅拌强度应逐渐减小；采用水力絮凝池时，水流速度应逐渐减小。絮凝阶段，平均 $G=20\sim70s^{-1}$ 范围内，平均 $GT=1\times10^4\sim1\times10^5$ 范围内。这些都是沿用已久的数据，虽然仍有参考价值，但随着混凝理论的发展，必将出现更符合实际、更加科学的新的参数。因为，上列 G 值和 GT 值变化幅度很大，从而失去控制意义。而且，按式（16-6）求得的 G 值，并未反映有效功率消耗。在探讨更合理的絮凝控制指标过程中，有的研究者将颗粒浓度及脱稳程度等因素考虑进去，提出以 C_vGT 或 αC_vGT 值作为控制指标。C_v 表示水中颗粒体积浓度；α 表示有效碰撞系数。如果脱稳颗粒每次碰撞都可导致凝聚，则 $\alpha=1$，实际上总是 $\alpha<1$。从理论上而言，采用 C_vGT 或 αC_vGT 值控制絮凝效果自然更加合理，但具体数值至今无法确定，因而目前也只能从概念上加以理解或作为继续研究的目标。近年来，有些专家根据混凝过程中絮凝体尺寸变化和紊流能谱分析，提出在絮凝阶段以 $(\varepsilon)^{1/3}$ 或 $(p)^{1/3}$ 作为控制指标以代替 G 值等。目前，有关混凝动力学及控制指标的研究十分活跃，不同理论观点相继出现，但均未获得实践的充分证实。

16.4 影响混凝效果主要因素

影响混凝效果的因素比较复杂，其中包括水温、水化学特性、水中杂质性质和浓度以及水力条件等。有关水力条件的在本章 16.3 已有叙述。

16.4.1 水温影响

水温对混凝效果有明显影响。我国气候寒冷地区，冬季地表水温有时低达 $0\sim2℃$，尽管投加大量混凝剂也难获得良好的混凝效果，通常絮凝体形成缓慢，絮凝颗粒细小、松散。其原因主要有以下几点：（1）无机盐混凝剂水解是吸热反应，低温水混凝剂水解困难。特别是硫酸铝，水温降低 $10℃$，水解速度常数降低 $2\sim4$ 倍。当水温在 $5℃$ 左右时，硫酸铝水解速度已极其缓慢。（2）低温水的黏度大，使水中杂质颗粒布朗运动强度减弱，碰撞机会减少，不利于胶粒脱稳凝聚。同时，水的黏度大时，水流剪力增大，影响絮凝体的成长。（3）水温低时，胶体颗粒水化膜作用增强，妨碍胶体凝聚。而且水化膜内的水由于黏度和重度增大，影响了颗粒之间黏附强度。（4）水温与水的 pH 值有关。水温低时，水的 pH 值提高，相应地混凝最佳 pH 值也将提高。

为提高低温水混凝效果，常用方法是增加混凝剂投加量和投加高分子助凝剂。常用的助凝剂是活化硅酸，对胶体起吸附架桥作用。它与硫酸铝或三氯化铁配合使用时，可提高絮凝体密度和强度，节省混凝剂用量。尽管这样，混凝效果仍不理想，故低温水的混凝尚需进一步研究。

16.4.2 水的 pH 和碱度影响

水的 pH 对混凝效果的影响程度，视混凝剂品种而异。对硫酸铝而言，水的 pH 直接影响 Al^{3+} 的水解聚合反应，亦即影响铝盐水解产物的存在形态（见本章 16.1）。用以去除浑浊度时，最佳 pH 在 $6.5\sim7.5$ 之间，絮凝作用主要是氢氧化铝聚合物的吸附架桥和羟基配合物的电性中和作用；用以去除水的色度时，pH 宜在 $4.5\sim5.5$ 之间。关于除色机理至今仍有争议。有的认为，在 $pH=4.5\sim5.5$ 范围内，主要靠高价的多核羟基配合物与水中负电荷色度物质起电性中和作用而导致相互凝聚。有的认为主要靠上述水解产物与有机物质发生络合反应，形成络合物而聚集沉淀。总之，采用硫酸铝混凝除色时，pH 应趋于低值。有资料指出，在相同絮凝效果下，原水 $pH=7.0$ 时的硫酸铝投加量，约比 $pH=5.5$ 时的投加量增加一倍。

采用三价铁盐混凝剂时，由于 Fe^{3+} 水解产物溶解度比 Al^{3+} 水解产物溶解度小，且氢氧化铁并非典型的两性化合物，故适用的 pH 范围较宽。用以去除水的浑浊度时，pH 为 $6.0\sim8.4$ 之间；用以去除水的色度时，$pH=3.5\sim5.0$ 之间。

使用硫酸亚铁作混凝剂时，如本章 16.2 所述，应首先将二价铁氧化成三价铁方可。将水的 pH 提高至 8.5 以上（天然水的 pH 一般小于 8.5）且水中有允足的溶解氧时可完成二价铁氧化过程，但这种方法会使设备和操作复杂化，故通常用氯化法，见反应式 (16-2)。

高分子混凝剂的混凝效果受水的 pH 影响较小。例如聚合氯化铝在投入水中前聚合物形态基本确定，故对水的 pH 变化适应性较强（见本章第 16.2）。

从铝盐（铁盐类似）水解反应可知（见表 16-1），水解过程中不断产生 H^+，从而导致水的 pH 下降。要使 pH 保持在最佳范围以内，水中应有足够的碱性物质与 H^+ 中和。天然水中均含有一定碱度（通常是 HCO_3^-），它对 pH 值有缓冲作用：

$$HCO_3^- + H^+ \Longleftrightarrow CO_2 + H_2O \tag{16-26}$$

当原水碱度不足或混凝剂投量甚高时，水的 pH 将大幅度下降以至影响混凝剂继续水解。

为此，应投加碱剂（如石灰）以中和混凝剂水解过程中所产生的氢离子 H^+，反应如式（16-27）和式（16-28）：

$$Al_2(SO_4)_3 + 3H_2O + 3CaO = 2Al(OH)_3 + 3CaSO_4 \qquad (16\text{-}27)$$

$$2FeCl_3 + 3H_2O + 3CaO = 2Fe(OH)_3 + 3CaSO_4 \qquad (16\text{-}28)$$

应当注意，投加的碱性物质不可过量，否则形成的 $Al(OH)_3$ 会溶解为负离子 $Al(OH)_4^{-1}$ 而恶化混凝效果。由反应式（16-27）可知，每投加 1mmol/L 的 $Al_2(SO_4)_3$，需石灰 3mmol/L 的 CaO，将水中原有碱度考虑在内，石灰投量按式（16-29）估算：

$$[CaO] = 3[a] - [x] + [\delta] \qquad (16\text{-}29)$$

式中　$[CaO]$——纯石灰 CaO 投量，mmol/L；

$\quad\quad [a]$——混凝剂投量，mmol/L；

$\quad\quad [x]$——原水碱度，按 mmol/L，CaO 计；

$\quad\quad [\delta]$——保证反应顺利进行的剩余碱度，一般取 0.25～0.5mmol/L(CaO)。

一般情况下，石灰投量最好通过试验决定。

【例 16-2】　某地表水源的总碱度为 0.2mmol/L。市售精制硫酸铝（含 Al_2O_3 约 16%）投量 28mg/L。试估算石灰（市售品纯度为 50%）投量多少 mg/L。

【解】　投药量折合 Al_2O_3 为 28mg/L×16%＝4.48mg/L。

Al_2O_3 分子量为 102，故投药量相当于 $\dfrac{4.48}{102} \approx 0.044$mmol/L。

剩余碱度取 0.37mmol/L，则得：

$$[CaO] = 3 \times 0.044 - 0.2 + 0.37 = 0.3\text{mmol/L}。$$

CaO 分子量为 56，则市售石灰投量为：0.3×56/0.5＝34mg/L。

16.4.3　水中悬浮物浓度的影响

从混凝动力学方程可知，水中悬浮物浓度很低时，颗粒碰撞速率大大减小，混凝效果差。为提高低浊度原水的混凝效果，通常采用以下措施：（1）在投加铝盐或铁盐的同时，投加高分子助凝剂，如活化硅酸或聚丙烯酰胺等，其作用见本章第二节；（2）投加矿物颗粒（如黏土等）以增加混凝剂水解产物的凝结中心，提高颗粒碰撞速率并增加絮凝体密度。如果矿物颗粒能吸附水中有机物，效果更好，能同时收到部分去除有机物的效果。例如，若投入颗粒尺寸为 $500\mu m$ 的无烟煤粉，比表面积约 $92cm^2/g$，利用其较大的比表面积，可吸附水中某些溶解有机物，这在澄清池内（见第 17 章）已有应用。（3）采用直接过滤法，即原水投加混凝剂后经过混合直接进入滤池过滤。滤料（砂和无烟煤）即成为絮凝中心（详见第 18 章）。如果原水浑浊度既低而水温又低，即通常所称的"低温低浊"水，混凝更加困难，这是人们一直重视的研究课题。

如果原水悬浮物含量过高，如我国西北、西南等地区的高浊度水源，为使悬浮物达到吸附电中和脱稳作用，所需铝盐或铁盐混凝剂量将相应地大大增加。为减少混凝剂用量，通常投加高分子助凝剂，如聚丙烯酰胺及活化硅酸等。聚合氯化铝作为处理高浊度水的混凝剂也可获得较好效果。

16.4.4　强化混凝

强化混凝是指在混凝处理阶段，控制一定 pH 条件下，投加适度过量而不使胶体颗粒再稳的混凝剂、新型混凝剂或助凝剂或其他药剂，加强凝聚和絮凝作用，提高常规处理工艺过程对浑浊度和有机物的去除效果。

强化混凝可供选用的方法一般为筛选与水源水质和水温等匹配的高效混凝剂种类；适度增加混凝剂的投加量；调整 pH 值；投加助凝剂或高锰酸钾复合药剂等，须经试验之后在生产上使用。

16.5 混凝剂的配制和投加

16.5.1 混凝剂溶解和溶液配制

混凝剂投加分固体投加和液体投加两种方式。前者我国很少应用，通常将固体溶解后配成一定浓度的溶液投入水中。

溶解设备往往决定于水厂规模和混凝剂品种。大、中型水厂通常建造混凝土溶解池并配以搅拌装置。搅拌是为了加速药剂溶解。搅拌装置有机械搅拌、压缩空气搅拌等，其中机械搅拌用得较多。它是以电动机驱动桨板或涡轮搅动溶液。压缩空气搅拌常用于大型水厂，它是向溶解池内通入压缩空气进行搅拌，优点是没有与溶液直接接触的机械设备，使用维修方便，但与机械搅拌相比，动力消耗较大，溶解速度稍慢。压缩空气最好来自水厂附近其他工厂的气源，否则需专设压缩空气机或鼓风机。

溶解池、搅拌设备及管配件等，均应有防腐措施或采用防腐材料，使用 $FeCl_3$ 时尤需注意。而且 $FeCl_3$ 溶解时放出大量热，当溶液浓度为 20% 时，溶液温度可达 70℃ 左右，这一点也应注意，当直接使用液态混凝剂时，溶解池自不必要。

溶解池一般建于地面以下以便于操作，池顶一般高出地面 0.2m 左右。溶解池容积 W_1 按式（16-30）计算：

$$W_1 = (0.2 \sim 0.3)W_2 \tag{16-30}$$

式中 W_2 为溶液池容积。

溶液池是配制一定浓度溶液的设施。通常用耐腐泵或射流泵将溶解池内的浓药液送入溶液池，同时用自来水稀释到所需浓度以备投加。溶液池容积按式（16-31）计算：

$$W_2 = \frac{24 \times 100aQ}{1000 \times 1000cn} = \frac{aQ}{417cn} \tag{16-31}$$

式中　W_2——溶液池容积，m^3；

Q——处理的水量，m^3/h；

a——混凝剂最大投加量，mg/L；

c——溶液浓度，一般取 5%～20%（按商品固体重量计）；

n——每日调制次数，一般不超过 3 次。

16.5.2 混凝剂投加

混凝剂投加设备包括计量设备、药液提升设备、投药箱、必要的水封箱以及注入设备等。根据不同投药方式或投药量控制系统，所用设备也有所不同。

1. 计量设备

药液投入原水中必须有计量或定量设备，并能随时调节。计量设备多种多样，应根据具体情况选用。计量设备有：转子流量计、电磁流量计、苗嘴、计量泵等。采用苗嘴计量仅适用人工控制，其他计量设备既可人工控制，也可自动控制。

苗嘴是最简单的计量设备。其原理是，在液位一定下，一定口径的苗嘴，出流量为定值。当需要调整投药量时，只要更换苗嘴即可。图 16-9 中的计量设备即采用苗嘴，图中液位 h 一定，苗嘴流量也就确定。使用中要防止苗嘴堵塞。

目前最常用的投药计量设备是加药计量泵。一般采用隔膜式计量泵。

2. 投加方式

常用的投加方式有：

（1）泵前投加　药液投加在水泵吸水管或吸水喇叭口处，如图 16-9 所示。这种投加方式安全可靠，一般适用于取水泵房距水厂较近者，图中水封箱是为防止空气进入而设。

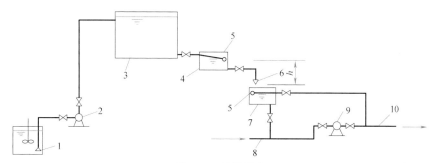

图 16-9　泵前投加

1—溶解池；2—提升泵；3—溶液池；4—恒位箱；5—浮球阀；
6—投药苗嘴；7—水封箱；8—吸水管；9—水泵；10—压水管

（2）高位溶液池重力投加　当取水泵房距水厂较远者，应建造高架溶液池利用重力将药液投入水泵压水管上，如图 16-10 所示。或者投加在混合池入口处。这种投加方式安全可靠，但溶液池位置较高。

（3）水射器投加　利用高压水通过水射器喷嘴和喉管之间真空抽吸作用将药液吸入，同时随水的压力注入原水管中，如图 16-11 所示。这种投加方式设备简单，使用方便，溶液池高度不受太大限制，但水射器效率较低，且易磨损和堵塞。

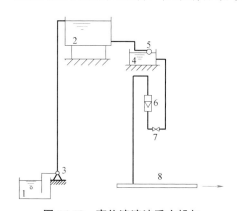

图 16-10　高位溶液池重力投加

1—溶解池；2—溶液池；3—提升泵；
4—水封箱；5—浮球阀；6—流量计；
7—调节阀；8—压水管

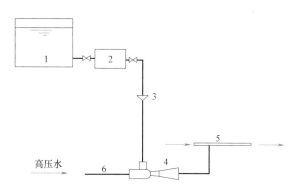

图 16-11　水射器投加

1—溶液池；2—投药箱；3—漏斗；
4—水射器；5—原水压水管；6—高压水管

（4）泵投加 泵投加有两种方式：一是采用计量泵（柱塞泵或隔膜泵），一是采用离心泵配上流量计。采用计量泵不必另备计量设备，泵上有计量标志，可通过改变计量泵行程或变频调速改变药液投量，最适合用于混凝剂自动控制系统。图 16-12 为计量泵投加示意。图 16-13 为药液注入管道方式，这样有利于药剂与水的混合。

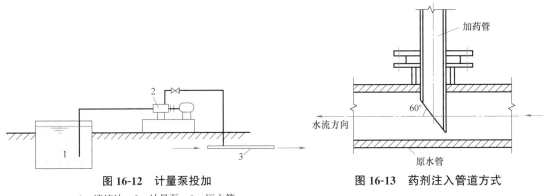

图 16-12 计量泵投加 　　　　　　　　　　图 16-13 药剂注入管道方式
1—溶液池；2—计量泵；3—压水管

3. 混凝剂投加量自动控制

混凝剂最佳投加量（以下简称"最佳剂量"）是指达到既定水质目标的最小混凝剂投量。由于影响混凝效果的因素较复杂，且在水厂运行过程中水质、水量不断变化，为达到最佳剂量且能即时调节、准确投加一直是水处理技术人员研究的目标。目前我国大多数水厂还是根据实验室混凝搅拌试验确定混凝剂最佳剂量，然后进行人工调节。这种方法虽简单易行，但主要缺点是，从试验结果到生产调节往往滞后 1～3h，且试验条件与生产条件也很难一致，试验所得最佳剂量未必是生产上最佳剂量。为了提高混凝效果，节省耗药量，混凝工艺的自动控制技术逐步推广应用。以下简单介绍几种自动控制投药量的方法。

（1）数学模型法

混凝剂投加量与原水水质和水量相关。对于某一特定水源，可根据水质、水量建立数学模型，写出程序由计算机执行调控。在水处理中，最好采用前馈和后馈相结合的控制模型。前馈数学模型应选择影响混凝效果的主要参数作为变量，例如原水浑浊度、pH、水温、溶解氧、碱度及水量等。前馈控制确定一个给出量，然后以沉淀池出水浑浊度作为后馈信号来调节前馈给出量。由前馈给出量和后馈调节量就可获得最佳剂量。

采用数学模型实行加药自动控制的关键是：必须要有前期大量而又可靠的生产数据，才可运用数理统计方法建立符合实际生产的数学模型。而且所得数学模型往往只适用于特定原水条件，不具普遍性。不过，若水质变化不太复杂而又有大量可靠的前期生产数据，此法仍值得采用。

（2）现场模拟试验法

采用现场模拟装置来确定和控制投药量是较简单的一种方法。常用的模拟装置是斜管沉淀器、过滤器或两者并用。当原水浑浊度较低时，常用模拟过滤器（直径一般为100mm 左右）。当原水浑浊度较高时，可用斜管沉淀器或者沉淀器和过滤器串联使用。采用过滤器的方法是：由水厂混合后的水中引出少量水样，连续进入过滤器，连续测定过滤器出水浑浊度，由此判断投药量是否适当，然后反馈于生产进行投药量的调控。由于是连续检测且检测时间较短（一般约十几分钟完成），故能用于水厂混凝剂投加的自动控制系统。不过，此法仍存在反馈滞后现象，只是滞后时间较短。此外，模拟装置与生产设备毕竟存在一定差别。但与实验室试验相比，更接近于生产实际情况。目前我国有些水厂已采用模拟装置实现加药自动控制。

（3）特性参数法

虽然影响混凝效果的因素复杂，但在某种情况下、某一特性参数是影响混凝效果的主要因素，其他影响因素居次要地位，则这一特性参数的变化就反映了混凝程度的变化。流动电流检测器（SCD）法和透光率脉动法即属特性参数法。

流动电流系指胶体扩散层中反离子在外力作用下随着流体流动（胶粒固定不动）而产生的电流。此电流与胶体ζ电位有正相关关系。前已述及，混凝后胶体ζ电位变化反映了胶体脱稳程度。同样，混凝后流动电流变化也反映了胶体脱稳程度。两者是对同一本质不同角度的描述。在实验室中通过混凝试验测定胶体ζ电位来确定混凝剂投加量，虽然也是一种特性参数法，但由于测定胶体ζ电位不仅复杂而且不能连续测定，因而难于用在生产上的在线连续测控。流动电流法克服了这一缺点。流动电流控制系统包括流动电流检测器、控制器和执行装置三部分，其核心部分是流动电流检测器。它是由检测水样的传感器和信号放大处理器组成。传感器是由圆筒形检测室、活塞及环形电极组成。活塞与圆筒之间为一环形空间，其间隙很小，宛如一环形毛细空间。当被测水样进入环形空间后，水中胶粒附着于活塞表面和圆筒内壁，形成胶体微粒"膜"。当活塞不动时，环形空间内的水也不动，胶体微粒"膜"双电层不受扰动。当活塞在电机驱动下作往复运动时；环形空间内的水也随之作相应运动，胶体微粒"膜"双电层受到扰动，水流便携带胶体扩散层中反离子一起运动，从而在环形毛细空间的壁表面上产生交变电流。此电流即为流动电流，由检测室两端环形电极收集送给信号放大处理器。信号经放大处理后传输给控制器（微电脑或单片机）。控制器将检测值与给定值比较后发出改变投药量的信号给执行装置（计量泵或控制阀等），最后由执行装置调节投药量。给定值往往是根据沉淀池出水浑浊度要求设定的。即当沉淀池出水浑浊度达到预期要求时，相对应的流动电流检测值便作为控制系统的给定值。当原水水质发生变化时，自控系统就围绕给定值进行调控，使沉淀池出水浑浊度始终保持在预定要求范围。但应指出，给定值并非永远不变。若原水水质有了大幅度变化或传感器用久受污染时，原先设定的给定值应适时进行调整。流动电流控制技术的优点是控制因子单一；投资较低；操作简便；对以胶体电中和脱稳絮凝为主的混凝而言，其控制精度较高。但此法也存在局限性。例如，若混凝作用非以电中和脱稳为主而是以高分子（尤其是非离子型或阴离子型絮凝剂）吸附架桥为主，则投药量与流动电流就很少相关。

透光率脉动法是利用光电原理检测水中絮凝颗粒变化（包括颗粒尺寸和数量），从而达到混凝在线连续控制的一种新技术。当一束光线透过流动的浊水并照射到光电检测器时，便产生电流成为输出信号。透光率与水中悬浮颗粒浓度有关，从而由光电检测器输出的电流也与水中悬浮颗粒浓度有关。如果光线照射的水样体积很小，水中悬浮颗粒数也很少，则水中颗粒数的随机变化便表现得明显，从而引起透光率的波动，此时输出电流值可看成由两部分组成，一部分为平均值，一部分为脉动值。絮凝前，进入光照体积的水中颗粒数量多而小，其脉动值很小；絮凝后，颗粒尺寸增大而数量减少，脉动值增大。将输出的脉动值与平均值之比称相对脉动值，则相对脉动值的大小反映了颗粒絮凝程度。絮凝越充分，相对脉动值越大。因此，相对脉动值就是透光率脉动技术的特性参数。在控制系统中，根据沉淀池出水浑浊度与投药混凝后水的相对脉动值关系，选定一个给定值（按沉淀池出水浑浊度要求），则自控系统设计便与流动电流法类似，通过控制器和执行装置完成投药的自动控制，使沉淀池出水浑浊度始终保持在预定要求范围。这种自控方法的优点是，因子单一（仅一个相对脉动值），不受混凝作用机理或混凝剂品种限制，也不受水质限制，是颇具应用前景的混凝自控新技术。

16.6 混合和絮凝设备

16.6.1 混合设备

混合设备的基本要求是，药剂与水的混合必须快速均匀。混合设备种类较多，我国常用的归纳起来有三类：水泵混合、管式混合、机械混合。

1. 水泵混合

水泵混合是我国常用的混合方式。药剂投加在取水泵吸水管或吸水喇叭口处，利用水泵叶轮高速旋转以达到快速混合目的。水泵混合效果好，不需另建混合设施，节省动力，大、中、小型水厂均可采用。但当采用三氯化铁作为混凝剂时，若投量较大，药剂对水泵叶轮可能有轻微腐蚀作用。当取水泵房距水厂处理构筑物较远时，不宜采用水泵混合，因为经水泵混合后的原水在长距离管道输送过程中，可能过早地在管中形成絮凝体。已形成的絮凝体在管道中一经破碎，往往难于重新聚集，不利于后续絮凝，且当管中流速低时，絮凝体还可能沉积管中。因此，水泵混合通常用于取水泵房靠近水厂处理构筑物的场合，两者间距不宜大于150m。

2. 管式混合（水力混合）

最简单的管式混合即将药剂直接投入水泵压水管中以借助管中流速进行混合。管中流速不宜小于1m/s，投药点后的管内水头损失不小于0.3～0.4m。投药点至末端出口距离以不小于50倍管道直径为宜。为提高混合效果，可在管道内增设孔板或文丘利管。这种管道混合简单易行，无需另建混合设备，但混合效果不稳定，管中流速低时，混合不充分。

目前广泛使用的管式混合器是"管式静态混合器"。混合器内按要求安装若干固定混合单元。每一混合单元由若干固定叶片按一定角度交叉组成。水流和药剂通过混合器时，将被单元体多次分割、改向并形成涡旋，达到混合目的。这种混合器构造简单，无活动部件，安装方便，混合快速而均匀。目前，我国已生产多种形式静态混合器，图16-14为其中一种，图中未绘出单元体构造，仅作为示意。管式静混合器的口径与输水管道相配合，目前最大口径已达2000mm。这种混合器水头损失稍大，但因混合效果好，从总体经济效益而言还是具有优势的。唯一缺点是当流量过小时效果下降。

另一种管式混合器是"扩散混合器"。它是在管式孔板混合器前加装一个锥形帽，其构造如图16-15所示。水流和药剂对冲锥形帽而后扩散形成剧烈紊流，使药剂和水达到快速混合。锥形帽夹角90°。锥形帽顺水流方向的投影面积为进水管总截面积的1/4。孔板的开孔面积为进水管截面积的3/4。孔板流速一般采用1.0～1.5m/s。混合时间2～3s。

混合器节管长度不小于 500mm。水流通过混合器的水头损失 0.3～0.4m。混合器直径在 $DN200～DN1200$ 范围内。

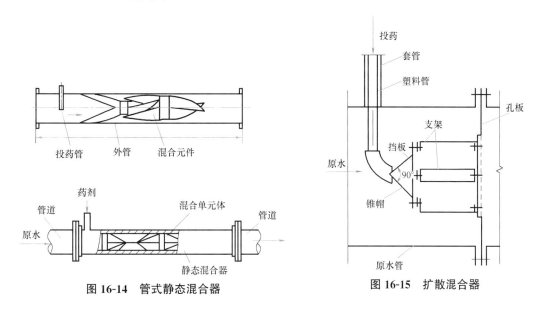

图 16-14　管式静态混合器　　　　图 16-15　扩散混合器

3. 机械混合池

机械混合池是在池内安装搅拌装置,以电动机驱动搅拌器使水和药剂混合。搅拌器可以是桨板式、螺旋桨式或透平式。桨板式适用于容积较小的混合池(一般在 $2m^3$ 以下),其余可用于容积较大混合池。搅拌功率按产生的速度梯度为 $700～1000s^{-1}$ 计算确定。混合时间控制在 $10～30s$ 以内,最大不超过 $2min$。机械混合池在设计中应避免水流同步旋转而降低混合效果。机械混合池的优点是混合效果好,且不受水量变化影响,适用于各种规模的水厂。缺点是增加机械设备并相应增加维修工作。

机械混合池设计计算方法与机械絮凝池相同,只是参数不同。

16.6.2 絮凝设备

絮凝设备的基本要求是,原水与药剂经混合后,通过絮凝设备应形成肉眼可见的大的密实絮凝体。絮凝池形式较多,概括起来分成两大类:水力搅拌式和机械搅拌式。我国在新型絮凝池研究上达到较高水平,特别是水力絮凝池方面。这里重点介绍以下几种:

1. 隔板絮凝池

隔板絮凝池是应用历史较久、目前仍常应用的一种水力搅拌絮凝池,有往复式和回转式两种,如图 16-16 和图 16-17 所示。后者是在前者的基础上加以改进而成。在往复式隔板絮凝池内,水流作 180°转弯,局部水头损失较大,而这部分能量消耗往往对絮凝效果作用不大。因为 180°的急剧转弯会使絮凝体有破碎可能,特别在絮凝后期。回转式隔板絮凝池内水流做 90°转弯,局部水头损失大为减小、絮凝效果也有所提高。

从反应器原理而言,隔板絮凝池接近于推流型(PF 型),特别是回转式。因为往复式的 180°转弯处的絮凝条件与廊道内条件差别较大。

为避免絮凝体破碎,廊道内的流速及水流转弯处的流速应沿程逐渐减小,从而 G 值也沿程逐渐减小。隔板絮凝池的 G 值按式(16-14)计算。式中 h 为水流在絮凝池内的

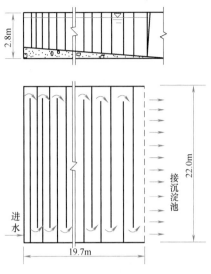

图 16-16　往复式隔板絮凝池

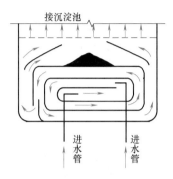

图 16-17　回转式隔板絮凝池

水头损失。水头损失按各廊道流速不同，分成数段分别计算。总水头损失为各段水头损失之和（包括沿程和局部损失）。各段水头损失近似按式（16-32）计算：

$$h_i = \zeta m_i \frac{v_{it}^2}{2g} + \frac{v_i^2}{C_i^2 R_i} l_i \tag{16-32}$$

式中　v_i——第 i 段廊道内水流速度，m/s；

$\quad\quad v_{it}$——第 i 段廊道内转弯处水流速度，m/s；

$\quad\quad m_i$——第 i 段廊道内水流转弯次数；

$\quad\quad \zeta$——隔板转弯处局部阻力系数。往复式隔板（180°转弯）$\zeta=3$；回转式隔板（90°转弯）$\zeta=1$；

$\quad\quad l_i$——第 i 段廊道总长度，m；

$\quad\quad R_i$——第 i 段廊道过水断面水力半径，m；

$\quad\quad C_i$——流速系数，随水力半径 R_i 和池底及池壁粗糙系数 n 而定，通常按曼宁公式

$\quad\quad\quad C_i = \dfrac{1}{n} R^{1/6}$ 计算或直接查水力计算表。

絮凝池内总水头损失为：

$$h = \sum h_i \tag{16-33}$$

根据絮凝池容积大小，往复式总水头损失一般在 0.3～0.5m。回转式总水头损失比往复式约小 40%。

隔板絮凝池通常用于大、中型水厂，因水量过小时，隔板间距过狭不便施工和维修。隔板絮凝池优点是构造简单，管理方便。缺点是流量变化大者，絮凝效果不稳定，与折板及网格式絮凝池相比，因水流条件不甚理想，能量消耗（即水头损失）中的无效部分比例较大，故需较长絮凝时间，池子容积较大。

隔板絮凝池积有多年运行经验，在水量变动不大情况下，絮凝效果有保证。目前，往往把往复式和回转式两种形式组合使用，前为往复式，后为回转式。因絮凝初期，絮凝体尺寸

较小，无破碎之虑，采用往复式较好；絮凝后期，絮凝体尺寸较大，采用回转式较好。

隔板絮凝池主要设计参数如下：

（1）廊道中流速。起端一般为0.5～0.6m/s，末端一般为0.2～0.3m/s。流速应沿程递减，即在起、末端流速已选定的条件下，根据具体情况分成若干段确定各段流速。分段越多，效果越好。但分段过多，施工和维修较复杂，一般宜分成4～6段。

为达到流速递减目的，有两种措施：一是将隔板间距从起端至末端逐段放宽，池底相平；一是隔板间距相等，从起端至末端池底逐渐降低。一般采用前者较多，因施工方便。若地形合适，可采用后者。

（2）为减小水流转弯处水头损失，转弯处过水断面积应为廊道过水断面积的1.2～1.5倍。同时，水流转弯处尽量做成圆弧形。

（3）絮凝时间，一般采用20～30min。

（4）隔板间净距一般宜大于0.5m，以便施工和检修。为便于排泥，池底应有0.02～0.03坡度并设直径不小150mm的排泥管。

2. 折板絮凝池

折板絮凝池是在隔板絮凝池基础上发展起来的，目前已得到广泛应用。

折板絮凝池通常采用竖流式。它是将隔板絮凝池（竖流式）的平板隔板改成具有一定角度的折板。折板可以波峰对波谷平行安装，如图16-18（a）所示，称"同波折板"；也可波峰相对安装，如图16-18（b）所示，称"异波折板"。按水流通过折板间隙数，又分为"单通道"和"多通道"。图16-18为单通。多通道系指，将絮凝池分成若干格子，每一格内安装若干折板，水流沿着格子依次上、下流动。在每一个格子内，水流平行通过若干个由折板组成的并联通道，如图16-19所示。无论在单通道或多通道内，同波、异波折板两者均可组合应用。絮凝池末端采用平板。例如，前面可采用异波、中部采用同波、后面采用平板。这样组合最佳，有利于絮凝体逐步成长而不易破碎，因平板对水流扰动较小。图16-19中第Ⅰ排采用同波折板，第Ⅱ排采用异波折板，第Ⅲ排可采用平板。是否需

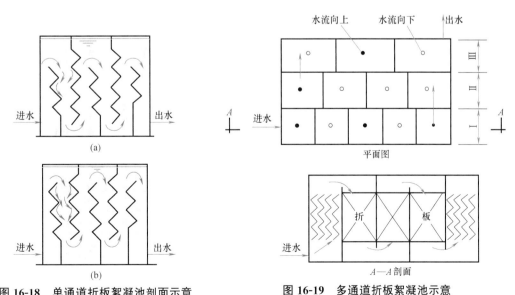

图16-18 单通道折板絮凝池剖面示意
（a）同波折板；（b）异波折板

图16-19 多通道折板絮凝池示意

要采用不同形式折板组合，应根据设计条件和要求决定。异波和同波折板絮凝效果差别不大，但平板效果较差，故只能放置在絮凝池末端起补充作用。

如隔板絮凝池一样，折板间距应根据水流速度由大到小而改变。折板之间的流速通常也分段设计。分段数不宜少于3段。各段流速和絮凝时间可分别为：

第一段：0.25～0.35m/s；絮凝时间宜大于5min。

第二段：0.15～0.25m/s；絮凝时间宜大于5min。

第三段：0.10～0.15m/s。

第三段宜采用直板；折板夹角宜采用90°～120°。折板可用钢丝网水泥板或塑料板等拼装而成。波高一般采用0.25～0.40m。絮凝池内应有排泥设施。

折板絮凝池的优点是：水流在同波折板之间曲折流动或在异波折板之间缩、放流动且连续不断，以至形成众多的小涡旋，提高了颗粒碰撞絮凝效果。在折板的每一个转角处，两折板之间的空间可以视为CSTR型单元反应器。众多的CSTR型单元反应器串联起来，就接近推流型（PF型）反应器。因此，从总体上看，折板絮凝池接近于推流型。与隔板絮凝池相比，水流条件大大改善，亦即在总的水流能量消耗中，有效能量消耗比例提高，故所需絮凝时间可以缩短，池子体积减小，对水量和水质变化的适应性较强、投药量少。从实际生产经验得知，絮凝时间在15～20min为宜；低温低浊水处理絮凝时间宜为20～30min。

折板絮凝池在长三角地区受到广泛采用，在其前面设置机械混合池效果更佳。

3. 机械絮凝池

机械絮凝池利用电动机经减速装置驱动搅拌器对水进行搅拌，故水流的能量消耗来源于搅拌机的功率输入。水流速度梯度采用式（16-11）计算。搅拌器有桨板式和叶轮式等，目前我国常用前者。根据搅拌轴的安装位置，又分水平轴和垂直轴两种形式，如图16-20所示。水平轴式通常用于大型水厂（水平轴穿池壁处易漏水）。垂直轴式一般用于中、小型水厂。单个机械絮凝池接近于CSTR型反应器，故宜分格串联。分格越多，越接近PF型反应器，絮凝效果越好，但分格过多，造价增高且增加维修工作量。每格均安装一台搅拌机。为适应絮凝体形成规律，第一格内搅拌强度最大，而后逐格减小，从而速度梯度G值也相应由大到小。搅拌强度决定于搅拌器转速和桨板面积，由计算决定。计算方法如下：

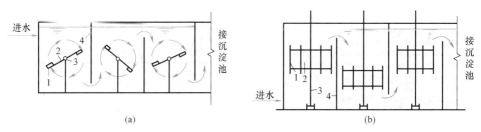

图16-20 机械絮凝池剖面示意

（a）水平轴式；（b）垂直轴式

1—桨板；2—叶轮；3—旋转轴；4—隔墙

图16-21所示为我国常用的一种垂直轴式桨板搅拌器。叶轮呈"十"字形安装。一根轴上共安装8块桨板。试以第i块桨板为例。当桨板旋转时，水流对桨板的阻力就是桨板

施于水的推力。在 dA 微面积上，水流阻力可用式（16-34）表示：

$$dF_i = C_D \rho \frac{v^2}{2} dA \qquad (16\text{-}34)$$

式中　dF_i —— 水流对面积为 dA 的桨板阻力，N；

　　　C_D —— 阻力系数，决定于桨板宽、长比。当宽、长比小于 1 时，$C_D=1.1$。水处理中桨板宽长比一般小于 1；

　　　v —— 水流与桨板相对速度，m/s；

　　　ρ —— 水的密度，kg/m³。

阻力 dF_i 所耗功率，即是桨板施于水的功率：

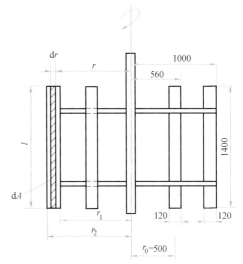

图 16-21　垂直桨板功率计算图

$$dP_i = dF_i v = C_D \frac{v^3}{2} dA = \frac{C_D \rho}{2} v^3 l \, dr \qquad (16\text{-}35)$$

式（16-35）中的 l 为桨板长度。相对于水流旋转线速度 v 与桨板旋转角速度 ω 存在如下关系：

$$v = r\omega \qquad (16\text{-}36)$$

式中　r —— 旋转半径，m；

　　　ω —— 相对于水的旋转角速度，rad/s。

将式（16-36）代入式（16-35）得：

$$dP_i = \frac{C_D \rho}{2} \omega^3 r^3 l \, dr \qquad (16\text{-}37)$$

积分式（16-37）得第 i 块桨板克服水的阻力所耗功率：

$$P_i = \int_{r_1}^{r_2} \frac{C_D \rho}{2} l \omega^3 r^3 \, dr = \frac{C_D \rho}{8} l \omega^3 (r_2^4 - r_1^4) \qquad (16\text{-}38)$$

式（16-38）为基本公式。

设每根旋转轴上在不同旋转半径上各装相同数量的桨板，则每根旋转轴全部桨板所耗功率为：

$$P = \sum_1^n \frac{C_D \rho}{8} l \omega^3 (r_2^4 - r_1^4) \qquad (16\text{-}39)$$

式中　P —— 桨板所耗总功率，W；

　　　n —— 同一旋转半径上桨板数；

　　　r_2 —— 桨板外缘旋转半径，m；

　　　r_1 —— 桨板内缘旋转半径，m。

其余符号同上。

每根旋转轴所需电动机功率：

$$N = \frac{P}{1000 \eta_1 \eta_2} \qquad (16\text{-}40)$$

式中　N——电动机功率，kW；

η_1——搅拌设备总机械效率，一般取 $\eta_1 = 0.75$；

η_2——传动效率，可采用 $0.6 \sim 0.95$。

一般所称桨板"旋转线速度"是以池子为固定参照物。相对线速度为桨板相对于水流的运动线速度，其值为旋转线速度 $0.5 \sim 0.75$ 倍，只有当桨板刚启动时，两者才相等，此时桨板所受阻力最大，故选用电动机时，应考虑启动功率这一因素。但计算运转功率或速度梯度 G 值时，应按式（16-39）计算，即按相对线速度考虑，或以旋转线速度乘以 $0.5 \sim 0.75$ 倍代入公式亦可。

设计桨板式机械絮凝池时，应符合以下几点要求：

（1）絮凝时间一般宜为 $15 \sim 20$min。低温低浊水处理絮凝时间宜为 $20 \sim 30$min。

（2）池内一般设 $3 \sim 4$ 级搅拌机。各级搅拌机之间用隔墙分开以防止水流短路。隔墙上、下交错开孔。开孔面积按穿孔流速决定。穿孔流速以不大于下一挡桨板外缘线速度为宜。为增加水流紊动性，有时在每格池子的池壁上设置固定挡板。

（3）搅拌机转速按叶轮半径中心点线速度通过计算确定。线速度宜自第一挡的 0.5m/s 起逐渐减小至末挡的 0.2m/s。

（4）每台搅拌器上桨板总面积宜为水流截面面积的 $10\% \sim 20\%$，不宜超过 25%，以免池水随桨板同步旋转，降低搅拌效果。桨板长度不大于叶轮直径 75%，宽度宜取 $10 \sim 30$cm。

机械絮凝池的优点是，可随水质、水量变化而随时改变转速以保证絮凝效果，能应用于任何规模水厂，唯需机械设备因而增加机械维修工作。

【例 16-3】 某机械絮凝池分成 3 格。每格有效容积为 26m³。每格设 1 台垂直轴桨板搅拌器且尺寸均相同，如图 16-21 所示。试求 3 台搅拌器所需功率并核算 G 值。

【解】 叶轮中心点旋转线速度采用：

第一台搅拌机　　　　　　　$v_1 = 0.5$m/s

第二台搅拌机　　　　　　　$v_2 = 0.35$m/s

第三台搅拌机　　　　　　　$v_3 = 0.2$m/s

设桨板相对于水流的线速度等于桨板旋转线速度 0.75 倍，则相对于水流的叶轮转速为：

$$\omega_1 = \frac{0.75v}{r_0} = \frac{0.75 \times 0.5}{0.5} = 0.75 \text{rad/s}$$

$$\omega_2 = \frac{0.75 \times 0.35}{0.5} = 0.53 \text{rad/s}$$

$$\omega_3 = \frac{0.75 \times 0.2}{0.5} = 0.30 \text{rad/s}$$

（1）桨板所需功率计算（以第 1 格为例）：

外侧桨板 $r_1 = 0.88$m，$r_2 = 1.0$m；内侧桨板 $r_1 = 0.44$m，$r_2 = 0.56$m。内、外侧桨板各 4 块。将有关数据代入式（16-39）得：

$$P_1 = \sum_1^4 \frac{C_D \rho}{8} l \omega_1^3 (r_2^4 - r_1^4) = \frac{4 \times 1.1 \times 1000}{8} \times 1.4 \times 0.75^3 [(1.0^4 - 0.88^4)]$$

$$+(0.56^4-0.44^4)]=150\text{W}$$

以同样方法可求得：$P_2=53\text{W}$，$P_3=9.6\text{W}$。

（2）核算平均速度梯度 G 值（水温按15℃计，$\mu=1.14\times10^{-3}\text{Pa}\cdot\text{s}$）：

第一格 $$G_1=\sqrt{\frac{P_1}{\mu V}}=\sqrt{\frac{150}{1.14\times26}\times10^3}=71\text{s}^{-1}$$

第二格 $$G_2=\sqrt{\frac{53}{1.14\times26}\times10^3}=42\text{s}^{-1}$$

第三格 $$G_3=\sqrt{\frac{9.6}{1.14\times26}\times10^3}=18\text{s}^{-1}$$

絮凝池总平均速度梯度 $\overline{G}$ 为：

$$\overline{G}=\sqrt{\frac{P_1+P_2+P_3}{\mu\times3V}}=\sqrt{\frac{150+53\times9.6}{1.14\times3\times26}\times10^3}=49\text{s}^{-1}$$

4. 网格、栅条絮凝池

网格、栅条絮凝池设计成多格竖井回流式。每个竖井安装若干层网格或栅条。各竖井之间的隔墙上，上、下交错开孔。每个竖井网格或栅条数自进水端至出水端逐渐减少，一般分3段控制。前段为密网或密栅，中段为疏网或疏栅，末段不安装网、栅。图16-22所示一组絮凝池共分9格（即9个竖井），网格层数共27层。当水流通过网格时，相继收缩、扩大，形成涡旋，造成颗粒碰撞。水流通过竖井之间孔洞流速及过网流速按絮凝规律逐渐减小。表16-3列出网格和栅条絮凝池主要设计参数，供参考。

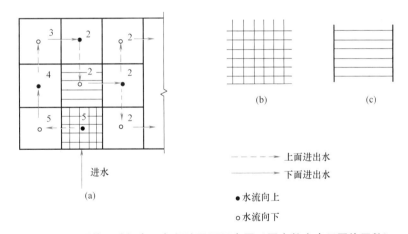

图 16-22　网格（或栅条）絮凝池平面示意图（图中数字表示网格层数）
（a）平面布置；（b）网格；（c）栅条

网格和栅条絮凝池所造成的水流紊动颇接近于局部各向同性紊流，故各向同性紊流理论应用于网格和栅条絮凝池更为合适。

网格絮凝池效果好，水头损失小，絮凝时间较短。不过，根据已建的网格和栅条絮凝池运行经验，还存在末端池底积泥现象，应考虑排泥设施，少数水厂发现网格上滋生藻类、堵塞网眼现象。网格和栅条絮凝池目前尚在不断发展和完善之中。絮凝池宜与沉淀池合建，一般布置成两组并联形式。每组设计水量一般为 $1.0\sim2.5$ 万 m^3/d 之间。

栅条、网格絮凝池主要设计参数

表 16-3

絮凝池型	絮凝池分段	栅条缝隙或网格孔眼尺寸 (mm)	板条宽度 (mm)	竖井平均流速 (m/s)	过栅或过网流速 (m/s)	竖井之间孔洞流速 (m/s)	栅条或网格构件布设总层数(层)/层距(cm)	絮凝时间 (min)	流速梯度 (s^{-1})
栅条絮凝池	前段 (安放密栅条)	50	50	0.12~0.14	0.25~0.30	0.30~0.20	$\dfrac{\geq 16}{60}$	12~20	70~100
	中段 (安放疏栅条)	80	50	0.12~0.14	0.22~0.25	0.20~0.15	$\dfrac{\geq 8}{60}$		40~60
	末段 (不安放栅条)			0.10~0.14		0.10~0.14			10~20
网格絮凝池	前段 (安放密网格)	80×80	35	0.12~0.14	0.25~0.30	0.30~0.20	$\dfrac{\geq 16}{60\sim 70}$	12~20	70~100
	中段 (安放疏网格)	100×100	35	0.12~0.14	0.22~0.35	0.20~0.15	$\dfrac{\geq 8}{60\sim 70}$		40~50
	末端 (不安放网格)			0.10~0.14		0.10~0.14			10~20

思考题与习题

1. 何谓胶体稳定性？试用胶粒间相互作用势能曲线说明胶体稳定性的原因。

2. 混凝过程中，压缩双电层和吸附-电中和作用有何区别？简要叙述硫酸铝混凝作用机理及其与水的 pH 值的关系。

3. 高分子混凝剂投量过多时，为什么混凝效果反而不好？

4. 目前我国常用的混凝剂有哪几种？各有何优缺点？

5. 什么叫助凝剂？常用的助凝剂有哪几种？在什么情况下需投加助凝剂？

6. 为什么有时需将 PAM 在碱化条件下水解成 HPAM？PAM 水解度是何涵义？一般要求水解度为多少？

7. 何谓同向絮凝和异向絮凝？两者的凝聚速率（或碰撞速率）与哪些因素有关？

8. 混凝控制指标有哪几种？为什么要重视混凝控制指标的研究？你认为合理的控制指标应如何确定？

9. 絮凝过程中，G 值的真正涵义是什么？沿用已久的 G 值和 GT 值的数值范围存在什么缺陷？请写出机械絮凝池和水力絮凝池的 G 值公式。

10. 根据反应器原理，什么形式的絮凝池效果较好？折板絮凝池混凝效果为什么优于隔板絮凝池？

11. 影响混凝效果的主要因素有哪几种？这些因素是如何影响混凝效果的？

12. 混凝剂有哪几种投加方式？各有何优点和缺点？其适用条件是什么？

13. 何谓混凝剂"最佳剂量"？如何确定最佳剂量并实施自动控制？

14. 当前水厂中常用的混合方法有哪几种？各有何优点和缺点？在混合过程中，控制 G 值的作用是什么？

15. 当前水厂中常用的絮凝设备有哪几种？各有何优点和缺点？在絮凝过程中，为什么 G 值应自进口至出口逐渐减小？

16. 采用机械絮凝池时，为什么要采用 3~4 挡搅拌机且各挡之间需用隔墙分开？

17. 河水总碱度 0.1mmol/L（按 CaO 计）。硫酸铝（含 Al_2O_3 为 16%）投加量为 25mg/L，问是否需要投加石灰以保证硫酸铝顺利水解？设水厂每日生产水量 50000m^3，试问水厂每天约需要多少千克石灰（石灰纯度按 50% 计）。

18. 设聚合铝 $[Al_2(OH)_n \cdot Cl_{6-n}]_m$ 在制备过程中，控制 $m=5$，$n=4$，试求该聚合铝的碱化度为多少?

19. 某水厂采用精制硫酸铝作为混凝剂，其最大投量为 35mg/L。水厂设计水量 100000m³/d。混凝剂每日调制 3 次，溶液浓度按 10% 计，试求溶解池和溶液池体积各为多少?

20. 某机械絮凝池分成 3 格。每格有效尺寸为 2.6m（宽）×2.6m（长）×4.2m（深）。每格设一台垂直轴桨板搅拌器，构造按图 16-21 设计各部分尺寸，外侧桨板：r_2 为 1050mm，r_1 为 930mm；内侧桨板：$r_2=585$mm，$r_1=465$mm；桨板长 1400mm，宽 120mm；r_0 为 525mm。叶轮中心点旋转线速度为：

第一格　　$v_1=0.5$m/s

第二格　　$v_2=0.32$m/s

第三格　　$v_3=0.2$m/s

求：3 台搅拌器所需搅拌功率及相应的平均速度梯度 G 值（水温按 20℃计）。

21. 设原水悬浮物体积浓度 $\phi=5\times10^{-5}$。假定悬浮颗粒粒径均匀，有效碰撞系数 $\alpha=1$，水温按 15℃计。设计流量 $Q=360$m³/h。搅拌功率（或功率消耗）$P=195$W。试求：

(1) 絮凝池按 PF 型反应器考虑，经 15min 絮凝后，水中颗粒数量浓度将降低百分之几?

(2) 采用 3 座同体积机械絮凝池串联（机械絮凝池按 CSTR 型反应器考虑），絮凝池总体积与（1）同。搅拌总功率仍为 195W，设 3 座絮凝池搅拌功率分别为：$P_1=100$W，$P_2=60$W，$P_3=35$W，试问颗粒数量浓度最后降低百分之几?

第 17 章 沉淀和澄清

17.1 悬浮颗粒在静水中的沉淀

水中悬浮颗粒依靠重力作用,从水中分离出来的过程称为沉淀。当颗粒密度大于水的密度时,表现为下沉;小于水的密度时,表现为上浮。在给水处理中,常遇到两种沉淀,一种是颗粒沉淀过程中,彼此没有干扰,只受到颗粒本身在水中的重力和水流阻力的作用,称为自由沉淀;另一种是颗粒在沉淀过程中,彼此相互干扰,或者受到容器壁的干扰,虽然其粒度和第一种相同,但沉淀速度却较小,称为拥挤沉淀。分述如下。

17.1.1 悬浮颗粒在静水中的自由沉淀

颗粒在静水中的沉淀速度取决于:颗粒在水中的重力 F_1 和颗粒下沉时所受水的阻力 F_2,直径为 d 的球形颗粒在静水中所受的重力 F_1 为

$$F_1 = \frac{1}{6}\pi d^3(\rho_p - \rho_1)g \tag{17-1}$$

式中 ρ_p 及 ρ_1——颗粒及水的密度,kg/m^3;

g——重力加速度,m/s^2。

颗粒下沉时所受水的阻力 F_2 与颗粒的糙度、大小、形状和沉淀速度 u 有关,也与水的密度和黏度有关,其关系式为

$$F_2 = C_D\rho_1 \frac{u^2}{2} \cdot \frac{\pi d^2}{4} \tag{17-2}$$

式中 C_D——阻力系数,与雷诺数 Re 有关;

$\dfrac{\pi d^2}{4}$——球形颗粒在垂直方向的投影面积。

重力与阻力的差 $(F_1 - F_2)$ 使颗粒产生向下运动的加速度 $\dfrac{du}{dt}$,故得:

$$\frac{\pi}{6}d^3\rho_p \frac{du}{dt} = \frac{\pi}{6}d^3(\rho_p - \rho_1)g - C_D\rho_1 \frac{u^2}{2} \cdot \frac{\pi d^2}{4} \tag{17-3}$$

式中 $\dfrac{\pi}{6}d^3\rho_p$——颗粒的质量。

在下沉过程中,阻力不断增加,在短暂时间后,达到与重力平衡,加速度 $\dfrac{du}{dt}$ 变为零,颗粒的沉淀速度转为常数。式(17-3)左边等于零,加以整理,所得的颗粒沉淀速度 u,即一般所指的"沉速",公式为:

$$u = \sqrt{\frac{4}{3}\frac{g}{C_D}\frac{\rho_p - \rho_1}{\rho_1}d} \tag{17-4}$$

式（17-4）为沉速基本公式。式中虽不出现雷诺数 Re，但是，式中阻力系数 C_D 却与雷诺数 Re 有关。雷诺数计算公式如式（17-5）：

$$Re = \frac{ud}{\nu} = \frac{ud\rho}{\mu} \tag{17-5}$$

式中　ν，μ——同前。

通过实验，可以把所观测到的 u 值分别代入式（17-4）和式（17-5）求得 C_D 值和 Re 数，点绘成曲线，如图 17-1 所示。

图 17-1 中，C_D 值可划分为层流、过渡和紊流 3 个区。

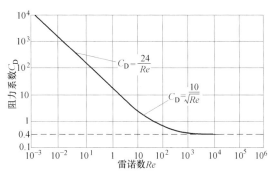

图 17-1　C_D 与 Re 的关系（球形颗粒）

在 $Re<1$ 的范围内，呈层流状态，其关系式为：

$$C_D = \frac{24}{Re} \tag{17-6}$$

代入式（17-4）得到斯托克斯（Stokes）公式：

$$u = \frac{1}{18} \frac{\rho_p - \rho_1}{\mu} g d^2 \tag{17-7}$$

在 $1000<Re<25000$ 范围内，呈紊流状态，C_D 接近于常数 0.4，代入式（17-4），得到牛顿公式：

$$u = 1.83\sqrt{\frac{\rho_p - \rho_1}{\rho_1} dg} \tag{17-8}$$

在 $1<Re<1000$ 的范围内，属于过渡区，C_D 近似为

$$C_D \approx \frac{10}{\sqrt{Re}} \tag{17-9}$$

代入式（17-4），得到阿兰（Allen）公式：

$$u = \left[\left(\frac{4}{225} \right) \frac{(\rho_p - \rho_1)^2 g^2}{\mu \rho_1} \right]^{\frac{1}{3}} d \tag{17-10}$$

由此可知，式（17-7）、式（17-8）和式（17-10）是在不同 Re 范围内的基本式（17-4）特定形式。在求某一特定颗粒沉速时，既不能直接应用基本式（17-4），也无法确定采用式（17-7）、式（17-8）或式（17-10），因为沉速 u 本身为待值，既然 u 为未知数，Re 也就为未知数。一种办法就是先假定沉速 u，然后再经试算以求得确定的 u。

在低 Re 的范围内，由于颗粒很小，测定粒径很困难，但是测定颗粒沉速往往较容易，故常以测定的沉速用斯托克斯公式反算颗粒粒径。不过此粒径只是相对于球形颗粒的直径，并非实际粒径。在实用上常用沉速代表某一特定颗粒而不追究颗粒粒径。

17.1.2　悬浮颗粒在静水中的拥挤沉淀

严格而言，自由沉淀是单个颗粒在无边际的水体中的沉淀。此时颗粒排挤开同体积的水，被排挤的水将以无限小的速度上升。当大量颗粒在有限的水体中下沉时，被排挤的水便有一定的速度，使颗粒所受到的水阻力有所增加，颗粒处于相互干扰状态，此过程称为拥挤沉淀，此时的沉速称为拥挤沉速。

拥挤沉速可以用实验方法测定。当水中含泥砂量很大时，泥砂即处于拥挤沉淀状态。常见的拥挤沉淀过程有明显的清水和浑水分界面，称为浑液面，浑液面缓慢下沉，直到泥砂最后完全压实为止。

水中凝聚性颗粒的浓度达到一定数量亦产生拥挤沉淀。由于凝聚性颗粒的相对密度远小于砂粒的相对密度，所以凝聚性颗粒从自由沉淀过渡到拥挤沉淀的临界浓度远小于非凝聚性颗粒的临界浓度。

高浊度水的拥挤沉淀过程分析如下：

将高浊度水注入一只透明的沉淀筒中进行静水沉淀，如图 17-2（a）所示，在沉淀时间 t_i 的沉淀现象如图 17-2（b）所示。此时整个沉淀筒中可分为 4 区：清水区 A、等浓度区 B、变浓度区 C 及压实区 D。清水区下面的各区可以总称为悬浮物区或污泥区。整个等浓度区中的浓度都是均匀的，这一区内的颗粒大小虽然不同，但由于互相干扰的结果，大的颗粒沉降变慢了而小的颗粒沉降却变快了，因而形成等速下沉的现象，整个区似乎都是由大小完全相等的颗粒组成的。当最大粒度与最小粒度之比约为 6∶1 以下时，就会出现这种等速下沉的现象。颗粒等速下沉的结果，在沉淀筒内出现了一个清水区。清水区与等浓度区之间形成一个清晰的交界面，称浑液面。它的下沉速度代表了颗粒的平均沉降速度。颗粒间的絮凝过程越好，交界面就越清晰，清水区内的悬浮物就越少。紧靠沉淀筒底部的悬浮物很快就被筒底截住，这层被截住的悬浮物又反过来干扰上面的悬浮物沉淀过程，同时底部出现一个压实区。压实区的悬浮物有两个特点：一个是从压实区的上表面起至筒底止，颗粒沉降速度是逐渐减小的，在筒底的颗粒沉降速度为零。另一个特点是，由

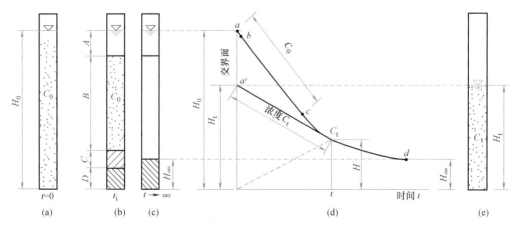

图 17-2　高浊度水的沉降过程

于筒底的存在，压实区内悬浮物缓慢下沉的过程也就是这一区内悬浮物缓慢压实的过程。从压实区与等浓度区的特点比较，就可以看出它们之间必然要存在一个过渡区，即从等浓度区的浓度逐渐变为压实区顶部浓度的区域，即称变浓度区。

在沉淀过程中，清水区高度逐渐增加，压实区高度也逐渐增加，而等浓度区的高度则逐渐减小，最后不复存在。变浓度区的高度开始是基本不变的，但当等浓度区消失后，也就逐渐消失。变浓度区消失后，压实区内仍然继续压实，直至这一区的悬浮物达到最大密度为止，如图17-2（c）所示。当沉降达到变浓度区刚消失的位置时，称为临界沉降点。

当粒度变化的范围很大（例如大于6：1）并且各级粒度所占的百分数相差不甚悬殊时，在沉淀过程中就不会出现等浓度区，而只有清水、变浓度和压实三个区，但这种情况很少。

如以交界面高度为纵坐标，沉淀时间为横坐标，可得交界面沉降过程曲线，如图17-2（d）所示。曲线 a-b 段为上凸的曲线，可解释为颗粒间的絮凝结果，由于颗粒凝聚变大，使下降速度逐渐变大。b-c 段是直线，表明交界面等速下降。a-b 曲线段一般较短，且有时不甚明显，所以可以作为 b-c 直线段的延伸。曲线 c-d 段为下凹的曲线，表明交界面下降速度逐渐变小。此时 B 区和 C 区已消失，c 点即临界沉降点，交界面下的浓度均大于 C_0。c-d 段表示 B、C、D 三个区重合后，沉淀物压实的过程。随着时间的增长，压实变慢，设压实时间 $t \to \infty$，压实区高度最后为 $H\infty$。

由图17-2（d）可知，曲线 a-c 段的悬浮物浓度为 C_0，c-d 段浓度均大于 C_0。设在 c-d 曲线上任一点 C_t（$C_t > C_0$）作切线与纵坐标相交于 a' 点，得高度 H_t。按照肯奇（Kynch）沉淀理论可得：

$$C_t = \frac{C_0 H_0}{H_t}, \text{即} \ C_t H_t = C_0 H_0 \tag{17-11}$$

上式涵义是：高度为 H_t、均匀浓度为 C_t 的沉淀管中所含悬浮物量和原来高度为 H_0、均匀浓度为 C_0 的沉淀管中所含悬浮物量相等。曲线 a'-C_t-d 为图17-2（e）所虚拟的沉淀管悬浮物拥挤下沉曲线。它与图17-2（a）所示沉淀管中悬浮物下沉曲线在 C_t 点以前（即 t 时以前）不一致，但在 C_t 点以后（即 t 时以后）两曲线重合。作 C_t 点切线的目的，就是为了求任意时间内交界面下沉速度。这条切线斜率即浓度为 C_t 的交界面下沉速度 v_t，并参见图17-2（d），得到下列关系：

$$H_t = H + v_t \cdot t$$
$$v_t = \frac{H_t - H}{t} \tag{17-12}$$

在 a-c 段，因切线即为 a-c 直线，$H_t = H_0$，故 $C_t = C_0$。由于 a-c 线斜率不变，说明浑液面等速下沉。当压缩到 $H\infty$ 高度后，斜率为零，即 $v_t = 0$，说明悬浮物不再压缩，此时 $C_t = C\infty$（压实浓度）。

如用同一水样，用不同高度的水深做实验（图17-3），发现在不同沉淀高度 H_1 及 H_2 时，两条沉降过程曲线之间存在着相似关系 $\dfrac{OP_1}{OP_2} =$

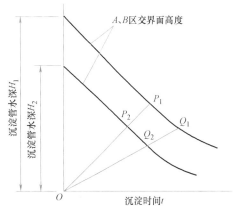

图17-3 不同沉淀高度的沉降过程相似关系

$\dfrac{OQ_1}{OQ_2}$，说明当原水浓度相同时，A、B 区交界的浑液面的下沉速度是不变的，但由于沉淀水深大时，压实区也较厚，最后沉淀物的压实要比沉淀水深小时压得密实些。这种沉淀过程与沉淀高度无关的现象，使有可能用较短的沉淀管做实验，来推测实际沉淀效果。

17.2 平流式沉淀池

平流式沉淀池应用很广，特别是在城市水厂中常被采用。

原水经投药、混合与絮凝后，水中悬浮杂质已形成粗大的絮凝体，要在沉淀池中分离出来。对某些工业用水（例如冷却水），允许浑浊度较高，经混凝沉淀后即可使用。但对城市水厂，出厂水要求浑浊度在 1NTU 以下，故必须经过澄清工艺中的过滤处理。混凝沉淀池的出水浑浊度一般宜在 5NTU 以下，有的可达 2NTU 左右。

平流式沉淀池为矩形水池，其基本组成如图 17-4 所示。上部为沉淀区，下部为污泥区，池前部有进水区，池后部有出水区。经混凝的原水流入沉淀池后，沿进水区整个截面均匀分配，进入沉淀区，然后缓慢地流向出水区。水中的颗粒沉于池底，沉积的污泥连续或定期排出池外。

平流式沉淀池在运行时，水流受到池身构造和外界影响（如进口处水流惯性、出口处束流、风吹池面、水质的浓差和温差等），致使颗粒沉淀复杂化。为了便于讨论，先从理想沉淀池出发，然后讨论实际情况。

17.2.1 非凝聚性颗粒的沉淀过程分析

所谓理想沉淀池，应符合以下 3 个假定：

（1）颗粒处于自由沉淀状态。即在沉淀过程中，颗粒之间互不干扰，颗粒的大小、形状和密度不变。因此，颗粒的沉速始终不变。

（2）水流沿着水平方向流动。在过水断面上，各点流速相等，并在流动过程中流速始终不变。

（3）颗粒沉到池底即认为已被去除，不再返回水流中。

按照上述假定，理想沉淀池的工作情况如图 17-4 所示。原水进入沉淀池，在进水区被均匀分配在 A-B 截面上，其水平流速为：

$$v = \frac{Q}{h_0 B} \qquad (17\text{-}13)$$

式中　v——水平流速，m/s；

　　　Q——流量，m^3/s；

　　　h_0——水流截面 A-B 的高度，m；

　　　B——水流截面 A-B 的宽度，m。

如图 17-4 所示，直线 I 代表从池顶 A 点开始下沉而能够在池底最远处 B' 点之前沉到池底的颗粒的运动轨迹；直线 II 代表从池顶 A 开始下沉而不能沉到池底的颗粒的运动轨迹；直线 III 代表一种颗粒从池顶 A 开始下沉而刚好沉到池底最远处 B' 点的运动轨迹。设沉淀池的水平流速为 v，按直线 III 运动的颗粒的相应沉速为 u_0，于是，凡是沉速大于 u_0 的一切颗粒都可以沿着类似直线 I 的方式沉到池底；凡是沉速小于 u_0 的颗粒，如从池顶

A 点开始下沉，肯定不能沉到池底而沿着类似直线Ⅱ的方式被带出池外；可以看出，直线Ⅲ所代表的颗粒沉速 u_0 具有特殊的意义，一般称为"截留沉速"。实际上它反映了沉淀池所能全部去除的颗粒中最小的颗粒沉速，因为凡是沉速等于或大于沉速 u_0 的颗粒能够全部被沉掉。

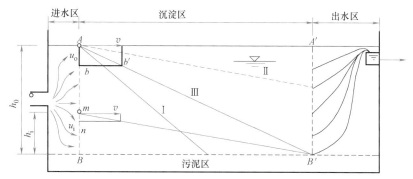

图 17-4　理想沉淀池工作状况

对于直线Ⅲ所代表的一类颗粒而言，流速 v 和 u_0 都与沉淀时间 t 有关：

$$t = \frac{L}{v} \tag{17-14}$$

$$t = \frac{h_0}{u_0} \tag{17-15}$$

式中　L——沉淀区的长度，m；

　　　h_0——沉淀区的水深，m；

　　　t——水在沉淀区中的停留时间，s；

　　　u_0——颗粒的截留沉降速度，m/s；

　　　v——水平流速，m/s。

令式（17-14）与式（17-15）相等，并以式（17-13）代入，整理后得到：

$$u_0 = \frac{Q}{LB} \tag{17-16}$$

上式中 LB 是沉淀池水面的表面积 A，因此上式的右边就是单位沉淀池表面积的产水量，可用式（17-17）表示

$$u_0 = \frac{Q}{A} \tag{17-17}$$

式中 $\frac{Q}{A}$ 一般称为"表面负荷"或"溢流率"。式（17-17）表明：表面负荷在数值上等于截留沉速，但含义却不同。后者代表自池顶 A 开始下沉所能全部去除的颗粒中最小的颗粒沉速。

为了求得沉淀池总的沉淀效率，先讨论某一特定颗粒即具有沉速 u_i 的颗粒的去除百分比 E。应该指出，这个特定颗粒的沉速，必定小于截留沉速 u_0，因大于 u_0 的颗粒将全部下沉，不必讨论。去除率 E 的计算公式推导如下。

如前所述，沉速 u_i 小于截留沉速 u_0 的颗粒，如从池顶 A 点下沉，将沿着直线Ⅱ前进而不能沉到池底。如果引一条平行于直线Ⅱ而交于 B' 的直线 mB'，从图 17-4 可见，只

有位于池底以上 h_i 高度内，也即处于 m 点以下的这种颗粒才能全部沉到池底。设原水中这类颗粒的浓度为 C，沿着进水区的高度为 h_0 的截面进入的这种颗粒的总量为 $QC = h_0BvC$，沿着 m 点以下的高度为 h_i 的截面进入的这种颗粒的数量为 h_iBvC，则沉速为 u_i 的颗粒的去除率应为：

$$E = \frac{h_iBvC}{h_0BvC} = \frac{h_i}{h_0} \tag{17-18}$$

另外从 $\triangle ABB'$ 和 $\triangle Abb'$ 的相似关系，得：

$$\frac{h_0}{u_0} = \frac{L}{v}, \text{即 } h_0 = \frac{Lu_0}{v} \tag{17-19}$$

同理得：

$$h_i = \frac{Lu_i}{v} \tag{17-20}$$

将式（17-19）和式（17-20）代入式（17-18）得到某特定颗粒去除率公式为

$$E = \frac{u_i}{u_0} \tag{17-21}$$

以式（17-17）代入式（17-21），得到：

$$E = \frac{u_i}{Q/A} \tag{17-22}$$

由式（17-22）可知：悬浮颗粒在理想沉淀池中的去除率只与其自身沉速和沉淀池的表面负荷有关，而与其他因素如水深、池长、水平流速和沉淀时间均无关。这一理论早在 1904 年已由哈真（Hazen）提出。它对沉淀技术的发展起了不小的作用。当然，在实际沉淀池中，除了表面负荷以外，其他许多因素对去除率还是有影响的，这将在后面讨论。

式（17-22）反映下列两问题：

（1）当去除率一定时，颗粒沉速 u_i 越大则表面负荷也越高，亦即产水量越大；或者当产水量和表面积不变时，u_i 越大则去除率 E 越高。颗粒沉速 u_i 的大小与凝聚效果有关，所以生产上一般均重视混凝工艺。

（2）颗粒沉速 u_i 一定时，增加沉淀池表面积可以提高去除率。当沉淀池容积一定时，池身浅些则表面积大些，去除率可以高些，此即"浅池理论"，斜板、斜管沉淀池的发展即基于此理论。

以上讨论的是某一种特定的"具有沉速 u_i 的颗粒"（$u_i < u_0$）的去除率。实际上，原水中沉速小于 u_0 的颗粒众多，这些不同的颗粒的总去除率是各别颗粒去除率的总和。

设 p_i 为所有沉速小于 u_i 的颗粒总量占原水中全部颗粒总量的百分率，显然 $\mathrm{d}p_i$ 为具有沉速 u_i 的一种颗粒总量占原水中全部颗粒总量的百分率。根据式（17-21），能够在沉淀池中下沉的这种具有沉速 u_i 的颗粒总量占原水中全部颗粒总量的百分率应为 $\frac{u_i}{u_0}\mathrm{d}p_i$，因此所有能够在沉淀池中去除的，沉速小于 u_0 的颗粒总量占原水中全部颗粒总量的百分率，即其去除率应为：

$$p = \int_0^{p_0} \frac{u_i}{u_0} \mathrm{d}p_i \tag{17-23}$$

另外，沉速大于和等于 u_0 的颗粒已经全部下沉，其去除率应为（$1 - p_0$），因此，理想沉淀池总的去除率 P 为：

$$P=(1-p_0)+\int_0^{p_0}\frac{u_i}{u_0}\mathrm{d}p_i \tag{17-24}$$

式中　p_0——所有沉速小于截留沉速 u_0 的颗粒总量占原水中全部颗粒总量的百分率；

　　　p——能够在沉淀池内去除的，沉速小于 u_0 的所有颗粒总量占全部颗粒总量的百分率；

　　　u_0——理想沉淀池的截留沉速；

　　　u_i——小于截留沉速的颗粒沉速；

　　　p_i——所有沉速小于 u_i 的颗粒总量占原水中全部颗粒总量的百分率；

　　　$\mathrm{d}p_i$——具有沉速为 u_i 的颗粒总量占原水中全部颗粒总量的百分率。

　　下面讨论非凝聚颗粒在静水中的沉淀实验。这种试验一般用 1 个圆筒进行。如图 17-5 所示，在圆筒水面下 h 处开 1 个取样口。试验开始时（$t=0$），要求水中的悬浮颗粒在整个水深中均匀分布，浓度为 C_0；然后分别在 t_1，t_2，…，t_n 等时取样，分别测得浓度 C_1，C_2，…，C_n。假定在取样过程中，水面位置基本不变（采用大直径的试验管，取小容积水样）。那么，在时间恰好是 t_1，t_2，…，t_n 等时，沉速为 $h/t_1=u_1$，$h/t_2=u_2$，…，$h/t_n=u_n$ 等颗粒恰好通过取样口向下沉，相应地这些颗粒在高度 h 中不复存在了，也即，所取出的水样中已没有这些相应的颗粒。如果以 p_1，p_2，…，p_n 等分别代表 C_1/C_0，C_2/C_0，…，C_n/C_0，那么它们就代表在取样口处的水样中所残存的悬浮颗粒的浓度百分率，也即小于该沉速的颗粒浓度百分率（$1.0-p_1$，$1.0-p_2$，……分别代表取样口水样中已经去除的悬浮颗粒百分率）点绘出 p-u 曲线，如图 17-6 所示。

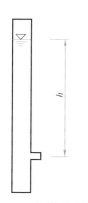

图 17-5　沉淀试验筒

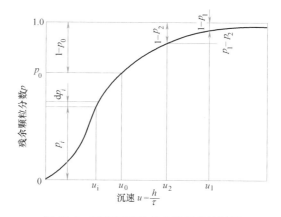

图 17-6　理想沉淀池的去除百分比计算

　　从图 17-6 可见：具有沉速为 u_1、u_2 的两种颗粒之间的颗粒浓度百分率为 p_1-p_2。如果两种颗粒无限接近为具有 u_i 的特定颗粒，那么其含量为 $\mathrm{d}p_i$。从这概念出发即可导出式（17-24）。该式的积分项表示所有小于截留沉速 u_0 的颗粒的"颗粒去除百分率"。图 17-6 中的 $1-p_0$ 表示所有大于截留沉速 u_0 的已经去除的颗粒百分率。

　　【例 17-1】　非凝聚性悬浮颗粒在实验条件下的沉淀数据列于表 17-1。试确定理想平流式沉淀池当表面负荷为 43.2m³/(m²·d) 时的悬浮物去除百分率。实验管取样口选在水面下 120cm。C 表示在时间 t 时由各个取样口取出的水样所含的悬浮物浓度，C_0 代表初始的悬浮物浓度。

【解】 根据上述试验数据，可得出悬浮颗粒的沉速分布，见表 17-2。分析表明，C/C_0 对 h/t 作图可以给出沉速小于 h/t 的颗粒组成部分的分布。相应于各取样时间的沉速计算如下：

沉淀试验记录　　　　　　　　　　　　表 17-1

取样时间 t(min)	0	15	30	45	60	90	180
C/C_0	1	0.96	0.81	0.62	0.46	0.23	0.06

沉速计算　　　　　　　　　　　　　　表 17-2

取样时间 t(min)	0	15	30	45	60	90	180
$u=h/t$ 值(cm/min)	—	8.0	4.0	2.67	2.0	1.33	0.67

沉速分布如图 17-7 所示。

截留沉速在数值上等于表面负荷率：

$$u_0 = \frac{43.2 \times 100}{24 \times 60} = 3 \mathrm{cm/min}$$

从图 17-7 查得 $u_0=3\mathrm{cm/min}$ 时，小于该沉速的颗粒组成部分等于 $p_0=0.75$。从图上，相当于积分式 $\int_0^{p_0} u_i \mathrm{d}p_i$ 的阴影部分面积为 1.19。因此得到总去除百分数为：

$$P = (1-0.75) - \frac{1}{3} \times 1.19 = 64.7\%$$

17.2.2　凝聚性颗粒的沉淀过程分析

水处理中经常遇到的沉淀多属于凝聚性颗粒沉淀，亦即在沉淀过程中，颗粒的大小、形状和密度都有所变化，随着沉淀深度和时间的增长，沉速越来越快。有关凝聚性颗粒的沉淀效果只能根据沉淀试验加以预测。

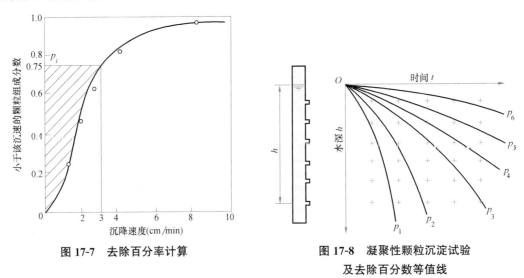

图 17-7　去除百分率计算

图 17-8　凝聚性颗粒沉淀试验及去除百分数等值线

分析凝聚性颗粒沉淀过程时，可采用图 17-8 所示的沉淀试验筒。筒长尽量接近实际沉淀池的深度，可采用 2~3m，直径一般不小于 100mm，并设有 5~6 个取样口。试验时，先将筒内水样充分搅拌并测定其初始浓度，然后开始试验。每隔一定时间，同时取出各取样口的水样并测定悬浮物浓度，计算出相应的去除百分数。根据测定数据。以沉淀筒取样口高度 h 为纵坐标，以沉降时间 t 为横坐标，将各个深度处的颗粒去除百分数的数据点绘在坐标纸上（图 17-8 上坐标点符号"＋"位置上，各有一组数据 t，p），把去除百分比 p 相同的各点连成光滑曲线，称为"去除百分数等值线"，如图 17-8 所示。

应该注意"去除百分数等值线"的含义。可以设想：把沉淀筒沿着横坐标，随着时间增长向右推进；也可设想沉淀筒从实际沉淀池的进口截面处，以水平流速 v 向前推进。这样，沉淀筒中各种颗粒下沉的过程必然也和沉淀池水中各种颗粒下沉的过程一样。对照上节关于非凝聚性颗粒的讨论可以认为：这些"去除百分数等值线"代表着：对应所指明去除百分数时，取出水样中不复存在的颗粒的最远沉降途径。深度与时间的比值则为指明去除百分数时的颗粒的最小平均沉速。

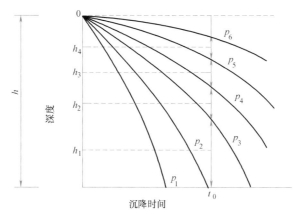

图 17-9 凝聚性颗粒的去除百分数计算

凝聚性颗粒的去除百分数也可以从图 17-9 算出。例如，当沉降时间为 t_0 时，其相应的沉速，亦即表面负荷 $u_0=h/t_0$。为方便起见，时间 t_0 一般选在曲线与横坐标相交处。如前所述，凡沉速等于或大于 u_0 的颗粒能全部沉掉，而沉速小于 u_0 的颗粒则按照 u/u_0 比值仅仅部分地沉掉。沉降时间 t_0 时，相邻两根曲线所表示的数值之间的差别，反映出同一时间不同深度的去除百分数的差别，说明有这样一部分颗粒对于上面一条曲线来说，已认为沉降下去了，而对于下面一条曲线来说，则认为尚未沉降下去。换句话说，这一部分颗粒正介于两曲线之间，其平均沉速等于其平均高度除以时间 t_0，其数量即为两曲线所表示的数值之差。这些颗粒正是小于 u_0 的颗粒。根据上述分析，对于某一表面负荷而言，由图 17-9 所示的凝聚性颗粒去除百分数等值线，可以得出总的去除百分数：

$$P=p_2+\frac{h_1/t_0}{u_0}(p_3-p_2)+\frac{h_2/t_0}{u_0}(p_4-p_3)$$
$$+\frac{h_3/t_0}{u_0}(p_5-p_4)+\frac{h_4/t_0}{u_0}(p_6-p_5)+\cdots \qquad (17-25)$$

式中　p_2——表示沉降高度为 h，沉降时间为 t_0 时的去除百分数，并且是沉速等于或大于 u_0 的已全部沉掉的颗粒的去除百分数相当于式（17-24）中的（$1-p_0$）；

　　　h_1——表示在时间 t_0 时，曲线 p_2 与 p_3 之间的中点高度；

　　　h_2——表示时间 t_0 时曲线 p_3 和 p_4 之间的中点高度；

h_3——表示在时间 t_0 时，曲线 p_4 与 p_5 之间的中点高度。后续依此类推。

上述测定方法系在静置条件下进行的。应用于实际沉淀池，根据经验，表面负荷和停留时间应乘以经验系数。因为在静置沉淀中没有反映诸如异重流、流速不均、风力以及下沉污泥重新浮起等因素的影响。

【例 17-2】 本例题中有些已知条件写在后面的题解中。

凝聚性悬浮物浓度为 400mg/L，采用平流式沉淀池处理。静置沉淀试验所得的沉淀时间和取样深度以及相应的悬浮物去除百分数见表 17-3。

根据表 17-3 的试验数据，试确定平流式沉淀池的去除百分数、表面负荷和停留时间之间的关系。若悬浮物浓度需要减少到 150mg/L，求相应的停留时间和表面负荷。

悬浮物去除百分数（%）   表 17-3

取样深度(m)	沉淀时间(min)						
	5	10	20	40	60	90	120
0.61	41	50	60	67	72	73	76
1.22	19	33	45	58	62	70	74
1.83	15	31	38	54	59	63	71

【解】

（1）将表 17-3 中有关数据绘于图 17-10，纵坐标为深度，横坐标为时间，各点表示相应的去除百分数。采用插入法绘出"去除百分数等值线"。

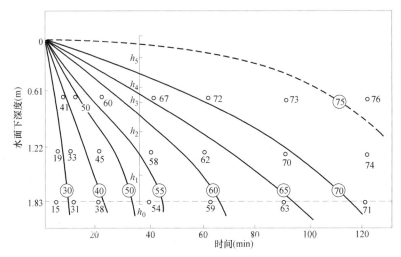

图 17-10 去除百分数等值线

（2）平流式沉淀池的表面负荷与停留时间的关系为：

$$\frac{Q}{A} = u_0 = \frac{h_0}{t_0}$$

(17-26)

式中 u_0——表面负荷，$m^3/(m^2 \cdot d)$；

h_0——沉淀池有效深度，m；

t_0——停留时间，min。

假定沉淀池有效深度为 1.83m，选停留时间为 35min，则相应的表面负荷为：

$$u_0 = \frac{1.83}{35} = 0.0523 \text{m/min} = 75.3 \text{m}^3/(\text{m}^2 \cdot \text{d})$$

（3）在图 17-10 中绘制相应于 $t_0 = 35\text{min}$ 的垂直线与各等值线相交，量得相邻等值线之间的中点的深度 $h_1 = 1.52$，$h_2 = 1.04$，$h_3 = 0.73$，$h_4 = 0.49$，$h_5 = 0.21$。结合表 17-3 和图 17-10，将有关数据代入式（17-25）中，得到总的去除百分数为：

$$P = 50 + \frac{1.52}{1.83}(55-50) + \frac{1.04}{1.83}(60-55) + \frac{0.73}{1.83}(65-60)$$

$$+ \frac{0.49}{1.83}(70-65) + \frac{0.21}{1.83}(75-70) = 60.9\% \ (\text{注}: t_0 \cdot u_0 = 1.83)$$

另外，假定不同的停留时间 t_0，重复上述第 2 步和第 3 步，得出相应的表面负荷 u_0 和总去除率 P，并把结果绘于图 17-11，即得总去除百分数、表面负荷及停留时间的关系曲线。

要求的悬浮物去除百分数为：$(400-150)/400 = 62.5\%$

从图 17-11 可查出，所需停留时间与表面负荷分别为 40min 和 $65.2\text{m}^3/(\text{m}^2 \cdot \text{d})$。

17.2.3 影响平流式沉淀池沉淀效果的因素

实际平流式沉淀池偏离理想沉淀池条件的主要原因有：

（1）沉淀池实际水流状况对沉淀效果的影响。

在理想沉淀池中，假定水流稳定，流速均匀分布。其理论停留时间 t_0 为：

$$t_0 = \frac{V}{Q} \tag{17-27}$$

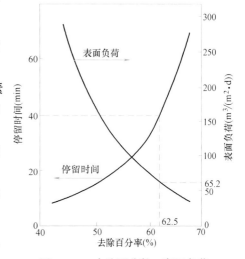

图 17-11 去除百分数、表面负荷及停留时间的关系曲线

式中　V——沉淀池容积，m^3；

　　　Q——沉淀池的设计流量，m^3/h。

但是在实际沉淀池中，停留时间总是偏离理想沉淀池，表现在一部分水流通过沉淀区的时间小于 t_0，而另一部分水流则大于 t_0，这种现象称为短流，它是由于水流的流速和流程不同而产生的。

短流的原因如下：

1）进水的惯性作用；

2）出水堰产生的水流抽吸；

3）较冷或较重的进水产生的异重流；

4）风浪引起的短流；

5）池内存在导流壁和刮泥设施等。

这些因素造成池内顺着某些流程的水流流速大于平均值，而在另一些区域流速小于平均值，甚至形成死角。因此一部分水通过沉淀池的时间短于平均值而另一部分水却长于平均值。停留较长时间的那部分沉淀增益，但一般不能抵消另一部分水由于停留时间短而不利于沉淀的后果。

水流的紊动性用雷诺数 Re 判别。该值表示水流的惯性力与黏滞力两者之间的对比：

$$Re = \frac{vR}{\nu} \tag{17-28}$$

式中 v——水平流速，m/s；

       R——水力半径，m；

       ν——水的运动黏度，m^2/s。

一般认为，在明渠流中，$Re > 500$ 时，水流呈紊流状态。平流式沉淀池中水流的 Re 一般为 4000～15000，属紊流状态。此时水流除水平流速外，尚有上、下、左、右的脉动分速，且伴有小的涡流体，这些情况都不利于颗粒的沉淀。但在一定程度上可使密度不同的水流能较好地混合，减弱分层流动现象。不过，在沉淀池中，通常要求降低雷诺数以利于颗粒沉降。

异重流是进入较静而具有密度差异的水体的一股水流。异重流重于池内水体者，将下沉并以较高的流速沿着底部绕道前进；异重流轻于水体者，将沿水面径流至出水口。密度的差别可能由于水温、所含盐分或悬浮固体量的不同所造成。若池内水平流速相当高，异重流将和池中水流汇合，影响流态甚微。这样的沉淀池具有稳定的流态。若异重流在整个池内保持着，则具有不稳定的流态。

水流稳定性以弗劳德数 Fr 判别。该值反映水流的惯性力与重力两者之间的对比：

$$Fr = \frac{v^2}{Rg} \tag{17-29}$$

式中 R——水力半径，m；

       v——水平流速，m/s；

       g——重力加速度，$9.81 m/s^2$。

Fr 数增大，表明惯性力作用相对增加，重力作用相对减小，水流对温差、密度差异重流及风浪等影响的抵抗能力强，使沉淀池中的流态保持稳定。一般认为，平流沉淀池的 Fr 数宜大于 10^{-5}。

在平流式沉淀池中，降低 Re 和提高 Fr 数的有效措施是减小水力半径 R。池中纵向分格及斜板、斜管沉淀池都能达到上述目的。

在沉淀池中，增大水平流速，一方面提高了 Re 数而不利于沉淀，但另一方面却提高了 Fr 数而加强了水的稳定性，从而提高沉淀效果。水平流速可以在很宽的范围里选用而不致对沉淀效果有明显的影响。沉淀池的水平流速宜为 10～25mm/s。

（2）凝聚作用的影响

原水通过絮凝池后，悬浮杂质的絮凝过程在平流式沉淀池内仍继续进行。如前所述，池内水流流速分布实际上是不均匀的，水流中存在的速度梯度将引起颗粒相互碰撞而促进絮凝。此外，水中絮凝颗粒的大小也是不均匀的，它们将具有不同的沉速，沉速大的颗粒在沉淀过程中能追上沉速小的颗粒而引起絮凝。水在池内的沉淀时间越长，由速度梯度引起的絮凝进行得越完善，所以沉淀时间对沉淀效果有影响，池中的水深越大，因颗粒沉速不同而引起的絮凝也进行的越完善，所以沉淀池的水深对混凝效果也有一定影响。因此，由于实际沉淀池的沉淀时间和水深所产生的絮凝过程均影响了沉淀效果，实际沉淀池也就偏离了理想沉淀池的假定条件。

17.2.4 平流式沉淀池的构造

平流式沉淀池可分为进水区、沉淀区、存泥区和出水区4部分。

1. 进水区

进水区的作用是使水流均匀地分布在整个进水截面上，并尽量减少扰动。一般做法是使水流从絮凝池直接流入沉淀池，通过钢筋混凝土穿孔墙将水流均匀分布于沉淀池整个断面上，如图17-12所示。为防止絮凝体破碎，孔口流速不宜大于0.1m/s；为保证穿孔墙的强度，洞口总面积也不宜过大。池底沉泥面0.3m以上始设孔洞。

2. 沉淀区

要降低沉淀池中水流的 Re 数和提高水流的 Fr 数，必须设法减小水力半径。采用导流墙将平流式沉淀池进行纵向分格可减小水力半径，改善水流条件。

沉淀区的高度与其前后相关净水构筑物的高程布置有关，有效水深可采用3.0～3.5m。沉淀区的长度 L 决定于水平流速 v 和停留时间 T，即 $L=vT$。沉淀区的宽度决定于流量 Q，池深 H 和水平流速 v，即 $B=\dfrac{Q}{Hv}$。沉淀区的长、宽、深之间相互关联，应综合考虑决定，还应核算表面负荷。一般认为，长宽比不小于4，长深比不应小于10。每格宽度（数值等同于导流墙间距）宜在3～8m，不应大于15m。

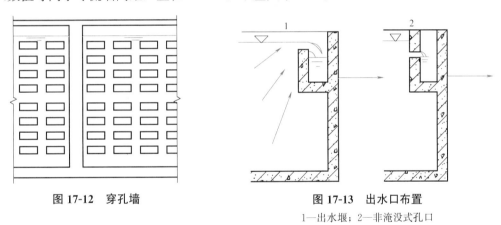

图 17-12 穿孔墙   图 17-13 出水口布置

1—出水堰；2—非淹没式孔口

3. 出水区

沉淀后的水应尽量在出水区均匀流出，一般采用堰口布置，或采用淹没式出水孔口，见图17-13。后者的孔口流速宜为0.6～0.7m/s，孔径20～30mm，孔口在水面下12～15cm。孔口水流应自由跌落到出水渠中。

为缓和出水区附近的流线过于集中，应尽量增加出水堰的长度，以降低堰口的流量负荷。堰口溢流率一般小于250m³/(m·d)。目前，我国常用的增加堰长的办法如图17-14所示。

4. 存泥区和排泥措施

沉淀池排泥方式有斗形底排泥、穿孔管排泥及机械排泥等。若采用斗形底或穿孔管排泥，则需存泥区，但目前平流式沉淀池基本上均采用机械排泥装置。故设计中往往不考虑存泥区，池底水平但略有坡度以便放空。

机械排泥装置可充分发挥沉淀池的容积利用率，且排泥可靠。多口虹吸式吸泥装置如

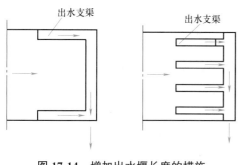

图 17-14 增加出水堰长度的措施

图 17-15 所示。吸泥动力利用沉淀池水位所能形成的虹吸水头。刮泥板 1、吸口 2、吸泥管 3、排泥管 4 成排地安装在桁架 5 上，整个桁架利用电机和传动机构通过滚轮架设在沉淀池壁的轨道上行走。在行进过程中将池底积泥吸出并排入排泥沟 10。这种吸泥机适用于具有 3m 以上虹吸水头的沉淀池。由于吸泥动力较小，池底积泥中的颗粒太粗时不易吸起。

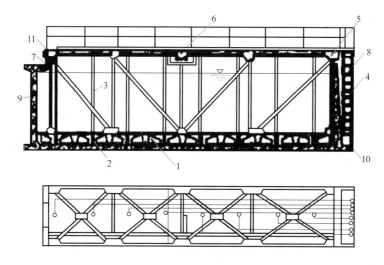

图 17-15 多口虹吸式吸泥机

1—刮泥板；2—吸口；3—吸泥管；4—排泥管；5—桁架；
6—电机和传动机构；7—轨道；8—梯子；9—沉淀池壁；
10—排泥沟；11—滚轮

当沉淀池为半地下式时，如池内外的水位差有限，可采用泵吸排泥装置，其构造和布置与虹吸式相似，但用泥泵抽吸。

还有一种单口扫描式吸泥机，它是在总结多口吸泥机的基础上设计的。其特点是无需成排的吸口和吸管装置。当吸泥机沿沉淀池纵向移动时，泥泵、吸泥管和吸口沿着横向往复行走吸泥。

17.2.5　平流式沉淀池的设计计算

设计平流沉淀池的主要控制指标是表面负荷或停留时间。从理论上说，采用前者较为合理，但是以停留时间作为指标所积累的经验较多。设计时应两者兼顾。或者以停留时间控制，以表面负荷校核，或者相反也可。

沉淀池的停留时间或表面负荷的选用，应根据原水水质、沉淀水水质要求、水温等设计资料，并参考相似条件下已有沉淀池的运行经验确定，停留时间一般采用 1.5～3.0h。低温低浊水源停留时间宜为 2.5～3.5h。水平流速可采用 10～25mm/s。计算方法如下（两者任选一种）：

（1）按照表面负荷 Q/A 的关系计算出沉淀池表面积 A。

沉淀池长度为：

$$L = 3.6vT \tag{17-30}$$

式中　v——水平流速，mm/s；

　　　L——沉淀池长度，m；

　　　T——停留时间，h。

沉淀池宽度 B 为：

$$B = \frac{A}{L} \tag{17-31}$$

（2）按照停留时间 T，用下式计算沉淀池有效容积（不计污泥区）：

$$V = QT \tag{17-32}$$

式中　V——沉淀池的有效容积，m³；

　　　Q——产水量，m³/h；

　　　T——停留时间，h。

根据选定的池深 H（一般有效水深为 3.0～3.5m），用下式计算宽度 B：

$$B = \frac{V}{LH} \tag{17-33}$$

沉淀池尺寸决定后，可以复核沉淀池中水流的稳定性，使弗劳德数 Fr 控制在 $1 \times 10^{-4} \sim 1 \times 10^{-5}$。

平流式沉淀池的放空排泥管直径，根据水力学中变水头放空容器公式计算：

$$d = \sqrt{\frac{0.7BLH^{0.5}}{T}} \tag{17-34}$$

式中　　　　d——排泥管直径，m；

B、L、H、T——意义同前。

沉淀池的出水渠多采用薄壁溢流堰或淹没式孔口，渠道断面采用矩形。当渠道底坡度为零时，渠道起端水深 H 可根据下式计算：

$$H = 1.73\sqrt[3]{\frac{Q^2}{gB^2}} \tag{17-35}$$

式中　Q——沉淀池流量，m³/s；

　　　g——重力加速度 9.81m/s²；

　　　B——渠道宽度，m。

【例 17-3】　设计日产水量为 10 万 m³ 的平流式沉淀池。水厂本身用水占 5%。采用两组池子。

【解】　（1）每组设计流量

$$Q = \frac{1}{2} \times \frac{100000 \times 1.05}{24} = 2187.5\text{m}^3/\text{h} = 0.608\text{m}^3/\text{s}$$

（2）设计数据的选用

表面负荷 $Q/A = 0.6$mm/s $= 51.8$m³/(m²·d)；

沉淀池停留时间 $T = 1.5$h；

沉淀池水平流速 $v=14\text{mm/s}$。

（3）计算

沉淀池表面积 $A=\dfrac{2187.5\times24}{51.8}=1013.5\text{m}^2$。

沉淀池长 $L=3.6\times14\times1.5=75.6\text{m}$，采用 76m。

沉淀池宽 $B=\dfrac{1013.5}{76}=13.3\text{m}$，采用 13.4m。由于宽度较大，沿纵向设置一道隔墙，分成两格，每格宽为 13.4/2=6.7m。

沉淀池有效水深 $H=\dfrac{QT}{BL}=\dfrac{2187.5\times1.5}{13.4\times76}=3.22\text{m}$，采用 3.5m（包括保护高）。

絮凝池与沉淀池之间采用穿孔布水墙。穿孔墙上的孔口流速采用 0.2m/s，则孔口总面积为 0.608/0.2=3.04m²。每个孔口尺寸定为 15cm×8cm，则孔口数为 3.04/0.15×0.08=253 个。

沉淀池放空时间按 $3h$ 计，则放空管直径按式（17-34）计算：

$$d=\sqrt{\dfrac{0.7\times13.4\times76\times3.22^{0.5}}{3\times3600}}=0.344\text{m}$$

采用 $DN=350\text{mm}$。

出水渠断面宽度采用 1.0m，出水渠起端水按式（17-35）计算：

$$H=1.73\sqrt[3]{\dfrac{Q^2}{gB^2}}=1.73\sqrt[3]{\dfrac{0.608^2}{9.81\times1.0^2}}=0.58\text{m}$$

为保证堰口自由落水，出水堰保护高采用 0.1m，则出水渠深度为 0.68m。

（4）水力条件校核

水流截面面积 $\omega=6.7\times3.22=21.57\text{m}$

水流湿周 $\chi=6.7+2\times3.22=13.14\text{m}$

水力半径 $R=\dfrac{21.574}{13.14}=1.64\text{m}$

弗劳德数 $Fr=\dfrac{v^2}{Rg}=\dfrac{1.4^2}{164\times981}=1.2\times10^{-5}$

雷诺数 $Re=\dfrac{vR}{\nu}=\dfrac{1.4\times164}{0.01}=22960$（按水温 20℃计算）

17.3 斜板与斜管沉淀池

17.3.1 斜板与斜管沉淀池的特点

由式（17-22）可知，在沉淀池有效容积一定的条件下，增加沉淀面积，可使颗粒去除率提高。根据这一理论，过去曾经把普通平流式沉淀池改建成多层多格的池子，使沉淀面积增加。但由于排泥问题没有得到解决，因此无法推广。为解决排泥问题，斜板和斜管沉淀池发展起来，浅池理论才得到实际应用。

斜板沉淀池是把与水平面成一定角度（一般 60°左右）的众多斜板放置于沉淀池中构成。水从下向上流动（也有从上向下，或水平方向流动），颗粒则沉于斜板底部。当颗粒累积到一定程度时，便自动滑下。

斜管沉淀池是把与水平面成一定角度（一般 60° 左右）的管状组件（断面矩形或六角形等）置于沉淀池中构成。水流可从下向上或从上向下流动，颗粒则沉于众多斜管底部，而后自动滑下。

从改善沉淀池水力条件的角度来分析，由式（17-28）和式（17-29）可知，由于斜板沉淀池水力半径大大减小，从而使雷诺数 Re 大为降低，而弗劳德数 Fr 则大为提高。斜管沉淀池的水力半径更小。一般讲，斜板沉淀池中的水流基本上属层流状态，而斜管沉淀池的 Re 多在 200 以下，甚至低于 100。斜板沉淀池的 Fr 数一般为 $10^{-3} \sim 10^{-4}$。斜管的 Fr 数将更大。因此，斜板斜管沉淀池满足了水流的稳定性和层流的要求。当前，我国使用较多的是斜管沉淀池，故本节重点介绍斜管沉淀池。

图 17-16 表示斜管沉淀池的一种布置实例示意图。斜管区由六角形截面（内切圆直径为 25mm）的蜂窝状斜管组件组成。斜管与水平面呈 60° 角，放置于沉淀池中。原水经过双层絮凝池（上层为回转隔板，下层为来回隔板）转入斜管沉淀池下部。水流自下向上流动，清水在池顶用穿孔集水管收集；污泥则在池底也用穿孔排污管收集，排入下水道。

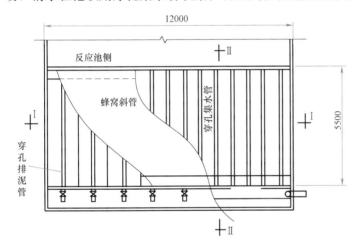

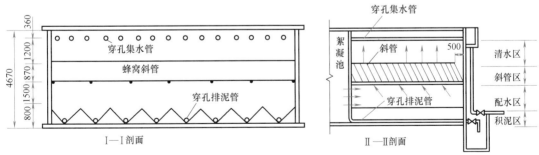

图 17-16　斜管沉淀池示意

17.3.2　斜管沉淀池的设计和计算

斜管沉淀池的清水区保护高度不宜小于 1.2m，底部配水区高度一般在 1.5～1.7m，新标准规定不宜小于 2.0m，以便均匀配水。为了使水流均匀地进入斜管下的配水区，絮凝池出口一般应考虑整流措施，可以采用缝隙栅条配水，缝隙前狭后宽，也可用穿孔墙。

整流配水孔的流速，一般要求不大于絮凝池出口流速，通常在 0.15m/s 以下。

斜管倾角越小，则沉淀面积越大，沉淀效率越高，但对排泥不利，根据生产实践，倾角 θ 宜为 $60°$。

试验表明，在斜管进口一段距离内，泥水混杂，水流紊乱，污泥浓度亦较大，此段称为过渡段。该段以上部分便明显看出泥水分离，称为分离段。过渡段的长度随管中上升流速而异，这段泥水虽然混杂，但由于浓度较大，反而有利于接触絮凝，从而有利于分离段的泥水分离。一般估计过渡段长度约为 200mm。斜管过长会增加造价，而沉淀效率的提高则有限。试验表明，往往在分离段上部出现一段较长的清水段，并未起沉淀作用。目前的斜管长度多采用斜高 1000mm。斜管管径（指正方形边长或多边形内切圆直径）通常采用 25～40mm。斜管断面形状会影响管中水流的雷诺数，但影响不大。生产上多采用正六角形断面。矩形断面加工方便，但排泥不如六角形通畅。斜管的材料要求轻质、坚固、无毒、价廉，目前使用较多的是厚 0.4～0.5mm 的薄塑料板（无毒聚氯乙烯或聚丙烯）。一般在安装前将薄塑料板制成蜂窝状块体，块体平面尺寸通常不宜大于 1m×1m，以免安装时出现过大缝隙，造成浑水短路。块体是用塑料板热轧成半六角形，然后粘合，其粘合方法和规格如图 17-17 所示。

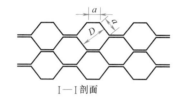

I—I剖面

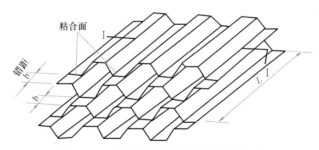

图 17-17　塑料片正六角形斜管粘合示意

斜管沉淀池的表面负荷 q 是一个重要的技术经济参数，可表示为：

$$q = \frac{Q}{A} \tag{17-36}$$

式中　Q——流量，m^3/h；

　　　A——沉淀池清水区表面积，m^2。

规范规定斜管沉淀池的表面负荷为 $5.0～9.0m^3/(m^2 \cdot h)$，低温低浊水处理液面负荷可采用 $3.6～7.2m^3/(m^2 \cdot h)$。目前生产上倾向采用较小的表面负荷以提高沉淀池出水水质。斜管内流速：

$$v = \frac{Q}{A' \sin\theta} \tag{17-37}$$

式中 Q—— 沉淀池的流量；

A'—— 斜管的净出口面积；

θ—— 轴线与水平的夹角，即水平倾角。

【例 17-4】 设计单池产水量为 15000m³/d 的斜管沉淀池。水厂自用水量按 5%计。

【解】 （1）设计数据

设计流量 $Q=15000\text{m}^3/\text{d}\times1.05=656\text{m}^3/\text{h}=0.18\text{m}^3/\text{s}$

表面负荷取 $q=10\text{m}^3/(\text{m}^2\cdot\text{h})=2.8\text{mm/s}$；

斜管材料采用厚 0.4mm 塑料板热压成正六角形管，内切圆直径 $d=25\text{mm}$，长 1000mm，水平倾角 $\theta=60°$。

（2）计算

按照式（17-36）求清水区面积：

$$A=\frac{Q}{q}=\frac{0.18}{0.0028}=64.3\text{m}^2$$

采取沉淀池尺寸为 $5.5\times12=66\text{m}^2$，如图 17-16 所示，为了配水均匀，进水区布置在 12m 长的一侧。在 5.5m 的长度中扣除无效长度 0.5m。因此净出口面积（考虑斜管结构系数 1.03）：

$$A'=\frac{(5.5-0.5)\times12}{1.03}=58\text{m}^2$$

采用保护高 0.3m，清水区高度 1.2m，配水区高度 1.5m，穿孔排泥槽高 0.80m，斜管高度 $h=l\sin\theta=1\times\sin60°=0.87\text{m}$，池子总高度 $H=0.30+1.2+1.5+0.80+0.87=4.67\text{m}$，如图 17-16 所示。

沉淀池进口采用穿孔墙，排泥采用穿孔管，集水系统采用穿孔管。总的布置如图 17-16 所示。

（3）核算

1）雷诺数 Re

水力半径 $R=\dfrac{d}{4}=\dfrac{25}{4}=6.25\text{mm}=0.625\text{cm}$。

当水温 $t=20℃$ 时，水的运动黏度 $\nu=0.01\text{cm}^2/\text{s}$。按式（17-37）可求得管内流速：

$$v=\frac{Q}{A'\sin\theta}=\frac{0.18}{58\sin60°}=0.0036\text{m/s}=0.36\text{cm/s}$$

$$Re=\frac{Rv}{\nu}=\frac{0.625\times0.36}{0.01}=22.5$$

2）弗劳德数 Fr

$$Fr=\frac{v^2}{Rg}=\frac{0.36^2}{0.625\times981}=2.1\times10^{-4}$$

3）斜管中的沉淀时间

$$T=\frac{l}{v}=\frac{1000}{3.6}=280\text{s}=4.6\text{min}（一般在 2\sim5\text{min} 之间）$$

17.4 澄 清 池

17.4.1 澄清池特点

以上所讨论的絮凝和沉淀属于两个单元过程：水中脱稳杂质通过碰撞结合成相当大的絮凝体，然后，在沉淀池内下沉。澄清池则将两个过程综合于一个构筑物中完成，主要依靠活性泥渣层达到澄清目的。当脱稳杂质随水流与泥渣层接触时，便被泥渣层阻留下来，使水获得澄清。这种把泥渣层作为接触介质的过程，实际上也是絮凝过程，一般称为接触絮凝。在絮凝的同时，杂质从水中分离出来，清水在澄清池上部被收集。

泥渣层的形成方法，通常是在澄清池开始运转时，在原水中加入较多的凝聚剂，并适当降低负荷，经过一定时间运转后，逐步形成。当原水浑浊度低时，为加速泥渣层的形成，也可人工投加黏土。

从泥渣充分利用的角度而言，平流式沉淀池单纯为了颗粒的沉降，池底沉泥还具有相当的接触絮凝活性未被利用。澄清池则充分利用了活性泥渣的絮凝作用。澄清池的排泥措施，能不断排除多余的陈旧泥渣，其排泥量相当于新形成的活性泥渣量。故泥渣层始终处于新陈代谢状态中，泥渣层始终保持接触絮凝的活性。

17.4.2 澄清池分类简介

澄清池形式很多，基本上可分为两大类：

1. 泥渣悬浮型澄清池

泥渣悬浮型澄清池又称泥渣过滤型澄清池。它的工作情况是加药后的原水由下而上通过悬浮状态的泥渣层时，使水中脱稳杂质与高浓度的泥渣颗粒碰撞凝聚并被泥渣层拦截下来。这种作用类似过滤作用。浑水通过悬浮泥渣层即获得澄清（图 17-18）。由于悬浮层拦截了进水中的杂质，悬浮泥渣颗粒变大，沉速提高。处于上升水流中的悬浮层亦似泥渣颗粒拥挤沉淀。上升水流使颗粒所受到的阻力恰好与其在水中的重力相等，处于动力平衡状态。上升流速即等于悬浮泥渣的拥挤沉速。拥挤沉速与泥渣层体积浓度有关，按下式计算：

$$u' = u(1 - C_v)^n \tag{17-38}$$

式中 u'——拥挤沉速，等于澄清池上升流速，mm/s；

$\quad u$——沉渣颗粒自由沉速，mm/s；

$\quad C_v$——沉渣体积浓度；

$\quad n$——指数。

从式（17-38）可知，当上升流速变动时，悬浮层能自动地按拥挤沉淀水力学规律改变其体积浓度，即上升流速越大，体积浓度越小，悬浮层厚度越大。当上升流速接近颗粒自由沉速时，体积浓度接近于零，悬浮层消失。当上升流速一定时，悬浮层浓度和厚度一定，悬浮层表面位置不变。为保持在一定上升流速下悬浮层浓度和厚度不变，增加的新鲜泥渣量（即被拦截的杂质量）必须等于排除的陈旧泥渣量，保持动态平衡。

泥渣悬浮型澄清池常用的有脉冲澄清池等。

脉冲澄清池剖面和工艺流程如图 17-18 所示。它的特点是澄清池的上升流速发生周期性的变化。这种变化是由脉冲发生器引起的。当上升流速小时，泥渣悬浮层收缩、浓度增大而使颗粒排列紧密；当上升流速大时，泥渣悬浮层膨胀。悬浮层不断产生周期性的收缩和膨胀不仅有利于微絮凝颗粒与活性泥渣进行接触絮凝，还可以使悬浮层的浓度分布在全池内趋于均匀并防止颗粒在池底沉积。

脉冲发生器有多种形式。图 17-18 表示采用真空泵脉冲发生器的脉冲澄清池的剖面图。其工作原理如下：

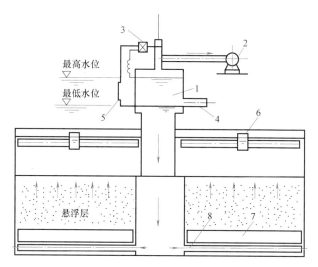

图 17-18 采用真空泵脉冲发生器的澄清池的剖面图
1—进水室；2—真空泵；3—进气阀；4—进水管；5—水位电极；
6—集水槽；7—稳流板；8—配水管

原水由进水管 4 进入进水室 1。由于真空泵 2 造成的真空而使进水室内水位上升，此为充水过程。当水面达到进水室的最高水位时，真空泵自动停运，进气阀 3 自动开启，使进水室通大气。这时进水室内水位迅速下降，向澄清池放水，此为放水过程。当水位下降到最低水位时，进气阀 3 又自动关闭，真空泵则自动启动，再次使进水室造成真空，进水室内水位又上升，如此反复进行脉冲工作，从而使悬浮层产生周期性的膨胀和收缩。脉冲澄清池设计参数如下：

（1）脉冲澄清池清水区的液面负荷，应按相似条件下的运行经验确定，可采用 2.5～3.2m³/(m²·h)。

（2）脉冲周期可采用 30～40s，充放时间比为 3:1～4:1。

（3）脉冲澄清池的悬浮层高度和清水区高度，可分别采用 1.5～2.0m。

（4）脉冲澄清池应采用穿孔管配水，上设人字形稳流板。

（5）虹吸式脉冲澄清池的配水总管，应设排气装置。

利用滤池反冲洗用空气必要时通入脉冲澄清池底部的穿孔管中，冲散淤积污泥以弥补池底易积泥的缺陷，也可提高其适应性。

2. 泥渣循环型澄清池

为了充分发挥泥渣接触絮凝作用，可使泥渣在池内循环流动。回流量约为设计流量的 3～5 倍。泥渣循环可借机械抽升或水力抽升造成。前者称机械搅拌澄清池；后者称水力循环澄清池。这里重点介绍机械搅拌澄清池。

（1）机械搅拌澄清池

机械搅拌澄清池的构造如图 17-19 所示，主要由第一絮凝室和第二絮凝室及分离室组成。整个池体上部是圆筒形，下部是截头圆锥形。加过药剂的原水在第一絮凝室和第二絮凝室内与高浓度的回流泥渣相接触，达到较好的絮凝效果，结成大而重的絮凝体，在分离室中进行分离。实际上，图 17-19 所示只是机械搅拌澄清池的一种形式，还有多种形式。

原水由进水管 1 通过环形三角配水槽 2 的缝隙均匀流入第一絮凝室Ⅰ。因原水中可能含有气体，会积在三角槽顶部，故应安装透气管 3。混凝剂投注点，按实际情况和运转经验确定，可加在水泵吸水管内，亦可由投药管 4 加入澄清池进水管、三角配水槽等处，亦可数处同时加注药剂。

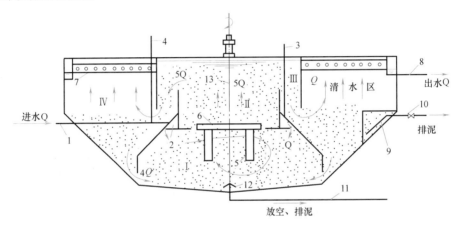

图 17-19　机械搅拌澄清池剖面泥示意图

1—进水管；2—三角配水槽；3—透气管；4—投药管；5—搅拌桨；6—提升叶轮；
7—集水槽；8—出水管；9—泥渣浓缩室；10—排泥阀；11—放空管；
12—排泥罩；13—搅拌轴；
Ⅰ—第一絮凝室；Ⅱ—第二絮凝室；Ⅲ—导流室；Ⅳ—分离室

搅拌设备由提升叶轮 6 和搅拌桨 5 组成，提升叶轮装在第一和第二絮凝室的分隔处。搅拌设备的作用是：第一，提升叶轮将回流水从第一絮凝室提升至第二絮凝室，使回流水中的泥渣不断在池内循环；第二，搅拌桨使第一絮凝室内的水体和进水迅速混合，泥渣随水流处于悬浮和环流状态。因此，搅拌设备使接触絮凝过程在第一、二絮凝室内得到充分发挥。回流流量为进水流量的 3～5 倍，图 17-19 中表示回流量为进水流量的 4 倍。

搅拌设备宜采用无线变速电动机驱动，以便随进水水质和水量变动而调整回流量或搅拌强度。但是生产实践证明，一般转速为 5～7r/min，平时运转中很少调整搅拌设备的转速，因而也可采用普通电动机通过蜗轮蜗杆变速装置带动搅拌设备。

第二絮凝室设有导流板（图中未绘出），用以消除因叶轮提升时所引起的水的旋转，使水流平稳地经导流室Ⅲ流入分离室Ⅳ。分离室中下部为泥渣层，上部为清水区，清水向上经集水槽 7 流至出水管 8。清水区须有 1.5～2.0m 深度，以便在排泥不当而导致泥渣层厚度变化时，仍可保证出水水质。

向下沉降的泥渣沿锥底的回流缝再进入第一絮凝室，重新参加絮凝，一部分泥渣则自动排入泥渣浓缩室 9 进行浓缩，至适当浓度后经排泥管排除，以节省排泥所消耗的水量。

澄清池底部设放空管。当泥渣浓缩室排泥还不能消除泥渣上浮时，也可用放空管排泥。放空管进口处要有排泥罩 12，使池底积泥可沿罩的四周排除，使排泥彻底。

由于机械搅拌澄清池为混合、絮凝和分离三种工艺在一个构筑物中的综合工艺设备，各部分相互牵制、相互影响，所以计算工作往往不能一次完成，必须在设计过程中作相应的调整。主要设计参数和设计内容如下：

1) 清水区的液面负荷应按相似条件下的运行经验确定，可采用 $2.9 \sim 3.6 \mathrm{m}^3 / (\mathrm{m}^2 \cdot \mathrm{h})$。低温低浊时，液面负荷宜采用较低值，且宜加设斜管。

2) 水在澄清池内总停留时间可采用 1.2~1.5h。

3) 叶轮提升流量可为进水流量的 3~5 倍。叶轮直径可为第二絮凝室内径的 70%~80%，并应设调整叶轮转速和开启度的装置。应根据池体直径、底坡、进水悬浮物含量及其颗粒组成等因素确定是否设置机械刮泥装置。

4) 原水进水管、配水槽

原水进水管的管中流速一般在 1m/s 左右。进水管进入环形配水槽后向两侧环流配水，故三角配水槽的断面应按设计流量的一半确定。配水槽和缝隙的流速均采用 0.4m/s 左右。

5) 絮凝室

目前在设计中，第一絮凝室、第二絮凝室（包括导流室）和分离室的容积比一般控制在 2:1:7 左右。第二絮凝室和导流室的流速一般为 40~60mm/s。

6) 集水槽

集水槽用于汇集清水。集水均匀与否，直接影响分离室内清水上升流速的均匀性，从而影响泥渣浓度的均匀性和出水水质。因此，集水槽布置应力求避免产生局部地区上升流速过高或过低现象。在直径较小的澄清池中，可以沿池壁建造环形槽；当直径较大时，可在分离室内加设辐射形集水槽。辐射槽数大体如下：当澄清池直径小于 6m 时可用 4~6 条，直径大于 6m 时可用 6~8 条。环形槽和辐射槽的槽壁开孔。孔径可为 20~30mm。孔口流速一般为 0.5~0.6m/s。

穿孔集水槽的设计流量应考虑流量增加的余地，超载系数一般取 1.2~1.5。

穿孔集水槽计算方法如下：

① 孔口总面积

根据澄清池计算流量和预定的孔口上的水头，按水力学的孔口出流公式，求出所需孔口总面积：

$$\sum f = \frac{\beta Q}{\mu \sqrt{2gh}} \tag{17-39}$$

式中　$\sum f$——孔口总面积，m^2；

　　　β——超载系数；

　　　μ——流量系数，其值因孔眼直径与槽壁厚度的比值不同而异，对薄壁孔口，可采用 0.62；

　　　Q——澄清池总流量，即环形槽和辐射槽穿孔集水流量，m^3/s；

　　　g——重力加速度，$\mathrm{m/s}^2$；

　　　h——孔口上的水头，m。

选定孔口直径，计算一只小孔的面积 f，按下式算出孔口总数 n：

$$n = \frac{\sum f}{f} \tag{17-40}$$

或按孔口流速计算孔口面积和孔口上作用水头。

② 穿孔集水槽的宽度和高度

假定穿孔集水槽的起端水流截面为正方形，也即宽度等于水深。代入式（17-35）得到穿孔集水槽的宽度为：

$$B = 0.9Q^{0.4} \tag{17-41}$$

式中 Q——穿孔集水槽的流量，$\mathrm{m^3/s}$；

   B——穿孔集水槽的宽度，m。

穿孔集水槽的总高度，除了上述起端水深以外，还应加上槽壁孔口出水的自由跌落高度（可取 7～8cm）以及集水槽的槽壁外孔口以上应有的水深和保护高。

7）泥渣浓缩室

泥渣浓缩室的容积大小影响排出泥渣的浓度和排泥间隔的时间。根据澄清池的大小，可设浓缩室 1～4 个，其容积为澄清池容积的 1%～4%。当原水浑浊度较高时，应选用较大容积。

【例 17-5】 已知机械搅拌澄清池设计流量为 400$\mathrm{m^3/h}$，澄清池平面尺寸如图 17-20 所示，剖面如图 17-19 所示。试设计穿孔集水槽（水厂自用水量按 5%计）。

【解】 澄清池计算流量 $Q = 400 \times 1.05/3600 = 0.1167\mathrm{m^3/s}$。

（1）孔口布置

采用 8 条辐射槽，每条集水槽与澄清池周壁上环形集水槽相连接。每条辐射槽两侧和环形槽内侧均匀开孔。

设孔口中心线上的水头为 $h = 0.05\mathrm{m}$，所需孔口总面积 $\sum f$ 按式（17-39）计算：

$$\sum f = \frac{\beta Q}{\mu\sqrt{2gh}} = \frac{1.2 \times 0.1167}{0.62\sqrt{2 \times 9.81 \times 0.05}}$$

$$= 0.228\mathrm{m^2} = 2280\mathrm{cm^2}$$

选用孔口直径 25mm，单孔面积：

$$f = \frac{\pi 2.5^2}{4} = 4.91\mathrm{cm^2}$$

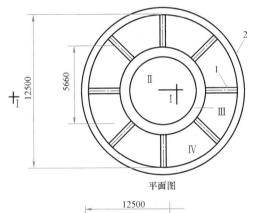

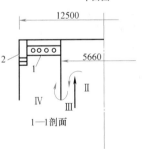

图 17-20 机械搅拌澄清池平面图

1—辐射集水槽；2—环形集水槽

Ⅱ—第二絮凝室；Ⅲ—导流室；Ⅳ—分离室

孔口总数 n 按式（17-40）计算：

$$n = \frac{\sum f}{f} = \frac{2280}{4.91} = 464 \text{ 个}$$

8 条辐射集水槽的开孔部分总长度（图 17-20）为：

$$2 \times 8 \times \left(\frac{12.5 - 5.66}{2} - 0.38 \right) = 48.64 \text{m}$$

式中假定环形集水槽所占宽度为 0.38m。

靠池壁的环形槽开孔部分长度为：

$$\pi(12.5 - 2 \times 0.38) - 8 \times 0.32 = 34.31 \text{m}$$

式中假定辐射槽所占宽度为 0.32m。

穿孔集水槽（包括辐射槽和环形槽）的开孔部分总长度 L 为：

$$L = 48.64 + 34.31 = 82.95 \text{m}$$

孔口间距 x 应为：

$$x = \frac{L}{n} = \frac{82.95}{464} = 0.179 \text{m}$$

（2）集水槽断面尺寸

集水槽沿程的流量逐渐增大，应按槽的下游出口处最大流量计算集水槽的断面尺寸。每条辐射集水槽的开孔数为：

$$\frac{48.64}{8 \times 0.179} = 34 \text{ 个}$$

孔口流速为：

$$v = \frac{\beta Q}{\sum f} = \frac{1.2 \times 0.1167}{0.228} = 0.61 \text{m/s}$$

每槽的计算流量等于

$$q = 0.61 \times 4.91 \times 10^{-4} \times 34 = 0.0102 \text{m}^3/\text{s}$$

辐射集水槽的宽度 B 按式（17-41）计算：

$$B = 0.9 \times 0.0102^{0.4} = 0.14 \text{m}$$

为施工方便采取槽宽 $B = 0.20$m。考虑到槽外保护高 0.1m，孔上水头 0.05m 和槽内跌落水头 0.08m，槽内水深 0.14m，则穿孔集水槽的总高度为 0.37m。

环形集水槽内水流从两个方向汇流至出口。槽内流量按 $\dfrac{Q}{2} = \dfrac{1.2 \times 0.1165}{2} = 0.07 \text{m}^3/\text{s}$ 计。得环形槽宽度：

$$B = 0.9 \times 0.07^{0.4} = 0.31 \text{m}$$

环形槽起端水深 $H_0 = B = 0.31$m。考虑辐射槽水流进入环形槽时应自由跌水，跌落高取 0.08m，即辐射槽底应高于环形槽起端水面 0.08m。同时考虑环形槽顶与辐射槽顶相平，则环形槽总高度为：

$$H = 0.31 + 0.08 + 0.37 = 0.76 \text{m}$$

环形槽孔口与辐射槽孔口完全相平。

（2）水力循环澄清池

图 17-21 表示水力循环澄清池的剖面图。原水从池底进入，先经喷嘴 2 高速喷入喉管 3。因此在喉管下部喇叭口 4 附近造成真空而吸入回流泥渣。原水与回流泥渣在喉管 3 中剧烈混合后，被送入第一絮凝室 5 和第二絮凝室 6。从第二絮凝室流出的泥水混合液，在分离室中进行泥水分离。清水向上，泥渣则一部分进入泥渣浓缩室 7，一部分被吸入喉管重新循环，如此周而复始。原水流量与泥渣回流量之比，一般为 1:2 至 1:4。喉管和喇

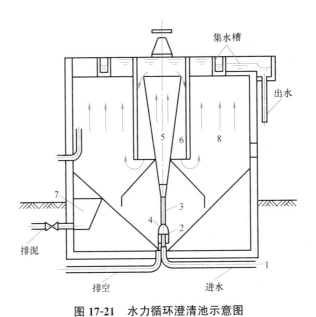

图 17-21　水力循环澄清池示意图

1—进水管；2—喷嘴；3—喉管；4—喇叭口；5—第一絮凝室；6—第二絮凝室；
7—泥渣浓缩室；8—分离室

叭口的高度可用池顶的升降阀进行调节。图 17-21 只是水力循环澄清池多种形式中的一种。

水力循环澄清池清水区的液面负荷，应按相似条件下的运行经验确定，一般可采用 $2.5\sim3.2\mathrm{m^3/(m^2 \cdot h)}$；导流筒（第一絮凝室）的有效高度可采用 3～4m；池底斜壁与水平面的夹角不宜小于 $45°$。泥渣循环型澄清池中大量高浓度的回流泥渣与加过混凝剂的原水中杂质颗粒具有更多的接触碰撞机会，且因回流泥渣与杂质粒径相差较大，故絮凝效果好。水力循环澄清池结构较简单，无需机械设备，但泥渣回流量难以控制，且因絮凝室容积较小，絮凝时间较短，回流泥渣接触絮凝作用的发挥受到影响。故水力循环澄清池处理效果较差，耗药量较大，对原水水量、水质和水温的变化适应性较差。且因池子直径和高度有一定比例，直径越大，高度也越大，故水力循环澄清池一般适用于小型水厂，与无阀滤池配套使用。

（3）高密度沉淀池

高效沉淀技术是由得利满公司推出的高密度沉淀池（Densadeg）为代表的一类新型沉淀池，该技术是在传统机械搅拌澄清池的基础上发展而来，集混凝、沉淀和浓缩工艺为一体，通过污泥回流和药剂投加，使回流污泥与水中的悬浮物形成大的絮凝体，从而达到高效的沉淀处理效果。

图 17-22 是高密度沉淀池的基本构造图。其主要特点是：采用了特殊的混合、絮凝反应器；在絮凝区投加有机高分子絮凝剂；从絮凝区至沉淀区采用推流过渡；沉淀区采用斜管沉淀；从沉淀区至絮凝区采用可控的外部泥渣回流。

沉淀池由混合区、絮凝区、推流区、沉淀区和浓缩区以及泥渣回流系统和剩余泥渣排放系统组成。投加混凝剂的原水经过快速混合后进入絮凝区，并与沉淀池浓缩区的回流泥渣混合，在絮凝区中加入助凝剂聚丙烯酰胺（PAM）并完成絮凝反应。反应采用螺旋搅

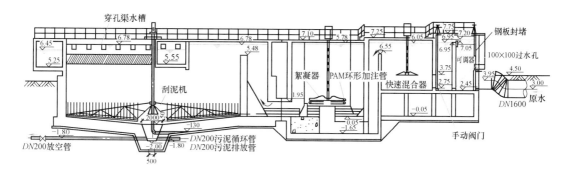

图 17-22　高密度沉淀池示意图

拌器，经搅拌后的原水以推流方式进入沉淀区。在沉淀区中泥渣下沉，澄清水经斜管分离后由集水槽收集出水。沉降的泥渣在沉淀池下部浓缩，浓缩泥渣部分回流，部分剩余污泥排放。

高密度沉淀池采用了池外泥渣回流方式并投加了高分子絮凝剂，使絮凝形成的絮体均匀和密集，絮体具有较高的沉降速度，在给水处理中，斜管区的上升流速可达到 20～30m/h(5.6～8.3mm/s)。因此虽然池体占地面积小，但处理效率高，而且出水水质好，抗冲击能力强，对低温低浊、高浊、微污染等水质均可得到较好处理效果。沉淀池下部设置较大的浓缩区，使排放污泥的含固率可达 3% 以上，减少了水厂自用水耗水率，并可省去污泥处理中的浓缩环节。

在此基础上，国内外还发展了多种高效沉淀池型，如法国 OTV 公司的 Actiflo 沉淀池和 Multiflo 沉淀池、上海市政总院的中置式高密度沉淀池等，都在实际工程中取得了不错的应用效果。高密度沉淀池最大的缺点是需在絮凝区中加入助凝剂聚丙烯酰胺，不提倡在饮用水处理中使用，可用于水厂污泥处理。

17.5　气　浮

气浮工艺是指人为的向水中通入气泡，使其黏附于絮体上，从而大幅度降低絮体密度，并借助气泡的上升速度，以此实现固、液快速分离的目的。气浮工艺中，原先较为单纯的固、液分离变为比较复杂的气、固、液三相分离体系。

根据气泡产生方式的不同，气浮工艺可以分为分散空气气浮法、电解凝聚气浮法、微孔布气气浮法等，但适用于净水工艺的，主要是压力溶气气浮法中的部分回流溶气工艺。图 17-23 是该气浮工艺流程图。

原水经投加絮凝剂后，由原水泵 3 提升进入絮凝池 4。经絮凝后的水，自流底部进入气浮池接触室 5，并与溶气释放器 13 释出的含微气泡水相遇，絮粒与气泡黏附后，即在气浮分离室 6 进行渣、水分离。浮渣布于池面，定期刮（溢）入排渣槽 7；清水由集水管 8 引出，进入后续处理构筑物。其中部分清水，则经回流水泵 9 加压，进入压力溶气罐 10；与此同时，空气压缩机 11 亦将压缩空气压入压力溶气罐，在溶气罐内完成溶气过程，并由溶气水管 12 将溶气水输入溶气释放器 13，供气浮用。

气浮工艺主要特点如下：

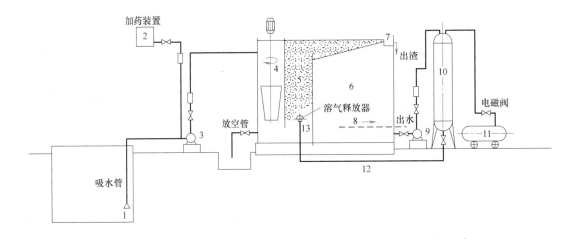

图 17-23 气浮工艺流程示意

1—原水取水口；2—絮凝剂投加设备；3—原水泵；4—絮凝池；5—气浮接触室；
6—气浮分离室；7—排渣槽；8—集水管；9—回流水泵；10—压力溶气罐；
11—空气压缩机；12—溶气水管；13—溶气释放器

（1）它是依靠无数微气泡去黏附絮粒，因此对絮粒的重度及大小要求不高。一般情况下，能减少絮凝反应时间及节约混凝剂量。

（2）带气絮粒与水的分离速度快，因此单位面积的产水量高，池子容积及占地面积减少，造价降低。

（3）由于气泡捕捉絮粒的概率很高，一般不存在"跑矾花"现象，因此，出水水质较好，有利于后续处理中滤池冲洗周期的延长、冲洗耗水量的节约。

（4）需要一套供气、溶气、释气设备，部分清水需要增压溶气，因此会增加工程造价和运行费用。

由于气浮是依靠气泡来托起絮粒的，絮粒越多、越重，所需气泡量越多，故气浮一般不宜用于高浊度原水的处理，而较适用于：

（1）低浊度原水（一般原水常年浊度在100NTU以下）。

（2）含藻类及有机杂质较多的原水。

（3）低温度水，包括因冬季水温较低而用沉淀、澄清处理效果不好的原水。

（4）水源受到污染，色度高、溶解氧低的原水。

常见的气浮池的布置主要有平流式气浮池和竖流式气浮池，如图17-24所示，池体可采用方形或圆形布置。同时还出现了气浮与絮凝、气浮与沉淀（浮沉池）、气浮与过滤（浮滤池）等多种工艺相结合的形式。

气浮池的主要设计参数如下：

（1）在有条件的情况下，应进行气浮实验室试验或模型试验，根据试验结果选择恰当的溶气压力及回流比（指溶气水量与待处理水量之比值）。通常溶气压力采用 0.2～0.4MPa，回流比取 5%～10%。

（2）根据试验选定的絮凝剂种类及其投加量和完成絮凝的时间及难易程度，确定絮凝的形式和絮凝时间。通常絮凝时间取 10～20min。

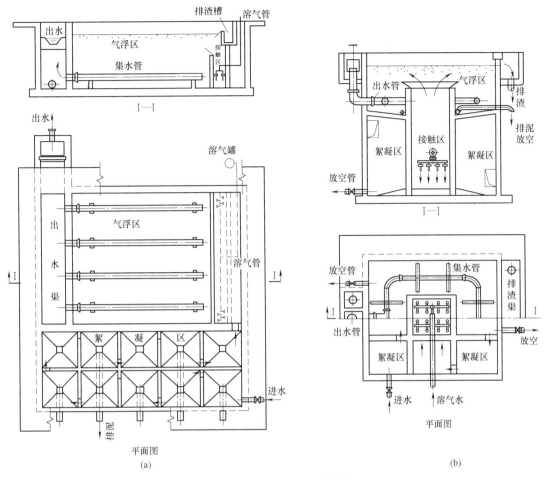

图 17-24　常见气浮工艺池布置图

（a）平流式气浮池；（b）竖流式气浮池

（3）接触室应对气泡与絮粒提供良好的接触条件，水流上升流速一般取 10～20mm/s，水流在室内的停留时间不宜小于 60s。

（4）气浮分离室应根据带气絮粒上浮分离的难易程度确定水流（向下）流速，一般取 1.5～2.0mm/s。

（5）气浮池的有效水深一般取 2.0～3.0m，池中水流停留时间一般为 15～30min。气浮池一般单格宽度不超过 10m，池长不超过 15m。

（6）气浮池排渣宜采用刮渣机定期排除，浮渣含水率一般在 96%～97%。

思考题与习题

1. 什么叫自由沉淀、拥挤沉淀和絮凝沉淀？

2. 已知悬浮颗粒密度和粒径，可否采用式（17-4）直接求得颗粒沉速？为什么？

3. 了解肯奇沉淀理论的基本概念和它的用途。

4. 理想沉淀池应符合哪些条件？根据理想沉淀条件，沉淀效率与池子深度、长度和表面积关系如何？

5. 影响平流沉淀池沉淀效果的主要因素有哪些？沉淀池纵向分格有何作用？

6. 沉淀池表面负荷和颗粒截留沉速关系如何？两者涵义有何区别？

7. 设计平流沉淀池是主要根据沉淀时间、表面负荷还是水平流速？为什么？

8. 平流沉淀池进水为什么要采用穿孔隔墙？出水为什么往往采用出水支渠？

9. 斜管沉淀池的理论根据是什么？为什么斜管倾角通常采用60°？

10. 澄清池的基本原理和主要特点是什么？

11. 简要叙述书中所列澄清池的构造、工作原理和主要特点。

12. 已知颗粒密度 $\rho = 2.65 \mathrm{g/cm^3}$，粒径 $d = 0.45 \mathrm{mm}$（按球形颗粒考虑），求该颗粒在20℃水中沉降速度为多少？

13. 平流沉淀池设计流量为 $720 \mathrm{m^3/h}$。要求沉速等于和大于 $0.4 \mathrm{mm/s}$ 的颗粒全部去除。试按理想沉淀条件，求：

(1) 所需沉淀池平面积为多少 $\mathrm{m^2}$？

(2) 沉速为 $0.1 \mathrm{mm/s}$ 的颗粒，可去除百分之几？

14. 原水泥砂沉降试验数据见表17-4。取样口在水面下180cm处。平流沉淀池设计流量为 $900 \mathrm{m^3/h}$，表面积为 $500 \mathrm{m^2}$。试按理想沉淀池条件，求该池可去除泥砂颗粒约百分之几（C_0 表示泥砂初始浓度，C 表示取样浓度）？

沉降试验数据 表 17-4

取样时间(min)	0	15	20	30	60	120	180
C/C_0	1	0.98	0.88	0.70	0.30	0.12	0.08

第18章 过 滤

18.1 过滤概述

在常规水处理过程中，过滤一般是指以石英砂等粒状滤料层截留水中悬浮杂质，从而使水获得澄清的工艺过程。滤池通常置于沉淀池或澄清池之后。进水浑浊度一般在5NTU以下。滤出水浑浊度必须达到饮用水标准。当原水浑浊度较低（一般在100NTU以下），且水质较好时，也可采用原水直接过滤。过滤的功效，不仅在于进一步降低水的浑浊度，而且水中有机物、细菌乃至病毒等将随水的浑浊度降低而被部分去除。至于残留于滤后水中的细菌、病毒等在失去浑浊物的保护或依附时，在后续消毒过程中也将容易被杀灭，这就为滤后消毒创造了良好条件。在饮用水的净化工艺中，有时沉淀池或澄清池可省略，但过滤是不可缺少的，它是保证饮用水卫生安全的重要措施。

滤池有多种形式，以石英砂作为滤料的普通快滤池使用历史最久。在此基础上，人们从不同的工艺角度发展了其他形式快滤池。为充分发挥滤料层截留杂质能力，出现了滤料粒径循水流方向减小或不变的过滤层，例如，双层及均粒滤料滤地，上向流和双向流滤池等。为了减少滤池阀门，出现了虹吸滤池、无阀滤池、移动冲洗罩滤池以及其他水力自动冲洗滤池等。在冲洗方式上，有单纯水冲洗和气水反冲洗两种。各种形式滤池，过滤原理基本一样，基本工作过程也相同，即过滤和冲洗交错进行。下面以普通快滤池为例（图18-1），介绍快滤池工作过程。

1. 过滤

过滤时，开启进水支管2与清水支管3的阀门。关闭冲洗水支管4阀门与排水阀5。浑水经进水总管1、支管2从浑水渠6进入滤池。经过滤料层7、承托层8后，由配水系统的配水支管9汇集起来再经配水系统干管渠10、清水支管3、清水总管12流往清水池。浑水流经滤料层时，水中杂质即被截留。随着滤层中杂质截留量的逐渐增加，滤料层中水头损失也相应增加。一般当水头损失增至一定程度以致滤池产水量减少，或由于滤过水质不符合要求时，滤池便须停止过滤进行冲洗。

2. 冲洗

冲洗时，关闭进水支管2与清水支管3阀门。开启排水阀5与冲洗水支管4阀门。冲洗水即由冲洗水总管11、支管4，经配水系统的干管、支管及支管上的许多孔眼流出，由下而上穿过承托层及滤料层，均匀地分布于整个滤池平面上。滤料层在由下而上均匀分布的水流中处于悬浮状态，滤料得到清洗。冲洗废水流入冲洗排水槽13，再经浑水渠6、排水管和废水渠14进入下水道。冲洗一直进行到滤料基本洗干净为止。冲洗结束后，过滤重新开始。从过滤开始到冲洗结束的一段时间称为快滤池工作周期。从过滤开始至过滤结束称为过滤周期。

快滤池的产水量决定于滤速（以 m/h 计）。滤速相当于滤池负荷。滤池负荷以单位时间，单位过滤面积上的过滤水量计，单位为"$m^3/(m^2 \cdot h)$"。按设计规范，单层砂滤池的滤速 6～9m/h，双层滤料滤速 8～12m/h。工作周期也直接影响滤池产水量。因为工作周期长短涉及滤池实际工作时间和冲洗水量的消耗。周期过短，滤池日产水量减少。一般，工作周期为 12～24h，可视水质延长。

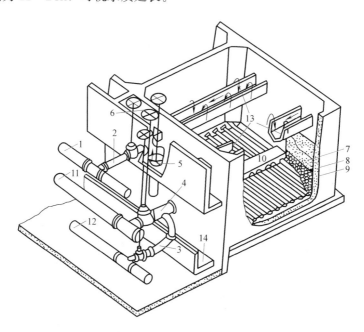

图 18-1 普通快滤池构造剖视图（箭头表示冲洗水流方向）

1—进水总管；2—进水支管；3—清水支管；4—冲洗水支管；5—排水阀；
6—浑水渠；7—滤料层；8—承托层；9—配水支管；10—配水干管；
11—冲洗水总管；12—清水总管；13—冲洗排水槽；14—废水渠

18.2 过滤理论

18.2.1 过滤机理

首先以单层砂滤池为例，其滤料粒径通常为 0.5～1.2mm，滤层厚度一般为 70cm。经反冲洗水力分选后，滤料粒径自上而下大致按由细到粗依次排列，称滤料的水力分级，滤层中孔隙尺寸也因此由上而下逐渐增大。设表层细砂粒径为 0.5mm，以球体计，滤料颗粒之间的孔隙尺寸约 $80\mu m$。但是，进入滤池的悬浮物颗粒尺寸大部分小于 $30\mu m$，仍然能被滤层截留下来，而且在滤层深处（孔隙大于 $80\mu m$）也会被截留，说明过滤显然不是机械筛滤作用的结果。经过众多研究者的研究，认为过滤主要是悬浮颗粒与滤料颗粒之间黏附作用的结果。

水流中的悬浮颗粒能够黏附于滤料颗粒表面上，涉及两个问题。第一，被水流挟带的颗粒如何与滤料颗粒表面接近或接触，这就涉及颗粒脱离水流流线而向滤料颗粒表面靠近的迁移机理；第二，当颗粒与滤粒表面接触或接近时，依靠哪些力的作用使得他们黏附于滤粒表面上。这就涉及黏附机理。

1. 颗粒迁移

在过滤过程中，滤层孔隙中的水流一般属层流状态。被水流挟带的颗粒将随着水流流线运动。它之所以会脱离流线而与滤粒表面接近，完全是一种物理-力学作用。一般认为由以下几种作用引起：拦截、沉淀、惯性、扩散和水动力作用等。图 18-2 为上述几种迁移机理的示意图。颗粒尺寸较大时，处于流线中的颗粒会直接碰到滤料表面产生拦截作用；颗粒沉速较大时会在重力作用下脱离流线，产生沉淀作用；颗粒具有较大惯性时也可以脱离流线与滤料表面接触（惯性作用）；颗粒较小、布朗运动较剧烈时会扩散至滤粒表面（扩散作用）；在滤粒表面附近存在速度梯度，非球体颗粒由于在速度梯度作用下，会产生转动而脱离流线与颗粒表面接触（水动力作用）。对于上述迁移机理，目前只能定性描述，其相对作用大小尚无法定量估算。虽然也有某些数学模式，但还不能解决实际问题。可能几种机理同时存在，也可能只有其中某些机理起作用。例如，进入滤池的凝聚颗粒尺寸一般较大，扩散作用几乎无足轻重。这些迁移机理所受影响因素较复杂，如滤料尺寸、形状、滤速、水温、水中颗粒尺寸、形状和密度等。

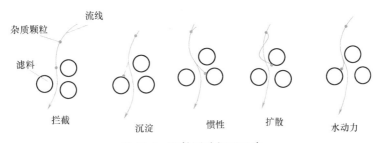

图 18-2　颗粒迁移机理示意

2. 颗粒黏附

黏附作用是一种物理化学作用。当水中杂质颗粒迁移到滤料表面上时，则在范德华引力和静电力相互作用下，以及某些化学键和某些特殊的化学吸附力下，被黏附于滤料颗粒表面上，或者黏附在滤粒表面上原先黏附的颗粒上。此外，絮凝颗粒的架桥作用也会存在。黏附过程与澄清池中的泥渣所起的黏附作用基本类似，不同的是滤料为固定介质，排列紧密，效果更好。因此，黏附作用主要决定于滤料和水中颗粒的表面物理化学性质。未经脱稳的悬浮物颗粒，过滤效果很差，这就是证明。不过，在过滤过程中，特别是过滤后期，当滤层中孔隙尺寸逐渐减小时，表层滤料的筛滤作用也不能完全排除，但这种现象并不希望发生。

3. 滤层内杂质分布规律

与颗粒黏附同时，还存在由于孔隙中水流剪力作用而导致颗粒从滤料表面上脱落趋势。黏附力和水流剪力相对大小，决定了颗粒黏附和脱落的程度。图 18-3 为颗粒黏附力和平均水流剪力示意图。图中 F_{a1} 表示颗粒 1 与滤料表面的黏附力；F_{a2} 表示颗料 2 与颗粒 1 之间的黏附力；F_{s1} 表示颗粒 1 所受到的平均水流剪力；F_{s2} 表示颗粒 2 所受到的平均水流剪力；F_1、F_2 和 F_3 均表示合力。过滤初期，滤料较干净，孔隙率较大，孔隙流速较小，水流剪力 F_{s1} 较小，因而黏附作用占优势。随着过滤时间的延长，滤层中杂质逐渐增多，孔隙率逐渐减小，水流剪力逐渐增大，以至最后黏附上的颗粒（如图 18-3 中颗粒3）将首先脱落下来，或者被水流挟带的后续颗粒不再有黏附现象，于是，悬浮颗粒便向下层推移，下层滤料截留作用渐次得到发挥。

然而，往往是下层滤料截留悬浮颗粒作用远未得到充分发挥时，过滤就得停止。这是因为滤料经反冲洗后，滤层因膨胀而分层，表层滤料粒径最小，黏附比表面积最大，截留悬浮颗粒量最多，而孔隙尺寸又最小，因而，过滤到一定时间后，表层滤料间孔隙将逐渐被堵塞，甚至产生筛滤作用而形成泥膜，使过滤阻力剧增。其结果，在一定过滤水头下滤速减小（或在一定滤速下水头损失达到极限值），或者因滤层表面受力不均匀而使泥膜产生裂缝时，大量水流将自裂缝中流出，以至悬浮杂质穿过滤层而使出水水质恶化。当上述两种情况之一出现时，过滤将被迫停止。当过滤周期结束后，滤层中所截留的悬浮颗粒量在滤层深度方向变化很大，如图18-4中曲线所示，图中滤层含污量系指单位体积滤层中所截留的杂质量。在一个过滤周期内，如果按整个滤层计，单位体积滤料中的平均含污量称为"滤层含污能力"，单位仍以"g/cm³"或"kg/m³"计。图18-4中曲线与坐标轴所包围的面积除以滤层总厚度即为滤层含污能力。在滤层厚度一定下，此面积越大，滤层含污能力越大。很显然，如果悬浮颗粒量在滤层深度方向变化越大，表明下层滤料截污作用越小，就整个滤层而言，含污能力越小，反之亦然。

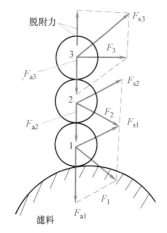

图 18-3　颗粒黏附和脱附力示意

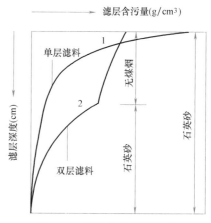

图 18-4　滤料层含污量变化

为了改变上细下粗的滤层中杂质分布严重的不均匀现象，提高滤层含污能力，便出现了双层滤料或混合滤料及均粒滤料等滤层组成，如图18-5所示。

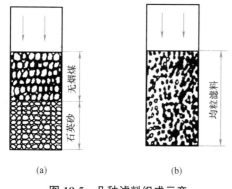

(a)　　　　　(b)

图 18-5　几种滤料组成示意

双层滤料组成：上层采用密度较小、粒径较大的轻质滤料（如无烟煤），下层采用密度较大、粒径较小的重质滤料（如石英砂）。由于两种滤料密度差，在一定反冲洗强度下，反冲后轻质滤料仍在上层，重质滤料位于下层，如图18-5（a）所示。虽然每层滤料粒径仍由上而下递增，但就整个滤层而言，上层平均粒径总是大于下层平均粒径。实践证明，双层滤料含污能力较单层滤料约高1倍以上。在相同滤速下，过滤周期增长；在相同过滤周期下，滤速可提高。图 18-4 中曲线 2（双层滤料）与坐标轴所包围的面积大于曲线 1（单层滤料），表明在滤层厚度相同、滤速相同下，前者含污能力大于后者，间接表明前者过滤周期长于后者。

均匀级配粗砂滤料组成：所谓"均粒滤料"，并非指滤料粒径完全相同（实际上很难做到），滤料粒径仍存在一定程度的差别（差别比一般单层级配滤料小），而是指沿整个滤层深度方向的任一横断面上，滤料组成和平均粒径均匀一致，如图 18-5（b）所示。要做到这一点，必要的条件是反冲洗时滤料层不能膨胀。当前应用较多的气水反冲滤池大多属于均粒滤料滤池。这种均粒滤料层的含污能力显然也大于上细下粗的级配滤层。

总之，滤层组成的改变，是为了改善单层级配滤料层中杂质分布状况，提高滤层含污能力，相应地也会降低滤层中水头损失增长速率。采用双层或均粒滤料，滤池构造和工作过程与单层滤料滤池无多大差别。有关滤料组成、性质和粒径级配等详见本章 18.3 节。

在过滤过程中，滤料层中悬浮颗粒截留量随着过滤时间和滤层深度而变化的规律，以及由此而导致的水头损失变化规律，不少研究者都试图用数学模式加以描述，并提出了多种过滤方程，但由于影响过滤的因素复杂，诸如水质，水温，滤速，滤料粒径、形状和级配，悬浮物的表面性质、尺寸和强度等，都对过滤产生影响。因此，不同研究者所提出的过滤方程往往差异很大。目前在设计和操作中，基本上仍需根据实验或经验。不过，已有的研究成果对于指导实验或提供合理的数据分析整理方法，以求得在工程实践上所需资料，以及为进一步的理论研究，都是有益的。

4. 直接过滤

原水不经沉淀而直接进入滤池过滤称"直接过滤"。直接过滤充分体现了滤层中特别是深层滤料中的接触絮凝的作用。直接过滤有两种方式：1）原水经加药后直接进入滤池过滤，滤前不设任何絮凝设备。这种过滤方式一般称"接触过滤"。2）滤池前设一简易微絮凝池，原水加药混合后先经微絮凝池，形成粒径相近的微絮粒后（粒径大致在 $40 \sim 60 \mu m$）即刻进入滤池过滤。这种过滤方式称"微絮凝过滤"。上述两种过滤方式，过滤机理基本相同，即通过脱稳颗粒或微絮粒与滤料的充分碰撞接触和黏附，被滤层截留下来，滤料也是接触凝聚介质。不过前者往往因投药点和混合条件不同而不易控制进入滤层的微絮粒尺寸，后者可加以控制。之所以称"微絮凝池"，是指絮凝条件和要求不同于一般絮凝池。前者要求形成的絮凝体尺寸较小，便于深入滤层深处以提高滤层含污能力；一般絮凝池要求絮凝体尺寸越大越好，以便于在沉淀池内下沉。故微絮凝时间一般较短，通常在几分钟之内。

采用直接过滤工艺必须注意以下几点：

（1）原水浑浊度和色度较低且水质变化较小。一般要求常年原水浑浊度低于 50NTU。若对原水水质变化及今后发展趋势无充分把握，不应轻易采用直接过滤方法。

（2）通常采用双层或均粒滤料。滤料粒径和厚度适当增大，否则滤层表面孔隙易被堵塞。

（3）原水进入滤池前，无论是接触过滤或微絮凝过滤，均不应形成大的絮凝体以免很快堵塞滤层表面孔隙。微絮凝助凝剂应投加在混凝剂投加点之后，滤池进口附近。

（4）滤速应根据原水水质决定。浑浊度偏高时应采用较低滤速，反之亦然。由于滤前无混凝沉淀的缓冲作用，设计滤速应偏于安全。原水浑浊度通常在 50NTU 以上时，滤速一般在 5m/h 左右。最好通过试验决定滤速。

直接过滤工艺简单，混凝剂用量较少。在处理湖泊、水库等低浊度原水方面已有较多应用，也适宜于处理低温低浊水，但高藻水源不宜采用。至于滤前是否需设置微絮凝池，目前还有不同看法，应根据具体水质条件决定。

18.2.2 过滤水力学

在过滤过程中，滤层中悬浮颗粒量不断增加，必然导致过滤过程中水力条件的改变。过滤水力学所阐述的即是过滤时水流通过滤层的水头损失变化及滤速的变化。

1. 清洁滤层水头损失

过滤开始时，滤层是干净的。水流通过干净滤层的水头损失称"清洁滤层水头损失"或称"起始水头损失"。就砂滤池而言，滤速为 6～9m/h 时，该水头损失为 30～40cm。

在通常所采用的滤速范围内，清洁滤层中的水流属层流状态。在层流状态下，水头损失与滤速一次方成正比。诸多专家提出了不同形式的水头损失计算公式。虽然公式中有关常数或公式形式有所不同，但公式所包括的基本因素之间关系基本上是一致的，计算结果相差有限。这里仅介绍卡曼-康采尼（Carman-Kozony）公式：

$$h_0 = 180 \frac{\nu}{g} \cdot \frac{(1-m_0)^2}{m_0^3} \left(\frac{1}{\phi \cdot d_0} \right)^2 l_0 v \qquad (18\text{-}1)$$

式中　h_0——水流通过清洁滤层水头损失，cm；

　　　ν——水的运动黏度，cm^2/s；

　　　g——重力加速度，$981cm/s^2$；

　　　m_0——滤料孔隙率；

　　　d_0——与滤料体积相同的球体直径，cm；

　　　l_0——滤层厚度，cm；

　　　v——滤速，以 cm/s 计；

　　　ϕ——滤料颗粒球度系数，见式（18-7）。

实际滤层是非均匀滤料。计算非均匀滤料层水头损失，可按筛分曲线（见 18.3 节）分成若干层，取相邻两筛子的筛孔孔径的平均值作为各层的计算粒径，则各层水头损失之和即为整个滤层总水头损失。设粒径为 d_i 的滤料质量占全部滤料质量之比为 p_i，则清洁滤层总水头损失为：

$$H_0 = \Sigma h_0 = 180 \frac{\nu}{g} \frac{(1-m_0)^2}{m_0^3} \left(\frac{1}{\phi} \right)^2 l_0 v \times \sum_{i=1}^{n} (p_i/d_i^2) \qquad (18\text{-}2)$$

分层数 n 越多，计算精确度越高。

随着过滤时间的延长，滤层中截留的悬浮物量逐渐增多，滤层孔隙率逐渐减小。由式（18-2）可知，当滤料粒径、形状、滤层级配和厚度以及水温已定时，如果孔隙率减小，则在水头损失保持不变的条件下，将引起滤速的减小。反之，在滤速保持不变时，将引起水头损失的增加。这样就产生了等速过滤和变速过滤两种基本过滤方式。

2. 等速过滤中的水头损失变化

当滤池过滤速度保持不变，亦即滤池流量保持不变时，称"等速过滤"。虹吸滤池和无阀滤池即属等速过滤的滤池。在等速过滤状态下，水头损失随时间而逐渐增加，滤池中水位逐渐上升，如图 18-6 所示。当水位上升至最高允许水位时，过滤停止以待冲洗。

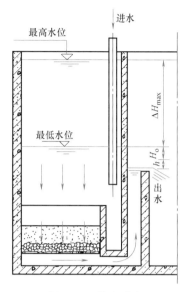

图 18-6　等速过滤

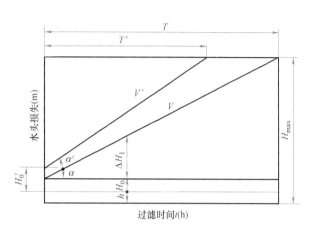

图 18-7　水头损失与过滤时间关系

冲洗后刚开始过滤时，滤层水头损失为 H_0。当过滤时间为 t 时，滤层中水头损失增加 ΔH_t，于是过滤时滤池的总水头损失为：

$$H_t = H_0 + h + \Delta H_t \tag{18-3}$$

式中　H_0——清洁滤层水头损失，cm；

$\quad\quad$ h——配水系统、承托层及管（渠）水头损失之和，cm；

$\quad\quad$ ΔH_t——在时间为 t 时的水头损失增值，cm。

式中 H_0 和 h 在整个过滤过程中保持不变。ΔH_t 则随 t 增加而增大。ΔH_t 与 t 的关系，实际上反映了滤层截留杂质量与过滤时间的关系，亦即滤层孔隙率的变化与时间的关系。由于过滤情况很复杂，目前虽然不少学者提出了一些数学公式，但与生产实际都有相当差距。根据实验，ΔH_t 与 t 一般呈直线关系，如图 18-7 所示，图中 $H_{\max}$ 为水头损失增值为最大时的过滤水头损失。设计时应根据技术经济条件决定，一般为 1.5～2.0m。图 18-7 中 T 为过滤周期。如果不出现滤后水质恶化等情况，过滤周期不仅决定于最大允许水头损失，还与滤速有关。设滤速 $v' > v$，一方面 $H_0' > H_0$，同时单位时间内被滤层截留的杂质量较多，水头损失增加也较快，即 $\tan\alpha' > \tan\alpha$，因而，过滤周期 $T' < T$。其中已忽略了承托层及配水系统、管（渠）等水头损失的微小变化。

以上仅讨论整个滤层水头损失的变化情况。至于由上而下逐层滤料水头损失的变化情况就比较复杂。鉴于上层滤料截污量多，越往下层越少，因而水头损失增值也由上而下逐渐减小。如果图 18-6 中出水堰口低于滤料层，则各层滤料水头损失的不均匀有时将会导致某一深度出现负水头现象，详见下文。

3. 变速过滤中的滤速变化

在过滤过程中，如果过滤水头损失始终保持不变，由式（18-2）可知，滤层孔隙率的逐渐减小，必然使滤速逐渐减小，这种情况称"等水头变速过滤"或"减速过滤"。这种变速过滤方式，在普通快滤池中一般不可能出现。因为，一级泵站流量基本不变，即滤池进水总流量基本不变，因而，尽管水厂内设有多座滤池，根据水流进、出平衡关系，要保持每座滤池水位恒定而又要保持总的进、出流量平衡当然不可能。

当快滤池进水渠相互连通，且每座滤池进水阀均处于滤池最低水位以下（图18-8），则减速过滤将按如下方式进行。设4座滤池组成1个滤池组，进入滤池组的总流量不变。由于进水渠相互连通，4座滤池内的水位或总水头损失在任何时间内基本上都是相等的，如图18-8所示。因此，最干净的滤池滤速最大，截污最多的滤池滤速最小。4座滤池按截污量由少到多依次排列，它们的滤速则由高到低依次排列。但在整个过滤过程中，4座滤池的平均滤速始终不变以保持总的进、出流量平衡。对某一座滤池而言，其滤速则随着过滤时间的延续而逐渐降低。最大滤速发生在该滤池刚冲洗完毕投入运行阶段，而后滤速呈阶梯形下降（图18-9）而非连续下降。图中表示1组4座滤池中某一座滤池的滤速变化。滤速的突变是另一座滤池刚冲洗完毕投入过滤时引起的。如果4座滤池均处于过滤状态，每座滤池虽滤速各不相同，但同一座滤池仍按等速过滤方式运行，各座滤池水位稍有升高。一旦某座滤池冲洗完毕投入过滤，由于该座滤池滤料干净，滤速突然增大，则其他3座滤池的一部分水量即由该座滤池分担，从而其他3座滤池均按各自原滤速下降一级，相应地4座滤池水位也突然下降一些。折线的每一突变，表明其中某座滤池刚冲洗干净投入过滤。由此可知，如果一组滤池的滤池数很多，则相邻两座滤池冲洗间隙时间很短，阶梯式下降折线将变为近似连续下降曲线。例如，移动冲洗罩滤池每组分格数多达十几乃至几十格，几乎连续地逐格依次冲洗，因而，对任一格滤池而言，滤速的下降接近连续曲线。

应当指出，在变速过滤中，当某一格滤池刚冲洗完毕投入运行时，因该格滤层干净，滤速往往过高。为防止滤后水质恶化，往往在出水管上装设流量控制设备，保证过滤周期内的滤速比较均匀，从而也就可以控制清洁滤池的起始滤速。因此，在实际操作中，滤速变化较上述分析还要复杂些。

减速过滤与等速过滤相比，在平均滤速相同情况下，减速过滤的滤后水质较好，而且，在相同过滤周期内，过滤水头损失也较小。这是因为，当滤料干净时，滤层孔隙率较大，虽然滤速较其他滤池要高（当然在容许范围内），但孔隙中流速并非按滤速增高倍数而增大。相反，滤层内截留杂质量较多时，虽然滤速降低，但因滤层孔隙率减小，孔隙流速并未过多减小。因而，过滤初期，滤速较大可使悬浮杂质深入下层滤料；过滤后期滤速减小，可防止悬浮颗粒穿透滤层。等速过滤则不具备这种自然调节功能。

4. 滤层中的负水头

在过滤过程中，当滤层截留了大量杂质以致砂面以下某一深度处的水头损失超过该处水深时，便出现负水头现象。由于上层滤料截留杂质最多，故负水头往往出现在上层滤料中。图18-10表示过滤时滤层中的压力变化。直线1为静水压力线，曲线2为清洁滤料过滤时压力线。曲线3为过滤到某一时间后的水压线。曲线4为滤层截留了大量杂质时的水压线。各水压线与静水压力线之间的水平距离表示过滤时滤层中的水头损失。图18-10中测压管水头表示曲线4状态下b处和c处的水头。由曲线4可知，在砂面以下c处（a处与之相同），水流通过c处以上砂面的水头损失恰好等于c处以上的水深（a处亦相同），而在a处和c处之间，水头损失则大于各相应位置的水深，于是在a-c范围内出现负水头现象。在砂面以下25cm的b处，水头损失h_b大于b处以上水深15cm，即测压管水头低

于 b 处 15cm，该处出现最大负水头，其值即为—15cm 水柱。

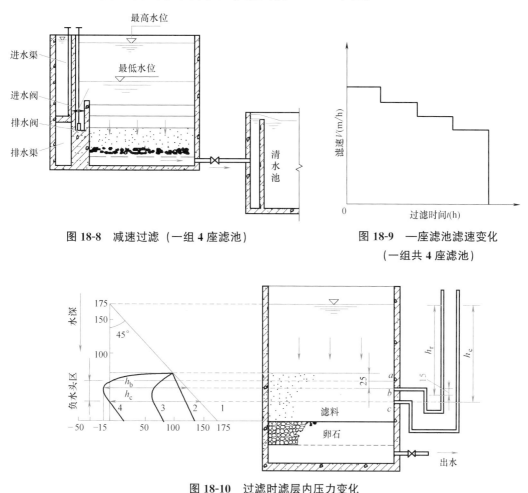

图 18-8　减速过滤（一组 4 座滤池）

图 18-9　一座滤池滤速变化
（一组共 4 座滤池）

图 18-10　过滤时滤层内压力变化

1—静水压力线；2—清洁滤料过滤时水压线；3—过滤时间为 t_1 时的水压线；

4—过滤时间为 t_2（$t_2 > t_1$）时的水压线

　　负水头会导致溶解于水中的气体释放出来而形成气囊。气囊对过滤有破坏作用，一是减少有效过滤面积，使过滤时的水头损失及滤层中孔隙流速增加，严重时会影响滤后水质；二是气囊会穿过滤层上升，有可能把部分细滤料或轻质滤料带出，破坏滤层结构。反冲洗时，气囊更易将滤料带出滤池。

　　避免出现负水头的方法是增加砂面上水深，或令滤池出口位置等于或高于滤层表面，虹吸滤池和无阀滤池所以不会出现负水头现象即是这个原因。

18.3　滤料和承托层

18.3.1　滤料

给水处理所用的滤料，必须符合以下要求：

（1）具有足够的机械强度，以防冲洗时滤料产生磨损和破碎现象；

（2）具有足够的化学稳定性，以免滤料与水产生化学反应而恶化水质。尤其不能含有对人类健康和生产有害物质；

（3）具有一定的颗粒级配和适当的空隙率。滤料应尽量就地取材，货源充足，价廉。

石英砂是使用最广泛的滤料。在双层滤料中，常用的还有无烟煤等。在轻质滤料中，有聚苯乙烯及陶粒等。滤料层厚度与有效粒径之比（L/d_{10} 值）：细砂及双层滤料过滤应大于 1000，粗砂滤料过滤应大于 1250。

1. 滤料粒径级配

滤料粒径级配是指滤料中各种粒径颗粒所占的质量比例。粒径是指正好可通过某一筛孔的孔径。粒径级配一般采用以下两种表示方法：

（1）有效粒径和不均匀系数法：以滤料有效粒径 d_{10} 和不均匀系数 K_{80} 表示滤料粒径级配。

$$K_{80}=\frac{d_{80}}{d_{10}} \tag{18-4}$$

式中　d_{10}——通过滤料质量 10% 的筛孔孔径；

　　　d_{80}——通过滤料质量 80% 的筛孔孔径。

其中 d_{10} 反映细颗粒尺寸；d_{80} 反映粗颗粒尺寸。K_{80} 越大，表示粗细颗粒尺寸相差越大，颗粒越不均匀，这对过滤和冲洗都很不利。因为 K_{80} 较大时，过滤时滤层含污能力减小；反冲洗时，为满足粗颗粒膨胀要求，细颗粒可能被冲出滤池，若为满足细颗粒膨胀要求，粗颗粒将得不到很好清洗。如果 K_{80} 越接近于 1，滤料越均匀，过滤和反冲洗效果越好，但滤料价格升高。

生产上也有用 $K_{60}=d_{60}/d_{10}$ 来表示滤料不均匀系数。d_{60} 的涵义与 d_{80} 或 d_{10} 相同。

（2）最大粒径、最小粒径和不均匀系数法：采用最大粒径 d_{max}、最小粒径 d_{min} 和不均匀系数 K_{80} 来控制滤料粒径分布。

筛分试验记录　　　　　　　　　　　　　　　　　表 18-1

筛孔（mm）	留在筛上的砂量		通过该号筛的砂量	
	质量（g）	%	质量（g）	%
2.362	0.1	0.1	99.9	99.9
1.651	9.3	9.3	90.6	90.6
0.991	21.7	21.7	68.9	68.9
0.589	46.6	46.6	22.3	22.3
0.246	20.6	20.6	1.7	1.7
0.208	1.5	1.5	0.2	0.2
筛底盘	0.2	0.2	—	—
合计	100.0	100.0		

2. 滤料筛选方法

采用有效粒径法筛选滤料，可作筛分析实验，举例如下：

取某天然河砂砂样 300g，洗净后置于 105℃恒温箱中烘干，待冷却后称取 100g，用一组筛子过筛，最后称出留在各个筛子上的砂量，填入表 18-1，并据表中数据绘成图 18-11 的曲线。从筛分曲线上，求得 $d_{10}=0.4$mm，$d_{80}=1.34$，因此 $K_{80}=\dfrac{1.34}{0.4}=3.37$。

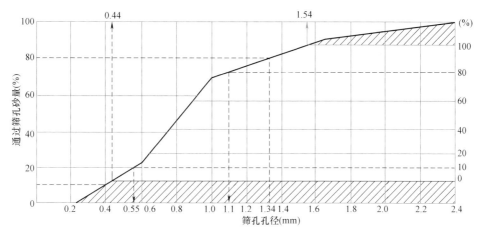

图 18-11 滤料筛分曲线

上述河砂不均匀系数较大。根据设计要求：$d_{10}=0.55$mm，$K_{80}=2.0$，则 $d_{80}=2\times$ 0.55=1.1mm。按此要求筛选滤料，方法如下：

自横坐标 0.55mm 和 1.1mm 两点，分别作垂线与筛分曲线相交。自两交点作平行线与右边纵坐标轴相交，并以此交点作为 10% 和 80%，在 10% 和 80% 之间分成 7 等分，则每等分为 10% 的砂量，以此向上下两端延伸，即得 0 和 100% 之点，如图 18-11 右侧纵坐标所示，以此作为新坐标。再自新坐标原点和 100% 作平行线与筛分曲线相交，在此两点以内即为所选滤料，余下部分应全部筛除。由图 18-11 知，大粒径（$d>1.54$mm）颗粒约筛除 13%，小粒径（$d<0.44$mm）颗粒约筛除 13%，共筛除 26% 左右。

上述确定滤料粒径的方法已能满足生产要求。但用于研究时，存在如下缺点，一是筛孔尺寸未必精确，二是未反映出滤料颗粒形状因素。为此，常需求出滤料等体积球体直径，求法是：将滤料样品倾入某一筛子过筛后，将筛子上的砂全部倒掉，将筛盖好。再将筛用力振动几下，将卡在筛孔中的那部分砂振动下来。从此中取出几粒在分析天平上称重，按以下公式可求出等体积球体直径 d_0：

$$d_0=\sqrt[3]{\frac{6G}{\pi\cdot n\cdot\rho}}$$ (18-5)

式中 G——颗粒质量，g；

   n——颗粒数；

   ρ——颗粒密度，g/cm³。

3. 滤料孔隙率的测定

取一定量的滤料，在 105℃ 下烘干称重，并用比重瓶测出密度。然后放入过滤筒中，用清水过滤一段时间后，量出滤层体积，按下式可求出滤料孔隙率 m：

$$m=1-\frac{G}{\rho V}$$ (18-6)

式中 G——烘干的砂重，g；

   ρ——砂子密度，g/cm³；

   V——滤层体积，cm³。

滤料层孔隙率与滤料颗粒形状、均匀程度以及压实程度等有关。均匀粒径和不规则形状的滤料，孔隙率大。一般所用石英砂滤料孔隙率在 0.42 左右。

4. 滤料形状

滤料颗粒形状影响滤层中水头损失和滤层孔隙率。迄今还没有一种满意的方法可以确定不规则形状颗粒的形状系数。各种方法只能反映颗粒大致形状。这里仅介绍颗粒球度概念。球度系数 ϕ 定义为：

$$\phi = \frac{\text{同体积球体表面积}}{\text{颗粒实际表面积}} \tag{18-7}$$

表 18-2 列出几种不同形状颗粒的球度系数。图 18-12 为相应的形状示意。

根据实际测定滤料形状对过滤和反冲洗水力学特性的影响得出，天然砂滤料的球度系数一般宜采用 0.75～0.80。

5. 双层滤料级配

滤料颗粒球形度及孔隙率   表 18-2

序号	形状描述	球度系数 ϕ	孔隙率 m
1	圆球形	1.0	0.38
2	圆形	0.98	0.38
3	已磨蚀的	0.94	0.39
4	带锐角的	0.81	0.40
5	有角的	0.78	0.43

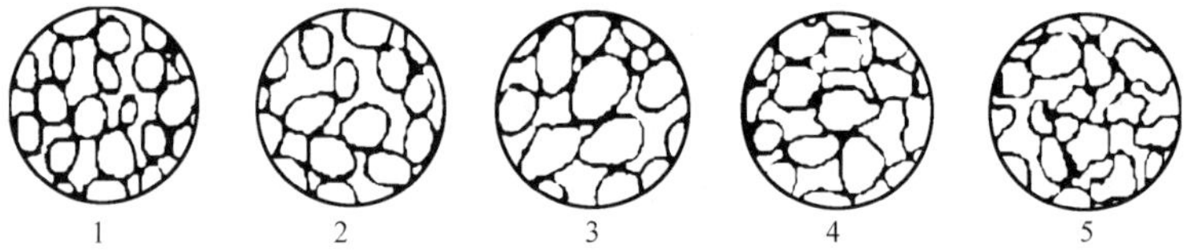

1   2   3   4   5

图 18-12   滤料颗粒形状示意

在选择双层滤料级配时，有两个问题值得讨论。一是如何预示不同种类滤料的相互混杂程度；二是滤料混杂对过滤有何影响。

以煤-砂双层滤料为例。铺设滤料时，粒径小、密度大的砂粒位于滤层下部；粒径大、密度小的煤粒位于滤层上部。但在反冲洗以后，就有可能出现 3 种情况：一是分层正常，即上层为煤，下层为砂；二是煤砂相互混杂，可能部分混杂（在煤-砂交界面上），也可能完全混杂；三是煤、砂分层颠倒，即上层为砂、下层为煤。这 3 种情况的出现，主要决定于煤、砂的密度差、粒径差及煤和砂的粒径级配、滤料形状、水温及反冲洗强度等因素。许多人曾对滤料混杂作了研究。但提出的各种理论都存在缺陷，都不能准确预示实际滤料混杂状况。目前仍然根据相邻两滤料层之间粒径之比和密度之比的经验数据来确定双层滤料级配。我国常用的粒径级配见表 18-3。在煤-砂交界面上，粒径之比为 1.8/0.5＝3.6，而在水中的密度之比为 (2.65－1)/(1.4－1)＝4 或 (2.65－1)/(1.6－1)＝2.8。这样的粒径级配，在反冲洗强度为 13～16L/(s·m)^2 时，不会产生严重混杂状况。但必须指出，根据经验所确定的粒径和密度之比，并不能在任何水温或反冲洗强度下都能保持分层正常。因此，在反冲洗操作中必须十分小心。必要时，应通过实验来制订反冲洗操作要求。

滤料混杂对过滤影响如何，有两种不同观点。一种意见认为，煤-砂交界面上适度混杂，可避免交界面上积聚过多杂质而使水头损失增加较快，故适度混杂是有益的；另一种意见认为煤-砂交界面不应有混杂现象。因为煤层起截留大量杂质作用，砂层则起精滤作用，而界面分层清晰，起始水头损失将较小。实际上，煤-砂交界面上不同程度的混杂是很难避免的。生产经验表明，煤-砂交界面混杂厚度在5cm左右，对过滤有益无害。

另外，选用无烟煤时，应注意煤粒流失问题。这是生产上经常出现的问题。煤粒流失原因较多，如粒径级配和密度选用不当以及冲洗操作不当等。此外，煤的机械强度不够，经多次反冲后破碎，也是煤粒流失原因之一。

滤池滤速及滤料级配
表 18-3

滤料种类	滤料组成			正常滤速 (m/h)	强制滤速 (m/h)
	有效粒径 (mm)	不均匀系数	厚度 (mm)		
单层细砂滤料	石英砂 $d_{10}=0.55$	$K_{80}<2.0$	700	6～9	9～12
双层 滤料	无烟煤 $d_{10}=0.85$	$K_{80}<2.0$	300～400	8～12	12～16
	石英砂 $d_{10}=0.55$	$K_{80}<2.0$	400		
均匀级配 粗砂滤料	石英砂 $d_{10}=0.9\sim1.2$	$K_{60}<1.6$	1200～ 1500	6～10	10～13

注：滤料的相对密度（g/cm³）为：石英砂2.50～2.70；无烟煤1.4～1.6；实际采购的滤料粒径与设计粒径的允许偏差为±0.05mm。

18.3.2 承托层

承托层的作用，主要是防止滤料从配水系统中流失，同时对均布冲洗水也有一定作用。单层或双层滤料滤池采用大阻力配水系统时（参见18.4），承托层采用天然卵石或砾石，其粒径和厚度见表18-4。

快滤池大阻力配水系统承托层粒径和厚度
表 18-4

层次（自上而下）	粒径(mm)	厚度(mm)
1	2～4	100
2	4～8	100
3	8～16	100
4	16～32	本层顶面高度至少应高出配水系统孔眼100

如果采用小阻力配水系统（参见18.4），承托层可以不设，或者适当铺设一些粗砂或细砾石，视配水系统具体情况而定。采用滤头配水（气）系统时，承托层可采用粒径2～4mm粗砂，厚度不宜小于100mm。

18.4 滤 池 冲 洗

冲洗目的是清除滤层中所截留的污物，使滤池恢复过滤能力。常用的反冲洗方法详见表18-5。快滤池冲洗方法有以下几种：

18.4.1 高速水流反冲洗（简称高速反冲洗）

利用流速较大的反向水流冲洗滤料层，使整个滤层达到流态化状态，且具有一定的膨胀度。截留于滤层中的污物，在水流剪力和滤料颗粒碰撞摩擦双重作用下，从滤料表面脱落下来，然后被冲洗水带出滤池。冲洗效果决定于冲洗流速。冲洗流速过小，滤层孔隙中水流剪力小；冲洗流速过大，滤层膨胀度过大，滤层孔隙中水流剪力也会降低，且由于滤料颗粒过于离散，碰撞摩擦概率也减小。故冲洗流速过大或过小，冲洗效果均会降低。

常用冲洗方式 表 18-5

滤料	冲洗方式
单层细石英砂级配滤料	(1)水冲 (2)气冲—水冲
双层无烟煤、石英砂级配滤料	(1)水冲 (2)气冲—水冲
单层粗砂均匀级配滤料	气冲—气水同时冲—水冲

1. 冲洗强度、滤层膨胀度和冲洗时间

(1) 冲洗强度

单位面积滤层所通过的冲洗流量，称"冲洗强度"，以"L/(s·m²)"计。

(2) 滤层膨胀度

反冲洗时，滤层膨胀后所增加的厚度与膨胀前厚度之比，称滤层膨胀度，用公式表示：

$$e = \frac{L - L_0}{L_0} \times 100 (\%) \tag{18-8}$$

式中 e——滤层膨胀度，%；

L_0——滤层膨胀前厚度，cm；

L——滤层膨胀后厚度，cm。

由于滤层膨胀前、后单位面积上滤料体积不变，于是：

$$L(1-m) = L_0(1-m_0) \tag{18-9}$$

将式 (18-9) 代入式 (18-8) 得：

$$e = \frac{m - m_0}{1 - m} \tag{18-10}$$

式中 m_0——滤层膨胀前孔隙率；

m——滤层膨胀后孔隙率。

(3) 冲洗时间

当冲洗强度或滤层膨胀度符合要求但若冲洗时间不足时，也不能充分地清洗掉包裹在滤料表面上的污泥，同时，冲洗废水也排除不尽而导致污泥重返滤层。如此长期下去，滤层表面将形成泥膜。因此，必要的冲洗时间应当保证。根据生产经验，冲洗时间可按表 18-6 采用。实际操作中，冲洗时间也可根据冲洗废水的允许浑浊度决定。

生产上单独水冲的冲洗强度、滤层膨胀度和冲洗时间根据滤料层不同按表 18-6 确定。

序号	滤层	冲洗强度 $[L/(s \cdot m^2)]$	膨胀度(%)	冲洗时间(min)
1	单层细石英砂滤料	12～15	45	7～5
2	双层滤料	13～16	50	8～6

注：1. 设计水温按20℃计，水温每增减1℃，冲洗强度相应增减1%；采用表面冲洗设备时，冲洗强度可取低值；

　　2. 由于全年水温、水质有变化，应考虑有适当调整冲洗强度和历时的可能；

　　3. 选择冲洗强度应考虑所用混凝剂品种的因素；

　　4. 当增设表面冲洗设备时，其冲洗强度宜采用2～3L/(m² · s)（固定式）或0.50～0.75L/(m² · s)（旋转式），冲洗时间均为4～6min；

　　5. 膨胀度数值仅作设计计算用。

2. 冲洗强度与滤层膨胀度关系

为便于理解，首先假设滤料层的滤料粒径是均匀的。对于均匀滤料，冲洗时，如果滤层未膨胀，则水流通过滤料层的水头损失可用欧根（Ergun）公式计算：

$$h = \frac{150\nu}{g} \cdot \frac{(1-m_0)^2}{m_0^3}\left(\frac{1}{\phi d_0}\right)^2 L_0\nu + 1.75\frac{1}{g\phi d_0}\frac{1-m_0}{m_0^3}L_0 v^2 \qquad (18\text{-}11)$$

式中 　m_0——滤层孔隙率；

　　　　L_0——滤层厚度，cm；

　　　　d_0——滤料同体积球体直径，cm；

　　　　ϕ——滤料球度；

　　　　v——冲洗流速，cm/s；

　　　　h——水头损失，cm；

　　　　ν——水的运动黏度，cm²/s；

　　　　g——重力加速度，981cm/s²。

式（18-11）与式（18-1）的差别在于：公式右边多了紊流项（第二项），而层流项（第一项）的常数值稍小。故该式适用于层流、过渡区和紊流区。

当滤层膨胀起来以后，处于悬浮状态下的滤料对冲洗水流的阻力，等于它们在水中的重力（单位面积上）：

$$\rho g h = (\rho_s g - \rho g)(1-m)L$$

$$h = \frac{\rho_s - \rho}{\rho}(1-m)L \qquad (18\text{-}12)$$

式中 ρ_s 和 ρ 分别表示滤料和水的密度，以"g/cm³"计。其余符号同前。按式（18-9），式（18-12）亦可表达为：

$$h = \frac{\rho_s - \rho}{\rho}(1-m_0)L_0 \qquad (18\text{-}13)$$

当滤料粒径、形状、密度、滤层厚度和孔隙率以及水温等已知时，将式（18-11）和式（18-13）绘成水头损失和冲洗流速关系图，得图18-13。图中 v_{mf} 是反冲时滤料刚刚开始流态化的冲洗流速，称"最小流态化冲洗流速"。按理想情况，v_{mf} 即为式（18-11）和式（18-13）所表达的两条线交点处的冲洗流速。滤料粒径、形状和密度不同时，v_{mf} 值也不同。粒径大，v_{mf} 值大，反之亦然。

当冲洗流速超过 v_{mf} 以后，滤层中水头损失不变（图18-13），但滤层膨胀起来。冲洗

强度越大，膨胀度越大。将式（18-12）代入
式（18-11），经整理后可得冲洗流速和膨胀
后滤层孔隙率关系：

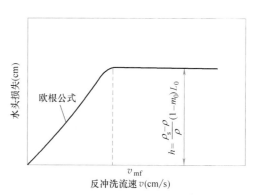

$$\frac{1.75\rho}{(\rho_s-\rho)g} \cdot \frac{1}{\phi d_0} - \frac{1}{m^3}v^2 + \frac{150\nu\rho}{(\rho_s-\rho)g} \cdot$$

$$\left(\frac{1}{\phi d_0}\right)^2 \frac{1-m}{m^3}v = 1 \qquad (18\text{-}14)$$

由式（18-14）可知，当滤料粒径、形
状、密度及水温已知时，冲洗流速仅与膨胀
后滤层孔隙率 m 有关。将膨胀后的滤层孔隙
率按式（18-10）关系换算成膨胀度，并将冲

图18-13 水头损失和冲洗流速关系

洗流速以冲洗强度代替，则得冲洗强度和膨胀度关系，但公式解比较复杂。

敏茨（Д·М·Минд）和舒别尔特（С·А·Шуберт）通过实验研究提出公式：

$$q = 29.4 \frac{d_0^{1.31}}{\mu^{0.54}} \cdot \frac{(e+m_0)^{2.31}}{(1+e)^{1.77}(1-m_0)^{0.54}} \qquad (18\text{-}15)$$

式中　μ——水的动力黏度，Pa·s；

q——反冲洗强度，L/(s·m²)，其余符号同前。

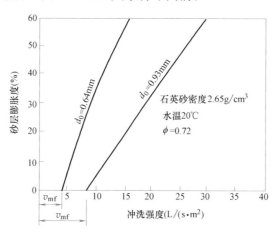

图18-14 冲洗强度和均匀滤层膨胀度关系

式（18-15）适用于滤料密度为 $2.62g/cm^3$，水的密度为 $1g/cm^3$ 的条件。滤料形状因
素已包括在常数值内。

理查逊（J. F. Richardson）和赞基（W. N. Zaki）提出下列公式，可用于冲洗的计算：

$$m = \left(\frac{v}{v_1}\right)^{1/a} \qquad (18\text{-}16)$$

式中　v_1——使滤料颗粒达到自由沉淀状态时的冲洗流速，cm/s，在一定水温下，对于
　　　　　给定滤料，v_1 为常数；

　　a——指数，决定于雷诺数；

　　v——冲洗流速，cm/s。

将式（18-10）代入式（18-16）可得：

$$v=\left(\frac{m_0+e}{1+e}\right)^a v_1 \tag{18-17}$$

式中 v_1 和 a 值的计算，这里不作深入讨论。当砂的粒径为 0.5~1.2mm 时，在 20℃水温下，a 值为 4~3。粒径小则 a 值大，反之亦然。

按式（18-17）所求的冲洗强度和滤层膨胀度关系见图 18-14。由图 18-13 和图 18-14 可知，当冲洗流速超过最小流态化冲洗流速 v_{mf} 时，增大冲洗流速只是使滤层膨胀度增大，而水头损失保持不变。

3. 冲洗强度的确定和非均匀滤料膨胀度的计算

（1）冲洗强度的确定

对于非均匀滤料，在一定冲洗流速下，粒径小的滤料膨胀度大，粒径大的滤料膨胀度小。因此，要同时满足粗、细滤料膨胀度要求是不可能的。鉴于上层滤料截留污物较多，宜尽量满足上层滤料膨胀度要求，即膨胀度不宜过大。实践证明，下层粒径最大的滤料，也必须达到最小流态化程度，即刚刚开始膨胀，才能获得较好的冲洗效果。因此，设计或操作中，可以最粗滤料刚开始膨胀作为确定冲洗强度的依据。如果由此而导致上层细滤料膨胀度过大甚至引起滤料流失，滤料级配应加以调整。

考虑到其他影响因素，设计冲洗强度可按下式确定：

$$q=10kv_{mf} \tag{18-18}$$

式中　q——冲洗强度，$L/(s \cdot m^2)$；

　　　v_{mf}——最大粒径滤料的最小流态化流速，cm/s；

　　　k——安全系数。

式中 k 值主要决定于滤料粒径均匀程度，一般取 $k=1.1$~1.3。滤料粒径不均匀程度较大者，k 值宜取低限，否则冲洗强度过大引起上层细滤料膨胀度过大甚至被冲出滤池；反之则取高限。按我国所用滤料规格，通常取 $k=1.3$。式中 v_{mf} 可通过实验确定，亦可通过计算确定。例如，在 20℃水温下，粒径 1.2mm、密度为 $2.65g/cm^3$ 的石英砂，求得 $v_{mf}=1.0$~1.2cm/s，代入式（18-18），求得 $q=13$~16L/(s·m²)。

式（18-18）适用于单层砂滤料。对于双层滤料，尚应考虑各层滤料的清洗效果及滤料混杂等问题，情况较为复杂。对单层砂滤料而言，表 18-6 中数值基本上符合式（18-18）所计算的数值。但应注意，如果滤料级配与规范所订的相差较大，则应通过计算并参考类似情况下的生产经验确定。这一点往往易被忽视，因而也往往造成冲洗效果不良。

（2）非均匀滤料的膨胀度计算

对于非均匀滤料，为计算整个滤层冲洗时总的膨胀度，可将滤层分成若干层，每层按均匀滤料考虑。各层膨胀度之和即为整个滤层膨胀度。

设第 i 层滤料质量与整个滤层的滤料总质量之比为 p_i，则膨胀前 i 滤层厚 $l_0=p_iL_0$；膨胀后的厚度为 $l_i=p_iL_0(1+e_i)$，经运算可得整个滤层膨胀度为：

$$e=\left[\sum_{i=1}^{n}p_i(1+e_i)-1\right]\times100\% \tag{18-19}$$

式中　n——滤料分层数；

　　　e_i——第 i 层滤料膨胀度，可用 i 层滤料粒径代入式（18-14）并与式（18-10）联立求得，或直接代入式（18-15）或式（18-17）求得。

滤料分层的简单方法是取相邻两筛的筛孔孔径之平均值作为该层滤料计算粒径。分层数越多，计算精确度越高。

另一种计算整个滤层膨胀度的近似方法是，以滤料当量粒径 d_{eq} 代替式（18-14）或式（18-15）或式（18-16）中的 d_0，则所求膨胀度近似等于整个滤层膨胀度。此法较分层计算 e_i 后再用式（18-19）求 e，精度稍差。当量粒径按下式求得：

$$\frac{1}{d_{eq}} = \sum_{i=1}^{n} \frac{p_i}{\frac{d_i' + d_i''}{2}}$$ （18-20）

式中 d_{eq}——当量粒径，cm；

d_i'，d_i''——相邻两个筛子的筛孔孔径，cm；

p_i——截留在筛孔为 d_i'' 和 d_i' 的筛子之间的滤料质量占滤料总质量百分数；

n——滤料分层数。

由以上讨论可知，膨胀度决定于反冲洗强度；或者由滤层膨胀度反求冲洗强度。在表 18-6 所规定的单层砂滤料冲洗强度下，根据计算并通过实验表明，砂层膨胀度通常小于 45%，在 35% 左右（$20℃$ 水温下）。

18.4.2 气、水反冲洗

高速水流反冲洗虽然操作方便，池子和设备较简单，但冲洗耗水量大，冲洗结束后，滤料上细下粗分层明显。采用气、水反冲洗方法既提高冲洗效果，又节省冲洗水量。同时，冲洗时滤层不一定需要膨胀或仅有轻微膨胀，冲洗结束后，滤层不产生或不明显产生上细下粗分层现象，即保持原来滤层结构，从而提高滤层含污能力。

气、水反冲效果在于：利用上升空气气泡的振动可有效地将附着于滤料表面污物擦洗下来使之悬浮于水中，然后再用水反冲把污物排出池外。因为气泡能有效地使滤料表面污物破碎、脱落，故水冲强度可降低，即可采用所谓"低速反冲"。气、水反冲操作方式有以下几种：

（1）先用空气反冲，然后再用水反冲。

（2）先用气-水同时反冲，然后再用水反冲。

（3）先用空气反冲，然后用气-水同时反冲，最后再用水反冲（或漂洗），或另加表面扫洗。

气水冲洗滤池的冲洗强度及冲洗时间宜按表 18-7 采用。

气水冲洗强度及冲洗时间　　　　　　　　　　　　　表 18-7

滤料种类	先气冲洗		气水同时冲洗			后水冲洗		表面扫洗	
	强度 [L/(m²·s)]	时间 (min)	气强度 [L/(m²·s)]	水强度 [L/(m²·s)]	时间 (min)	强度 [L/(m²·s)]	时间 (min)	强度 [L/(m²·s)]	时间 (min)
单层细砂级配滤料	15～20	3～1	—	—	—	8～10	7～5	—	—
双层煤、砂级配滤料	15～20	3～1	—	—	—	6.5～10	6～5	—	—

滤料种类	先气冲洗		气水同时冲洗			后水冲洗		表面扫洗	
	强度 [L/(m²·s)]	时间 (min)	气强度 [L/(m²·s)]	水强度 [L/(m²·s)]	时间 (min)	强度 [L/(m²·s)]	时间 (min)	强度 [L/(m²·s)]	时间 (min)
单层粗砂均匀级配滤料	13~17 (13~17)	2~1 (2~1)	13~17 (13~17)	3~4 (1.5~2)	4~3 (5~4)	4~8 (3.5~4.5)	8~5 (8~5)	1.4~2.3	全程

注：1. 表中单层粗砂均匀级配滤料中，无括号的数值适用于无表面扫洗的滤池；括号内的数值适用于有表面扫洗的滤池。

2. 不适用于翻板滤池。

18.4.3 配水系统

配水系统的作用在于使冲洗水在整个滤池面积上均匀分布。配水均匀性对冲洗效果影响很大。配水不均匀，部分滤层膨胀不足，而部分滤层膨胀过甚，甚至会导致局部承托层发生移动，造成漏砂现象。

配水系统有"大阻力配水系统"和"小阻力配水系统"两种基本形式，还有中阻力配水系统。

1. 大阻力配水系统

单水冲洗快滤池常用的是"穿孔管大阻力配水系统"，如图 18-15 所示。中间是一根干管或干渠，干管两侧接出若干根相互平行的支管。支管下方开两排小孔，与中心线呈45°角交错排列，如图 18-16 所示。冲洗时，水流自干管起端进入后，流入各支管，由支管孔口流出，再经承托层和滤料层流入排水槽。

为了便于讨论配水系统工作原理，首先分析一下沿途泄流穿孔管中的压力变化。

（1）沿途泄流穿孔管中压力变化

大阻力配水系统中的干管和支管，均可近似看作沿途均匀泄流管道，如图 18-17 所示。设管道进口流速为 v，压力水头（以下均简称压头）为 H_1；管道末端流速为零，压头为 H_2。由于自管道起端至末端流速逐渐减小，因而，管道中的流速水头逐渐减小，而压力水头逐渐增高。至管道末端，流速水头为零。所增加的压头就是由流速水头转变而来，简称"压头恢复"。管道中的水头线如图 18-17 所示。由图可知：

$$H_2 = H_1 + \alpha \frac{v^2}{2g} - h \tag{18-21}$$

式中　h——穿孔管中水头损失，m；

　　　v——管道进口流速，m/s；

　　　g——重力加速度，9.81m/s²；

　　　α——压头恢复系数，其值取 1。

从水力学可知，沿途均匀泄流管道中水头损失为 $h = \frac{1}{3} s L Q^2$，代入式（18-21）得：

$$H_2 = H_1 + \frac{v^2}{2g} - \frac{1}{3} s L Q^2 \tag{18-22}$$

式中　s——管道的比阻；

　　　Q——管道起端流量；

L——管道长度。

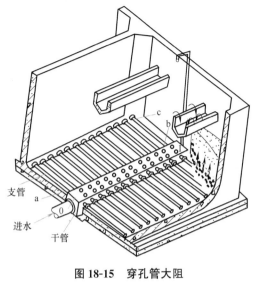

图 18-15　穿孔管大阻
力配水系统

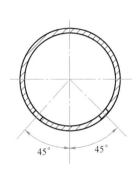

图 18-16　穿孔支管
孔口位置

式（18-22）均以起端流速 v（m/s）表示，且以 $s=\dfrac{64}{\pi^2 D^5 C^2}$，$C=\dfrac{1}{n}R^{1/6}$，$R=\dfrac{D}{4}$，代入式（18-22）并经整理，可得近似公式：

$$H_2=H_1+\left(1-41.5\frac{n^2 L}{D^{1.33}}\right)\frac{v^2}{2g} \tag{18-23}$$

式中　n——管道粗糙系数；

D——管道直径。

由式（18-23）可以看出，当 $\left(1-41.5n^2\dfrac{L}{D^{1.33}}\right)>0$ 时，穿孔管末端压头大于起端压头。设管道粗糙系数 $n=0.012$，得沿途泄流管道在 $H_2>H_1$ 条件下的直径和长度关系：

$$D>\sqrt[1.33]{0.006L} \tag{18-24}$$

在快滤池大阻力配水系统中，干管和支管的直径和长度均符合式（18-24）条件，因而，末端压头通常大于起端压头，如图 18-17 所示。

在图 18-15 所示的配水系统中，支管中压头相差最大的是 a 孔和 c 孔两点。根据以上分析，可绘出图 18-15 中干管和 b-c 支管的水头线，并可求得 a 孔和 c 孔内的压头，如图 18-18 所示。图中符号：

H_0——干管起端 0 点压头；

H_I——干管末端压头；

H_a——支管 a 点压头；

H_b——支管 b 点压头；

H_c——支管 c 点压头；

h_a——起端支管进口局部水头损失；

h_b——末端支管进口局部水头损失；

h_{0I}——干管 0-I 沿程水头损失；

h_{bc}——支管 b-c 沿程水头损失；

v_0——干管进口流速；

v_a——起端支管进口流速；

v_b——末端支管进口流速。

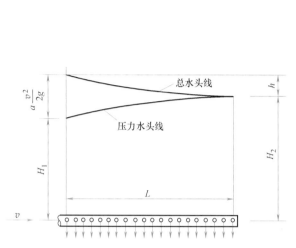

图 18-17　沿途均匀泄流管内压力变化

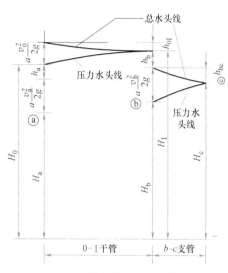

图 18-18　配水系统中的能量变化

图 18-18 实际上即为配水系统中能量转换示意图。假定干管和支管沿程水头损失忽略不计，即令 $h_{0I} \approx 0$，$h_{bc} \approx 0$，同时各支管进口局部水头损失基本相等，即 $h_a \approx h_b$，并取 $\alpha = 1$，于是，按图 18-18 可得 a 孔和 c 孔处的压头关系：

$$H_c = H_a + \frac{1}{2g}(v_0^2 + v_a^2) \tag{18-25}$$

由式（18-25）算出的 H_c 值是偏于安全的，因为实际上干管 0-I 和支管 b-c 的沿程水头损失不会等于零。图 18-18 所表示的 a 孔和 c 孔压力差，比式（18-25）的计算值要小一些。式（18-25）右边第 2 项，即是水流自干管起端流至支管 c 点时的压头恢复。

（2）大阻力配水系统原理

图 18-15 所示配水系统中，如果孔口内压头相差最大的 a 孔和 c 孔出流量相等，则可认为整个滤池布水是均匀的。由于排水槽上缘水平，可认为冲洗时水流自各孔流出后的终点水头在同一水平面上，这一水平面相当于排水槽的水位。孔口内压头与孔口流出后的终点水头之差，即为水流经孔口、承托层和滤料层的总水头损失，分别以 H_a' 和 H_c' 表示。式（18-25）中 H_a 和 H_c 均减去同一终点水头，可得：

$$H_c' = H_a' + \frac{1}{2g}(v_0^2 + v_a^2) \tag{18-26}$$

设上述各项水头损失均与流量平方成正比，则有：

$$H_a' = (S_1 + S_2')Q_a^2$$

$$H_c' = (S_1 + S_2'')Q_c^2$$

式中　Q_a——孔口 a 出流量；

Q_c——孔口 c 出流量；

S_1——孔口阻力系数。当孔口尺寸和加工精度相同时，各孔口 S_1 均相同；

S_2', S_2''——分别为孔口 a 和 c 处承托层及滤料层阻力系数之和。

将上式代入式（18-26）可得：

$$Q_c=\sqrt{\frac{S_1+S_2'}{S_1+S_2''}Q_a^2+\frac{1}{S_1+S_2''}\cdot\frac{v_0^2+v_a^2}{2g}}$$ (18-27a)

由式（18-27a）可知，两孔口出流量不可能相等。但使 Q_a 尽量接近 Q_c 是可能的。其措施之一就是减小孔口总面积以增大孔口阻力系数 S_1。增大 S_1 就削弱了承托层、滤料层阻力系数及配水系统压力不均匀的影响，这就是"大阻力"一词的涵义。

（3）穿孔管大阻力配水系统设计

滤池冲洗时，承托层和滤料层对布水均匀性影响较小，实践证明。当配水系配水均匀性符合要求时，基本上可达到均匀反冲洗目的。

图 18-15 中 a 孔和 c 孔出流量在不考虑承托层和滤料层的阻力影响时，按孔口出流公式计算：

$$Q_a=\mu\omega\sqrt{2gH_a}$$

$$Q_c=\mu\omega\sqrt{2gH_c}$$

两孔口流量之比：

$$\frac{Q_a}{Q_c}=\frac{\sqrt{H_a}}{\sqrt{H_c}}$$ (18-27b)

式中 Q_a, Q_c——分别为 a 孔和 c 孔出流量；

H_a, H_c——分别为 a 孔和 c 孔压力水头；

μ——孔口流量系数；

ω——孔口面积；

g——重力加速度。

按式（18-25）关系，式（18-27b）可写成：

$$\frac{Q_a}{Q_c}=\frac{\sqrt{H_a}}{\sqrt{H_a+\frac{1}{2g}(v_0^2+v_a^2)}}$$ (18-28)

由式（18-28）可知，H_a 越大，亦即孔口水头损失越大，Q_a/Q_c 越接近于 1，配水越均匀，这是"大阻力"涵义的又一体现。

设配水均匀性要求在 95% 以上，即令 $Q_a/Q_c\geqslant0.95$，则：

$$\frac{\sqrt{H_a}}{\sqrt{H_a+\frac{1}{2g}(v_0^2+v_a^2)}}\geqslant0.95$$

经整理得：

$$H_a\geqslant9\frac{v_0^2+v_a^2}{2g}$$ (18-29)

式中 v_0——干管起端流速；

116

v_a——支管起端流速。

为简化计算，设 H_a 以孔口平均水头计，则当冲洗强度已定时，H_a 为：

$$H_a = \left(\frac{qF \times 10^{-3}}{\mu f}\right)^2 \frac{1}{2g} \tag{18-30}$$

式中　q——冲洗强度，$L/(s \cdot m^2)$；

　　　F——滤池面积，m^2；

　　　f——配水系统孔口总面积，m^2；

　　　μ——孔口流量系数；

　　　g——重力加速度，$9.81 m/s^2$。

干管和支管起端流速分别为：

$$\left.\begin{array}{l} v_0 = \dfrac{qF \times 10^{-3}}{\omega_0} \\[3mm] v_a = \dfrac{qF \times 10^{-3}}{n\omega_a} \end{array}\right\} \tag{18-31}$$

式中　ω_0——干管截面积，m^2；

　　　ω_a——支管截面积，m^2；

　　　n——支管根数。

将式（18-31）和式（18-30）代入式（18-29）：

$$\frac{1}{2g}\left(\frac{qF \times 10^{-3}}{\mu f}\right)^2 \geqslant 9 \cdot \frac{1}{2g}\left[\left(\frac{qF \times 10^{-3}}{\omega_0}\right)^2 + \left(\frac{qF \times 10^{-3}}{n\omega_a}\right)^2\right]$$

令 $\mu = 0.62$ 并经整理得：

$$\left(\frac{f}{\omega_0}\right)^2 + \left(\frac{f}{n\omega_a}\right)^2 \leqslant 0.29 \tag{18-32}$$

式（18-32）为计算大阻力配水系统构造尺寸的依据。可以看出，配水均匀性只与配水系统构造尺寸有关，而与冲洗强度和滤池面积无关。但滤池面积也不宜过大，否则，影响布水均匀性的其他因素，如承托层的铺设及冲洗废水的排除等不均匀程度也将对冲洗效果产生影响。单池面积一般不宜大于 $100 m^2$。

配水系统不仅是为了均布冲洗水，同时也是过滤时的集水系统，由于冲洗流速远大于过滤流速，当冲洗布水均匀时，过滤时集水均匀性自无问题。

根据式（18-32）要求和生产实践经验，大阻力配水系统设计要求汇列如下：

1）干管起端流速取 $1.0 \sim 1.5 m/s$，支管起端流速取 $1.5 \sim 2.0 m/s$，孔口流速取 $5 \sim 6 m/s$。

2）孔口总面积与滤池面积之比称"开孔比"，其值按下式计算：

$$\alpha = \frac{f}{F} \times 100\% = \frac{Q/v'}{Q/q} \times \frac{1}{1000} \times 100\% = \frac{q}{1000v'} \times 100\% \tag{18-33}$$

式中　α——配水系统开孔比，%；

　　　Q——冲洗流量，m^3/s；

　　　q——滤池的反冲洗强度，$L/(s \cdot m^2)$；

　　　v'——孔口流速，m/s。

对普通快滤池，若取 $v' = 5 \sim 6 m/s$，$q = 12 \sim 15 L/(s \cdot m^2)$，则 $\alpha = 0.2\% \sim 0.28\%$。

3）支管中心间距 0.2～0.3m，支管长度与直径之比一般不大于 60；

4）孔口直径取 9～12mm。孔口间距 0.15～0.25m。当干管直径大于 300mm 时，干管顶部也应开孔布水，并在孔口上方设置挡板。

不难看出，上列第 1 项中各速度之比，即反映了式（18-32）的基本要求，是决定配水均匀性的关键参数。第二项给出了大阻力配水系统配水均匀性达到 95% 以上时的开孔比 a 一般在 0.2%～0.28% 范围内。

【例 18-1】 设图 18-15 所示滤池平面尺寸为 7.5m×7.0m＝52.5m^2。试设计大阻力配水系统。

【解】 冲洗强度采用 $q＝14$L/s·m^2，冲洗流量 $Q＝14×52.5＝735$L/s＝0.735m^3/s，

（1）干管

采用钢筋混凝土渠道。断面尺寸：850mm×850mm，长 7500mm。起端流速 $v_0＝\dfrac{0.735}{0.85×0.85}＝1$m/s。

（2）支管

支管中心距采用 0.25m。支管数 $n＝\dfrac{7.5}{0.25}×2＝60$ 根（每侧 30 根）。支管长为 $(7.00－0.85－0.30)/2≈2.93$m，取 2.9m。式中 0.30m 为考虑渠道壁厚及支管末端与池壁间距。每根支管进口流量＝735/60＝12.25L/s，支管直径选用 80mm，支管截面积为 $5.03×10^{-3}m^2$，查水力计算表，得支管始端流速 $v_a＝2.47$m/s。

（3）孔口

孔口流速采用 5.6m/s，孔口总面积 $f＝\dfrac{0.735}{5.6}＝0.131m^2$。

配水系统开孔比 $\alpha＝0.131/52.5＝0.25\%$。

孔口直径采用 9mm，每个孔口面积 $6.36×10^{-5}m^2$。孔口数 $m＝0.131/(6.36×10^{-5})＝2060$ 个。考虑干管顶开 2 排孔，每排 40 个孔，孔口中心距 $e_1＝7.5/40＝0.187$m。

每根支管孔口数＝$(2060－80)/60＝33$ 个，取 34 个孔，分两排布置，孔口向下与中垂线夹角 45°交错排列，每排 17 个孔，孔口中心距 $e_2＝2.9/17＝0.17$m。

（4）配水系统校核

实际孔口数 $m'＝34×60＋80＝2120$ 个

实际孔口总面积 $f'＝2120×6.36×10^{-5}＝0.1348m^2$

实际孔口流速 $v'＝0.735/0.1348≈5.45$m/s

$$\left(\frac{f'}{\omega}\right)+\left(\frac{f'}{n\omega_a}\right)^2＝\left(\frac{0.1348}{0.85×0.85}\right)^2＋\left(\frac{0.1318}{60×5.03×10^{-3}}\right)^2＝0.23<0.29$$

$$\alpha＝\frac{q}{1000v'}＝\frac{14}{1000×5.45}＝0.26\%$$

符合配水均匀性达到 95% 以上的要求。

2. 小阻力配水系统

大阻力配水系统的优点是配水均匀性较好。但结构较复杂；孔口水头损失大，冲洗时动力消耗大；管道易结垢，增加检修困难。此外，对冲洗水头有限的虹吸滤池和无阀滤池，大阻力配水系统不能采用。小阻力配水系统可克服上述缺点。

小阻力配水系统基本原理可从大阻力配水系统原理上引申出来。在式（18-27）中如果不以增大孔口阻力系数 S_1 的方法而是减小干管和支管进口流速 v_0 和 v_a，同样可使布水趋于均匀。从式（18-27）可以看出，v_0 和 v_a 减小至一定程度，等式右边根号中第 2 项对布水均匀性的影响将大大削弱。或者说，配水系统中的压力变化对布水均匀性的影响将甚微，在此基础上，可以减小孔口阻力系数以减小孔口水头损失。若滤池承托层和滤料层阻力系数对布水均匀性影响不加考虑，只考虑配水系统本身构造，则从式（18-28）中也得到同样的结论。"小阻力"一词的涵义，即指配水系统中孔口阻力较小，这是相对于"大阻力"而言的。实际上，配水系统孔口阻力由大到小应是递减的，中阻力配水系统就是介于大阻力和小阻力配水系统之间。由于孔口阻力与孔口总面积或开孔比成反比，故开孔比越大，阻力越小。由此得出一般规定：$\alpha=0.20\%\sim0.28\%$ 为大阻力配水系统；$\alpha=0.60\%\sim0.80\%$ 为中阻力配水系统；$\alpha=1.25\%\sim2.00\%$ 为小阻力配水系统。凡开孔比较大者，为了保证配水均匀，应十分注意以下两点：①冲洗水到达各个孔口处的流道中流速相当于式（18-28）中 v_0 和 v_a 应尽量低些，以消除流道中水头损失和水头变化对配水均匀性的影响；②各孔口（或滤头）阻力应力求相等，加工精度要求高。基于上述原理，小阻力和中阻力配水系统不采用穿孔管系，而是采用穿孔滤板、滤砖和滤头等。小阻力和中阻力配水系统的形式和材料多种多样，且不断有新的发展，这里仅介绍以下几种。

（1）钢筋混凝土穿孔（或缝隙）滤板

在钢筋混凝土板上开圆孔或条式缝隙。板上铺设一层或两层尼龙网。板上开孔比和尼龙孔网眼尺寸不尽一致，视滤料粒径、滤池面积等具体情况决定。图 18-19 为滤板安装示意图。图 18-20 所示滤板尺寸为 $980mm\times980mm\times100mm$，每块板孔口数 168 个。板面开孔比为 11.8%，板底为 1.32%。板上铺设尼龙网一层，网眼规格可为 30～50 目。

这种配水系统造价较低，孔口不易堵塞，配水均匀性较好，强度高，耐腐蚀。但必须注意尼龙网接缝应搭接好，且沿滤池四周应压牢，以免尼龙网被拉开。尼龙网上可适当铺设一些卵石。

（2）穿孔滤砖

图 18-21 为二次配水的穿孔滤砖。滤砖尺寸为 $600m\times280mm\times250mm$，用钢筋混凝土或陶瓷制成。每平方米滤池面积上铺设 6 块。开孔比：上层 1.07%，下层 0.7%，属中阻力配水系统。

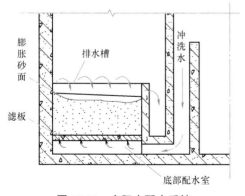

图 18-19　小阻力配水系统

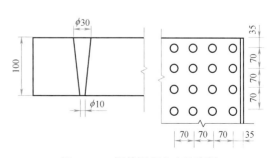

图 18-20　钢筋混凝土穿孔滤板

滤砖构造分上下 2 层连成整体。铺设时，各砖的下层相互连通，起到配水渠的作用；上层各砖单独配水，用板分隔互不相通。实际上是将滤池分成像一块滤砖大小的许多小格。上层配水孔均匀布置，水流阻力基本接近，这样保证了滤池的均匀冲洗。

穿孔滤砖的上下层为整体，反冲洗水的上托力能自行平衡，不致使滤砖浮起，因此所需的承托层厚度不大，只需防止滤料落入配水孔即可，从而降低了滤池的高度。

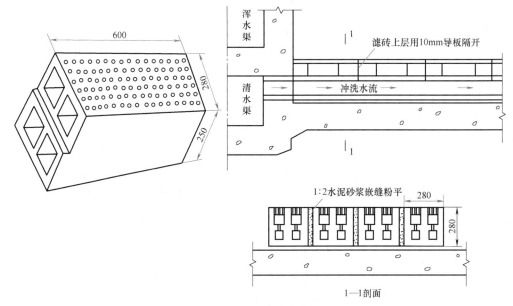

图 18-21 穿孔滤砖

图 18-22 是另一种二次配水、配气穿孔滤砖，可称复合气水反冲洗滤砖。该滤砖既可单独用于水反冲，也可用于气水反冲洗。倒 V 形斜面开孔比和上层开孔比均可按要求制造，一般上层开孔比小（$\alpha = 0.5\% \sim 0.8\%$），斜面开孔比稍大（$\alpha = 1.2\% \sim 1.5\%$），水、气流方向见图中箭头所示。该滤砖一般可用 ABS 工程塑料一次注塑成形，加工精度易控制，安装方便，配水均匀性较好，但价格较高。

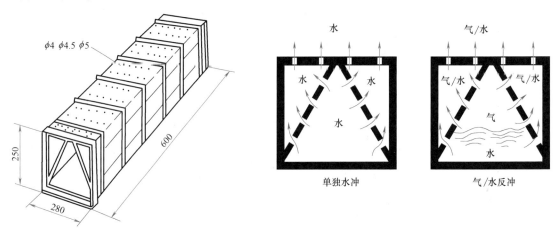

图 18-22 复合气水反冲洗配水滤砖

（3）滤头

滤头由具有缝隙的滤帽和滤柄（具有外螺纹的直管）组成。短柄滤头用于单独水冲滤池，长柄滤头用于气水反冲洗滤池。图18-19中的滤板若不用穿孔滤板，则可在滤板上安装滤头，即在混凝土滤板上预埋内螺纹套管，安装滤头时，只要加上橡胶垫圈将滤头直接拧入套管即可。图18-23所示为气水同时反冲洗所用的长柄滤头示意图。滤帽上开有许多缝隙，缝宽在0.25~0.4mm范围内以防滤料流失。直管上部开1~3个小孔，下部有一条直缝。当气水同时反冲时，在混凝土滤板下面的空间内，上部为气，形成气垫，下部为水。气垫厚度与气压有关。气压越大，气垫厚度越大。气垫中的空气先由直管上部小孔进入滤头，气量加大后，气垫厚度相应增大，部分空气由直管下部的直缝上部进入滤头，此时气垫厚度基本停止增大。反冲水则由滤柄下端及直缝上部进入滤头，

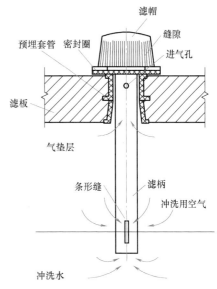

图18-23　气-水同时冲洗时长柄滤头工况示意

气和水在滤头内充分混合后，经滤帽缝隙均匀喷出，使滤层得到均匀反冲。滤头布置数一般为50~60个/m^2。开孔比约1.5%。

18.4.4　冲洗废水的排除

滤池冲洗废水由冲洗排水槽和废水渠排出。在过滤时，它们往往也是分布待滤水的设备。

冲洗时，废水由冲洗排水槽两侧溢入槽内，各条槽内的废水汇集到废水渠，再由废水渠末端排水竖管排入下水道，如图18-24所示。

1. 冲洗排水槽

为达到及时均匀地排出废水，冲洗排水槽设计必须符合以下要求：

（1）冲洗废水应自由跌落入冲洗排水槽。槽内水面以上一般要有7cm左右的保护高，以免槽内水面和滤池水面连成一片，使冲洗均匀性受到影响。

（2）冲洗排水槽内的废水，应自由跌落进入废水渠，以免废水渠干扰冲洗排水槽出流，引起壅水现象。为此，废水渠水面应较排水槽为低。

（3）每单位槽长的溢入流量应相等。故施工时冲洗排水槽口应力求水平，误差限制在2mm以内。

（4）冲洗排水槽在水平面上的总面积一般不大于滤池面积的25%。否则，冲洗时，槽与槽之间水流上升速度会过分增大，以致上升水流均匀性受到影响。

（5）槽与槽中心间距一般为1.5~2.0m。间距过大，从离开槽口最远一点和最近一点流入排水槽的流线相差过远（见图18-24中的1和2两条流线），也会影响排水均匀性。

（6）冲洗排水槽高度要适当。槽口太高，废水排除不净；槽口太低，会使滤料流失。冲洗时，由于两槽之间水流断面缩小，流速增高，为避免冲走滤料，滤层膨胀面应在槽底以下。据此，对图18-25所示冲洗排水槽断面形式而言，槽顶距未膨胀时滤料表面的高

度为：

$$H = eH_2 + 2.5x + \delta + 0.07 \qquad\qquad (18\text{-}34)$$

式中　e——冲洗时滤层膨胀度；

　　　H_2——滤料层厚度，m；

　　　x——冲洗排水槽断面模数，m；

　　　δ——冲洗排水槽底厚度，m；

式中 0.07m 为冲洗排水槽保护高。

常用的冲洗排水槽断面形状除了图 18-25 所示外，也有矩形断面或半圆形槽底断面的。

为施工方便，冲洗排水槽底可以水平，即起端和末端断面相同；也可使起端深度等于末端深度的一半，即槽底具有一定坡度。图 18-25 所示冲洗排水槽断面模数 x 用动量定理求得近似公式为：

$$x = 0.45Q_1^{0.4} \text{（m）} \qquad\qquad (18\text{-}35)$$

式中　Q_1——冲洗排水槽出口流量，m^3/s。

【例 18-2】 设图 18-24 所示滤池平面尺寸为 $L=4m$，$B=3m$，$F=12m^2$。滤层厚 H_2 $=70cm$，冲洗强度采用 $q=14L/(s \cdot m^2)$。滤层膨胀度 $e=45\%$。试设计冲洗排水槽断面尺寸和冲洗排水槽高度 H。

【解】 每个滤池设 2 条冲洗排水槽、槽长 $l=B=3m$，中心距 $=4/2=2m$。

每槽排水流量 $Q = \dfrac{1}{2}qF = \dfrac{1}{2} \times 14 \times 12 = 84L/s = 0.084m^3/s$。

冲洗排水槽断面采用图 18-25 形状。按公式（18-35）求断面模数：

$$x = 0.45Q^{0.4} = 0.45 \times 0.084^{0.4} \approx 0.17m$$

冲洗排水槽底厚采用 $\delta=0.05m$，保护高 0.07m，则槽顶距砂面高度：

$$H = eH_2 + 2.5x + \delta + 0.07 = 0.45 \times 0.7 + 2.5 \times 0.17 + 0.05 + 0.07 = 0.86m$$

校核：

冲洗排水槽总面积与滤池面积之比 $= 2 \times l \times 2x/F = 2 \times 3 \times 2 \times 0.17/12 = 0.17 < 0.25$ （符合要求）

2. 排水渠

排水渠的布置形式视滤池面积大小而定。一般情况下沿池壁一边布置，如图 18-24 所示。当滤池面积很大时，排水渠也可布置在滤池中间以使排水均匀。

排水渠为矩形断面。渠底距排水槽底（图 18-25）高度 H_c 按下式计算：

$$H_c = 1.73 \sqrt[3]{\dfrac{Q^2}{gB^2}} + 0.2 \text{（m）} \qquad\qquad (18\text{-}36)$$

式中　Q——滤池冲洗流量，m^3/s；

　　　B——渠宽，m；

　　　g——重力加速度，$9.81m/s^2$。

其中 0.2m 是保证冲洗排水槽排水通畅而使排水渠起端水面低于冲洗排水槽底的高度。

以上是普通快滤池一般所采用的冲洗废水排除系统组成、布置和设计要求，对于其他形式的滤池，冲洗废水排除系统则取决于滤池构造。

122

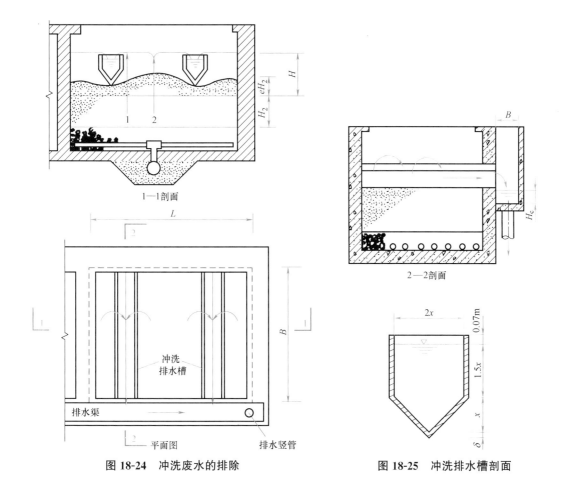

图 18-24　冲洗废水的排除　　　　　图 18-25　冲洗排水槽剖面

18.4.5　冲洗水的供给

供给冲洗水的方式有两种：冲洗水泵和冲洗水塔或冲洗水箱。前者投资省，但操作较麻烦，后者造价较高，但操作简单，允许在较长时间内向水塔或水箱输水，专用水泵小。现在水厂自动化程度较高，采用水泵冲洗的较多。如有地形或其他条件可利用时，建造冲洗水塔较好。

1. 冲洗水塔或冲洗水箱

冲洗水塔与滤池分建。冲洗水箱与滤池合建，通常置于滤池操作室屋顶上，如图 18-26 所示。

水塔或水箱中的水深不宜超过 3m，以免冲洗初期和末期的冲洗强度相差过大。水塔或水箱应在冲洗间歇时间内充满，容积按单个滤池冲洗水量的 1.5 倍计算：

$$V=\frac{1.5qFt\times60}{1000}=0.09qFt \tag{18-37}$$

式中　V——水塔或水箱容积，m^3；

　　　F——单格滤池面积，m^2；

　　　t——冲洗历时，min；

其余符号同前。

水塔或水箱底高出滤池冲洗排水槽顶距离（见图 18-26（d））按下式计算：

$$H_0 = h_1 + h_2 + h_3 + h_4 + h_5 \qquad (18\text{-}38)$$

式中　h_1——从水塔或水箱至滤池的管道中总水头损失，m；

　　　h_2——滤池配水系统水头损失，m。大阻力配水系统按孔口平均水头损失计算。以

$$\alpha = \frac{f}{F} \times 100 \ (\%) \ \text{代入式（18-30）得：}$$

$$h_2 = \left(\frac{q}{10\alpha\mu}\right)^2 \frac{1}{2g} \qquad (18\text{-}39)$$

　　　h_3——承托层水头损失，m；

$$h_3 = 0.022qZ \qquad (18\text{-}40)$$

　　　q——反冲洗强度，$\mathrm{L/(s \cdot m^2)}$；

　　　Z——承托层厚度，m；

　　　h_4——滤料层水头损失，m。用式（18-13）计算；

　　　h_5——备用水头，一般取 1.5～2.0m。

2. 水泵冲洗

水泵流量按冲洗强度和滤池面积计算。水泵扬程为：

$$H = H_0 + h_1 + h_2 + h_3 + h_4 + h_5 \qquad (18\text{-}41)$$

式中　H_0——排水槽顶与清水池最低水位之差，m；

　　　h_1——从清水池至滤池的冲洗管道中总水头损失，m。

其余符号同前。

18.5　普通快滤池

普通快滤池通常指图 18-26 中（a）、（b）、（c）所示的具有 4 个阀门的快滤池。为减

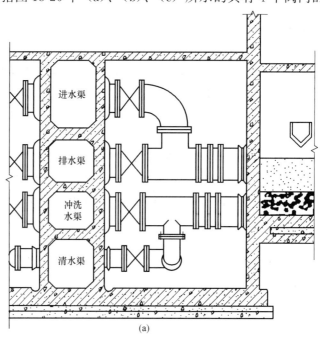

(a)

图 18-26　快滤池管廊布置（一）

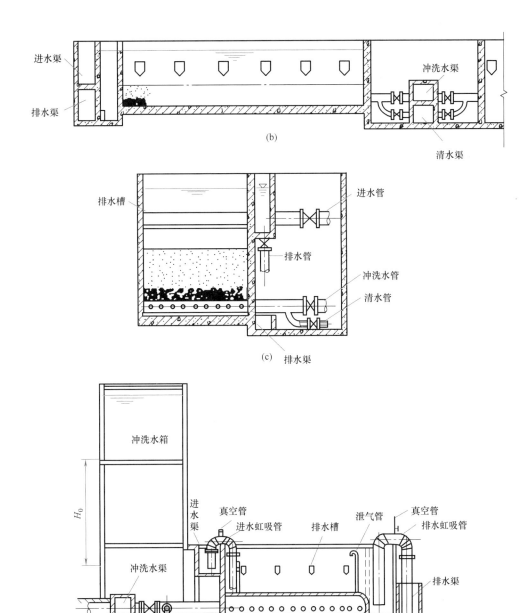

图 18-26　快滤池管廊布置（二）

少阀门，可以用虹吸管代替进水和排水阀门，习惯上称"双阀滤池"如图 18-26（d）所示。实际上它与 4 阀滤池构造和工艺过程完全相同，仅仅以两个虹吸管代替两个阀门而已，故本书仍称之为普通快滤池。

18.5.1　单池面积和滤池深度

根据设计流量和滤速求出所需滤池总面积以后，便需确定滤池个数和单池面积。个数多，单池面积小，反之亦然。滤池个数直接涉及滤池造价、冲洗效果和运行管理。个数多则冲洗效果好，运转灵活，强制滤速低（强制滤速是指 1 个或 2 个滤池停产检修时，其余

125

滤池在超过正常负荷下的滤速），但滤池总造价将会增加，操作管理较麻烦。反之，若滤池个数过少，一旦1个滤池停产检修时，对水厂生产影响则较大。从冲洗布水均匀性上考虑、单池面积过大，冲洗效果欠佳。目前，我国已建的单池面积最大达130m²。设计中，滤池个数应通过技术经济比较确定，并需考虑水厂内其他处理构筑物及水厂总体布局等有关问题。但在任何情况下，滤池个数不得少于两个。

单池平面可为正方形或矩形。滤池长宽比决定于处理构筑物总体布置，同时与造价也有关系，应通过技术经济比较确定。

滤池深度包括：

保护高：0.25～0.3m；

滤层表面以上水深：1.5～2.0m；

滤层厚度：见表18-3；

承托层厚度：见表18-4。

据此，滤池总深度一般为3.0～3.5m。单层砂滤池深度一般稍小；双层滤料滤池深度稍大。

18.5.2 管廊布置

集中布置滤池的管渠、配件及阀门的场所称为管廊。管廊中的管道一般用金属材料。也可用钢筋混凝土渠道。管廊布置应力求紧凑、简捷；要留有设备及管配件安装、维修的必要空间；要有良好的防水、排水及通风、照明设备；要便于与滤池操作室联系。设计中，往往根据具体情况提出几种布置方案经比较后决定。

滤池数少于5个者，宜采用单行排列，管廊位于滤池一侧。超过5个者，宜用双行排列，管廊位于两排滤池中间。后者布置较紧凑，但管廊通风，采光不如前者，检修也不太方便。

管廊布置有多种形式，列举以下几种供参考：

（1）进水、清水、冲洗水和排水渠，全部布置于管廊内，如图18-26（a）所示。这样布置的优点是，渠道结构简单，施工方便，管渠集中紧凑。但管廊内管件较多，通行和检修不太方便。设计中，也可以管道代替某些渠道。

（2）冲洗水和清水渠布置于管廊内，进水和排水以渠道形式布置于滤池另一侧，如图18-26（b）所示。这种布置，可节省金属管件及阀门；管廊内管件简单；施工和检修方便；造价稍高。

（3）进水、冲洗水及清水管均采用金属管道，排水渠单独设置，如图18-26（c）所示。这种布置，通常用于小水厂或滤池单行排列。

（4）对于较大型滤池，为节约阀门，可以虹吸管代替排水和进水支管；冲洗水管和清水管仍用阀门，如图18-26（d）所示。虹吸管通水或断水以真空系统控制。

18.5.3 管渠设计流速

快滤池管渠断面应按下列流速确定。若考虑到今后水量有增大的可能时，流速宜取低限。

进水管（渠）	0.8～1.2m/s
清水管（渠）	1.0～1.5m/s
冲洗水管（渠）	2.0～2.5m/s

排水管（渠）	1.0~1.5m/s

18.5.4 设计中注意几点

（1）滤池底部应设排空管，其入口处设栅罩，池底坡度约为 0.005，坡向排空管。

（2）每个滤池宜装设水头损失计及取样管。

（3）各种密封渠道上应设人孔，以便检修。

（4）滤池壁与砂层接触处应拉毛成锯齿状，以免过滤水在该处形成"短路"而影响水质。

普通快滤池运转效果良好，首先是冲洗效果得到保证。适用任何规模的水厂。主要缺点是管配件及阀门较多，操作较其他滤池稍复杂。

18.6 无阀滤池

无阀滤池有重力式和压力式两种。前者使用较广泛。后者仅用于小型、分散性给水工程，常供一次净化用。这里仅介绍重力式无阀滤池。

18.6.1 重力式无阀滤池的构造和工作原理

无阀滤池的构造如图 18-27 所示。过滤时的工作情况是：浑水经进水分配槽 1，由进水管 2 进入虹吸上升管 3，再经顶盖 4 下面的挡板 5 后，均匀地分布在滤料层 6 上，通过承托层 7、小阻力配水系统 8 进入底部空间 9。滤后水从底部空间经连通渠（管）10 上升到冲洗水箱 11。当水箱水位达到出水渠 12 的溢流堰顶后，溢入渠内，最后流入清水池。水流方向如图 18-27 中箭头所示。

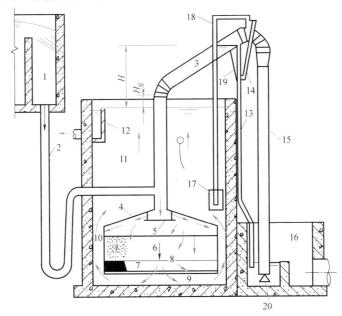

图 18-27 无阀滤过滤过程

1—进水分配槽；2—进水管；3—虹吸上升管；4—伞形顶盖；5—挡板；6—滤料层；7—承托层；8—配水系统；9—底部配水区；10—连通渠；11—冲洗水箱；12—出水渠；13—虹吸辅助管；14—抽气管；15—虹吸下降管；16—水封井；17—虹吸破坏斗；18—虹吸破坏管；19—强制冲洗管；20—冲洗强度调节器

开始过滤时，虹吸上升管与冲洗水箱中的水位差 H_0 为过滤起始水头损失。随着过滤时间的延续，滤料层水头损失逐渐增加，虹吸上升管中水位相应逐渐升高。管内原存空气受到压缩，一部分空气将从虹吸下降管出口端穿过水封进入大气。当水位上升到虹吸辅助管 13 的管口时，水从辅助管流下，依靠下降水流在管中形成的真空和水流的挟气作用，抽气管 14 不断将虹吸管中空气抽出，使虹吸管中真空度逐渐增大。其结果，一方面虹吸上升管中水位升高。同时，虹吸下降管 15 将排水水封井中的水吸上至一定高度。当上升管中的水越过虹吸管顶端而下落时，管中真空度急剧增加，达到一定程度时，下落水流与下降管中上升水柱汇成一股冲出管口，把管中残留空气全部带走，形成连续虹吸水流。由于滤层上部压力骤降，促使冲洗水箱内的水循着 10→9→8→7→6→5 过滤时的相反方向进入虹吸管，滤料层受到反冲洗。冲洗废水由 16 排出。冲洗时水流方向见图 18-28 箭头所示。

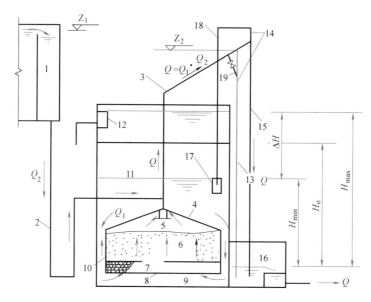

图 18-28　无阀滤池冲洗过程

1—进水分配槽；2—进水管；3—虹吸上升管；4—伞形顶盖；5—挡板；6—滤料层；7—承托层；
8—配水系统；9—底部配水区；10—连通渠；11—冲洗水箱；12—出水渠；13—虹吸辅助管；
14—抽气管；15—虹吸下降管；16—排水水封井；17—虹吸破坏斗；
18—虹吸破坏管；19—强制冲洗管

在冲洗过程中，水箱内水位逐渐下降。当水位下降到虹吸破坏斗 17 以下时，虹吸破坏管 18 把小斗中的水吸完。管口与大气相通，虹吸破坏，冲洗结束，过滤重新开始。

从过滤开始至虹吸上升管中水位升至辅助管口这段时间，为无阀滤池过滤周期。因为当水从辅助管下流时，仅需数分钟便进入冲洗阶段。故辅助管口至冲洗水箱最高水位差即为期终允许水头损失（冲洗前的水头损失）值 H，采用 $H=1.5m$。

如果在滤层水头损失还未达到最大允许值而因某种原因（如出水水质不符合要求）需要冲洗时，可进行人工强制冲洗。强制冲洗设备是在辅助管与抽气管相连接的三通上部，接一根压力水管 19，称强制冲洗管。打开强制冲洗管阀门，在抽气管与虹吸辅助管连接三通处的高速水流便产生强烈的抽气作用，使虹吸很快形成。

18.6.2 重力式无阀滤池设计要点

（1）虹吸管计算

无阀滤池在反冲洗过程中，随着冲洗水箱内水位不断下降，冲洗水头（水箱水位与排水水封井堰口水位差，亦即虹吸水位差）也不断降低，从而使冲洗强度也不断减小。设计中，通常以最大冲洗水头 H_{max} 与最小冲洗水头 H_{min} 的平均值作为计算依据，称为平均冲洗水头 H_a（图18-28）。所选定的冲洗强度，系按在 H_a 作用下所能达到的计算值，称为平均冲洗强度 q_a。由 q_a 计算所得的冲洗流量称为平均冲洗流量，以 Q_1 表示。冲洗时，若滤池继续以原进水流量（以 Q_2 表示）进入滤池，则虹吸管中的计算流量应为平均冲洗流量与进水流量之和（$Q=Q_1+Q_2$）。其余部分（包括连通渠、配水系统、承托层、滤料层）所通过的计算流量为冲洗流量 Q_1。

冲洗水头即为水流在整个流程中（包括连通渠、配水系统、承托层、滤料层、挡水板及虹吸管等）的水头损失之和。按平均冲洗水头和计算流量即可求得虹吸管管径。管径一般采用试算法确定：即初步选定管径，算出总水头损失 $\sum h$，当 $\sum h$ 接近 H_a 时，所选管径适合，否则重新计算。总水头损失为：

$$\sum h = h_1 + h_2 + h_3 + h_4 + h_5 + h_6 \tag{18-42}$$

式中 h_1——连通渠水头损失，m，沿程水头损失可按水力学中谢才公式 $i = \dfrac{Q_1^2}{A^2 C^2 R}$ 计算；进口局部阻力系数取0.5，出口局部阻力系数为1；

h_2——小阻力配水系统水头损失，m。视所选配水系统形式而定；

h_3——承托层水头损失，m，按式（18-40）计算；

h_4——滤料层水头损失，m，按式（18-13）计算；

h_5——挡板水头损失，一般取0.05m；

h_6——虹吸管沿程和局部水头损失之和，m。

在上述各项水头损失中，当滤池构造和平均冲洗强度已定时，h_1 至 h_5 便已确定，虹吸管径的大小则决定于冲洗水头 H_a。因此，在有地形可利用的情况下（如丘陵、山地），降低排水水封井堰口标高以增加可资利用的冲洗水头，可以减小虹吸管管径以节省建设费用。由于管径规格限制，管径应适当选择大些，以使 $\sum h < H_a$。其差值消耗于虹吸下降管出口管端的冲洗强度调节器中。冲洗强度调节器由锥形挡板和螺杆组成，后者可使锥形挡板上、下移动以控制出口开启度。

（2）冲洗水箱

重力式无阀滤池冲洗水箱与滤池整体浇制，位于滤池上部。水箱容积按冲洗一次所需水量确定：

$$V = 0.06qFt \tag{18-43}$$

式中 V——冲洗水箱容积，m^3；

q——冲洗强度，$L/(s \cdot m^2)$ 采用上述平均冲洗强度 q_a；

F——滤池面积，m^2；

t——冲洗时间，min，一般取4～6min。

如果平均冲洗强度采用式（18-18）的计算值时，则当冲洗水头大于平均冲洗水头 H_a 时，整个滤层将全部膨胀起来。若冲洗水箱水深 ΔH 较大时，在冲洗初期的最大冲洗水头 H_{max} 下，有可能将上层部分细滤料冲出滤池。当冲洗水头小于平均冲洗水头 H_a 时，下层部分粗滤料将下沉而不再悬浮。因此，减小冲洗水箱水深，可减小冲洗强度的不均匀程度，从而避免上述现象的发生。两格以上滤池合用一个冲洗水箱可收如上效果。

设 n 格滤池合用一个冲洗水箱，则水箱平面面积应等于单格滤池面积的 n 倍。水箱有效深度 ΔH 为：

$$\Delta H = \frac{V}{nF} = \frac{0.06qFt}{nF} = \frac{0.06}{n}qt \tag{18-44}$$

式（18-44）并未考虑一格滤池冲洗时，其余 $(n-1)$ 格滤池继续向水箱供给冲洗水的情况，所求水箱容积偏于安全。若考虑上述因素，水箱容积可以减小。如果冲洗时，该格滤池继续进水（随冲洗水排出）而其余各格滤池仍保持原来滤速过滤，则减小的容积即为 $(n-1)$ 格滤池在冲洗时间 t 内以原滤速过滤的水量。

由以上可知，合用一个冲洗水箱的滤池数越多，冲洗水箱深度越小，滤池总高度得以降低。这样，不仅降低造价，也有利于与滤前处理构筑物在高程上的衔接。冲洗强度的不均匀程度也可减小。一般，合用冲洗水箱的滤池格数 $n=2\sim3$，以 2 格合用冲洗水箱者居多。因为合用冲洗水箱滤池数过多时，将会造成不正常冲洗现象。例如，某一格滤池的冲洗行将结束时，虹吸破坏管刚露出水面，由于其余数格滤池不断向冲洗水箱大量供水，管口很快又被水封，致使虹吸破坏不彻底，造成该格滤池时断时续地不停冲洗。

（3）进水管 U 形存水弯

进水管设置 U 形存水弯的作用，是防止滤池冲洗时，空气通过进水管进入虹吸管从而破坏虹吸。当滤池反冲洗时，如果进水管停止进水，U 形存水弯即相当于一根测压管，存水弯中的水位将在虹吸管与进水管连接三通的标高以下。这说明此处有强烈的抽吸作用。如果不设 U 形存水弯，无论进水管停止进水或继续进水，都会将空气吸入虹吸管。为安装方便，同时也为了水封更加安全，常将存水弯底部置于水封井的水面以下。

（4）进水分配槽

进水分配槽的作用，是通过槽内堰顶溢流使各格滤池独立进水，并保持进水流量相等。分配槽堰顶标高 Z_1 应等于虹吸辅助管和虹吸管连接处的管口标高 Z_2 加进水管水头损失，再加 10~15cm 富余高度以保证堰顶自由跌水。槽底标高力求降低以便于气、水分离。若槽底标高较高，当进水管中水位低于槽底时，水流由分配槽落入进水管中的过程中将会挟带大量空气。由于进水管流速较大，空气不易从水中分离出去，挟气水流进入虹吸管中以后，一部分空气可上逸并通过虹吸管出口端排出池外，一部分空气将进入滤池并在伞顶盖下聚集且受压缩。受压空气会时断时续地膨胀并将虹吸管中的水顶出池外，影响正常过滤。此外，反冲洗时，如果滤池继续进水且进水挟气量很大时，虽然大部分空气可随冲洗水流排出池外，但总有一部分空气会在虹吸管顶端聚集，以致虹吸有可能提前破坏。但是在虹吸管顶端聚集的空气量毕竟有限，因此虹吸破坏往往并不彻底。如果顶盖下再有一股受压空气把虹吸管中水柱顶出池外而使真空度增大，就可能再次形成虹吸，于是产生连续冲洗现象。为避免上述现象发生，简单的措施就是降低分配槽槽底标高或另设气水分离器。因为进水分配槽水平断面尺寸较大，断面流速较小，空气易从水中分离出去。通常，将槽底标高降至滤池出水渠堰顶以下约 0.5m，就可以保证过滤期间空气不会进入滤池。因为进水管入口端始终处于淹没状态。如果条件许可，将槽底降至冲洗水箱最低水位以下，对防止进水挟气效果更好，但需综合考虑其他有关因素，合理确定。

无阀滤池多用于小型水厂。单池平面面积一般不大于 16m²。少数也有达 25m²，滤料表面以上的直壁高度应等于冲洗时滤料的最大膨胀高度再加保护高度。其主要优点是：造价较低；冲洗完全自动，因而操作管理较方便。缺点是：池体结构较复杂；滤料处于封闭结构中装、卸困难；冲洗水箱位于滤池上部，出水标高较高，相应抬高了滤前处理构筑物如沉淀或澄清池的标高，给水厂处理构筑物的总体高程布置往往带来困难。

18.7 其他形式滤池

滤池形式较多，下面仅介绍 3 种滤池的基本构造、工作原理和特点。

18.7.1 V型滤池

V 型滤池采用气、水反冲洗，目前在我国的应用日益增多，适用于大、中型水厂。

V 型滤池因两侧（或一侧也可）进水槽设计成 V 字形而得名。图 18-29 为一座 V 型滤池构造简图。通常一组滤池由数只滤池组成。每只滤池中间为双层中央渠道，将滤池分成左、右两格。渠道上层是排水渠 7 供冲洗排污用；下层是气、水分配渠 8，过滤时汇集滤后清水，冲洗时分配气和水。渠 8 上部设有一排配气小孔 10，下部设有一排配水方孔 9。V 型槽底设有一排小孔 6，既可作过滤时进水用，冲洗时又可供横向扫洗布水用，这是 V 型滤池的一个特点。滤板上均匀布置长柄滤头，每平方米约布置 50～60 个。滤板下部是空间 11。

1. 过滤过程

待滤水由进水总渠经进水气动隔膜阀 1 和方孔 2 后，溢过堰口 3 再经侧孔 4 进入 V 型槽 5。待滤水通过 V 型槽底小孔 6 和槽顶溢流，均匀进入滤池，而后通过砂滤层和长柄滤头流入底部空间 11，再经方孔 9 汇入中央气水分配渠 8 内，最后由管廊中的水封井 12、出水堰 13、清水渠 14 流入清水池。滤速可在 6～10m/h 范围内选用，视原水水质、滤料组成等决定。滤速可根据滤池水位变化自动调节出水蝶阀开启度来实现等速过滤。强制滤速可采用 10～13m/h。

2. 冲洗过程

首先关闭进水阀 1，但两侧方孔 2 常开，故仍有一部分水继续进入 V 型槽并经槽底小孔 6 进入滤池。而后开启排水阀 15 将池面水从排水渠中排出直至滤池水面与 V 型槽顶相平。冲洗操作可采用："气冲→气水同时冲→水冲" 3 步，冲洗过程为：（1）启动鼓风机，打开进气阀 17，空气经气水分配渠 8 的上部小孔 10 均匀进入滤池底部，由长柄滤头喷出，将滤料表面杂质擦洗下来并悬浮于水中。由于 V 型槽底小孔 6 继续进水，在滤池中产生横向水流，形同表面扫洗，将杂质推向中央排水渠 7。（2）启动冲洗水泵，打开冲洗水阀 18，此时空气和水同时进入气、水分配渠，再经方孔 9 和小孔 10 和长柄滤头均匀进入滤池，使滤料得到进一步冲洗，同时，横向扫洗仍继续进行。（3）停止气冲，单独用水再反冲洗几分钟，加上横向扫洗，最后将悬浮于水中杂质全部冲入排水槽。冲洗流程如图 18-29 箭头所示。

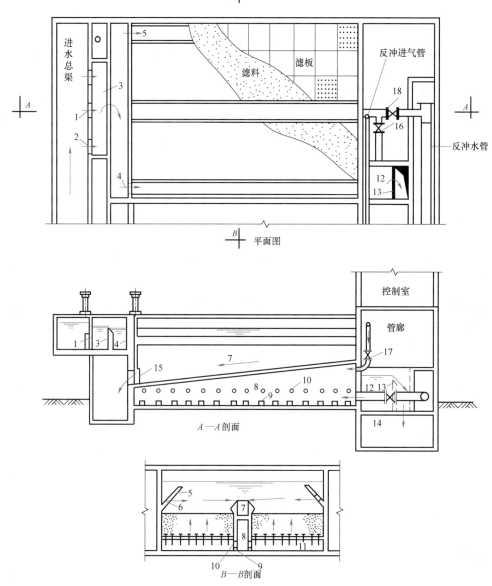

图 18-29　V 型滤池构造简图

1—进水气动隔膜阀；2—方孔；3—堰口；4—侧孔；5—V 型槽；6—小孔；7—排水渠；8—气、水
分配渠；9—配水方孔；10—配气小孔；11—底部空间；12—水封井；13—出水堰；
14—清水渠；15—排水阀；16—清水阀；17—进气阀；18—冲洗水阀

先气冲强度一般在 $13\sim17L/(s \cdot m^2)$ 内，气水同时冲洗时气强度同前，水强度为
$1.5\sim2.0L/(m^2 \cdot s)$，后水冲强度为 $3.5\sim4.5L/(s \cdot m^2)$，横向扫洗强度为 $1.4\sim2.3L/$
$(s \cdot m^2)$。因水流反冲强度小，故滤料微膨胀，总的反冲洗时间约 10min。气-水同时反冲
及长柄滤头工作情况见 "18.4"。V 型滤池冲洗过程全部由程序自动控制。

V 型滤池冲洗排水槽顶不必像膨胀冲洗时所要高出砂面的距离。根据国内外资料和
实践经验，在滤料层厚度为 1.20m 左右时，冲洗排水槽顶面多采用高于滤料层表面

500mm。V型滤池冲洗前的水头损失可采用2.0～2.5m；滤层表面以上的水深不应小于1.2m。冲洗水的供应采用水泵，并应设置备用机组，水泵的配置应适应冲洗强度变化的需求。冲洗气源的供应采用鼓风机，亦应设置备用机组；反冲洗空气总管的管底标高应高于滤池的最高水位。V型滤池两侧进水槽的槽底配水孔口至中央排水槽边缘的水平距离宜在3.5m以内，不得大于5m。V型进水槽断面应按非均匀流满足配水均匀性要求计算确定，其斜面与池壁的倾斜度宜采用45°～50°。表面扫洗配水孔的纵向轴线应保持水平。进水系统应设置进水总渠，每格滤池进水应设可调整堰板高度的进水堰；每格滤池出水应设调节阀并宜设可调整堰板高度的出水堰，滤池的出水系统宜设置出水总渠。V型滤池长柄滤头配气配水系统的设计应采取有效措施，控制同格滤池所有滤头、滤帽或滤柄顶表面在同一水平高程，其误差允许范围应为±5mm。

V型滤池的主要特点是：

（1）可采用较粗滤料较厚滤层以增加过滤周期。由于反冲时滤层不膨胀，故整个滤层在深度方向的粒径分布基本均匀，不发生水力分级现象，即所谓"均粒滤料"，使滤层含污能力提高。一般采用均匀级配粗砂滤料，有效粒径 $d_{10}=0.9～1.2mm$，不均匀系数 $K_{60}<1.6$，滤层厚1.2～1.5m。

（2）气、水反冲再加始终存在的横向表面扫洗，冲洗效果好，冲洗水量大大减少。

18.7.2 翻板滤池

翻板滤池又叫苏尔寿滤池，是瑞士苏尔寿（Sulzer）公司下属的技术工程部（现称瑞士CTE公司）的研究成果。所谓"翻板"，是因为其反冲洗排水舌阀在工作过程中0～90°翻转开闭而得名。翻板滤池采用闭阀反冲洗，可实现滤料层大强度膨胀冲洗，冲洗比较彻底干净，而滤料又不易流失。

翻板滤池在欧洲已有300多家水厂使用，我国在嘉兴、潍坊、昆明、深圳等地也逐步得到应用。翻板滤池构造简图如图18-30所示。翻板滤池的池宽不宜大于6m；长度不应大于15m。翻板阀底距滤层顶垂直距离不应小于0.30m。

翻板滤池在过滤时，进水通过进水堰均匀流入滤池，滤层表面以上的水深宜采用1.5～2.0m，按照恒水位过滤方式，自上而下进行过滤，出水经底部渠道至清水管流入清水总渠。

翻板滤池冲洗方式的选择应根据滤料种类及分层组成，通过试验或参照相似条件下已有滤池的经验确定。一般当冲洗前的过滤水头损失达设定值（2.0～2.5m）时，滤池进行反冲洗，翻板滤池一般冲洗过程如下：

（1）关闭进水阀，并继续过滤，降低水位至砂面上约0.15m，关闭出水阀；

（2）开启反冲气阀，进行空气擦洗，气冲强度15～17L/(s・m²)，持续2～4min；

（3）保持气冲，增加小水冲，气水同时冲洗下的水冲强度宜为2.5～3L/(s・m²)，持续4～5min；

（4）关闭气冲阀门，加大水冲强度至15～17L/(s・m²)，持续1min，此时水位约达最高过滤水位；

（5）静止20～30s，开启排水翻板阀，先开50%，然后开至100%（图18-31）。

排水结束后，再进行二次冲洗，程序同上。一般通过两次反冲洗后，滤料中含污率低于0.1kg/m³，并且附着在滤料上的小气泡也基本上被冲掉。然后开启进水阀门，待池中

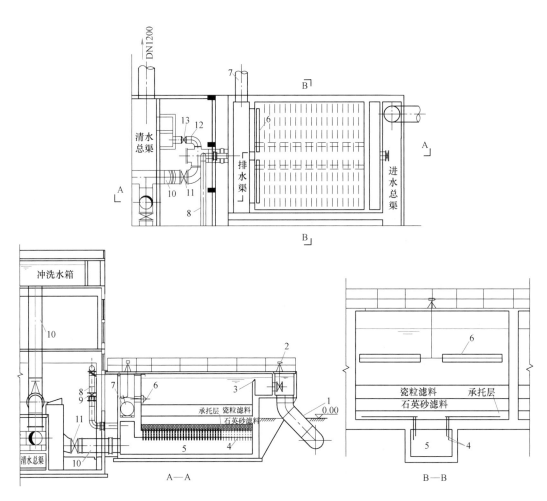

图 18-30 翻板滤池构造简图

1—进水管；2—进水气动阀；3—进水堰；4—配水配气系统；5—底部配水配气渠；6—气动排水翻板阀；
7—排水管；8—气冲管；9—气冲阀；10—水冲管；11—水冲阀；12—清水管；13—清水气动调节阀

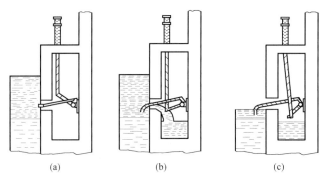

图 18-31 翻板阀的启闭状态

（a）排水阀关闭；（b）排水阀开启 50%；（c）排水阀开启 100%

水位达一定高度时，开出水阀门，进入新一轮过滤周期。

滤池冲洗供气一般采用鼓风机，并应设置备用机组。供水采用水泵或冲洗水箱。如采用水泵冲洗，宜设有 1.5 倍～2.0 倍单格滤池冲洗水量的冲洗水调节池；水泵的能力应按单格滤池冲洗水量设计；需采用大、小水泵搭配来满足不同水冲强度的要求，并应设置备用机组。若采用高位水箱（水塔）冲洗，水箱（塔）有效容积应按单格滤池冲洗水量的1.5 倍计算，可放置大小两根水箱出水主管或一根主管上安装调滤控制阀，并安装流量计，便于调控冲洗强度。

翻板滤池反冲洗采用"反冲—停冲—排水"的过程，因此也称为序批式反冲洗滤池，其主要特点如下：

（1）滤料、滤层可多样化选择

根据滤池进水水质与对出水水质要求的不同，可选择单层均质滤料或双层、多层滤料，一般采用双层滤料的居多。单层均质滤料可采用石英砂或陶粒；双层滤料可采用无烟煤与石英砂（或陶粒与石英砂）。当滤池进水水质差，有机物含量较高时，可用颗粒活性炭置换无烟煤等滤料。

滤料厚度一般为 1.5m。当采用双层滤料时，则可采用：陶粒（或石英砂）：粒径1.6～2.5mm，厚 800mm；石英砂（无烟煤或活性炭）：粒径 0.7～1.2mm，厚 700mm。

翻板滤池承托层采用 3～12mm 分层砾石，厚度一般为 0.45m。

翻板滤池采用单层滤料时滤速为 8～10m/h，双层滤料时滤速为 9～12m/h。

（2）滤料反冲洗净度高、周期长、滤料流失率低

翻板滤池采用特有的闭阀冲洗过程，单独水冲时强度高达 15～17L/(s·m²)，滤层达到全流化状态，膨胀率为 15%～25%。一般经两次反冲洗过程，滤料中截污物遗留量少于 0.1kg/m³。

对于滤料相对密度较轻的活性炭滤池，采用翻板滤池形式，不但可以获得较好的冲洗效果，而且由于整个冲洗过程中滤池不排水，活性炭滤料的流失率较低。

（3）过滤周期长、截污量大，出水水质好

在同样滤层厚度下，翻板滤池由于采用双层或多层滤料，截污量较大，除浊效果更好。且翻板滤池由于冲洗比较彻底，过滤周期也更长。通常情况下，翻板阀滤池的过滤周期为 36～72h。

（4）采用独特的配水配气系统

翻板阀滤池配水配气系统由滤池中央配水配气暗渠、安装在中央配水配气暗渠顶板上的竖向配水管、竖向配气管、安装在滤池底板上与配水配气管相连的横向配水配气管组成（图 18-32）。横向配水管（面包管）横断面为上圆下方形，上部为配气区，下部为配水区。配水配气管底部按设计开孔比要求设置配水孔，配气孔设置在管两侧，放气孔设置在顶部。竖向配水配气管与横向配水配气管一一对应配套，配水管上端伸入配水横管10mm，下端伸入底部冲洗渠的水层中，配气管上端开孔与横管反冲洗气孔水平，下端封闭，在侧面开进气孔。竖向配水配气管可采用不锈钢、高密度聚乙烯（HDPE）管或苯乙烯（ABS）管材质。竖向配水配气管可上下调节，确保整池的配水配气管顶部及底部的标高一致。

翻板阀滤池采用独特的上下双层配气配水层形式，使得翻板阀滤池获得较其他类型滤池更均匀的配水配气性能。在冲洗过程中，会在底板上、下形成上下两个均匀的气垫层，不但保证布水、布气均匀，也避免气水分配出现脉冲现象，影响反冲洗的效果。

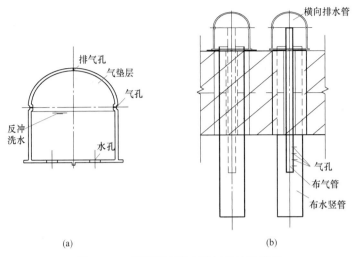

图 18-32　翻板滤池配水配气系统示意图

（a）横向配水管；（b）竖向配水配气管

（5）池型简单、施工容易

从图 18-30 可以看出，翻板滤池池型呈长方体状，无 V 型滤池的反冲洗排水槽和进水 V 型槽，池底部仅设集中配水配气管廊，滤池底板水平误差施工要求为≤10mm（远低于 V 型滤池要求≤2mm），过滤面积利用率高，池体构造简单，施工较易、土建费用省。

18.7.3　压力滤池

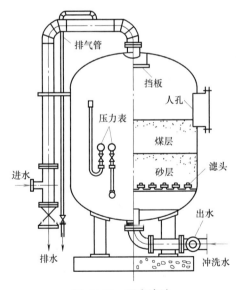

压力滤池是用钢制压力容器为外壳制成的快滤池，如图 18-33 所示。容器内装有滤料及进水和配水系统。容器外设置各种管道和阀门等。压力滤池在压力下进行过滤。进水用泵直接打入，滤后水常借压力直接送到用水装置、水塔或后面的处理设备中。压力滤池常用于工业给水处理中，往往与离子交换器串联使用。配水系统常用小阻力系统中的缝隙式滤头。滤层厚度通常大于重力式快滤池，一般 1.0～1.2m。期终允许水头损失值一般可达 5～6m，可直接从滤层上、下压力表读数得知。为提高冲洗效果，可考虑用压缩空气辅助冲洗。

压力滤池有现成产品，直径一般不超过 3m。它的特点是：可省去清水泵站；运转管理较方便；可移动位置，临时性给水也很适用。但耗用钢材多，滤料的装卸不方便。

图 18-33　压力滤池

思考题与习题

1. 为什么粒径小于滤层中孔隙尺寸的杂质颗粒会被滤层拦截下来？

2. 从滤层中杂质分布规律，分析改善快滤池的几种途径和滤池发展趋势。

3. 直接过滤有哪两种方式？采用原水直接过滤应注意哪些问题？

4. 清洁滤层水头损失与哪些因素有关？过滤过程中水头损失与过滤时间存在什么关系？可否用数学式表达？

5. 什么叫"等速过滤"和"变速过滤"？两者分别在什么情况下形成？分析两种过滤方式的优缺点并指出哪几种滤池属于"等速过滤"。

6. 什么叫"负水头"？它对过滤和冲洗有何影响？如何避免滤层中"负水头"产生？

7. 什么叫滤料"有效粒径"和"不均匀系数"？不均匀系数过大对过滤和反冲洗有何影响？"均粒滤料"的涵义是什么？

8. 双层和多层滤料混杂与否与哪些因素有关？滤料混杂对过滤有何影响？

9. 滤料承托层有何作用？粒径级配和厚度如何考虑？

10. 滤池反冲洗强度和滤层膨胀度之间关系如何？当滤层全部膨胀起来以后，反冲洗强度增大，水流通过滤层的水头损失是否同时增大？为什么？

11. 式（18-2）与式（18-11）有何同异？后者是否可用于过滤，前者是否可用于反冲洗？为什么？

12. 什么叫"最小流态化冲洗流速"？当反冲洗流速小于最小流态化冲洗流速时，反冲洗时的滤层水头损失与反冲洗强度是否有关？

13. 气-水反冲有哪几种操作方式？各有何优缺点？

14. 大阻力配水系统和小阻力配水系统的涵义是什么？各有何优缺点？掌握大阻力配水系统的基本原理和式（18-32）的推导过程。

15. 小阻力配水系统有哪些形式？选用时主要考虑哪些因素？

16. 滤池的冲洗排水槽设计应符合哪些要求，并说明理由。

17. 式（18-38）是经验公式还是根据水力学导出？

18. 冲洗水塔或冲洗水箱高度和容积如何确定？

19. 快滤池管廊布置有哪几种形式？各有何优缺点？

20. 无阀滤池虹吸上升管中的水位变化是如何引起的？虹吸辅助管管口和出水堰口标高差表示什么？

21. 无阀滤池反冲洗时，冲洗水箱内水位和排水水封井上堰口水位之差表示什么？若有地形可以利用，降低水封井堰口标高有何作用？

22. 为什么无阀滤池通常采用 2 格或 3 格滤池合用 1 个冲洗水箱？合用冲洗水箱的滤池格数过多对反冲洗有何影响？

23. 进水管 U 形存水弯有何作用？

24. 所谓 V 型滤池，其主要特点是什么？

简要地综合评述普通快滤池、无阀滤池、V 型滤池、翻板滤池及压力滤池的主要优缺点和适用条件。

25. 某天然海砂筛分结果见表 18-8。根据设计要求：$d_{10}=0.54$mm，$K_{80}=2.0$。试问筛选滤料时，共需筛除百分之几天然砂粒（分析砂样 200g）。

26. 根据第 1 题所选砂滤料，求滤速为 10m/h 的过滤起始水头损失约为多少 cm？

已知：砂粒球度系数 $\phi=0.94$；砂层孔隙率 $m_0=0.4$；砂层总厚度 $l_0=70$cm；水温按 15℃计；

27. 根据第 1 题所选砂滤料做反冲洗试验。设冲洗强度 $q=15$L/(s·m²) 且滤层全部膨胀起来，求滤层总膨胀度约为多少？（滤料粒径按当量粒径计）。

已知：滤料密度 $\rho=2.62$g/cm³；水的密度按 1g/cm³ 计；滤层膨胀前孔隙率 $m_0=0.4$；水温按 15℃计。

28. 设大阻力配水系统干管起端流速为 1m/s；支管起流速为 2m/s；孔口流速为 3m/s。试通过计算说明该配水系统的配水均匀性是否达到 95% 以上。

筛孔（mm）	留在筛上砂量		通过该号筛的砂量	
	质量（g）	%	质量（g）	%
2.36	0.8			
1.65	18.4			
1.00	40.6			
0.59	85.0			
0.25	43.4			
0.21	9.2			
筛底盘	2.6			
合计	200			

筛分试验记录 表 18-8

29. 设滤池平面尺寸为 5.4m（长）×4m（宽）。滤层厚 70cm。冲洗强度 $q=14L/(s \cdot m^2)$，滤层膨胀度 $e=40\%$。采用 3 条排水槽，槽长 4m，中心距为 1.8m。求：

（1）标准排水槽断面尺寸；

（2）排水槽顶距砂面高度；

（3）校核排水槽在水平面上总面积是否符合设计要求。

30. 滤池平面尺寸、冲洗强度及砂滤层厚度同第 5 题，并已知：

冲洗时间 6min；承托层厚 0.45m；大阻力配水系统开孔比 $\alpha=0.25\%$；滤料密度为 $2.62g/cm^3$；滤层孔隙率为 0.4；冲洗水箱至滤池的管道中总水头损失按 0.6m 计。求：

（1）冲洗水箱容积；

（2）冲洗水箱底至滤池排水冲洗槽高度。

31. 两格无阀滤池合用一个冲洗水箱。滤池设计流量为 $4000m^3/d$。请设计滤池平面尺寸和冲洗水箱深度（设计参数自己选用）。

第19章 深 度 处 理

在水源水质受到有机污染时，混凝、沉淀、过滤等常规处理工艺对水中有机污染物，特别是溶解性有机物及氨氮等去除效果有限，或色度、藻类等含量较高或 pH 值异常，导致出水水质会出现感官性状、部分化学指标和消毒副产物超标的现象，出水水质安全性下降，可在常规处理工艺的基础上，增设预处理和深度处理工艺，才能使自来水厂的出厂水水质达到国家生活饮用水卫生标准。

常用的深度处理工艺主要包括：臭氧—生物活性炭（O_3-BAC）、活性炭吸附、纳滤或反渗透膜处理技术（详见后续章节）等，根据特种需要作为深度处理可选用工艺。

19.1 氧化配套设施

饮用水处理中，一般原水中都含有氨，一般水质条件下，采用颗粒活性炭吸附或生物活性炭池处理工艺之前，均须前置臭氧氧化，或纯氧氧化，或曝气氧化设施。否则，颗粒活性炭池出水中的亚硝酸盐浓度会随着时间的推移而升高，乃至超标，而人类摄入过多的亚硝酸盐后会在胃中形成一种蛋白水解物质，从而生成真正的致癌物质——亚硝胺，因此亚硝酸盐具有间接致癌作用。

19.1.1 后臭氧氧化

饮用水处理工艺流程中，预处理中设有预臭氧氧化工艺时，设在颗粒活性炭池前面的为后臭氧氧化工艺。此时投加 O_3 的目的，一方面是尽可能直接氧化去除一些有机物，同时也可将难生物降解有机物分解为可生物降解有机物，将大分子有机物分解为小分子有机物，改善水的可生化性，以利于后续炭层中的生物降解和活性炭吸附；同时也增加水中溶解氧浓度，为好氧菌生长繁殖创造条件，有利于活性炭上生物膜的生长。

后臭氧接触系统一般均采用微孔布气盘，臭氧转移效率高。后臭氧投加量为 1.0～2.0mg/L，接触反应时间 6～15min。后臭氧接触池一般设 2～3 个投加点。后臭氧接触池布置如图 19-1 所示。后臭氧接触池的设计水深宜采用 5.5～6m，布气区格的水深与水平长度之比宜大于 4。接触池宜由二段到三段接触室串联而成，由竖向隔板分开。每段接触室应由布气区格和后续反应区格组成，并应由竖向导流隔板分开。每段接触室顶部均应设尾气收集管。总接触时间应根据工艺目的确定，宜为 6～15min，其中第一段接触室的接触时间宜为 2～3min。臭氧气体应通过设在布气区格底部的微孔曝气盘直接向水中扩散。微孔曝气盘的布置应满足该区格臭氧气体在 ±25％ 的变化范围内仍能均匀布气，其中第一段布气区格的布气量宜占总布气量的 50％ 左右。臭氧接触地内壁应强化防裂、防渗措施。

受水质与扩散装置的影响，进入接触池的臭氧很难 100％ 被吸收，因此接触池必须采取全封闭的构造，同时每一级反应区顶部均应设置尾气收集管，对接触池排出的臭氧尾气

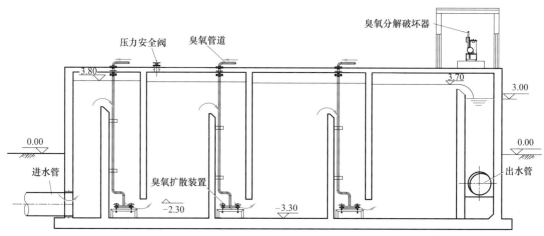

图 19-1　后臭氧接触池布置图

进行处理，常用的尾气处理方法有高温加热法和催化剂法。

臭氧在氧化分解有机物的同时，也会产生某些副产物。例如，某些有机物经臭氧氧化后所产生的中间产物，也许就是氯消毒副产物的前体物，同时会导致出厂水 AOC 升高。当原水中溴离子含量较高时，臭氧氧化会使水中有害的臭氧化副产物溴酸盐和次溴酸盐浓度升高。臭氧投加量的确定应考虑防止出厂水中溴酸盐浓度超标，我国《生活饮用水卫生标准》GB 5749—2006 规定饮用水中的溴酸盐不得超过 0.01mg/L。必要时，尚应采取阻断溴酸盐生成途径或降低溴酸盐生成量的工艺措施，诸如在臭氧投加前先投加硫酸铵，以降低溴离子浓度，从而控制溴酸盐的生成。硫酸铵投加在后臭氧接触池前效果较好，因为投加在原水中或砂滤池之前的水中，由于砂滤池也有生物作用，会快速将投入的氨生物降解掉。

19.1.2　纯氧氧化或曝气氧化

当原水中含有残留的氨时，饮用水处理中一般不能单独使用颗粒活性炭池，除非应急处理或短暂使用。在不具备使用臭氧氧化的条件时，可采用纯氧充氧工艺。特别是在炭罐中的炭层中布置穿孔氧气管道，充入炭层中的氧气，可将亚硝酸盐氧化成硝酸盐，以控制有害于健康的亚硝酸盐浓度。

也有采用微曝气充氧的中试试验研究案例，但效果远不及臭氧。

19.2　活性炭吸附理论

能从气、液相中吸附某些物质的固体物质称为吸附剂；被吸附的物质称为吸附质。活性炭是含碳物质经过炭化、活化处理制得的具有发达空隙结构和巨大比表面积的碳吸附剂。活性炭颗粒尺寸大于 80 目（0.18mm）筛网孔径的称为颗粒活性炭（Granular activated carbon，GAC）；而小于 80 目（0.18mm）筛网孔径的称为粉末活性炭（Powder activated carbon，PAC）。活性炭广泛应用于给水和污水处理。近年来，活性炭纤维（Activated carbon fiber，ACF）用于水处理也引起关注。

含碳原料制成的活性炭，其原料包括煤、果壳、木屑等。我国在净水生产上常用的是煤质炭。

19.2.1　活性炭结构和表面特性

活性炭具有发达的孔隙结构和巨大的比表面积。这是活性炭具有很强吸附能力的原因。活性炭比表面积一般在 $700\sim1200\text{m}^2/\text{g}$，其孔隙分大孔、中孔和微孔三类。

微孔：孔径$<$2nm，其比表面积占总比表面积约 95％以上，是活性炭的主要吸附区域。

中孔：又称过渡孔，直径为 2～50nm，其比表面积占总比表面积约 5％以下，中孔一方面为吸附质提供扩散通道，同时对大分子物质也具有吸附作用。

大孔：孔径一般$>$50nm，占总比表面积约 1％以下，主要为吸附质提供扩散通道。

按照立体效应，活性炭所能吸附的分子直径大约是孔道直径的 $1/2\sim1/10$，也有认为活性炭起吸附作用的孔隙直径 D 是吸附质分子直径 d 的 1.7～21 倍，最佳值为 $D/d=$ 1.7～6.0，对此还有待深入研究。虽然空隙直径相同，活性炭吸附有机物或无机物的性能也不完全相同。这与活性炭表面特性和吸附质性质有关。

就活性炭表面特性而言，由于活性炭制造条件和方法不同，其表面性质也不同。有的活性炭表面含有羧基、酚羟基、羰基等酸性氧化物官能团，有的含有碱性官能团。有关碱性官能团目前说法还不一致。有的活性炭表面具有两性性质。表面带有酸性官能团的具有极性，易吸附极性分子。水分子是极性分子，易被吸附，故只有极性比水分子更强的物质才能被吸附，非极性和弱极性物质则不易被吸附。为避免水分子对活性炭吸附的影响，加工制造活性炭时，尽量控制酸性官能团的产生。目前，水处理中常用的活性炭一般是非极性的。

19.2.2　活性炭吸附性能

1. 吸附机理

吸附剂和吸附质通过分子力产生的吸附称为物理吸附，它的特点是被吸附的分子不是附着在吸附剂表面固定点上，而是稍能在界面上自由移动，它是一个放热过程，吸附热较小，一般为 $21\sim41.8\text{kJ/mol}$，不需要活化能，在低温条件下即可进行。物理吸附是可逆的，即在吸附的同时，被吸附的分子由于热运动还会离开吸附剂表面，这种现象称为解吸。物理吸附可以形成单分子层吸附或多分子层吸附。由于分子力的普遍存在，一种吸附剂可以吸附多种物质，但由于被吸附物质不同，吸附量也有所差别，这种吸附现象与吸附剂的比表面积、孔隙分布有着密切关系。

吸附剂和吸附质靠化学键结合的称为化学吸附。化学吸附需要活化能，一般需要在较高温度下进行。其吸附热在 $41.8\sim418\text{kJ/mol}$ 范围内。化学吸附往往具有选择性。一种吸附剂往往只能吸附某一种或几种吸附质，故为单分子层吸附。化学吸附较稳定，不易解吸。化学吸附与吸附剂表面化学性质直接有关，与吸附质的化学性质有关。

吸附质的离子由于静电引力作用聚集在吸附剂表面的带电点上，并置换出原先固定在这些带电点上的等当量的其他离子，即离子交换，称为交换吸附。离子的电荷是交换吸附的决定因素，离子所带电荷越多，它在吸附剂表面上的反电荷点上的吸附力越强。

在水处理中，活性炭吸附往往同时存在物理吸附、化学吸附和交换吸附，利用三种吸附现象的综合作用达到去除污染物的目的，但一般以物理吸附为主。

2. 影响活性炭吸附的主要因素

（1）活性炭性质的影响

如前所述，活性炭的比表面积、空隙尺寸和空隙分布以及表面化学性质对吸附效果影响很大。但吸附效果主要取决于吸附剂和吸附质两者的物理化学性质，一般需通过试验选择合适的活性炭。

（2）吸附质性质及浓度的影响

吸附质分子大小和极性是影响活性炭吸附效果的重要因素。过大的分子不能进入小空隙中。一般认为，分子量在 500～1000D（道尔顿）范围易被吸附。活性炭对非极性分子的物质吸附效果较好。有机物中，活性炭对芳香族化合物吸附优于对非芳香族化合物的吸附；对苯的吸附优于对环己烷；对带有支链烃类的吸附，优于对直链烃类；对分子量大、沸点高的有机化合物的吸附，高于分子量小、沸点低的有机化合物。在无机物中，活性炭对汞、铋、锑、铅、六价铬等均具有较好吸附效果。

吸附质浓度对活性炭吸附量也有影响。一般吸附质浓度越高，活性炭吸附量越大。

（3）pH 值影响

水的 pH 值往往影响水中有机物存在形态。例如，当 pH<6 时，苯酚很容易被活性炭吸附；当 pH>10 时，苯酚大部分会电离为离子而不易被吸附。不同吸附质被吸附的最佳 pH 值应通过实验确定。一般情况下，水的 pH 值越高，吸附效果越差。

（4）水中共存物质的影响

无论是微污染水源或污水中，总是会有多种物质，包括有机物和无机物。多种物质共存时，对活性炭吸附有的有促进作用，有的起干扰作用，有的互不干扰。有研究认为，水中有 $CaCl_2$ 时，会使活性炭对黄腐酸的吸附有促进作用。因为黄腐酸会与钙离子络合而增加了活性炭对黄腐酸的吸附量。也有无机盐类如镁、钙、铁等，也可能沉积于活性炭表面而阻碍对其他物质的吸附。

水中多种物质共存时，往往存在竞争吸附。易被活性炭吸附的物质首先被吸附，只有当活性炭尚余吸附位时，才吸附其他物质。对特定的吸附对象而言，其他物质的竞争吸附就是一种干扰或抑制。

（5）温度的影响

吸附剂吸附单位质量吸附质时所放出的总热量称为吸附热，吸附热越大，则温度对吸附的影响越大。在水处理中的吸附主要为物理吸附，吸附热较小，温度变化对吸附容量影响较小，对有些溶质，温度高时，溶解度变大，对吸附不利。

总之，影响活性炭吸附的因素很复杂。以上所述仅涉及几个主要因素，且较粗略。

19.2.3 吸附容量

由于影响活性炭吸附效果的因素复杂，故往往需通过试验来判断活性炭吸附性能。吸附容量是评价活性炭吸附性能的一个重要指标。在恒定温度下，单位质量活性炭，在达到吸附平衡时所能吸附的物质量称为吸附容量；而在未达到吸附平衡时，吸附的量称为吸附量。吸附容量试验方法如下：

在恒定温度下，于几个烧杯中分别放入容积为 V（L）、溶质初始浓度为 C_0（mg/L）的水样，在各烧杯中同时投加不同量 m（g）的活性炭，分别进行搅拌。试验过程中，不断测定各烧杯水样中的溶质浓度 C_i，直到溶质浓度不变时的平衡浓度 C_e（mg/L）为止，此时各水样中被吸附物质的吸附量为 x（mg）。由试验结果可以算出各水样中单位质量活性炭可吸附的溶质量，即为吸附容量 q_e。

$$q_e = \frac{x}{m} = \frac{V(C_0 - C_e)}{m} \ (\mathrm{mg/g}) \tag{19-1}$$

由于制造活性炭的原料和活化过程不同，各种活性炭的吸附容量可以相差很大。用同样方法也可对不同种类活性炭吸附某一种溶质的效果进行比较。

由吸附容量 q_e 和平衡浓度 C_e 的关系所绘出的曲线即为吸附等温线，表示吸附等温线的公式称为吸附等温式。

活性炭吸附最常用的吸附等温式是 Freundlich 经验公式，如下

$$q_e = \frac{x}{m} = K C_e^{\frac{1}{n}} \tag{19-2}$$

式中　q_e——吸附容量，mg/g；

　　　C_e——平衡浓度，mg/L；

　　　K——常数；

　　　n——常数。

式（19-2）表示为图 19-2 (a)，C_e 与 x/m 都没有极限值将式(19-2)两边取对数后写为：

$$\lg q_e = \lg K + \frac{1}{n} \lg C_e \tag{19-3}$$

在双对数坐标纸上，以 $\lg q_e$ 为纵坐标，$\lg C_e$ 为横坐标，按烧杯试验所得值绘图，可得直线（图 19-2b），纵坐标上的截距为 $\lg K$ 值，斜率为 $\frac{1}{n}$ 值。

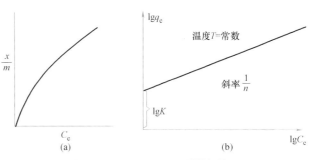

图 19-2　Freundlich 吸附等温线

另一个常用的是 Langmuir 公式：

$$q_e = \frac{x}{m} = \frac{b q^0 C_e}{1 + b C_e} \tag{19-4}$$

式中　q^0——每克活性炭吸附溶量 q_e 的极限值，mg/g；

　　　b——常数，L/mg。

其余符号同前，Langmuir 公式系假定吸附剂只吸附一层溶质分子，可从理论导出。图 19-3（a）为 Langmuir 吸附等温线，C_e 没有极限值，但 x/m 却有极限值 $(x/m)^0$。由图 19-3（b）求吸附等温线常数。

由吸附等温线可以比较不同活性炭对各种溶质的吸附效果，并由此计算将所拟去除的溶质从初始浓度 C_0 降低到要求浓度时，所需投加的活性炭数量：

$$a = \frac{C_0 - C_e}{q_e} \tag{19-5}$$

式中，q_e 为吸附等温线上对应于 C_e 的值。

上述活性炭静态等温吸附试验结果只能提供活性炭初步的可能性吸附数据，不能反映活性炭动态吸附性能，也不能反映吸附速率。因此，在实际生产应用中，还需做动态模拟试验，计算结果仅作参考。

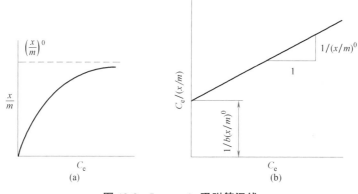

图 19-3　**Langmuir 吸附等温线**

19.3　活性炭吸附池和生物活性炭池

颗粒活性炭吸附或臭氧—生物活性炭处理工艺可适用于降低水中有机物、有毒物质或改善色、臭、味等感官指标。

19.3.1　活性炭吸附池

颗粒活性炭吸附池的构造和工作过程类似快滤池，只是将滤料换成 GAC。GAC 颗粒粒径一般为 1.0～2.5mm。GAC 过滤吸附通常用于生活饮用水或污水的深度处理。活性炭吸附池的容积决定于流量、水力负荷和接触时间，由此可得出活性炭池的容积、断面、高度和炭池数。

活性炭池的最简单设计方法是应用空床接触时间（或简称为接触时间），如设计流量已定，则活性炭床容积等于接触时间乘以流量，炭的容积除以炭的堆积密度即为所需活性炭的重量。在缺乏试验资料时，活性炭池的设计参数可参照：滤速 8～20m/h，炭层厚度 1.0～2.5m，接触时间 6～20min，水反冲洗强度 11～13L/（s·m²），冲洗时间 8～12min，膨胀度为 25%～35%。为提高冲洗效果，也可采用气水联合冲洗。

颗粒活性炭装置有两种类型，即固定床和移动床。固定床中，炭粒固定不动，水流一般从上而下，但也可从下而上。移动床中，水流从下而上，炭粒和水的流动方向相反，废炭从底部排出，新鲜炭或再生炭从顶部补充，称为逆流系统。流量大时，固定床可以采用各种形式的快滤池构造，例如在快滤池的砂层上铺活性炭层，也可以在快滤池后面设置单独的活性炭池。流量较小时可以采用活性炭柱，可有单柱、多柱并联、多柱串联以及多柱并联和串联等布置形式。

单一活性炭滤柱适用于间歇运行、由试验得出的泄漏曲线坡度较大、柱内活性炭可以使用很长时间无需经常换炭和再生的情况。多柱系统适用于处理的流量较大，采用单柱的尺寸或高度过大以致受到场地限制或需连续运行时。并联系统一般用 3～4 个活性炭柱，进水分别进入各柱，处理水汇集到公共总管中，这时所用水泵扬程较低，所需动力较省。串联系统是由几个活性炭柱串联而成，前一柱的出水即为后一柱的进水，适用于泄漏曲线坡度较小、处理单位水量的用炭量较大，以及要求较好的出水水质时。串联系统中，第 1 柱的活性炭耗竭后，即停止运行准备再生，第 2 柱换成第 1 柱，同时最后一只新鲜的备用炭柱投入使用，如此顺序依次运行，以确保水质。

吸附饱和的活性炭从炭池中取出，经过再生后回用。再生目的是恢复活性炭的吸附活性。由于水处理过程中，主要吸附的是水中低浓度的有机物，因此以热再生法应用最多。再生时活性炭有损耗，原因是部分活性炭在再生过程中被氧化，也有一部分是运输中的损耗。在现场就地再生时，损耗约 5％，集中再生时损耗约为 10％～15％。再生后的活性炭可测定其碘值、糖蜜值等，并与新鲜炭比较，以了解吸附活性恢复情况。

再生过程可分 4 个阶段：加热干燥、解吸以去除挥发性物质、大量有机物的热解，以及蒸汽和热解的气体产物从炭粒的孔隙中排出。颗粒活性炭常用的热再生装置是多层耙式再生炉，近年来也有应用直接通电加热的再生方法。

19.3.2 生物活性炭池

生物活性炭池与设在其之前的后臭氧氧化配合组成臭氧—生物活性炭工艺。臭氧—生物活性炭（O3-BAC）工艺在欧洲和美国已广泛应用，目前我国的应用也日益增多，是一种较成熟的深度处理方法。

新建或改建的臭氧—生物活性炭工艺前期运行时依靠活性炭的吸附能力去除水中有机物，一般南方地区在前期半年左右的时间，主要是颗粒活性炭发挥吸附作用，即以吸附为主。随着吸附时间的推移，吸附能力会逐渐下降，炭层中的生物膜开始逐步形成（称挂膜），当发现活性炭炭粒表面（或大孔内表面）滋生大量微生物，诸如丝状菌、菌胶团、轮虫、钟虫等，一旦炭层中生物膜生成，微生物就会降解来水中的和吸附在活性炭孔隙中的有机物，此时活性炭得到了再生，可继续发挥吸附作用。在生物降解和活性炭孔隙吸附双重交替作用下，处理后水中的有机物得到有效降解，氨浓度明显降低，此时吸附和生物降解作用同步进行。依靠臭氧的充足氧源，使生物依靠活性炭载体，不断地进行新陈代谢，老的生物膜脱落，新的生物膜生长，不断发挥降解水中氨和去除有机物的能力。于是发展为一种有效的给水深度处理方法，称为生物活性炭（BAC）法。生物活性炭兼有吸附和生物降解双重作用，颗粒活性炭池使用的后期，往往生物降解作用尤为突出。该工艺可用于微污染水源的饮用水或污水处理厂出水的深度处理。

O$_3$-BAC 工艺将臭氧化学氧化、活性炭物理化学吸附、生物氧化降解几种技术合为一体。可有效去除原水中微量有机物、氨和氯消毒副产物的前体物等指标，大大提高饮用水的安全性。该工艺对砂滤出水中高锰酸盐指数和 UV$_{254}$ 的平均去除率分别为 30％和 40％左右；对 DOC 的平均去除率为 20％左右。

夏季湖、库水源在太阳光照射下，藻类生长是光合作用（吸进二氧化碳）的过程导致 pH 升高至 8.5 以上时，采用铝盐混凝剂，就会出现滤后水铝偏高或超标的情况。但是后续经过生物活性炭工艺处理后的水体，pH 一般可下降 0.3 左右，同时出水中的铝浓度也会有所降低。这是因为生物活性炭池中的微生物的新陈代谢过程中吸进氧气，放出二氧化碳，水中二氧化碳的增加使水的 pH 降低。也使得溶解在水中的铝离子和偏铝酸根离子重新参与反应生成氢氧化铝沉淀，被活性炭层截留，从而使水中含铝浓度降低。

在生活饮用水深度处理中，臭氧—生物活性炭法（O$_3$-BAC）处理一般置于砂滤池之后，生产实践表明，O$_3$-BAC 对水中有机物和氨能有效去除，而且可延长活性炭再生周期。单纯 GAC 吸附，再生周期一般为 3～6 个月，而 BAC 的再生周期可长达 3 年以上。

O$_3$-BAC 工艺一般设在砂滤之后，采用下向流活性炭池，进水浑浊度一般在 1NTU

以下。特殊情况下也有设在砂滤之前的，往往采用上向流活性炭池。臭氧与活性炭联合使用形成生物活性炭，不但能高效去除水中的有机物，而且可以大大延长活性炭的使用周期。

实践证明，V型滤池不适合作为活性炭池，较大的反冲洗强度易使轻质的颗粒活性炭浮起流失，很小的冲洗强度往往不能使炭粒冲洗干净，而翻板滤池适合用作活性炭池，当对轻质颗粒活性炭采用不同反冲洗强度时具有较好的控制作用，但翻板滤池翻板阀易漏水。上海市政工程设计院采用改进型普通快滤池作为颗粒活性炭池，详见图 19-4。

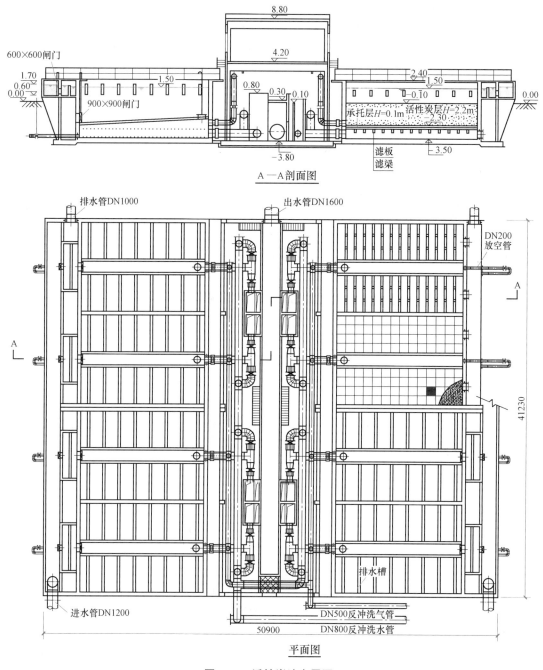

图 19-4 活性炭池布置图

146

值得一提的是，生物活性炭池的反冲洗周期控制很重要，往往通过反冲洗周期长短来控制炭层中的微生物的多寡。

图 19-4 所示为 20 万 m^3/d 活性炭池布置图，分为 8 格，双排布置，单格面积为 $112m^2$，滤速 9.8m/h。采用普通快滤池洗砂槽进水和排水方式。活性炭层厚度为 2.2m，采用 8～30 目颗粒活性炭，炭层下设承托层，采用粗砂滤料，粒径为 2～4mm，厚度 0.1m。活性炭池采用小阻力长柄滤头配水配气系统，气水反冲洗方式，先气冲后水冲，气冲强度 $55m^3/(m^2 \cdot h)$，水冲强度 28～32$m^3/(m^2 \cdot h)$。每格炭池设进水闸门、排水闸门、清水出水调流阀、气冲阀、水冲阀和排气阀，均采用电动阀门，可以自动控制炭池的生产和反冲洗操作。

思考题与习题

1. 深度处理有哪些方法？简述各种方法的基本原理和优缺点。

2. 活性炭静态等温吸附试验结果可以证明哪些问题？

3. 粒状活性炭和粉末活性炭用于水处理，使用场合有什么不同？

4. 什么叫生物活性炭？

5. 我国《生活饮用水卫生标准》GB 5749—2022 规定饮用水中的溴酸盐不得超过多少（单位为 mg/L）？

6. 活性炭吸附试验结果见表 19-1。

活性炭吸附试验结果 表 19-1

烧杯编号	活性炭量 m(mg)	平衡浓度 C_e(mg/L)	吸附容量 q_e(mg/mg)
1	0	75.0	—
2	50	44.0	0.124
3	100	30.0	0.089
4	200	17.5	0.0575
5	500	6.7	0.0272
6	800	3.9	0.0177
7	1000	3.0	0.0144

（1）求弗罗因得利希（Freundlich）吸附公式的 K 和 n 值。

（2）试求浓度为 3.0mg/L 时的 q_e 值。

第 20 章　膜 处 理 法

随着水资源不足和水环境污染问题的日益严重以及全球都面临不断增长的饮用水需求。以海水、地下苦咸水以及污水作为水源来满足饮用水的需求已日益受到重视。这些水源的共同水质特征是高含量的总溶解固体（TDS）。例如，海水的 TDS 大约在 20000～50000mg/L，而苦咸水在 1000～10000mg/L 范围。污水回用水的 TDS 在 600～1400mg/L。为了将 TDS 处理至饮用水水质标准范围内，反渗透和纳滤成为主要的技术手段。根据国际脱盐协会的统计，截至 2004 年，全球有 17348 个膜脱盐水厂正在运行。其中 84% 采用反渗透，而剩余的 16% 采用纳滤膜。调查表明，这些水厂出水的 68% 用于饮用水的供应，16% 作为地下水的回灌，仅有 9% 用于工业。因此，脱盐的主要目的还是用于饮用水。

我国已建成百吨级以上的反渗透海水淡化工程十余个，日产水量合计 3 万吨。随着海水淡化技术的进步以及规模的增大，海水制水成本也不断下降，我国海水淡化的成本可控制在 5.0～6.0 元/t。

1987 年，在美国科罗拉多州的 Keystone，建成了世界上第一座膜处理水厂，水量为 105m³/d，采用 0.2μm 孔径的聚丙烯中空纤维微滤膜。1988 年，在法国的 Amoncourt，建成了世界上第二座膜处理水厂，水量为 240m³/d，采用 0.01μm 醋酸纤维素中空超滤膜。据统计，到 1999 年为止，全世界已建成的膜水厂超过了 50 座，水量规模从 100m³/d 到 100000m³/d。我国建成了 300000m³/d 的膜处理水厂。膜处理技术的另一特点是适应水量变化的能力很强，它可以通过增减膜组件的数量轻松应对水量的变化。显然，在小水量上，膜具有常规处理无法比拟的优势。

电渗析、反渗透、纳滤、超滤、微滤以及渗析统称为膜处理法。所谓膜分离法是指在某种推动力作用下，利用特定膜的透过性能，达到分离水中离子或分子以及某些微粒的目的。膜分离的推动力可以是膜两侧的压力差、电位差或浓度差。膜分离具有高效、耗能低、占地面积小等特点，并且可以在室温和无相变的条件下进行，因而得到了广泛的应用。各种膜去除杂质的范围以及特点如图 20-1 和表 20-1 所示。

各种膜分离方法及其特点　　　　　　　　　　　　　　　　　　表 20-1

膜分离种类	推动力	透过物	截留物	膜孔径
渗析	浓度差	低分子量物质	大分子量物质	—
电渗析	电位差	电解质离子	非电解质物质	—
反渗透	压力差	水溶剂	全部悬浮物、大部分溶解性盐、大分子物质	100～200（道尔顿）
纳滤	压力差	水溶剂	全部悬浮物、某些溶解性盐和大分子物质	200～2000（道尔顿）
超滤	压力差	水和盐类	悬浮固体和胶体大分子	0.01μm～0.1μm
微滤	压力差	水和溶解性物质	悬浮固体	>0.1μm

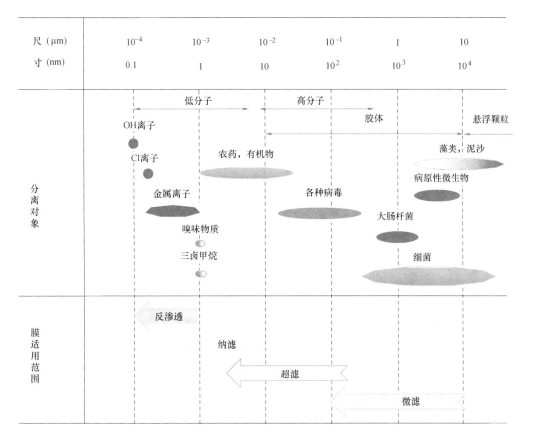

尺 (μm)	10^{-4}	10^{-3}	10^{-2}	10^{-1}	1	10
寸 (nm)	0.1	1	10	10^2	10^3	10^4

图 20-1　压力驱动膜去除杂质的范围

20.1　膜的分类和性质

20.1.1　膜的结构

膜结构的特点是非对称结构（图 20-2）和明显的方向性。膜主要有两层结构，表皮层和支撑层。表皮层致密，起脱盐和截留作用。支撑层为一较厚的多孔海绵层，结构松散，起支撑表皮层的作用。支撑层没有脱盐和截留作用。

只有致密层与水接触，才能达到脱盐和截留效果，如果多孔层与水接触，则脱盐率或截留率下降，而透水量大为增加，这就是膜的方向性。

具有实用价值的膜要有较高的脱盐率和透水通量。根据这样的要求，膜的结构必须是不对称的，这样可尽量降低膜阻力，提高透水量，同时满足高脱盐率的要求。薄而致密的表皮层和多孔松散的支撑层比同样厚度的表皮层具有同样的脱盐能力，但阻力最小。表皮层越薄，透水通量越大。

20.1.2　膜组件及其种类

所谓的膜组件是指将膜、固定膜的支撑材料、间隔物或管式外壳等通过一定的粘合或组装构成基本单元，在外界压力的作用下实现对杂质和水的分离。膜组件有板框式、管式、卷式和中空纤维膜 4 种类型。

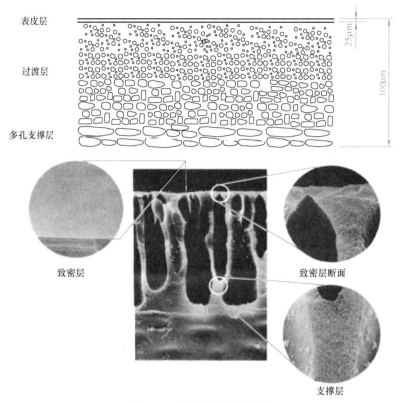

表皮层

过渡层

多孔支撑层

致密层   致密层断面

支撑层

图 20-2 非对称膜结构示意

　　板框式：膜被放置在可垫有滤纸的多孔的支撑板上，两块多孔的支撑板叠压在一起形成的料液流道空间，组成一个膜单元。单元与单元之间可并联或串联连接。板框式膜组件方便膜的更换，清洗容易，而且操作灵活。

　　管式：管式膜组件有外压式和内压式两种。管式膜组件的优点是对料液的预处理要求不高，可用于处理高浓度的悬浮液。缺点是投资和操作费用较高，单位体积内的膜装填密度较低，在 $30\sim500\text{m}^2/\text{m}^3$。

　　卷式：组件如图 20-3 所示，将导流隔网、膜和多孔支撑材料依次叠合，用胶粘剂沿三边把两层膜粘结密封，另一开放边与中间淡水集水管连接，再卷绕一起。原水由一端流

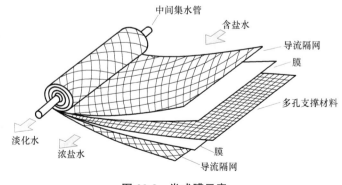

中间集水管

含盐水

导流隔网

膜

多孔支撑材料

淡化水

浓盐水

膜

导流隔网

图 20-3 卷式膜示意

入导流隔网，从另一端流出，即为浓水。透过膜的淡化水或沿多孔支撑材料流动，由中间集水管流出。卷式膜的装填密度一般为 $600m^2/m^3$，最高可达 $800m^2/m^3$。卷式膜由于进水通道较窄，进水中的悬浮物会堵塞其流道，因此必须对原水进行预处理。反渗透和纳滤多采用卷式膜组件。

中空纤维膜（图 20-4）：中空纤维膜是将一束外径 $50\sim100\mu m$、壁厚 $12\sim25\mu m$ 的中空纤维弯成 U 形，装于耐压管内，纤维开口端固定在环氧树脂管板中，并露出管板。透过纤维管壁的处理水沿空心通道从开口端流出。中空纤维膜的特点是装填密度最大，最高可达 $30000m^2/m^3$。中空纤维膜可用于微滤、超滤、纳滤和反渗透。

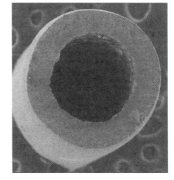

图 20-4　中空纤维膜

20.1.3　截留分子量

膜孔的大小是表征膜性能最重要的参数。虽然有多种实验方法可以间接测定膜孔径的大小，但由于这些测定方法都必须作出一些假定条件以简化计算模型，因此实用价值不大。通常用截留分子量表示膜的孔径特征。所谓截留分子量是用一种已知分子量的物质（通常为蛋白质类的高分子物质）来测定膜的孔径，当90%的该物质为膜所截留，则此物质的分子量即为该膜的截留分子量。图 20-5 为各种不同截留分子量的超滤膜。由于超滤膜的孔径不是均一的，而是有一个相当宽的分布范围。因此，虽然表明某个截留分子量的超滤膜，但对大于或小于该截留分子量的物质也有截留作用。当分子量和截留率的曲线越平坦，则孔径越不均一，而当曲线越陡峭，则孔径越均一。

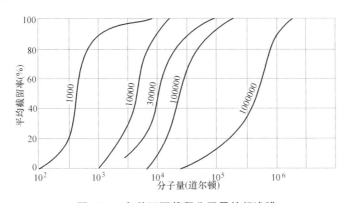

图 20-5　各种不同截留分子量的超滤膜

20.2　微滤、超滤、纳滤和反渗透

20.2.1　反渗透和纳滤

1. 反渗透（Reverse Osmosis，简称 RO）

（1）渗透现象与渗透压

1748 年法国学者阿贝·诺伦特（Abbe Nollet）发现，水能自然地扩散到装有酒精溶液的猪膀胱内，从而发现了渗透现象。动物的膀胱是天然的半透膜。将这些只能透过溶剂

而不能透过溶质的膜称为理想的半透膜。

用只能让水分子透过，而不允许溶质透过的半透膜将纯水和咸水分开，则水分子将从纯水一侧通过膜进入咸水一侧，结果使咸水一侧的液面上升，直到某一高度，此即所谓渗透现象，如图20-6所示。

渗透现象是一种自发过程，但要有半透膜才能表现出来。根据热力学原理

$$\mu = \mu^0 + RT\ln x \tag{20-1}$$

式中 μ——在指定的温度、压力下咸水中水的化学位；

　　μ^0——在指定的温度、压力下纯水的化学位；

　　R——理想气体常数，等于8.314J/(mol·K)或8.314Pa·m³/(mol·K)；

　　T——热力学温度，K；

　　x——咸水中水的摩尔分数。

由于$x<1$，$\ln x$为负值，故$\mu^0>\mu$，亦即纯水的化学位高于咸水中水的化学位，所以水分子向化学位低的一侧渗透。渗透现象如同其他自发过程（例如水从高处流向低处，热从高温对流到低温等），水的化学位的大小决定着质量传递的方向。

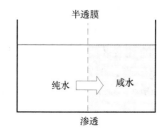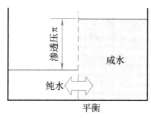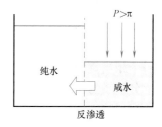

图20-6　渗透与反渗透现象

当渗透达到动态平衡状态时，半透膜两侧存在着一定的水位差或压力差，如图20-6所示，此即为在指定温度下的溶液（咸水）渗透压π，并可由下式进行计算：

$$\pi = icRT \tag{20-2}$$

式中 π——溶液渗透压，Pa；

　　c——溶液的物质的量浓度，mol/m³；

　　i——系数，对于海水，约等于1.8；

　　R——理想气体常数，等于8.314J/(mol·K)；

　　T——热力学温度，K。

例如，盐度（指海水中的含盐量，g/kg）为34.3‰的海水，浓度等于0.56×10^3mol/m³，其渗透压（25℃）为

$$\pi = icRT = 1.8\times0.56\times10^3\times8.314\times298 = 2.5\times10^6\text{Pa} = 2.5\text{MPa}$$

（2）反渗透

如图20-6所示，当咸水一侧施加的压力P大于该溶液的渗透压π，可迫使渗透反向，实现反渗透过程。此时，在高于渗透压的压力作用下，咸水中水的化学位升高并超过纯水的化学位，水分子从咸水一侧反向地透过膜进入纯水一侧，海水淡化即基于此原理。理论上，用反渗透法从海水中生产单位体积淡水所耗费的最小能量即理论耗能量（25℃），可按下式计算：

$$W_{\text{lim}} = \frac{ARTS}{\overline{V}} \tag{20-3}$$

式中　W_{lim}——理论耗能量，kW·h/m³；

　　　　A——系数，等于 0.000537；

　　　　S——海水盐度，一般为 34.3‰，计算时仅用分子数值代入式中；

　　　　$\overline{V}$——水的偏摩尔体积，（采用纯水的摩尔体积代替（因相差不大））等于 0.018×10^{-6}kW·h/(mol·K)；

　　　　R——理想气体常数，亦可写成 $R = 2.31 \times 10^{-6}$m³/mol。

将上列各值代入上式，得

$$W_{\text{lim}} = \frac{0.000537 \times 2.31 \times 10^{-6} \times 298 \times 34.3}{0.018 \times 10^{-3}} = 0.7\text{kW·h/m}^3$$

由于 1kW·h 等于 3.6×10^6Pa·m³，故

$$0.7\left(\frac{\text{kW·h}}{\text{m}^3}\right) \times 3.6 \times 10^6 \left(\frac{\text{Pa·m}^3}{\text{kW·h}}\right) = 2.52\text{MPa}$$

该值亦即海水的渗透压。

实际上，在反渗透过程中，海水盐度不断提高，其相应的渗透压亦随之增大，此外，为了达到一定规模的生产能力，还需施加更高的压力，所以海水淡化实际所耗能量要比理论值大得多。

（3）反渗透膜及其透过机理

目前用于水的淡化除盐的反渗透膜主要有醋酸纤维素（Cellulose Acetate，CA）膜和芳香族聚酰胺（PA）膜。CA 膜的亲水性好，但易受微生物侵蚀而水解，导致脱盐率下降；在酸性、碱性环境下易水解，故适用 pH 范围小（5~6）。PA 膜应用 pH 范围广（4~11），耐微生物降解，但耐氯性能差。

反渗透膜的透过机理主要有优先吸附—毛细孔流机理，溶解—扩散机理和氢键机理等，各自不同程度地解释了一部分的透过现象。其中优先吸附—毛细孔流机理影响最大。该理论以吉布斯吸附等温为依据。吉布斯吸附等温式表达了在一定温度下，溶液的浓度、表面张力和吸附量之间的定量关系式：

$$\Gamma = -\frac{c}{RT} \cdot \frac{\text{d}\sigma}{\text{d}c} \tag{20-4}$$

式中的 c 为溶质在溶液本体中的平衡浓度，σ 为溶液的表面张力，Γ 为溶质在单位面积表面层中的吸附量。根据吉布斯吸附等温式，当 $\text{d}c > 0$，即 $\text{d}\sigma/\text{d}c > 0$，则 $\Gamma < 0$。这说明当溶液中的溶质增加时，溶质在溶液表面层中的吸附量减少，即溶质会自动离开表面层，进入溶液的本体。这种现象也称为"负吸附"，而无机盐类会造成负吸附。这表明盐的浓度增加，会在盐水的表面形成很薄的纯水层（2~6Å）。索里拉金（Sourirajan）根据对吉布斯吸附等温式的理解，认为膜和盐水的界面上也应该存在纯水层。如果膜是有孔的话，则纯水层在压力的作用下通过孔流出，可实现盐和水的分离，如图 20-7 所示。因此，该理论认为，膜表面要具有亲水性，使对水有优先吸附作用而排斥盐分，因而在固-液界面上形成厚度为两个水分子（1nm）的纯水层。同时膜表面还应具有一定数量和合适尺寸的孔。当孔径为纯水层厚度的一倍（2nm）时，称为膜的临界孔径。当孔径大于临界孔径

时，透水性增加，但盐分容易从膜孔中透过，导致脱盐率下降。反之，若孔径小于临界孔径，则脱盐率增加，但透水性下降。因此，所谓的临界孔径为达到最大的溶质分离度以及最大的流体透过性，膜表面应有最合适的孔径尺寸。

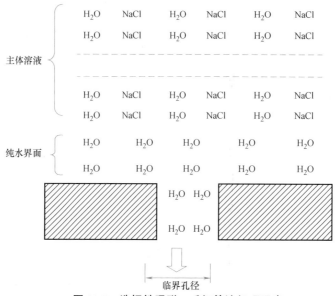

图 20-7　选择性吸附—毛细管流机理示意

（4）反渗透主要技术参数

1）水与溶质的通量

反渗透过程中水和溶质的通量可分别表示为：

$$J_w = W_p (\Delta P - \Delta \pi) \tag{20-5}$$

$$J_s = K_p \Delta C \tag{20-6}$$

式中　J_w——水透过膜的通量，$cm^3/(cm^2 \cdot s)$；

　　　W_p——水的透过系数，$cm^3/(cm^2 \cdot s \cdot Pa)$；

　　　ΔP——膜两侧的压力差，Pa；

　　　$\Delta \pi$——膜两侧的渗透压差，Pa；

　　　J_s——溶质透过膜的通量，$mg/(cm^2 \cdot s)$；

　　　K_p——溶质的透过系数，cm/s；

　　　ΔC——膜两侧的浓度差，mg/cm^3。

由上式可知，在给定条件下，透过膜的水通量与压力差成正比，而透过膜的溶质通量则主要与分子扩散有关，因而只与浓度差成正比。所以，提高反渗透器的操作压力不仅使淡化水产量增加，而且可降低淡化水中的溶质浓度。另一方面，在操作压力不变的情况下，增大进水的溶质浓度将使水通量减小，溶质通量增大，这是由于原水渗透压增高以及浓度差增大所造成的结果。

2）脱盐率

反渗透的脱盐率 R_d 表示膜两侧的含盐浓度差与进水含盐量之比：

$$R_d = \frac{C_b - C_f}{C_b} \times 100\% \tag{20-7}$$

式中　C_b——进水含盐量，mg/L；

　　　C_f——淡化水含盐量，mg/L。

脱盐率 R_d 亦可用水透过系数 W_p 与溶质透过系数 K_p 的比值来表示。反渗透过程中的物料衡算关系为

$$QC_b = (Q-Q_f)C_c + Q_f C_f \tag{20-8}$$

这里进水流量 Q 与淡化水流量 Q_f 的单位为"L/s"，C_b、C_c、C_f 分别表示进水、浓水、淡化水中的含盐量，单位为"mg/L"。膜进水侧的含盐量平均浓度 C_m 可表示为：

$$C_m = \frac{QC_b + (Q-Q_f)C_c}{Q+(Q-Q_f)} \tag{20-9}$$

脱盐率可写成

$$R_d = \frac{C_m - C_f}{C_m} \text{ 或 } \frac{C_f}{C_m} = 1 - R_d \tag{20-10}$$

由于 $J_s = J_w C_f$，故

$$R_d = 1 - \frac{J_s}{J_w C_m} = 1 - \frac{K_p \Delta C}{W_p(\Delta P - \Delta \pi)C_m} \tag{20-11}$$

3）淡化水的含盐量

淡化水的含盐量可用近似法进行计算，首先假定 $C_f = 0$，则式（20-8）简化为：

$$QC_b = (Q - Q_f)C_c$$

此时，膜进水侧的含盐量平均浓度为：

$$C_m = \frac{2QC_b}{2Q - Q_f} = \frac{2C_b}{2 - \dfrac{Q_f}{Q}} = \frac{2C_b}{2 - m} \tag{20-12}$$

式中 $m = Q_f/Q$，称为水的回收率。将上式代入式（20-10），得

$$C_f = C_m(1 - R_d) = \frac{2C_b}{2-m}(1 - R_d) \tag{20-13}$$

将上式算得的 C_f 初值代入式（20-8），再由式（20-13）求得的 C_f 新值，即为淡化水的含盐量。对用于苦咸水淡化的醋酸纤维素膜，初步计算时，其脱盐率可按90%考虑。

2. 纳滤（Nanofiltration，简称NF）

反渗透膜对离子的截留没有选择性，使操作压力高，膜通量受到限制。对于某些通量要求大，同时对某些物质截留率要求不是太高的应用来说，反渗透膜并非最佳选择。20世纪80年代末，发展了纳滤膜。纳滤膜与反渗透具有类似性质，故又称为"疏松型"反渗透膜。纳滤膜的截留分子量为200～1000（道尔顿），与截留分子量相对应的膜孔径为1nm左右，故将这类膜称为纳滤膜。纳滤膜对NaCl的截留率一般小于90%。纳滤膜的特点是对二价离子有很高的去除率，可用于水的软化，而对一价离子的去除率较低。纳滤膜对有机物有很好的去除效果，故在微污染水源的饮用水处理中有广阔的应用前景。

3. 反渗透和纳滤工艺系统

反渗透装置是以膜组件为基本单元。根据原水水质、产品水水质要求和水的回收率要求，膜组件的排列可分为"级"和"段"两种方式。

（1）分级系统

所谓"级"，是指淡水连续通过的膜组件串联数。图20-8为单级处理系统。图20-9

为二级处理系统。在二级处理系统中，第一级处理后的淡水作为第二级进水（通过泵进入）。第二级淡水即为装置的最后产品水（淡水）。因此，分级系统主要目的是提高产品水水质，即提高脱盐率。串联的级数越多，产品水含盐率越低，水质越好，实际生产中，通常仅分为二级。

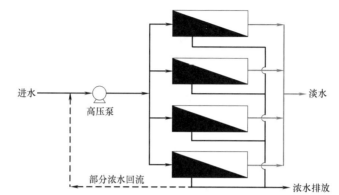

图 20-8 单级处理系统（图中阴影线表示浓水）

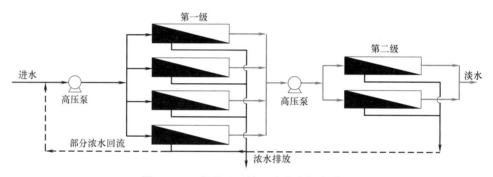

图 20-9 二级处理系统（淡水分级串联）

在单级处理系统中，原水仅经过一级处理，脱盐率较多级系统低，水的回收率低（一般在50%以下）。为提高水的回收率，部分浓水可回流利用，成为部分循环系统（如图20-8中虚线所示）。由于高含盐量的浓水回流重新处理，淡水水质有所降低。

在二级处理系统中，为提高水的回收率，可将第二级浓水（盐浓度一般低于进水）回流至第一级，与原水混合后作为第一级进水。第一级浓水则排放。

在分级系统中，为保持各个膜组件中流量基本相等，膜组件排列方式是前多后少，级内并联，级间串联。分级系统亦可称淡水分级串联系统，通常用于原水含盐量很高（如海水和盐咸水），一级处理达不到水质要求时的淡化处理。或在某除盐工艺中，第二级反渗透可代替离子交换，以简化水的除盐工艺和操作。

（2）分段系统

所谓"段"，是指浓水连续通过的膜组件串联数。分段系统中，第一段浓水作为第二段进水（不经泵自动流入）；第二段浓水作为第三段进水，依此类推，最后一段浓水排放。各段淡水汇集后即为整个装置的产品水，实为混合淡水。图20-10为二段式处理系统（或称一级二段式系统）。分段的主要目的是提高水的回收率。为保持各段膜组件中流量基本相等，膜组件也按前多后少，段内并联，段间串联的方式配置。分段系统亦称浓水分段串

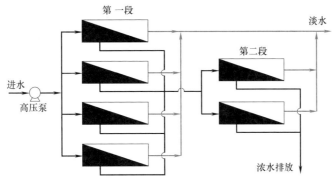

图 20-10 分段式系统（浓水分段串联）

联系统，通常用于处理水量大，要求水的回收率高的场合。串联的级数越多，水的回收率越高。但回收率有一定限制，其上限由以下两个因素决定：

1）浓水的最大浓度。反渗透进水中含有 $CaCO_3$、$CaSO_4$ 和 SiO_2 等的难溶盐物质，进水在反渗透过程中不断得到浓缩。因此，应计算确定这些难溶盐是否会在膜表面上沉积出来，即不形成垢的最低浓度值决定 RO 系统的回收率。

2）膜元件的最低浓水流速。为了防止浓差极化，对于不同厂商生产的膜元件，其产品说明书中可以查到最佳膜元件性能的最低浓水流速。

纳滤若用于水的软化或初步除盐，其工艺系统和反渗透类似，但操作压力低于反渗透；若主要用于去除水中有机物，其工艺与超滤类似。

4. 反渗透与纳滤前的预处理

进水水质的预处理是膜处理工艺的一个重要组成部分，是保证膜装置安全运行的必要条件。预处理包括去除悬浮物、有机物、胶体物质、微生物以及某些有害物质（如铁、锰）。悬浮物和胶体物质会黏附在膜表面，使膜过滤阻力增加。某些膜材质如醋酸纤维素可成为细菌的养料，细菌会将醋酸纤维作为食物吞食，使膜的醋酸纤维减少，影响膜的脱盐性能。水中的有机物，特别是腐殖酸类会污染膜。因此，作为膜的预处理，可采用常规处理如混凝、沉淀和过滤，活性炭吸附以及投加消毒剂等，消除影响膜运行的不利因素。反渗透和纳滤膜对进水水质的要求见表 20-2。

表中污染指数 FI 值表示在规定压力和时间的条件下，用微孔膜过滤一定量的水所花费的时间变化来计算过滤过程中的滤膜堵塞的程度，从而间接地推算水中悬浮物和胶体颗粒的数量。

污染指数 FI 的测定方法是：用有效直径为 42.7mm 的 $0.45\mu m$ 微孔滤膜，在 0.2MPa 的压力下测定最初过滤 500mL 水所需要的时间 t_1，然后继续过滤 15min 后，再测过滤 500mL 水所需要的时间 t_2，按下式计算 FI 值：

$$FI = \left(1 - \frac{t_1}{t_2}\right) \times \frac{100}{15} \tag{20-14}$$

当 t_1 和 t_2 相等时，表明水中没有任何杂质，此时的 FI 值为 0；如果水中的杂质较多，使 t_1/t_2 趋向 0，此时的 FI 值为 6.7。FI 值的范围在 0～6.7。反渗透膜的进水的 FI 值要求低于 3，该值正好位于范围的中间值。

水质指标	卷式膜	中空纤维膜	水质指标	卷式膜	中空纤维膜
浑浊度(NTU)	<0.5	<0.3	COD(mg/L)	<1.5	<1.5
污染指数 FI	3~5	<3	游离氯(mg/L)	0.2~1.0	0~0.1
pH	4~7	4~11	总铁(mg/L)	<0.05	<0.05
水温(℃)	15~35	15~35			

【例 20-1】 设有水透过系数 W_p 为 2×10^{-10} cm³/(cm² · s · Pa),溶质透过系数 K_p 为 4×10^{-5} cm/s 的反渗透膜,在操作压力为 4.05MPa,水温为 25℃ 的条件下对浓度为 6000mg/L 的苦咸水进行淡化处理。

1) 试计算透过膜的水通量 J_w,溶质通量 J_s 以及脱盐率 R_d。

2) 如果淡水产量要求 4000m³/d,要求淡水的含盐量为 600mg/L,试计算所需反渗透膜的面积。

【解】

1) $c=\dfrac{6000}{58.5}=102.56\text{mol/m}^3$ (NaCl 分子量为 58.5)

$$\pi=i \cdot c \cdot R \cdot T=2\times102.56\times8.314\times298=0.508\text{MPa}$$

膜的透水通量 J_w 为:

$$J_w=W_p(\Delta P-\Delta \pi)=2\times10^{-10}\times(4.05-0.508)\times10^6=7.084\times10^{-4} \text{ cm}^3/(\text{cm}^2 \cdot \text{s})$$

溶质的通量 J_s 为:

$$J_s=K_P \cdot \Delta C \approx K_P \cdot C_b=4\times10^{-5}\times6=2.4\times10^{-4} \text{ mg/(cm}^2 \cdot \text{s})$$

$$J_s=J_w \cdot C_f$$

$$C_f=\frac{J_s}{J_w}=\frac{2.4\times10^{-4}}{7.084\times10^{-4}}=0.339\text{mg/cm}^3$$

$$R_d=\frac{C_b-C_f}{C_b}=\frac{6-0.338}{6}=0.94=94\%$$

2) 假设回收率 m 为 90%,则

$$m=\frac{Q_f}{Q}, \quad Q=\frac{Q_f}{m}=\frac{4000}{0.9}=4444\text{m}^3/\text{d}$$

$$C_m=\frac{2C_b}{2-m}=\frac{2\times6000}{2-0.9}=10909\text{mg/L}$$

$$C_f=C_m(1-R)=10909\times(1-0.94)=655\text{mg/L}$$

$$C_c=\frac{QC_b-Q_fC_f}{Q-Q_f}=\frac{4444\times6000-4000\times655}{4444-4000}=54153\text{mg/L}$$

$$C_m=\frac{QC_b+(Q-Q_f)C_c}{Q+(Q-Q_f)}=\frac{4444\times6000+(4444-4000)\times54153}{2\times4444-4000}=10374\text{mg/L}$$

$$C_f=C_m(1-R_d)=10374\times(1-0.94)=622\text{mg/L}$$

$$\pi=2\times\frac{10374}{58.5}\times8.314\times298=0.88\text{MPa}$$

$$J_w=2\times10^{-10}\times(4.05-0.88)\times10^6=6.34\times10^{-4}\text{cm}^3/(\text{cm}^2 \cdot \text{s})$$

$$=0.547\text{m}^3/(\text{m}^2 \cdot \text{d})$$

$$A = \frac{4000}{0.547} = 7312 \mathrm{m}^2$$

5. 反渗透和纳滤膜的污染和控制

膜污染是指膜装置在运行过程中,被截留的污染物质沉积于膜面或孔隙中,使膜通量下降或操作压力升高加剧,或出水水质下降。造成反渗透和纳滤膜污染的物质有无机物、有机物和微生物,其中包括悬浮物、胶体和溶解性物质。根据运行经验,金属氧化物(Fe、Mn、Ni 等)、钙沉淀物($CaCO_3$、$CaSO_4$ 等)、胶体和细菌等,使造成反渗透和纳滤膜污染的主要物质。膜受到污染时,应进行清洗以恢复膜通量。

反渗透膜污染的清洗方法主要是化学清洗,不能进行水力反冲洗。实际运行中,清洗信号有三种:①在恒定压力和温度下运行时,通常下降 10%~15%;②在恒定通量和温度下,操作压力增加 10%~15%;③产水水质明显下降,不符合要求。若发现其中一种现象出现,就要进行膜清洗。即使尚未出现上述现象,通常每隔 3~4 个月也要清洗一次。如果化学清洗在正常情况下每月超过一次,表明预处理效果不好,应强化预处理。预处理是预防膜污染的重要环节。

化学清洗可用不同的药剂,包括一些酸、碱、次氯酸钠等,应根据膜的种类和污染物性质选用。

20.2.2 微滤和超滤

超滤(Ultrafiltration,简称 UF)和微滤(Microfiltration,简称 MF)对溶质的截留被认为主要是机械筛分作用,即超滤和微滤膜有一定大小和形状的孔,在压力的作用下,溶剂和小分子的溶质透过膜,而大分子的溶质被膜截留。超滤膜的孔径范围为 0.01~0.1μm,可截留水中的微粒、胶体、细菌、大分子的有机物和部分的病毒,但无法截留无机离子和小分子的物质。微滤膜孔径范围在 0.05~5μm。

超滤所需的工作压力比反渗透低。这是由于小分子量物质在水中显示出高度的溶解性,因而具有很高的渗透压,在超滤过程中,这些微小的溶质可透过超滤膜,而被截留的大分子溶质,渗透压很低。微滤所需的工作压力则比超滤更低。

1. 过滤模式

超滤和微滤有两种过滤模式,终端过滤和错流过滤(图 20-11)。终端过滤为待处理的水在压力的作用下全部透过膜,水中的微粒为膜截留,而错流过滤是在过滤过程中,部分水透过膜,而一部分水沿膜面平行流动。由于截留的杂质全部沉积在膜表面,因而终端过滤的通量下降较快,膜容易堵塞,需周期性地反冲洗以恢复通量;而错流过滤中,由于平行膜面流动的水不断将沉积在膜面的杂质带走,通量下降缓慢。但由于一部分能量消耗在水的循环上,错流过滤的能量消耗较终端过滤大。值得指出的是,微滤和超滤可采用终

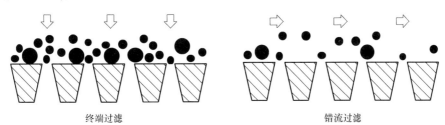

终端过滤   错流过滤

图 20-11　过滤模式图

端过滤或错流过滤模式，而反渗透和纳滤必须采用错流过滤模式。

2. 过滤通量的表达式

由于微滤和超滤分离机理主要是机械筛分，故常用孔模型来描述水通量和溶质通量。水透过超滤膜是通过一定数量的孔来进行的，由于孔径很小，水在孔内作层流流动。若孔的半径为 r，长度为 l，膜孔的孔隙率为 ε，则水通量 J_w 和膜两端的压差 ΔP 的关系可用哈根-泊肃叶（Hagen-Poiseuille）定律来描述。

$$J_w = \left(\frac{\varepsilon \cdot r^2}{8\eta l} \right) \cdot \Delta P \tag{20-15}$$

实际上，膜内的孔是弯曲的，其长度 l 与膜厚度 δ_m 并不相等，故用弯曲系数 τ 来校正。

$$\tau = \frac{l}{\delta_m} \tag{20-16}$$

则公式变为：

$$J_w = \left(\frac{\varepsilon \cdot r^2}{8\mu\tau\delta_m} \right) \cdot \Delta P = \frac{\Delta P}{\mu \cdot \frac{8\tau\delta_m}{\varepsilon r^2}} = \frac{\Delta P}{\mu R_m} \tag{20-17}$$

$$R_m = \frac{8\tau\delta_m}{\varepsilon r^2} \tag{20-18}$$

由式（20-17）可知，对于一定的膜，其水通量和所施加的压力为线性关系。R_m 表示膜本身的阻力。式（20-17）还表明，溶液的黏度 μ 和通量为反比关系。当处理的溶液为水时，其黏度与水温有关。水温越低，则黏度越大。这说明当施加的压力一定时，水温的降低将导致水通量的下降。应该指出的是，上述的关系式仅在水不含任何杂质的情况下成立。通常利用上述的关系式来测定膜本身的阻力 R_m，所得到的通量也称为纯水通量。

3. 超滤过程的浓差极化

在膜分离过程中，水连同小分子透过膜，而大分子溶质则被膜所截留并不断累积在膜表面上，使溶质在膜面处的浓度 C_m 高于溶质在主体溶液中的浓度 C_b，从而在膜附近边界层内形成浓度差 $C_m - C_b$，并促使溶质从膜表面向着主体溶液进行反向扩散，这种现象称为浓差极化。又由于为超滤膜截留的主要为大分子，其在水中的扩散系数很小，导致超滤的浓差极化现象较之反渗透尤为严重。

在稳定状态下，厚度为 δ_m 的边界层内溶质的浓度不变（图20-12），即溶质向膜迁移的通量变化率等于浓差扩散产生的反向迁移量的变化率。取厚度为 dx 的微元体积，溶质向膜迁移量为 $J_w \cdot C$，反向扩散的溶质量为 $D \cdot dC/dx$，则有：

$$\frac{d}{dx}(J_w \cdot C) = \frac{d}{dx}\left(D \cdot \frac{dC}{dx} \right) \tag{20-19}$$

$$J_w \cdot \frac{dC}{dx} - D \cdot \frac{d^2 C}{dx^2} = 0 \tag{20-20}$$

积分得：

$$J_w \cdot C - D \cdot \frac{dC}{dx} = C_1 \tag{20-21}$$

式中　D——溶质在水中的扩散系数，cm^2/s；

　　　C_1——积分常数。

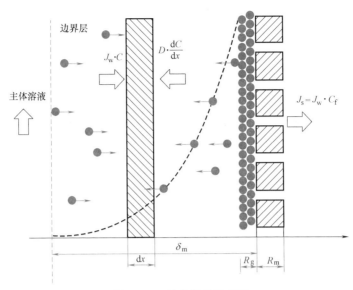

边界层

$J_w \cdot C$ $D \cdot \dfrac{\mathrm{d}C}{\mathrm{d}x}$

主体溶液

$J_s = J_w \cdot C_f$

δ_m $\mathrm{d}x$ R_g R_m

图 20-12　浓差极化机理图

$J_w \cdot C$ 表示迁移向膜的溶质通量，$D \cdot \mathrm{d}C/\mathrm{d}x$ 表示由于扩散从膜面返回主体溶液的溶质通量，在稳定状态下，其差值等于透过膜的溶质通量 J_s。因此，上式可变为：

$$J_s = J_w \cdot C - D \cdot \frac{\mathrm{d}C}{\mathrm{d}x} \tag{20-22}$$

由于 $J_s = J_w \cdot C_f$，上式可变为：

$$J_w \cdot C_f = J_w \cdot C - D \cdot \frac{\mathrm{d}C}{\mathrm{d}x}$$

$$J_w \cdot \mathrm{d}x = D \cdot \frac{\mathrm{d}C}{C - C_f}$$

根据边界条件，$x=0$，$C=C_b$；$x=\delta_m$，$C=C_m$，积分得：

$$J_w = \frac{D}{\delta_m} \cdot \ln \frac{C_m - C_f}{C_b - C_f}$$

因 C_f 值很小，上式可简化为：

$$J_w = K \ln \frac{C_m}{C_b} \tag{20-23}$$

式中的 $K = D/\delta_m$，称为传质系数。式（20-23）表明，在稳态下，J_w 与 C_m 之间保持对数的函数关系。按式（20-23），似乎增加 J_w 可通过增大 C_m 的方法来实现，但增大 C_m 必须增加压力。压力的增加提高了透水通量，从而膜表面的溶质浓度 C_m 也随之增加。在浓差极化的情况下，虽然增加压力可提高水通量，但 C_m 也随之增加，浓差极化更加严重。由于溶质在膜表面的累积，形成了所谓浓差极化层，它增加了膜过滤的阻力。由于是浓差极化造成的，也称为浓差极化阻力。浓差极化阻力的危害可通过式（20-17）进一步说明。由于浓差极化增加了膜过滤阻力，因此，式（20-17）可写成：

$$J_w = \frac{\Delta P}{\mu(R_m + R_c)} \tag{20-24}$$

R_c 为浓差极化阻力。由此可知，增大压力 ΔP，R_c 也随之增加，从而限制了通量 J_w 的提高。减少浓差极化阻力提高通量的一个有效方法是提高传质系数 K。增加膜表面的紊流程度可减小边界层厚度 δ_{m}，从而达到提高 K 的目的。

在大分子溶液超滤过程中，由于 C_{m} 值的急剧增加，极化模数 $C_{\mathrm{m}}/C_{\mathrm{b}}$ 迅速增大。在某一压力差下，当 C_{m} 值达到这样的程度，以至大分子物质很快生成凝胶，此时膜面溶质浓度称为凝胶浓度，以 C_{g} 表示。于是，式（20-23）相应地改写成

$$J_{\mathrm{w}} = K \ln \frac{C_{\mathrm{g}}}{C_{\mathrm{b}}} \tag{20-25}$$

在此情况下，C_{g} 为一固定值，其值大小与该溶质在水中的溶解度有关，因而透过膜的水通量亦应为定值。若再加大压力，溶质反向扩散通量并不增加。在短时间内，虽然透过水通量有所提高，但随着凝胶层厚度的增大，所增加的压力很快为凝胶层阻力所抵消，透过水通量又恢复到原有的水平。因此，一旦生成凝胶层，透过水通量并不因压力的增加而增加，而与进水溶质浓度 C_{b} 的对数值呈直线关系减小。凝胶层的形成与处理的对象有很大的关系，这种现象主要发生在化工生产、废水处理或浓缩的场合，在膜处理给水中，一般不会产生凝胶层现象。

4. 膜污染和控制

膜污染是指膜在过滤过程中产生的通量下降或膜压差上升的现象。膜污染分为可逆污染和不可逆污染。可逆污染是指通量下降或膜压差的上升可通过水力清洗得到恢复，不可逆污染无法通过水力清洗而只能通过药剂清洗获得恢复。

可逆污染所造成的阻力称为可逆阻力 R_{r}，不可逆污染所造成的阻力称为不可逆阻力 R_{i}，可为下式所表达。

$$J = \frac{\Delta P}{\mu (R_{\mathrm{m}} + R_{\mathrm{r}} + R_{\mathrm{i}})} \tag{20-26}$$

式中　J —— 膜的过滤通量，$\mathrm{m}^3/(\mathrm{m}^2 \cdot \mathrm{s})$；

R —— 膜的过滤阻力，m^{-1}；

ΔP —— 膜的驱动压力，Pa；

μ —— 动力黏滞系数，$\mathrm{Pa} \cdot \mathrm{s}$。

可逆阻力和不可逆阻力通过试验得出，在过滤过程中，不可逆污染逐渐增加，如图 20-13 所示。水中的有机物，无机物和微生物均可对超滤和微滤膜造成污染。有机物可以认为是膜的主要污染物。有机物对膜污染主要通过沉积在膜表面，形成滤饼层或凝胶层，以及进入膜孔内部，缩小甚至堵塞膜孔。滤饼层和凝胶层可通过水力清洗得以消除，被认为是造成可逆污染的主要因素；膜孔堵塞难以为水力清洗消除，被认为是造成不可逆污染的主要因素。

缓解有机污染的主要工艺措施是预处理，常用的预处理有混凝，氧化，活性炭吸附以及生物处理。

20.2.3　膜技术在水处理中的应用

膜技术的特点是依靠孔径大小对水中杂质进行选择性截留。微滤膜的孔径一般在 $0.1 \mu\mathrm{m}$，超滤膜在 $0.01 \mu\mathrm{m}$，而各种细菌的尺寸范围在 $0.5 \sim 5 \mu\mathrm{m}$。因此，微滤膜和超滤膜几乎可以 100% 地去除细菌和微生物。同样的道理，膜对水中悬浮固体也有很好的去除

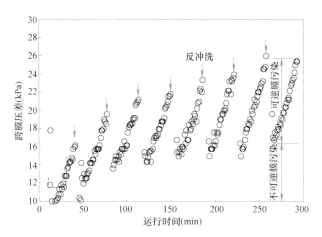

图 20-13 超滤膜过滤太湖水的膜压差变化（通量 125L/(m² · h)）

作用。膜处理可使出水的浊度低于 0.1NTU，而这数值是常规处理的极限。此外，一些致病微生物如贾第虫和隐孢子虫耐氯能力很强，常规处理的灭活效果较差，而膜对贾第虫和隐孢子虫有很好的去除效果。常规处理的主要去除对象是浊度物质和致病微生物，它需要通过混凝、反应、沉淀、过滤和消毒5道工艺环节才能达到目的，而膜处理仅需1道工艺就可实现，工艺流程大为简化，不仅缩短了处理时间，而且占地面积可大大缩小。膜可替代常规处理中的砂滤，形成膜组合工艺。膜与常规处理工艺的结合，使其技术内涵发生了很大的变化。例如，由于膜的优异截留效果，大大弱化了混凝沉淀的出水浊度要求，甚至可以取消沉淀环节，形成所谓的"在线混凝"工艺。此外，膜替代砂滤，不仅可增加处理水量，还可有效提高水质，因而成为常规处理升级改造的有效途径。另外，超滤/微滤还可与臭氧生物活性炭和纳滤组合，形成膜深度处理工艺。在这种工艺流程中，超滤和微滤替代常规工艺，而臭氧生物活性炭和纳滤承担了去除有机物的任务。膜处理工艺流程如图 20-14 所示。

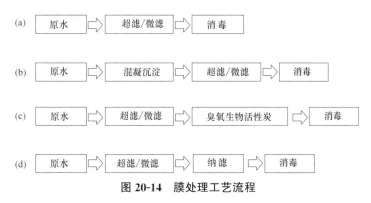

图 20-14 膜处理工艺流程

【例 20-2】 截留分子量为 15000 的超滤膜在水温 25℃ 和 0.1MPa 压力驱动下过滤某地表水。该膜的纯水通量为 3.159L/(m² · min)，过滤水样后的通量为 1.088L/(m² · min)，反冲洗后的纯水通量为 2.474L/(m² · min)。求可逆阻力和不可逆阻力。

【解】

膜阻力为

$$J_0 = \frac{\Delta P}{\mu R_m} \quad R_m = \frac{\Delta P}{J_0 \mu} = \frac{0.1 \times 10^6}{\dfrac{3.159 \times 10^{-3} \times 0.89 \times 10^{-3}}{60}} = 2.134 \times 10^{12} \, \text{m}^{-1}$$

过滤阻力 R_g 为

$$R_g = \frac{0.1 \times 10^6}{\dfrac{1.088 \times 10^{-3} \times 0.89 \times 10^{-3}}{60}} = 6.196 \times 10^{12} \, \text{m}^{-1}$$

反冲洗后的阻力 R_f 为

$$R_f = \frac{0.1 \times 10^6}{\dfrac{2.474 \times 10^{-3} \times 0.89 \times 10^{-3}}{60}} = 2.724 \times 10^{12} \, \text{m}^{-1}$$

可逆阻力为过滤阻力减去膜阻力

$$R_r = R_g - R_m = (6.196 - 2.134) \times 10^{12} = 4.062 \times 10^{12} \, \text{m}^{-1}$$

不可逆阻力为反冲洗后的阻力减去膜阻力

$$R_i = R_f - R_m = (2.724 - 2.134) \times 10^{12} = 0.59 \times 10^{12} \, \text{m}^{-1}$$

20.3 电 渗 析

电渗析（Electrodialyse，简称 ED）是以电位差为推动力的膜分离技术，用于除盐和咸水淡化。

20.3.1 离子交换膜及其作用机理

1. 离子交换膜

（1）分类

离子交换膜是电渗析器的重要组成部分，按其选择性能，可分为阳膜和阴膜，按膜体结构，可分为异相膜、均相膜和半均相膜。异相膜的优点是机械强度好、价格低，缺点是膜电阻大、耐热差、透水性大。均相膜则相反。国产部分离子交换膜的主要性能见表 20-3。

国产部分离子交换膜主要性能 表 20-3

膜的种类	厚度 （mm）	交换容量 （mmol/g）	含水率 （%）	膜电阻 （$\Omega \cdot cm^2$）	选择透过率 （%）
聚乙烯异相阳膜	0.38～0.5	≥0.28	≥40	8～12	≥90
聚乙烯异相阴膜	0.38～0.5	≥0.18	≥35	8～15	≥90
聚乙烯半均相阳膜	0.25～0.45	2.4	38～40	5～6	＞95
聚乙烯半均相阴膜	0.25～0.45	2.5	32～35	8～10	＞95
聚乙烯均相膜	0.3	2.0	35	＜5	＞95
氯醇橡胶均相阴膜	0.28～0.32	0.8～1.2	20～45	～6	≥85

（2）性能

1）膜电阻：膜电阻与电渗析所需的电压有密切的关系。电阻越小，所需的电压越低。膜电阻一般用膜的电阻率乘以膜的厚度表示，单位为"$\Omega \cdot cm^2$"。

2）含水率：表示湿膜中所含水的百分数，一般为 40%～50%。

3）膜厚度：应适当，太厚会增加膜电阻，太薄容易导致渗水，降低去除效果。膜的厚度一般为 0.3～0.4mm，最薄可达 0.1mm。

4）交换容量：表示一定质量的膜中所含活性基团的数量，以单位干重所含的可交换离子的毫摩尔数表示，一般为 1～3mmol/g（干膜）。交换容量越高，膜的选择透过性能越好。由于活性基团具有亲水性能，交换容量太高，含水率增加，膜的强度下降。

5）迁移数：在电渗析器中，电流的输送是由正负离子来承担的，由于正、负离子的迁移速度不同，因而各自的迁移输送的电量也不相同。某种离子在总电量中所分担的比例为该离子的迁移数。

如用 i 表示总电流量，i_+ 表示正离子所输送的电量，i_- 表示负离子所输送的电量，则有 $i=i_++i_-$。如以 t_+ 表示阳离子的迁移数，t_- 表示阴离子的迁移数，则

$$t_+=\frac{i_+}{i_++i_-}=\frac{i_+}{i} \tag{20-27}$$

$$t_-=\frac{i_-}{i_++i_-}=\frac{i_-}{i} \tag{20-28}$$

选择透过率：阳膜只允许阳离子透过，阴膜只允许阴离子透过，因此，理想的情况是：阳膜的 $t_+=1$，$t_-=0$，阴膜的 $t_+=0$，$t_-=0$。但离子交换膜的选择透过性并非那么理想，因为总有少量的同号离子同时透过。为此，采用选择透过率 P 表示离子交换膜的选择透过性能的优劣。

$$P_+=\frac{\bar{t}_+-t_+}{1-t_+}\times100\% \tag{20-29}$$

式中　P_+——阳膜对阳离子的选择透过率，%；

　　　t_+——阳离子在溶液中的迁移数；

　　　$\bar{t}_+$——阳离子在阳膜内的迁移数。

上式中的分子 $\bar{t}_+-t_+$ 表示在实际膜的条件下，阳离子在阳膜内和在溶液中的迁移数之差，分母 $1-t_+$ 表示在理想膜的情况下，阳离子在阳膜内和在溶液中的迁移数之差，其比值即为实际阳膜对阳离子的选择透过率。显然，P_+ 越接近于 100%，阳膜的选择透过性越好。

2. 离子交换膜的作用机理

离子交换膜的作用机理可用道南（Dounan）平衡理论给予解释。

如用一半透膜将具有不扩散阴离子 Z^- 的钠盐溶液与氯化钠溶液隔开，前者浓度为 c_1，后者为 c_2。离子 Z^- 不能扩散透过到膜的另一侧，而其余离子如 Na^+、Cl^- 则可自由透过（图 20-15）。

假设有浓度为 x 的 Na^+ 从（2）室透过膜迁移到（1）室，根据电中性法则，必然有

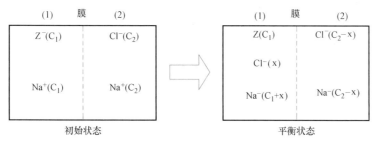

图 20-15　道南膜平衡示意

浓度为 x 的 Cl^- 从 (2) 室透过膜迁移到 (1) 室。经过一段时间后，膜两侧的 Na^+、Cl^- 浓度不变，达到了动态平衡。此时的膜两侧的 Na^+、Cl^- 浓度为：

$$[Na^+]_1 = c_1 + x, \quad [Cl^-]_1 = x, \quad [Na^+]_2 = [Cl^-]_2 = c_2 - x$$

根据热力学理论，当体系处于平衡时，膜两侧的 NaCl 化学势必然相等，由此得膜两侧的 Na^+ 和 Cl^- 浓度乘积相等。

$$[Na^+]_1 \times [Cl^-]_1 = [Na^+]_2 \times [Cl^-]_2$$

式中 $[Na^+]_1$ 和 $[Cl^-]_1$ 为 (1) 室的离子浓度，$[Cl^-]_2$ 和 $[Cl^-]_2$ 为 (2) 室的离子浓度，得

$$(c_1 + x)x = (c_2 - x)^2$$

$$x = \frac{c_2^2}{c_1 + 2c_2}$$

在平衡状态下，膜两侧的 Cl^- 离子浓度的比值为：

$$\frac{[Cl^-]_2}{[Cl^-]_1} = \frac{c_2 - x}{x} = \frac{c_1 + c_2}{c_2} \approx \frac{c_1}{c_2} \quad (\text{当 } c_1 \gg c_2 \text{ 时})$$

这意味着当膜的一侧 Na^+、Z^- 浓度非常大时，则 $x \to 0$，此时，膜的另一侧的 Cl^- 几乎不能透过膜。

将道南理论应用于离子交换膜，可将离子交换膜与溶液的界面看作是半透膜。固定于离子交换膜上的活性基团相当于这里的不扩散离子 Z^-，可交换离子为 Na^+，在这种情况下，上述体系相当于阳离子交换膜。当膜的交换容量很大时（即 c_1 值很大），溶液中的 Cl^- 几乎进不了膜内，也就是膜对离子具有选择透过性。若增大溶液中的 NaCl 浓度 c_2，进入膜内的 Cl^- 也随之增加，而膜的选择透过性则相应降低。阴离子交换膜的选择透过性亦可用同一原理加以阐述。

20.3.2 电渗析原理及过程

电渗析法是在外加直流电场作用下，利用离子交换膜的选择透过性（即阳膜只允许阳离子透过，阴膜只允许阴离子透过），使水中阴、阳离子作定向迁移，从而达到离子从水中分离的一种物理化学过程。

图 20-16 为电渗析原理示意图。在阴极和阳极之间，将阳膜与阴膜交替排列，并用特制的隔板将这两种膜隔开，隔板内有水流的通道。进入淡室的含盐水，在电场的作用下，水中的阳离子不断透过阳膜向阴极方向迁移，阴离子不断透过阴膜向阳极方向迁移，水中离子含量不断减少，含盐水逐渐变成淡化水。进入浓室的含盐水，由于阳离子在向阴极方向迁移中不能透过阴膜，阴离子在向阳极方向迁移中不能透过阳膜，同时，浓室还不断接受相邻的淡室迁移透过的离子，因此，浓室中的含盐水的离子浓度不断增加而变成浓盐水。这样，在电渗析器中，形成了淡水和浓水两个系统。与此同时，在电极和溶液的界面上，通过氧化、还原反应，发生了电子与离子之间的转换，即电极反应。以食盐水溶液为例，阴极还原反应为：

$$H_2O \rightarrow H^+ + OH^-$$

$$2H^+ + 2e \rightarrow H_2 \uparrow$$

阳极氧化反应为

$$H_2O \rightarrow H^+ + OH^-$$

$$4OH^- \rightarrow O_2\uparrow + 2H_2O + 4e$$
$$2Cl^- \rightarrow Cl_2\uparrow + 2e$$

所以，在阴极不断排出氢气，在阳极则不断有氧气或氯气放出。此时，阴极室溶液呈碱性，当水中有 Ca^{2+}、Mg^{2+}、HCO_3^- 等离子时，会生成 $CaCO_3$ 和 $Mg(OH)_2$ 水垢，沉积在阴极上，而阳极室溶液则呈酸性，对电极造成强烈的腐蚀。

在电渗析过程中，电能的消耗主要用来克服电流通过溶液、膜时所受到的阻力以及进行电极反应。

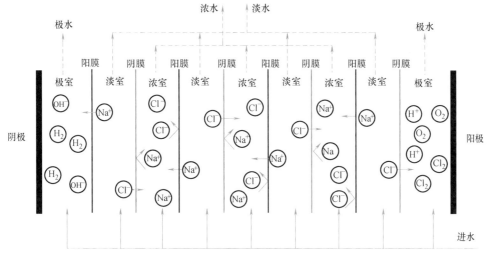

图 20-16　电渗析原理示意

20.3.3　电渗析器的构造与组装

1. 电渗析器的构造

电渗析器结构包括电极托板、电极、极框、阴膜、阳膜、浓水隔板、淡水隔板等部件，如图 20-17 所示。将这些部件按一定顺序组装并压紧，组成一定形式的电渗析器。整个结构可分为膜堆、极区、紧固装置等 3 部分。

（1）膜堆

一对阴、阳膜和一对浓、淡水隔板交替排列，组成最基本的脱盐单元，称为膜对。电极（包括中间电极）之间由若干组膜对堆叠一起即为膜堆。

隔板由配水孔、布水槽、流水道和隔网组成。配水孔作用是均匀配水。布水槽将水引入淡室或浓室。浓、淡水隔板由于连接配水孔与流水道的布水槽的位置有所不同，分别构成相应的浓室和淡室。

对隔板材料要求绝缘性能好、化学稳定性好、耐酸碱等，常用的有聚氯乙烯、聚丙烯、合成橡胶等。隔板的厚度有 0.5mm、0.8mm、1.0mm、1.5mm、2.0mm、2.5mm 等规格。隔板越薄，离子迁移的路程越短，则电阻越小，电流效率越高，还可使设备体积减小。但隔板越薄，水流阻力越大，而且容易产生堵塞。隔板的流水道是进行脱盐的场所。流水道分为有回路式（图 20-18（a））和无回路式（图 20-18（b））两种。有回路式隔板脱盐流程长、流速大、水头损失较大、电流效率高、适用于流量较小而除盐率要求较高的场合。无回路式隔板脱盐流程短、流速低、水头损失小、适用于流量较大而除盐率较

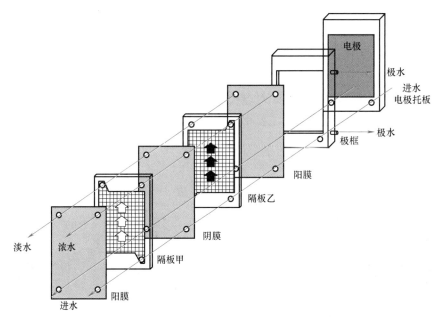

图 20-17　电渗析组成示意

低的场合。流水道上的隔网作用是隔开阴、阳膜和加强水流扰动,提高极限电流密度。常用的隔网有鱼鳞网、编织网、冲膜式网等。

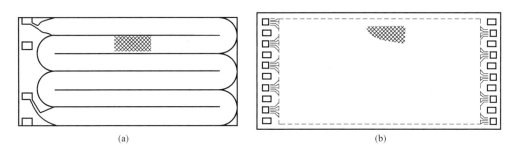

图 20-18　隔板示意

(a) 有回路隔板;(b) 无回路隔板

(2) 极区

电渗析器两端的电极连接直流电源,还设有原水进口,淡水、浓水出口以及极室水通路。电极区由电极、极框、电极托板、橡胶垫板等组成。极框较隔板厚,放置在电极与阳膜(紧靠阴、阳极的膜均用抗腐蚀性较强的阳膜)之间,以防止膜贴到电极上,保证极室水流通畅,及时排除电极反应产物。常用电极材料有石墨、钛涂钌、铅、不锈钢等。

(3) 紧固装置

紧固装置用来将整个极区和膜堆均匀夹紧,形成整体,使电渗析器在压力下运行时不漏水。压板由槽钢加强的钢板制成,紧固时四周用螺杆拧紧。

电渗析器的配套设备还包括整流器、水泵、转子流量计等。

2. 电渗析器的组装

电渗析器组装方式有"级"和"段"。一对电极之间的膜堆称为一级,具有同向水流的并联膜堆称为一段。增加段数就等于脱盐流程，提高脱盐效率。增加膜对数可提高水处理量。一台电渗析器的组装方式有一级一段、多级一段、一级多段和多级多段等（图 20-19）。

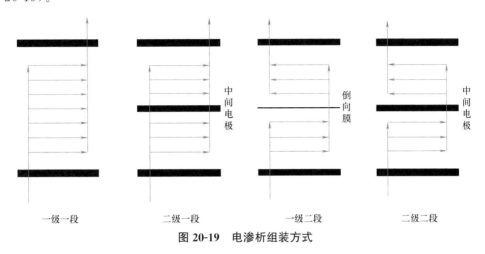

图 20-19　电渗析组装方式

20.3.4　电流效率与极限电流密度

1. 电流效率

电渗析器用于水的淡化时，一个淡室（相当于一对膜）实际去除的盐量为

$$m_1 = \frac{q(c_1 - c_2)t \cdot M_B}{1000}(g) \tag{20-30}$$

式中　q——一个淡室的出水量，L/s；

c_1、c_2——分别表示进、出水含盐量，计算时均以当量粒子作为基本单元，mmol/L；

t——通电时间，s；

M_B——物质的摩尔质量，以当量粒子作为基本单元，g/mol。

根据法拉第定律，应析出的盐量为

$$m = \frac{ItM_B}{F} \tag{20-31}$$

式中　I——电流，A；

F——法拉第常数，等于 96500C/mol。

电渗析器电流效率等于一个淡室实际去除的盐量与应析出的盐量之比，即

$$\eta = \frac{m_1}{m} = \frac{q(c_1 - c_2)F}{1000\ I} \times 100\% \tag{20-32}$$

电流效率与膜对数无关，而后者仅与电压有关。电压随膜对增加而增大，而电流则保持不变。

应将电渗析器的电能效率与电流效率加以区别。电能效率是衡量电能利用程度的一个指标，可定义为整台电渗析器脱盐所需的理论耗电量与实际耗电量之比，即

$$电能效率 = \frac{理论耗电量}{实际耗电量}$$

目前电渗析器的实际耗电量比理论耗电量要大得多，因而电能效率仍较低。

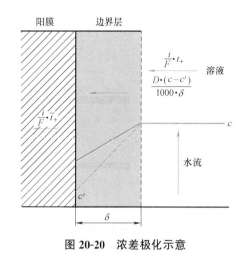

图 20-20　浓差极化示意

2. 极限电流密度

单位面积膜通过的电流称为电流密度 i，单位为"mA/cm^2"。

以阳膜淡室一侧为例（图 20-20）。膜表面存在一层厚为 δ 的界面层。当电流密度为 i，阳离子在阳膜内的迁移数为 $\bar{t}_+$，其迁移量为 $\frac{i}{F}\bar{t}_+$，相当于单位时间单位面积所迁移的物质的量。阳离子在溶液中的迁移数为 t_+，其迁移量为 $\frac{i}{F}t_+$。由于 $\frac{i}{F}\bar{t}_+ > \frac{i}{F}t_+$，造成膜表面处阳离子的亏空，使界面层两侧出现浓度差，从而产生了离子扩散的推动力。此时，离子迁移的亏空量由离子扩散的补充量来补偿。根据菲克定律，扩散物质的通量表示为

$$\phi = \frac{D(c-c')}{\delta \cdot 1000} \tag{20-33}$$

式中　ϕ——单位时间单位面积通过的物质的量，$mmol/(cm^2 \cdot s)$；

　　　D——扩散系数，cm^2/s；

　c、c'——分别表示界面层两侧溶液的物质的量浓度，$mmol/L$；

　　　δ——界面层厚度，cm。

当处于稳定状态时，离子的迁移与扩散之间存在着如下的平衡关系：

$$\frac{i}{F}(\bar{t}_+ - t_+) = D\frac{c-c'}{1000 \cdot \delta} \tag{20-34}$$

若逐渐增大电流密度 i 值，则膜表面的离子浓度 c' 必将逐渐降低，当 i 达到某一数值时，$c' \to 0$。如若再提高 i 值，由于离子扩散量不足，在膜界面上引起水的离解，H^+ 离子透过阳膜来传递电流，这种膜界面现象称为浓差极化。此时的电流密度称为极限电流密度 i_{lim}，由式（20-34）得

$$i_{lim} = \frac{FD}{\bar{t}_+ - t_+}\frac{c}{1000\delta} \tag{20-35}$$

实验表明，δ 值主要与水流速度有关，可由下式表示

$$\delta = \frac{k}{v^n} \tag{20-36}$$

其中 n 值在 $0.3\sim0.9$ 之间。n 值越接近于 1，说明隔网造成的水流紊乱效果越好。系数 k 与隔板形式及厚度等因素有关。将式（20-36）代入式（20-35），得

$$i_{lim} = \frac{FD}{1000(\bar{t}_+ - t_+)k}cv^n \tag{20-37}$$

在水沿隔板流水道流动过程中，水的离子浓度逐渐降低。其变化规律沿流向按指数关系分布，式中的 c 值一般采用对数平均值表示，即：

$$c = \frac{c_1 - c_2}{2.3 \lg \dfrac{c_1}{c_2}} \qquad (20\text{-}38)$$

这样，极限电流密度与流速、平均浓度之间的关系最后可表示为

$$i_{lim} = Kcv^n \qquad (20\text{-}39)$$

式中　v——淡水隔板流水道中的水流速度，cm/s；

　　　　c——淡室中水的对数平均离子浓度，mmol/L；

$K = \dfrac{FD}{1000(\bar{t}_+ - t_+)k}$，称为水力特征系数，主要与膜的性能、隔板形式与厚度、隔网形式、水的离子组成、水温等因素有关。

式（20-39）称为极限电流密度公式。在给定条件下，式中 K 和 n 值可通过试验确定。

极限电流密度的测定通常采用电压—电流法。其测定步骤为：①在进水浓度稳定的条件下，固定浓、淡水和极水的流量与进口压力；②逐渐提高操作电压，待工作稳定后，测定与其相应的电流值；③以膜对电压对电流密度作图，并从曲线两端分别通过各试验点作一直线，如图 20-21 所示，从两直线交点 P 引垂线交曲线于 C，点 C 的电流密度和膜对电压即为极限电流密度和与其对应的膜对电压。这样，每一流速 v，可得出相应的 i_{lim} 以及淡室中水的对数平均离子浓度 c 值。再用图解法即可确定 K 和 n 值。

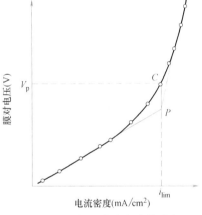

图 20-21　极限电流密度的确定

3. 极化与沉淀

在电渗析器的膜界面现象中，极化现象主要发生在阳膜的淡室一侧，而另一沉淀现象则主要发生在阴膜的浓室一侧。

当阴膜淡室一侧出现水的离解，产生的 OH^- 离子迁移通过阴膜进入浓室，使浓水的 pH 值上升，出现 $CaCO_3$ 和 $Mg(OH)_2$ 的沉淀现象。极化会造成如下不良的后果。

（1）使部分电能消耗在水的离解上，降低电流效率；

（2）当水中有钙镁离子时，会在膜面生成水垢，增大膜电阻，增加耗电量，降低出水水质；

（3）极化严重时，出水呈酸性或碱性。

防止极化和控制结垢的主要措施有：

（1）控制操作电流低于极限电流，以避免极化现象的发生，减缓水垢的生成；

（2）定期倒换电极，使浓、淡室亦随之相应变换，这样，阴膜两侧表面上的水垢，溶解与沉积相互交替，处于不稳定状态，如图 20-22 所示。倒换电极的时间间隔一般为 2～8h；

（3）定期酸洗，用浓度为 1%～2% 的盐酸溶液在电渗析器内循环清洗以消除结垢，酸洗时间一般为 1～2h 或酸洗至进出电渗析器的酸液 pH 值不变为止。酸洗周期从每周一次到每月一次，视实际情况而定。

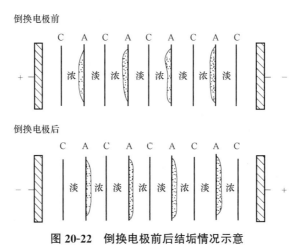

倒换电极前

倒换电极后

图 20-22 倒换电极前后结垢情况示意

C—表示阳膜；A—表示阴膜

20.3.5 电渗析器的工艺设计与计算

电渗析器总流程长度即在给定条件下需要的脱盐流程长度。对于一级一段或多级一段组装的电渗析器，脱盐流程长度也就是隔板的流水道长度。

设隔板厚度为 d（cm），流水道宽度为 b（cm），流水道长度为 l（cm），膜的有效面积为 bl（cm）则平均电流密度等于

$$i = \frac{1000I}{bl} (\text{mA/cm}^2) \tag{20-40}$$

一个淡室的流量可表示为

$$q = \frac{dbv}{1000} (\text{L/s}) \tag{20-41}$$

式中 v——隔板流水道中的水流速度，cm/s。

将式（20-40）、式（20-41）代入式（20-32），得出所需要的脱盐流程长度为

$$l = \frac{vd(c_1 - c_2)F}{1000\eta i} (\text{cm}) \tag{20-42}$$

将式（20-39）代入式（20-42），得出在极限电流密度工况下的脱盐流程长度表达式：

$$l_{\lim} = \frac{2.3Fdv^{1}}{1000\eta K} \lg \frac{c_1}{c_2} (\text{cm}) \tag{20-43}$$

电渗析器并联膜对数 n_p 可由下式求出

$$n_p = 278 \frac{Q}{dbv} \tag{20-44}$$

式中 Q——电渗析器淡水产量，m^3/h；

278——单位换算系数。

【例 20-3】 若将含盐量为 4.6mmol/L 的原水处理成淡水，产水量为 7m^3/h 要求经电渗析处理后淡水含盐量为 0.95mmol/L。试确定电渗析器组装方式，求出隔板平面尺寸、流程长度、膜对数、工作电压、操作电流及耗电量。

【解】

（1）计算总流程长度

假定在临界电流密度状态下运行，若采用聚乙烯异相膜，隔板厚度 2mm，普通鱼鳞网，$K = 0.03$，电流效率取 0.8，取 $n = 1$，$F = 96.5C/mmol$，则可求得总流程长度：

$$L = \frac{2.3Fv^{1-n}d}{K\eta}\lg\frac{C_1}{C_2} = \frac{2.3 \times 96.5 \times 0.2}{0.03 \times 0.8}\lg\frac{4.6}{0.95} = 1266.7(\text{cm})$$

（2）膜对数计算

水在隔板流水道中的流速取 $v = 10cm/s$，流水道宽度 $b = 6.7cm$，则膜对数：

$$n_{\text{p}} = 278\frac{Q}{dbv} = \frac{278 \times 7}{0.2 \times 6.7 \times 10} = 145.2 \text{对}$$

可取塑料隔板 146 对，阴膜 146 张，阳膜 147 张（靠极框边均为阳膜）。

（3）计算隔板尺寸、隔板或膜的有效面积

利用系数 α 按 0.7 计算，隔板或膜面积 A 为：

$$A = \frac{bL}{\alpha} = \frac{6.7 \times 1266.7}{0.7} = 12124.1cm^2$$

采用 $800mm \times 1600mm$ 隔板，面积为 $12800cm^2$，有效面积为 $8960cm^2$

（4）计算极限电流密度

$$C = \frac{C_1 - C_2}{2.3\lg\dfrac{C_1}{C_2}} = \frac{4.6 - 0.95}{2.3\lg\dfrac{4.6}{0.95}} = 2.32mmol/L$$

$$i_{\lim} = KCv^n = 0.03 \times 2.32 \times 10 = 0.7mA/cm^2$$

（5）确定工作电压

由于膜对数较多，考虑组装方式为二级一段，中间设共电极，每膜对电压取 3.5V，则利用下式计算膜堆电压：

$$U_{\text{s}} = NU_{\text{p}} = 73 \times 3.5 = 256V$$

采用铅电极，若每对电极极区电压取 15V，则工作电压为：

$$U = U_{\text{s}} + U_{\text{e}} = 256 + 15 = 271V$$

（6）计算操作电流

由于有共电极，操作电流应为二级电流之和，则：

$$I_{\text{D}} = 2Ai_{\lim} \times 10^{-3} = 2 \times 8960 \times 0.7 \times 10^{-3} = 12.5A$$

（7）计算耗电量

整流器效率约为 0.95～0.98，取 $m = 0.97$，则耗电量为：

$$W = \frac{UI_{\text{D}}}{Qm} \times 10^{-3} = \frac{271 \times 12.5}{7 \times 0.97} \times 10^{-3} = 0.5kW \cdot h/m^3$$

20.3.6 填充床电渗析

填充床电渗析亦称为电去离子过程（Electrodeionization，EDI）是电渗析技术的发展。它是在电渗析器的淡室中填充离子交换树脂而成，将电渗析、离子交换和电化学再生三者结合成一个整体。

EDI 的工作原理如图 20-23 所示。在电渗析淡室的阴膜和阳膜之间填充离子交换树脂（颗粒、纤维或编织物）。淡室中的离子交换树脂的导电能力比水高 2～3 个数量级，由于离子交换树脂不断发生交换和再生作用，形成离子通道，从而使淡室的电导率大为增加，提高了极限电流密度。

填充床电渗析应在极化状态下运行。此时，膜和树脂附近的界面层发生极化，水离解为 H^+ 和 OH^-，这些离子，除一部分迁移至浓室外，大部分对淡室中的树脂进行再生，保持其交换能力。填充床电渗析的去离子过程大致分为两个阶段。首先，开始进入淡室时，由于水的含盐量较高，淡室中的树脂以盐型存在。由于树脂的导电性能比水的高，离子的迁移主要由树脂完成。随着淡室中的离子浓度不断下降，导致浓差极化，引起水的电离，电离产生的 H^+ 和 OH^- 对离子交换树脂进行再生，树脂经再生转化为 H 型和 OH 型。

填充床电渗析的特点是：①可连续稳定生产高质量的纯水，纯度达 $16\sim17\mathrm{M\Omega\cdot cm}$，最高可达 $18\mathrm{M\Omega\cdot cm}$；②无需酸碱再生。

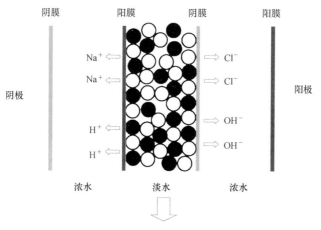

图 20-23　EDI 工作原理图

由于填充床电渗析利用了浓差极化进行自动再生，对进水水质要求较高。一般用反渗透的出水作为进水。

填充床电渗析主要用于制取纯水。目前制取纯水主要用反渗透和离子交换联用工艺。但离子交换需酸碱再生后才能恢复交换能力，不仅生产无法连续进行，而且酸碱废液导致污染。填充床电渗析正好克服了传统离子交换的缺点，因此，它正逐渐取代离子交换。由于填充床电渗析的应用，发展了新的纯水制取工艺，如全膜法。

思考题与习题

1. 电渗析器的级和段是如何规定的？级和段与电渗析器的出水水质、产水量以及操作电压有何关系？

2. 试画出六级三段电渗析器组装示意图。

3. 电渗析器的电流效率与电能效率有何区别？

4. 试说明电渗析的极化现象，它有何危害？应如何防止？

5. 电渗析极限电流密度公式中的 K 和 n 值的大小对电渗析装置有何影响？

6. 在电渗析过程中，流经淡室的水中阴、阳离子分别向阴、阳膜不断地迁移，此时淡室中的水流是否仍旧保持电中性？如何从理论上加以解释？

7. 试阐明在电渗析运行时，流经淡室的水沿隔板流水道流动过程中的浓度变化规律。

8. 何谓渗透与反渗透？渗透压与反渗透压？

9. 反渗透法除盐与电渗析法相比有何特点？

10. 试阐明超滤浓差极化过程中，膜面浓度 C_m 与压力差 ΔP 之间的关系。

11. NaCl 浓度为 10000mg/L 的苦咸水，采用有效面积为 $10cm^2$ 的醋酸纤维素膜，在压力 6.0MPa 下进行反渗透试验。在水温 25℃时，透水通量 J_w 为 $0.01cm^2/s$ 时，其溶质浓度为 400mg/L，试计算水的透过系数 W_p，溶质透过系数 K_p 以及脱盐率。

采用卷式反渗透膜除盐。水温 25℃，苦咸水的 NaCl 含量为 1.8%，操作压力为 6.896MPa，淡水的 NaCl 含量为 0.05%，压力为 0.345MPa。水和盐的透过系数分别为 $1.0859 \times 10^{-10} cm^3/(cm^2 \cdot s \cdot Pa)$ 和 $16 \times 10^{-6} cm/s$。

(1) 求水和盐的通量；(2) 淡水的产量为 $150m^3/d$，求所需的膜面积。

12. 某溶液含 1% NaCl，处理量为 $20m^3$，利用电渗析去除 90% 的 NaCl。求所需的脱盐时间。已知电流效率为 0.9，操作电流为 100A，电渗析器的膜对数为 50 个。

第 21 章 消 毒

为防止通过饮用水传播疾病，在生活饮用水处理中，消毒是必不可少的。消毒并非要把水中微生物全部消灭，只是要消除水中致病微生物。致病微生物包括病菌、病毒及原生动物胞囊等。

水中微生物往往会黏附在悬浮颗粒上，因此，给水处理中的混凝、沉淀和过滤在去除悬浮物、降低水的浑浊度的同时，也去除了大部分微生物（也包括病原微生物）。但尽管如此，消毒仍必不可少，它是生活饮用水安全、卫生的最后保障。

水的消毒方法很多，包括氯及氯化物消毒，臭氧消毒、紫外线消毒及某些重金属离子消毒等。氯消毒经济有效，使用方便，应用历史最久也最为广泛。但自 1974 年发现受污染水源经氯消毒后往往会产生一些有害健康的副产物，例如三卤甲烷等，人们便重视了其他消毒剂或消毒方法的研究，例如，近年来人们对二氧化氯消毒日益重视。但不能就此认为氯消毒会被淘汰。一方面，对于不受有机物污染的水源或在消毒前通过前处理把形成氯消毒副产物（DBPs）的前体物（如腐殖酸和富里酸等）预先去除，氯消毒仍是安全、经济、有效的消毒方法；另一方面，除氯以外其他各种消毒剂的副产物以及残留于水中的消毒剂本身对人体健康的影响，仍需进行全面、深入的研究。因此，就目前情况而言，氯消毒仍是应用最广泛的一种消毒方法。

21.1 氯 消 毒

21.1.1 氯消毒原理

氯容易溶解于水（20℃和 98kPa 时，溶解度 7160mg/L）。氯气是一种黄绿色有毒气体。液态氯为黄绿色透明液体。当氯溶解在纯水中时，下列两个反应几乎瞬时发生：

$$Cl_2 + H_2O \rightleftharpoons HOCl + HCl \tag{21-1}$$

次氯酸 HOCl 部分离解为氢离子和次氯酸根：

$$HOCl \rightleftharpoons H^+ + OCl^- \tag{21-2}$$

其平衡常数为：

$$K_i = \frac{[H^+][OCl^-]}{[HOCl]} \tag{21-3}$$

在不同温度下次氯酸离解平衡常数见表 21-1。

次氯酸离解平衡常数

表 21-1

温度（℃）	0	5	10	15	20	25
$K_i \times 10^{-8}$(mol/L)	2.0	2.3	2.6	3.0	3.3	3.7

在处理中，水中所含 Cl_2、HOCl 和 OCl^- 称为自由性氯（即自由氯或游离氯）。

【例 21-1】 计算在 20℃，pH 为 7 时，次氯酸 HOCl 所占的比例。

【解】 根据式（21-3），可得

$$\frac{[OCl^-]}{[HOCl]}=\frac{K_i}{[H^+]}$$

K_i 可查表 21-1，在 20℃时，$K_i=3.3\times10^{-8}$，HOCl 所占比例为：

$$\frac{[HOCl]\times100}{[HOCl]+[OCl^-]}=\frac{100}{1+\frac{[OCl^-]}{[HOCl]}}=\frac{100}{1+\frac{K_i}{H^+}}=\frac{100}{1+\frac{3.3\times10^{-8}}{10^{-7}}}=75.2\%$$

由此可见，HOCl 与 OCl$^-$ 的相对比例取决于温度和 pH 值。图 21-1 表示在 0℃ 和 20℃时，不同 pH 值时的 HOCl 和 OCl$^-$ 的比例。pH 值高时，OCl$^-$ 较多，当 pH>9 时，OCl$^-$ 接近 100%；pH 值低时，HOCl 较多，当 pH<6 时，HOCl 接近 100%。当 pH=7.54 时，HOCl 和 OCl$^-$ 大致相等。

氯消毒作用的机理，一般认为主要通过次氯酸 HOCl 起作用。HOCl 为很小的中性分子，只有它才能扩散到带负电的细菌表面，并通过细菌的细胞壁穿透到细菌内部。当 HOCl 分子到达细菌内部时，能起氧化作用破坏细菌的酶系统而使细菌死亡。OCl$^-$ 虽亦具有杀菌能力，但是带有负电，难于接近带负电的细菌表面，杀菌能力比 HOCl 差得多。生产实践表明，pH 值越低，HOCl 浓度越高，则消毒作用越强，证明 HOCl 是消毒的主要因素。

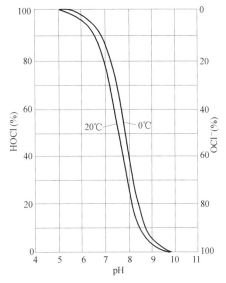

图 21-1 不同 pH 和水温时水中 HOCl 和 OCl$^-$ 的比例

以上讨论是基于水中没有氨成分。实际上，很多地表水源中，由于有机污染而含有一定的氨。氯加入这种水中，产生如下反应：

$$Cl_2+H_2O\Longleftrightarrow HOCl+HCl \tag{21-4}$$

$$NH_3+HOCl\Longleftrightarrow NH_2Cl+H_2O \tag{21-5}$$

$$NH_2Cl+HOCl\Longleftrightarrow NHCl_2+H_2O \tag{21-6}$$

$$NHCl_2+HOCl\Longleftrightarrow NCl_3+H_2O \tag{21-7}$$

从上述反应可见：次氯酸 HOCl，一氯胺 NH$_2$Cl、二氯胺 NHCl$_2$ 和三氯胺 NCl$_3$ 都存在，它们在平衡状态下的含量比例决定于氯、氨的相对浓度、pH 值和温度。理论上，常温下一氯胺生成的最佳 pH 为 8.4，氯和氮的最适质量比为 5∶1。一般讲，当 pH 值大于 9 时，一氯胺占优势；当 pH 值为 7.0 时，一氯胺和二氯胺同时存在，近似等量，当 pH 值小于 6.5 时，主要是二氯胺；而三氯胺只有在 pH 值低于 4.5 时才存在。

从消毒效果而言，水中有氯胺时，仍然可理解为依靠次氯酸起消毒作用。从式（21-5）到式（21-7）可见：只有当水中的 HOCl 因消毒而消耗后，反应才向左进行，继续产生消毒所需的 HOCl。因此当水中存在氯胺时，消毒作用比较缓慢，需要较长的接触

时间。根据实验室静态实验结果，用氯消毒，5min 内可杀灭细菌达 99％以上；而用氯胺时，相同条件下，5min 内仅达 60％；需要将水与氯胺的接触时间延长，才能达到 99％以上的灭菌效果。生产上要求氯胺消毒时，水与氯胺接触时间不小于 120min，游离氯消毒时则不小于 30min。

比较 3 种氯胺的消毒效果，$NHCl_2$ 要胜过 NH_2Cl，但前者具有臭味。当 pH 值低时，$NHCl_2$ 所占比例大，消毒效果较好。三氯胺 NCl_3 消毒作用极差，且具有恶臭味（到 0.05mg/L 含量时，已不能忍受）。值得注意的是 NCl_3 在水中溶解度很低，不稳定而易气化，沉淀物可引起爆炸。据报道，1kg NCl_3 最大爆炸能量相当于 0.42kg 炸药。一般自来水中不太可能产生三氯胺，其恶臭味和爆炸性并不引起严重问题。但是当自来水厂采用氯胺消毒或用到液氨时，硫酸铵溶液（或液氨）池不得与次氯酸钠溶液池（或容器）置于同一加氯间。硫酸铵（或液氨）池和次氯酸钠溶液池的清洗水不得使用同一根排水管混合排出，以免低 pH 的次氯酸钠溶液与氨反应生成 NCl_3，引起爆炸。

水中所含的氯以氯胺存在时，诸如一氯胺、二氯胺和三氯胺均称为化合性氯或结合氯。自由性氯的消毒效能比化合性氯要高得多。为此，可以将氯消毒分为两大类：自由性氯消毒和化合性氯消毒。

21.1.2 加氯量

水中加氯量，可以分为两部分，即需氯量和余氯。需氯量指用于灭活水中微生物、氧化有机物和还原性物质等所消耗的部分。为了抑制水中残余病原微生物的再度繁殖，管网中尚需维持少量剩余氯。出厂水的余氯量须低于游离氯的嗅阈值，一般不高于 0.8mg/L。我国《生活饮用水卫生标准》GB 5749—2022 规定出厂水中游离性余氯，不低于 0.3mg/L，在管网末梢水中不低于 0.05mg/L。当采用化合氯（氯胺）消毒时，出厂水中总氯余量不少于 0.5mg/L，管网末梢水中亦不低于 0.05mg/L。管网末梢的余氯量虽仍具有消毒能力，但对再次污染的消毒尚嫌不够，而可作为预示再次受到污染的信号，此点对于管网较长而有死水端和设备陈旧的情况，尤为重要。

以下分析不同情况下加氯量与剩余氯量之间的关系：

（1）如水中无微生物、有机物和还原性物质等，则需氯量为零，加氯量等于剩余氯量，如图 21-2 中所示的虚线①，该线与坐标轴成 45°角。

（2）事实上天然水特别是地表水源多少已受到有机物和细菌等污染，氧化这些有机物和杀灭细菌要消耗一定的氯量，即需氯量。加氯量必须超过需氯量，才能保证一定的剩余氯。当水中有机物较少，而且主要不是游离氨和含氮化合物时，需氯量 OM 满足以后就会出现余氯，如图 21-2 中的实线②所示。这条曲线与横坐标交角小于 45°，其原因为：

1）水中有机物与氯作用的速度有快慢。在测定余氯时，有一部分有机物尚在继续与氯作用中。

2）水中余氯有一部分会自行分解，如次氯酸由于受水中某些杂质或光线的作用，产生如下的催化分解：

$$2HOCl \longrightarrow 2HCl + O_2 \qquad (21\text{-}8)$$

（3）当水中的有机物主要是氨和氮化合物时，情况比较复杂。当起始的需氯量 OA 满足以后（图 21-3），加氯量增加，剩余氯也增加（曲线 AH 段），但后者增长得慢一些。超过 H 点加氯量后，虽然加氯量增加，余氯量反而下降，如 HB 段，H 点称为峰点。此

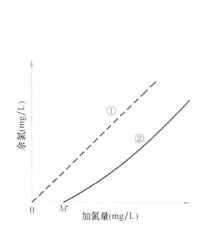

图 21-2 加氯量与余氯关系

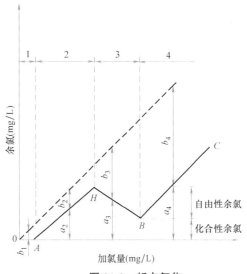

图 21-3 折点氯化

后随着加氯量的增加，剩余氯又上升，如 BC 段，B 点称为折点。

图 21-3 中，曲线 $AHBC$ 与斜虚线间的纵坐标值 b 表示需氯量；曲线 $AHBC$ 的纵坐标值 a 表示余氯量。曲线可分 4 区，分述如下：

在第 1 区即 OA 段，称无余氯区。表示水中杂质把氯消耗光，余氯量为零，需氯量为 b_1，这时消毒效果不可靠。

在第 2 区，即曲线 AH，称化合性余氯区。加氯后，氯与氨发生反应，有余氯存在，所以有一定消毒效果，但余氯为化合性氯，其主要成分是一氯胺。

在第 3 区，即 HB 段，称化合性余氯分解区。该区内的化合性余氯随加氯量继续增加，开始下列化学反应：

$$2NH_2Cl + HOCl \longrightarrow N_2\uparrow + 3HCl + H_2O \qquad (21-9)$$

反应结果使氯胺被氧化成一些不起消毒作用的化合物，余氯反而逐渐减少，最后到达折点 B。

超过折点 B 以后，进入第 4 区，即曲线 BC 段，称折点后余氯区。加氯量进入该区后，已经没有消耗氯的杂质了，所增加的氯均为自由性余氯，加上原存在的化合性余氯，该区同时存在自由性余氯和化合性余氯。

从整个曲线看，到达峰点 H 时，余氯量最高，但这是化合性余氯而非自由性余氯。在折点 B 处，余氯量最低，也是化合性余氯。在折点以后，如继续加氯，余氯增加，此时所增加的是自由性余氯。加氯量超过折点需要量时称为折点氯化或折点加氯。

加氯曲线应根据水厂生产实际进行测定。图 21-3 只是一种典型示意。由于水中含有多种消耗氯的物质（特别是有机物），故实际测定的加氯曲线往往不像图 21-3 那样曲折分明。

缺乏试验资料时，一般的地面水经混凝、沉淀和过滤后或清洁的地下水，加氯量可采用 $1.0 \sim 1.5 mg/L$；一般的地面水经混凝、沉淀而未经过滤时可采用 $1.5 \sim 2.5 mg/L$。

21.1.3 加氯点

在过滤之后加氯，因消耗氯的物质已经大部分去除，所以加氯量很少。滤后消毒为饮用水处理的最后一步。

在加混凝剂时同时加氯，可氧化水中的有机物，提高混凝效果。用硫酸亚铁作为混凝剂时，可以同时加氯，将亚铁氧化成三价铁，促进硫酸亚铁的凝聚作用。这些氯化法称为滤前氯化或预氯化。预氯化还能防止水厂内各类构筑物中滋生青苔和延长氯胺消毒的接触时间，使加氯量维持在图 21-3 中的 AH 段，以节省加氯量。对于受污染水源，为避免氯消毒的副产物过量产生，滤前加氯或预氯化应尽量减少氯的投加量。

当城市管网延伸很长，管网末梢的余氯难以保证时，需要在管网中途补充加氯，即采用分段加氯法。这样既能保证管网末梢的余氯，又不会使水厂附近管网中的余氯过高。管网中途加氯的位置一般都设在加压泵站或水库泵站内。

21. 1. 4　自由氯和化合氯消毒

广义而言，凡利用能在水中产生 HOCl 消毒的氯（Cl_2）和含氯化合物（如氯胺、漂白粉、次氯酸钠等）均为氯系列消毒。根据出厂水中余氯成分，也可分为"自由性余氯"和"化合性余氯"。"自由氯消毒"亦称"氯化消毒"；"化合氯消毒"亦称"氯胺化消毒（或氯胺消毒）"。

自由氯消毒和氯胺消毒两种方法的选择，主要基于消毒副产物的控制。加氯量越大生成的消毒副产物越多，这是不争的事实。消毒副产物的分子结构式中仅含有碳原子的称为含碳消毒副产物（C-DBPs），诸如三卤甲烷（THMs）、卤乙酸（HAAS）、卤代呋喃酮（MX）等；而消毒副产物的分子结构式中同时含有碳原子和氮原子的称为含氮消毒副产物（N-DBPs），诸如卤乙腈（HANs）、卤代硝基甲烷（HNMs）、卤乙酰胺（HAcAms）等。目前已经知道的消毒副产物有 700 多种，并对其中 100 余种可进行定量分析和毒性测试。

若水中不含氨物质，需氯量满足以后所增加的投氯量均为自由余氯。但一般水源中总含有氨物质，只是含量不同。根据图 21-3，当原水中有机物和氨含量低时，加氯量可超过折点 B，此时所增加的氯均为自由氯（即曲线第 4 区）。若第 4 区内自由氯在总余氯量中占优势（有资料认为占 80% 以上），可认为是自由氯消毒，即"折点氯化"。因自由氯消毒效果远胜于化合氯消毒，故折点氯化法应用较广。但当水中有机物含量高时，由于自由氯氧化能力强，可能会与水中腐殖质等一些有机物反应生成 THMs 和 HAAs 等具有"三致"作用的副产物，且当水中氨含量高时，加氯量也大增，一不经济，二生成的消毒副产物浓度也高，故对污染较严重的水源，折点氯化法尽量少用，或采用强化常规处理、预处理及深度处理等方法以减少氯化消毒副产物的前体物，或采用氯胺消毒法，或其他消毒方法。

氯胺消毒作用缓慢，杀菌能力比自由氯弱。但氯胺消毒的优点是：当水中含有有机物和酚时，氯胺消毒不会产生氯臭和氯酚臭；加氯量少，无需过折点，可大大减少 THMs 和 HAAs 产生的可能；能保持水中余氯较久，适用于供水管网较长的情况。不过，因杀菌力弱，单独采用氯胺消毒的水厂很少。

氯胺消毒首先利用原水中的氨，不足时可以人工加氨。当原水中氨含量较高时，加氯量控制在图 21-3 中峰点（H 点）以前，化合性余氯量能满足消毒要求时，即无需加氨，加氯量也较节省。如果按加氯曲线中峰点的化合余氯量满足不了消毒要求，则可人工加氨。人工投加的氨可以是液氨、硫酸铵 $(NH_4)_2SO_4$ 或氯化铵 NH_4Cl。水中原有的氨也可利用。硫酸铵或氯化铵应先配成溶液，然后再投加到水中。液氨投加方法与液氯相似，化学反应见反应式（21-4）至式（21-6）。

氯和氨的投加量视水质不同而有不同比例。一般采用氯：氨＝3：1～6：1。当以防止氯臭为主要的目的时，氯和氨之比小些；当以杀菌和维持余氯为主要目的时，氯和氨之比应大些。

采用氯胺消毒时，一般先加氨，待其与水充分混合后再加氯，这样可减少氯臭，特别当水中含酚时，这种投加顺序可避免产生氯酚恶臭。但当管网较长，主要目的是为了维持余氯较为持久，可先加氯后加氨。有的以地下水为水源的水厂，可采用进厂水加氯消毒，出厂水加氨减臭并稳定余氯。氯和氨也可同时投加。有资料认为，氯和氨同时投加比先加氨后加氯，可减少有害副产物（如 THMs、HAAs 等）的生成。总之，采用氯胺消毒时，氯氨比和投加顺序应根据原水水质、水厂处理工艺和消毒要求等确定。

21.1.5 加氯设备、加氯间和氯库

人工操作的加氯设备主要包括加氯机（手动）、氯瓶和校核氯瓶质量（也即校核氯重）的磅秤等。近年来，自来水厂的加氯自动化发展很快，特别是新建的大、中型水厂，大多采用自动检测和自动加氯技术，因此，加氯设备除了加氯机（自动）和氯瓶外，还相应设置了自动检测（如余氯自动连续检测）和自动控制装置。加氯机是安全、准确地将来自氯瓶的氯输送到加氯点的设备。自动加氯机配以相应的自动检测和自动控制设备，能随着流量、氯压等变化自动调节加氯量，保证了制水质量。加氯机形式很多，可根据加氯量大小、操作要求等选用。氯瓶是一种储氯的钢制压力容器。干燥氯气或液态氯对钢瓶无腐蚀作用，但遇水或受潮则会严重腐蚀金属，故必须严格防止水或潮湿空气进入氯瓶。氯瓶内保持一定的余压也是为了防止潮气进入氯瓶。

加氯间是安置加氯设备的操作间。氯库是储备氯瓶的仓库。加氯间和氯库可以合建，也可分建。由于氯气是有毒气体，故加氯间和氯库位置除了靠近加氯点外，还应位于主导风向下方，且需与经常有人值班的工作间隔开。加氯间和氯库在建筑上的通风、照明、防火、保温等应特别注意，还应设置一系列安全报警、事故处理设施等。有关加氯间和氯库设计要求请参阅设计规范和有关手册。

21.1.6 氯的泄漏及其处置

加氯系统中的加氯机、管道阀门及氯瓶等均有可能漏氯。因此加氯间一般应设置漏氯报警装置和漏氯自动处理系统（如通风和漏氯吸收系统等）联动。当室内空气含氯量达到 $1.0mg/m^3$（少量泄漏）时，自动开启通风装置；当空气含氯量达到 $5mg/m^3$ 时，关闭通风装置并启动报警系统；当室内空气含氯量达到 $10mg/m^3$（大量泄漏）时，自动启动氯气吸收处理装置。因此要求漏氯检测仪的量程大约为 $0.7～15mg/m^3$。事故处理设备和漏氯吸收系统如下：

（1）事故处理设备，水厂通常因地制宜设计事故处理设备。例如可常设一个能淹没故障氯瓶的碱液桶，事故时将氯瓶放入并迅速运出氯库。有的单位设置经常存有石灰水的事故坑，事故时将氯瓶迅速浸入坑内再作处理。

（2）漏氯吸收系统，漏氯吸收系统的处理能力按能在 1 小时内处理 1 个氯瓶的泄漏量设计，安装在邻近氯库和加氯间的单独房间内。漏氯吸收系统处理的尾气排放浓度必须符合《大气污染物综合排放标准》GB 16297—1996 的规定。

有些漏氯吸收装置已有成套设备生产。常用氢氧化钠碱液喷淋吸收，反应式如下：

$$2NaOH + Cl_2 \longrightarrow NaClO + NaCl + H_2O \tag{21-10}$$

吸收塔形式为逆流填料塔如图21-4所示。吸收塔安装有碱雾吸收装置、漏氯监测仪和自动控制系统。

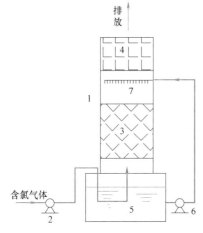

图 21-4　氯气吸收装置

1—吸收塔；2—离心空气泵；3—填料；4—除雾装置；5—碱液池；6—碱液泵；7—喷淋装置

吸收漏氯的碱液用量通常为：每100kg氯约用125kg氢氧化钠（30%溶液）或氢氧化钙（10%溶液），或300kg纯碱（25%溶液）。

也有的漏氯吸收系统采用氯化亚铁—铁粉悬浮液作为吸收液，亚铁的浓度大约为20%。氯可以将铁元素氧化成亚铁，还有可能将亚铁进一步氧化成三价铁。由于三价铁的氧化还原电位比铁元素高，所以在有元素铁的条件下三价铁又能被铁粉还原成亚铁离子。因此最终消耗的是元素铁。理论上每100kg氯约消耗79kg铁粉。这种方法可以利用工业废铁屑，吸收液成本低，容易制备，腐蚀性较小，不容易变质。生成的氯化铁比较稳定，可以回收作为化工原料。

（3）抢救措施，加氯间外应设值班室。值班室内应备有防毒面具、人员抢救设施和工具箱。抢修工具和用品应放在加氯间的入口处，并在水厂其他地方设置备用；照明、通风和动力控制开关应设在容易操作的户外。

由于氯是有毒气体，发生泄漏时扩散快，影响范围大。因此在使用中要考虑氯气泄漏时的事故处理措施，中毒人员抢救程序（例如对氯中毒人员不能进行嘴对嘴人工呼吸，只能采用机械呼吸机和吸氧），故障设备的处置方案，以及工作人员的疏散预案等。

21.2　其他消毒法

21.2.1　二氧化氯消毒

二氧化氯（ClO_2）在常温常压下是一种黄绿色气体，具有与氯相似的刺激性气味，沸点11℃，凝固点−59℃，极不稳定，气态和液态ClO_2均易爆炸，故必须以水溶液形式现场制取，即时使用。ClO_2易溶于水，其溶解度约为氯的5倍。ClO_2水溶液的颜色随浓度增加而由黄绿色转为橙色。ClO_2在水中以溶解气体存在，不发生水解反应。ClO_2水溶液在较高温度与光照下会生成亚氯酸盐（ClO_2^-）和氯酸盐（ClO_3^-），在水处理中ClO_2参与氧化还原反应也会生成ClO_2^-。ClO_2溶液浓度在10g/L以下时没有爆炸危险，水处理中ClO_2浓度远低于10g/L。

制取ClO_2的方法较多。在给水处理中，制取ClO_2的方法主要有：

（1）用亚氯酸钠（$NaClO_2$）和氯（Cl_2）制取，反应如下：

$$Cl_2 + H_2O \longrightarrow HOCl + HCl$$
$$\underline{HOCl + HCl + 2NaClO_2 \longrightarrow 2ClO_2 + 2NaCl + H_2O}$$
$$Cl_2 + 2NaClO_2 \longrightarrow 2ClO_2 + 2NaCl \tag{21-11}$$

根据反应式（21-11），理论上 1mol 氯和 2mol 亚氯酸钠反应可生成 2mol 二氧化氯。但实际应用时，为了加快反应速度，投氯量往往超过化学计量的理论值，这样，产品中就往往含有部分自由氯 Cl_2。作为受污染水的消毒剂，多余的自由氯存在就可能产生 THM_s，虽然不会像氯消毒那样严重。

二氧化氯的制取是在 1 个内填瓷环的圆柱形发生器中进行。由加氯机出来的氯溶液和用泵抽出的亚氯酸钠稀溶液共同进入 ClO_2 发生器，经过约 1min 的反应，便得 ClO_2 水溶液，像加氯一样直接投入水中。发生器上设置 1 个透明管，通过观察，出水若呈黄绿色即表明 ClO_2 生成。反应时应控制混合液的 pH 值和浓度。

（2）用酸与亚氯酸钠反应制取，反应如下：

$$5NaClO_2 + 4HCl \longrightarrow 4ClO_2 + 5NaCl + 2H_2O \tag{21-12}$$

$$10NaClO_2 + 5H_2SO_4 \longrightarrow 8ClO_2 + 5Na_2SO_4 + 2HCl + 4H_2O \tag{21-13}$$

在用硫酸制备时，需注意硫酸不能与固态 $NaClO_2$ 接触，否则会发生爆炸。此外，尚需注意两种反应物（$NaClO_2$ 和 HCl 或 H_2SO_4）的浓度控制，浓度过高，化合时也会发生爆炸。这种制取方法不会存在自由氯，故投入水中不存在产生 THM_s 之虑。

制取方法也是在 1 个圆柱形 ClO_2 发生器中进行。先在 2 个溶液槽中分别配制一定浓度（注意浓度不可过高，一般 HCl 浓度 8.5%，亚氯酸钠浓度 7%）的 HCl 和 $NaClO_2$ 溶液，分别用泵打入 ClO_2 发生器，经过约 20min 反应后便生成 ClO_2 溶液。酸用量一般超过化学计量 3~4 倍。

以上两种 ClO_2 制取方法各有优缺点。采用强酸与亚氯酸钠制取 ClO_2，方法简便，产品中无自由氯，但 $NaClO_2$ 转化成 ClO_2 的理论转化率仅为 80%，即 5mol 的 $NaClO_2$ 产生 4mol 的 ClO_2。采用氯与亚氯酸钠制取 ClO_2，1mol 的 $NaClO_2$ 可产生 1mol 的 ClO_2，理论转化率 100%。由于 $NaClO_2$ 价格高，采用氯制取 ClO_2 在经济上应占有优势。当然，在选用生产设备时，还应考虑其他各种因素，如设备的性能、价格等。

二氧化氯对细菌的细胞壁有较强的吸附和穿透能力，从而有效地破坏细菌内含巯基的酶，ClO_2 可快速控制微生物蛋白质的合成，故 ClO_2 对细菌、病毒等有很强的灭活能力。ClO_2 的最大优点是不会与水中有机物作用生成三卤甲烷。此外，ClO_2 消毒能力比氯强；ClO_2 余量能在管网中保持很长时间，即衰减速度比 Cl_2 慢；由于 ClO_2 不水解，故消毒效果受水的 pH 值影响极小。不过，ClO_2 消毒副产物 ClO_3^- 和 ClO_2^- 对人体健康有影响。ClO_3^- 长期接触可导致溶血性贫血，ClO_2^- 浓度高时会增加高铁血红蛋白等。因此，我国生活饮用水卫生标准规定：水中剩余 ClO_3^- 和 ClO_2^- 含量均不得超过 0.7mg/L。

目前我国二氧化氯消毒在小型水厂应用比较多，为了控制亚氯酸盐和氯酸盐副产物，一般采用二氧化氯和氯联用消毒技术，先用二氧化氯消毒，投加量一般控制在 0.5mg/L 左右，不超过 0.7mg/L，再根据需要在出厂水中投加适量氯。

21.2.2 次氯酸钠消毒

次氯酸钠（NaOCl）是用发生器的钛阳极电解食盐水而制得，反应如下：

$$NaCl + H_2O \longrightarrow NaOCl + H_2\uparrow \tag{21-14}$$

次氯酸钠也是强氧化剂和消毒剂，但消毒效果不如氯强。次氯酸钠消毒作用仍依靠 HOCl，反应如下：

$$NaOCl + H_2O \Longrightarrow HOCl + NaOH \qquad (21\text{-}15)$$

次氯酸钠发生器有成品出售。由于次氯酸钠易分解，故通常采用次氯酸钠发生器现场制取，就地投加，不宜贮运。制作成本就是食盐和电耗费用，此法一般用于小型水厂。

化学法制备次氯酸钠是用氢氧化钠吸收氯气制得，反应如下：

$$2NaOH + Cl_2 \longrightarrow NaOCl + NaCl + H_2O \qquad (21\text{-}16)$$

$$NaOCl + H_2O \Longrightarrow HOCl + NaOH \qquad (21\text{-}17)$$

化学法也是我国在次氯酸钠溶液制备中使用的主要方法。次氯酸钠替代液氯的消毒方式，解决了液氯的重大安全隐患，大大提高了生产运行的安全性。近年来颇受关注。

21.2.3 臭氧消毒

臭氧（O_3）由 3 个氧原子组成，在常温常压下，它是淡蓝色的具有强烈刺激性的气体。臭氧密度为空气的 1.7 倍，易溶于水，在空气或水中均易分解消失。臭氧对人体健康有影响，空气中臭氧浓度达到 $1000mg/L$ 即有致命危险，故在水处理中散发出来的臭氧尾气必须处理。

臭氧都是在现场用空气或纯氧通过臭氧发生器高压放电产生的。臭氧发生器是臭氧生产系统的核心设备。如果以空气作气源，臭氧生产系统应包括空气净化和干燥装置以及鼓风机或空气压缩机等，所产生的臭氧化空气中臭氧含量一般在 2%～3%（质量比）；如果以纯氧作为气源，臭氧生产系统应包括纯氧制取设备，所生产的是纯氧/臭氧混合气体，其中臭氧含量约达 6%（质量比）。由臭氧发生器出来的臭氧化空气（或纯氧）进入接触池与待处理水充分混合。为获得最大传质效率，臭氧化空气（或纯氧）应通过微孔扩散器形成微小气泡均匀分散于水中。

臭氧既是消毒剂，又是氧化能力很强的氧化剂。在水中投入臭氧进行消毒或氧化通称臭氧化。作为消毒剂，由于臭氧在水中不稳定，易消失，故在臭氧消毒后，往往仍需投加少量氯、二氧化氯或氯胺以维持水中剩余消毒剂。臭氧作为唯一消毒剂的极少。当前，臭氧作为氧化剂以氧化去除水中有机污染物更为广泛。臭氧的氧化作用分直接作用和间接作用两种。臭氧直接与水中物质反应称直接作用。直接氧化作用有选择性且反应较慢。间接作用是指臭氧在水中可分解产生二级氧化剂——氢氧自由基·OH（表示 OH 带有一未配对电子，故活性极大）。·OH 是一种非选择性的强氧化剂（$E° = 3.06V$），可以使许多有机物彻底降解矿化，且反应速度很快。不过，仅由臭氧产生的氢氧自由基量很少，除非与其他物理化学方程配合方可产生较多·OH。据有关专家认为，水中 OH^- 及某些有机物是臭氧分解的引发剂或促进剂。臭氧消毒机理实际上仍是氧化作用。臭氧化可迅速杀灭细菌、病毒等。

臭氧作为消毒剂或氧化剂的主要优点是不会产生三卤甲烷等副产物，其杀菌和氧化能力均比氯强。但近年来有关臭氧化的副作用也引起人们关注。有的认为，水中有机物经臭氧化后，有可能将大分子有机物分解成分子较小的中间产物，而在这些中间产物中，可能存在毒性物质或致突变物。或者有些中间产物与氯（臭氧化后往往还需加适量氯）作用后致突变反而增强。因此，当前通常把臭氧与粒状活性炭联用，一方面可避免上述副作用产生，同时也改善了活性炭吸附条件。

臭氧生产设备较复杂，投资较大，电耗也较高，目前我国应用增加，欧洲一些国家（特别是法国）应用最多。随着臭氧发生系统在技术上的不断改进，现在设备投资及生产臭氧的电耗均有所降低，加之人们对饮用水水质要求提高，臭氧在我国水处理中的应用也将逐渐增多。

　　水的消毒方法除了以上介绍的几种以外，还有紫外线消毒、高锰酸钾消毒、重金属离子（如银）消毒及微电解消毒等。综合各种消毒方法，可以这样说，没有一种方法完美无缺；不同消毒方法适用于不同条件的不同水量规模，应根据水质、水量等具体情况选用。

思　考　题

1. 目前水的消毒方法主要有哪几种？简要评述各种消毒方法的优缺点。

2. 什么叫自由性氯？什么叫化合性氯？两者消毒效果有何区别？简述两者消毒原理。

3. 水的 pH 值对氯消毒作用有何影响？为什么？

4. 什么叫折点氯化？出现折点的原因是什么？折点氯化有何利弊？

5. 什么叫余氯？余氯的作用是什么？

6. 制取 ClO_2 有哪几种方法？写出它们的化学反应式并简述 ClO_2 消毒原理和主要特点。

7. 用什么方法制取 O_3 和 $NaOCl$？简述其消毒原理和优缺点。

第22章 水厂设计

22.1 设计步骤、要求和设计原则

22.1.1 设计步骤和要求

水厂设计和其他工程设计一样，一般分两阶段进行：扩大初步设计（简称扩初设计）和施工图设计。对于大型的或复杂的工程，在扩初设计之前，往往还需要进行工程可行性研究或所需特定的试验研究。

可行性研究是提出工程建设的科学依据，主要内容包括：（1）城市概况和供水现状分析；（2）工程目标；（3）工程方案和评价；（4）投资估算和资金筹措；（5）工程效益分析等。同时还应提供环境影响评价以及可能出现的问题等。可行性研究经有关专家评估并获得主管部门批准后，方可进行下一步工作——初步设计。以上所提可行性研究内容仅就一般情况而言，不同工程项目，研究内容和要求也往往不同。大型工程或复杂工程，所涉及的问题可能很多，每一个问题（当然不是细节问题）均需在可行性研究中得到解答。简单的小型工程，可行性研究比较简单，甚至可直接进行扩初设计。经上级有关部门批准的"工程设计任务书"是设计单位开始做设计的依据。扩初设计在可行性研究基础上进行，内容和要求比可行性研究更具体一些。在扩初设计阶段，首先要进一步分析调查和核实已有资料。所需主要资料包括：地形，地质，水文，水质，地震，气象，编制工程概算所需资料、设备、管配件的价格和施工定额，材料、设备供应状况，供电状况，交通运输状况，水厂排污问题等。需要时，还应参观了解类似水厂的设计、施工和运行经验。在此基础上，可提出几种设计方案进行技术经济比较。这里所提的方案比较是在可行性研究所提大方案下的具体方案比较。最后确定水厂位置、工艺流程、处理构筑物形式和初步尺寸以及其他生产和辅助设施等，并初步确定水厂总平面布置和高程布置。在水厂设计中，通常还包括取水工程设计。因此，水源选择、取水构筑物位置和形式的选择以及输水管线等，都需经过设计方案比较予以确定。扩初设计的最后成果一般包括设计说明书一份和若干附图等。设计说明书的主要内容一般包括：工程项目和设计要求概述，方案比较情况，各构筑物及建筑物的形式、尺寸和结构形式，工程概算，主要材料（钢筋、水泥、木材等）、管道及设备（水泵、电动机、真空泵、大型阀门、起重设备、运输车辆、电器设备等）规格、尺寸和数量，工程进度要求，人员编制，以及设计中尚存在的问题等。有关设计资料也应附在说明书内。附图数量应按工程具体情况决定，但至少应包括：取水工程布置图，流程图，水厂总平面布置图，电气设计系统图及主要处理构筑物简图等。

扩初设计经审批后，方可进行施工图设计，设计全部完成后，应向施工单位作施工交底，介绍设计意图和提出施工要求。在施工过程中如需作某些修改，应由设计者负责修改。施工完毕并通过验收后，设计者可配合建设单位有关人员进行水厂调试。

以上介绍的仅属于一般设计步骤和要求。说明书的内容和要求应根据实际工程情况有所增减。

22.1.2 设计原则

有关水厂设计原则，在设计规范中已作了全面规定。这里仅重点提出以下几点：

（1）水处理构筑物的生产能力，应以最高日平均时供水量加水厂自用水量进行设计，并以原水水质最不利情况进行校核。

水厂自用水量主要用于滤池反冲洗及沉淀池或澄清池排泥，或活性炭池反冲洗等方面。自用水量取决于所采用的处理方法、构筑物类型及原水水质等因素。城镇水厂自用水量一般采用供水量的 5%～10%，必要时应通过计算确定。

（2）水厂应按近期设计，考虑远期发展。根据使用要求和技术经济合理性等因素，对近期工程亦可作分期建造的安排。对于扩建、改建工程，应从实际出发，充分发挥原有设施的效能，并应考虑与原有构筑物的合理配合。

（3）水厂设计中应考虑各构筑物或设备进行检修、清洗及部分停止工作时，仍能满足用水要求。例如，主要设备（如水泵机组）应有备用量。城镇水厂内处理构筑物一般虽不设备计用量，但通过适当的技术措施，可在设计允许范围内提高运行负荷。

（4）水厂自动化程度，应本着提高供水水质和供水可靠性，降低能耗、药耗，提高科学管理水平和增加经济效益的原则，根据实际生产要求，技术经济合理性和设备供应情况，妥善确定。

（5）设计中必须遵守设计规范的规定。如果采用现行规范中尚未列入的新技术、新工艺、新设备和新材料，则必须通过科学论证，确证行之有效，方可付诸工程实际。但对于确实行之有效、经济效益高、技术先进的新工艺、新设备和新材料，应积极采用，不必受现行设计规范的约束。

本节内容同样适用于地下水源水厂设计，只是水厂内的设施与地表水源水厂有所不同。以下各节将重点介绍地表水源水厂设计有关问题，地下水源水厂设计亦可参照。

22.2 厂 址 选 择

厂址选择应在整个给水系统设计方案中全面规划，综合考虑，通过技术经济比较确定。在选择厂址时，一般应考虑以下几个问题：

（1）厂址应选择在工程地质条件较好的地方。一般选在地下水位低、承载力较大、湿陷性等级不高、岩石较少的地层，以降低工程造价，同时便于施工。

（2）水厂应尽可能选择在不受洪水威胁的地方。否则应考虑防洪措施。

（3）水厂应尽量设置在交通方便、靠近电源的地方，以利于施工管理和降低输电线路的造价。并考虑沉淀池排泥及滤池冲洗水排除方便。

（4）当取水地点距离用水区较近时，水厂一般设置在取水构筑物附近，通常与取水构筑物建在一起；当取水地点距离用水区较远时，厂址选择有两种方案，一是将水厂设置在取水构筑物附近；另一是将水厂设置在离用水区较近的地方。前一种方案主要优点是：水厂和取水构筑物可集中管理，节省水厂自用水（如滤池冲洗和沉淀池排泥等）的输水费用并便于沉淀池排泥和滤池等冲洗水排除，特别对浑浊度较高的水源而言。但从水厂至主要用水区的输水管道口径要增大，管道承压较高，从而增加了输水管道的造价，特别是当城市用水量逐时变化系数较大及输水管道较长时；或者需在主要用水区增设增压泵站或水库泵站（消毒、调节水量和加压），这样也增加了给水系统的设施和管理工作。后一种方案优缺点与前者正相反。对于高浊度水源，也可将预沉构筑物与取水构筑物建在一起，水厂其余部分设置在主要用水区附近。以上不同方案应综合考虑各种因素并结合其他具体情况，通过技术经济比较确定。

22.3 水厂工艺流程和处理构筑物选择

22.3.1 水厂工艺流程选择

给水处理方法和工艺流程的选择，应根据原水水质及设计生产能力等因素，通过调查研究、必要的试验并参考相似条件下处理构筑物的运行经验，经技术经济比较后确定。以下介绍几种较典型的给水处理工艺流程以供参考。

由于水源不同，水质各异，饮用水处理系统的组成和工艺流程有多种多样。以地表水作为水源，没有或轻微有机污染，以去除泥砂等悬浮物和胶体为主时，处理工艺流程中通常包括混合、絮凝、沉淀或澄清、过滤及消毒。该常规处理工艺流程如图 22-1 所示。

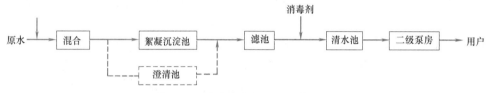

图 22-1 地表水常规处理工艺流程

当原水浑浊度较低（一般在 50NTU 以下）、不受工业废水污染且水质变化不大者，可省略混凝、沉淀（或澄清）构筑物，原水采用单层级配滤料或双层滤料滤池直接过滤，也可在过滤前设一微絮凝池，称微絮凝过滤。工艺流程如图 22-2 所示。

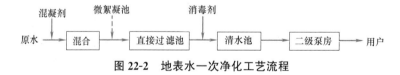

图 22-2 地表水一次净化工艺流程

当原水浑浊度高，含砂量大时，为了达到预期的混凝、沉淀（或澄清）效果，减少混凝剂用量，应增设预沉池或沉砂池，工艺流程如图 22-3 所示。

图 22-3 高浊度水处理工艺流程

若水源受到较严重的污染，按目前行之有效的方法，可增加预臭氧接触池，在砂滤池后再加设后臭氧-生物活性炭处理，如图 22-4 所示。图 22-4 所示的工艺流程，目前在长三角地区的水厂广泛采用。如果对水质要求很高，该工艺流程最后还可增加超滤膜水质保障工艺（置于生物-活性炭池之后）。

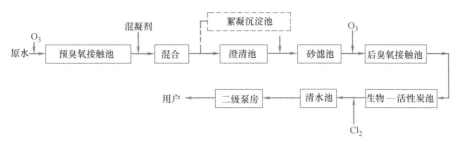

图 22-4　受污染水源处理工艺流程

受污染严重的水源，往往在常规处理的基础上增加预处理和深度处理，工艺流程详见图 22-5。预处理除了单独采用预臭氧氧化以外，当水源水中氨氮浓度高时，可单独采用或增设生物预处理；对于高藻、高氨氮和高有机物严重污染的湖、库水源，可采用预臭氧加生物预处理，藻类暴发的季节可同时在取水口加氯 0.5mg/L 左右，以便有效杀藻控嗅；当特别需要控制嗅味物质或突发污染物时，可投加粉末活性炭进行吸附应急处理。深度处理工艺除了单独采用臭氧—生物活性炭工艺，必要时再增设超滤膜水质保障工艺。近年来有水厂采用纳滤膜工艺处理部分水与同一水厂其他工艺流程出水在清水池混合后出厂。

图 22-5　高氨氮、高藻和高有机物水源水的处理工艺

以地下水作为水源时，由于水质较好，通常不需任何处理，仅经消毒即可，工艺简单。当地下水含铁、锰量超过饮用水水质标准时，则应采取除铁除锰措施。除铁除锰方法见第 23 章有关内容。

22.3.2　水处理构筑物类型选择

水处理构筑物类型的选择，应根据原水水质，处理后水质要求、水厂规模、水厂用地面积和地形条件等，通过技术经济比较确定。通常根据设计运转经验确定几种构筑物组合方案进行比较。常规处理构筑物的组合主要是指混凝、沉淀池（澄清池）和砂滤池以及消毒工艺的配合。

在保障处理水质的前提下，水处理构筑物的选择与水厂处理流程规模关系很大。平流式沉淀池适合大水量（一般大于 $50000m^3/d$）；机械加速澄清池适合小于 $50000m^3/d$ 且大于 $10000m^3/d$；水力循环澄清池适用于小于 $10000m^3/d$ 的处理规模，无论从产水规模还是池身高度配合均适合与无阀滤池配套使用。

高藻水或低温低浊水可考虑采用置于室内的气浮池。当水厂用地面积小时可考虑采用斜管沉淀池。由于高密度沉淀池的运行需要投加聚丙烯酰胺，一般不主张用于饮用水处理，推荐用于自来水厂的排泥水处理。此外，平流式沉淀池和斜管沉淀前面的混合和絮凝池选择很重要，须设机械混合，效果相对较好；絮凝时间最好控制在 18～20min。

在水源水质比较好时，预处理采用预氯化较普遍，投加量一般控制在 0.5～1.0mg/L；

对于微污染水源，可选择预臭氧氧化，当水中溴离子浓度特别高时，可采用 UV-H_2O_2 高级预氧化。高锰酸钾预氧化注意控制投加量，恰当的投加量还可以除锰，过高的投加量反而会导致锰超标和色度问题。目前自来水厂一般都将高锰酸钾和粉末活性炭作为应急处理储备。

为防止反冲洗跑炭，生物活性炭的池型很少选择炭上水深较浅的 V 型滤池，主要采用翻板滤池或改进型的气水反冲洗普通快滤池。但翻板滤池土建施工要求较高，同时要注意翻板阀的安装精度，防止漏水。

以上只是简单介绍了处理构筑物选型的分析比较，经验占有相当重要地位。

22.4 水厂平面和高程布置

22.4.1 平面布置

水厂的基本组成分为两部分：①生产构筑物和建筑物、包括处理构筑物、清水池、泵站、药剂间等；②辅助建筑物。其中又分生产辅助建筑物和生活辅助建筑物两种。前者包括化验室、修理部门、仓库、车库及值班宿舍等；后者包括办公楼、食堂、浴室、职工宿舍等。

生产构筑物及建筑物平面尺寸由设计计算确定。生活辅助建筑面积应按水厂管理体制、人员编制和当地建筑标准确定。生产辅助建筑物面积根据水厂规模、工艺流程和当地具体情况确定。

当各构筑物和建筑物的个数和面积确定之后，根据工艺流程和构筑物及建筑物的功能要求，结合地形和地质条件，进行平面布置。

处理构筑物一般均分散露天布置。北方寒冷地区需有采暖设备的，可采用室内集中布置。集中布置比较紧凑，占地少，便于管理和实现自动化操作，但结构复杂，管道立体交叉多，造价较高。

水厂平面布置主要内容有：各种构筑物和建筑物的平面定位；各种管道、阀门及管道配件的布置；排水管（渠）及窨井布置；道路、围墙、绿化及供电线路的布置等。

水厂平面布置时，应考虑下述几点要求：

（1）布置紧凑、以减少水厂占地面积和连接管（渠）的长度，并便于操作管理。如沉淀池或澄清池应紧靠滤池；二级泵房尽量靠近清水池。但各构筑物之间应留出必要的施工和检修间距和管（渠）道位置。

（2）充分利用地形，力求挖填土方平衡以减少填、挖土方量和施工费用。例如沉淀池或澄清池应尽量布置在地势较高处，清水池尽量布置在地势较低处。

（3）各构筑物之间连接管（渠）应简单、短捷，尽量避免立体交叉，并考虑施工、检修方便。此外，有时也需设置必要的超越管道，以便某一构筑物停产检修时，为保证必须供应的水量采取应急措施。

（4）建筑物布置应注意朝向和风向。如加氯间和氯库应尽量设置在水厂主导风向的下风向；泵房及其他建筑物尽量布置成南北向。

（5）有条件时（尤其大水厂）最好把生产区和生活区分开，尽量避免非生产人员在生产区通行和逗留，以确保生产安全。

（6）对分期建造的工程，既要考虑近期的完整性，又要考虑远期工程建成后整体布局的合理性。还应考虑分期施工方便。

关于水厂内道路、绿化、堆场等设计要求见《室外给水设计标准》GB 50013—2018。

水厂平面布置一般均需提出几个方案进行比较，以便确定在技术经济上较为合理的方案。图 22-6 为水厂常规处理工艺平面布置一例。该水厂设计水量为 10 万 m³/d，分两期建造。第一期和第二期工程各 5 万 m³/d。第一期工程建一座折板絮凝加平流沉淀池和一座普通快滤池（双排布置，共 6 个池），冲洗水箱置于滤池操作室屋顶上。第二期工程同第一期工程。主体构筑物分期建造，水厂其余部分一次建成。全厂占地面积约 25333m²（38 亩）。生产区和生活区分开。水处理构筑物按工艺流程呈直线布置，整齐、紧凑。

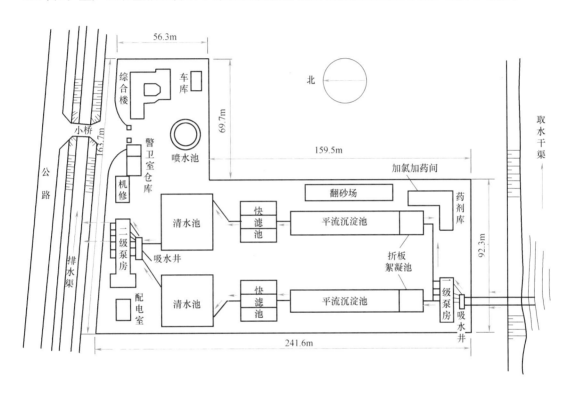

图 22-6　水厂常规处理工艺平面布置

22.4.2　高程布置

在处理工艺流程中，各构筑物之间水流应为重力流。两构筑物之间水面高差即为流程中的水头损失，包括构筑物本身，连接管道、计量设备等水头损失在内。水头损失应通过计算确定，并留有余地。

处理构筑物中的水头损失与构筑物形式和构造有关，估算时可采用表 22-1 数据，一般需通过计算确定。该水头损失应包括构筑物内集水槽（渠）等水头跌落损失在内。

各构筑物之间的连接管（渠）断面尺寸由流速决定，其值一般按表 22-2 采用。当地形有适当坡度可以利用时，可选用较大流速以减小管道直径及相应配件和阀门尺寸；当地形平坦时，为避免增加填、挖土方量和构筑物造价，宜采用较小流速。在选定管（渠）道流速时，应适当留有水量发展的余地。连接管（渠）的水头损失（包括沿程和局部）应通过水力计算确定；估算时可采用表 22-2 数据。

处理构筑物中的水头损失   表 22-1

构筑物名称	水头损失(m)	构筑物名称	水头损失(m)
进水井格栅、格网	0.15~0.3	普通快滤池	2.0~2.5
生物接触氧化池	0.2~0.4	无阀滤池	1.5~2.0
生物滤池	0.5~1.0	翻板滤池	2.0~2.5
水力絮凝池	0.4~0.6	V 型滤池	2.0~2.5
机械絮凝池	0.05~0.1	接触滤池	2.5~3.0
沉淀池	0.15~0.3	臭氧接触池	0.7~1.0
澄清池	0.6~0.8	活性炭池	1.5~2.0

连接管中允许流速和水头损失   表 22-2

接连管段	允许流速(m/s)	附注
一级泵站至混合池	1.0~1.2	—
混合池至絮凝池	1.0~1.5	—
絮凝池至沉淀池	0.10~0.15	应防止絮凝体破碎;水头损失可按 0.1m 计
混合池至澄清池	1.0~1.5	—
沉淀池或澄清池至滤池	0.6~1.0	流速宜取下限以留有余地;水头损失可按 0.3~0.5m 计
滤池至清水池	0.8~1.2	流速宜取下限以留有余地;水头损失可按 0.3~0.5m 计
快滤池冲洗水管	2.0~2.5	因间隙运用,流速可大些
快滤池冲洗水排水管	1.0~1.2	—

当各项水头损失确定之后,便可进行构筑物高程布置。构筑物高程布置与厂区地形、地质条件及所采用的构筑物形式有关。当地形有自然坡度时,有利于高程布置;当地形平坦时,高程布置中既要避免清水池埋入地下过深,又应避免絮凝沉淀池或澄清池在地面上抬高而增加造价,尤其当地质条件差、地下水位高时。通常,当采用普通快滤池时,应考虑清水池地下埋深;当采用无阀滤池时,应考虑絮凝、沉淀池或澄清池是否会抬高。

图 22-7 为图 22-6 中构筑物高程布置图。各构筑物之间水面高差由计算确定。

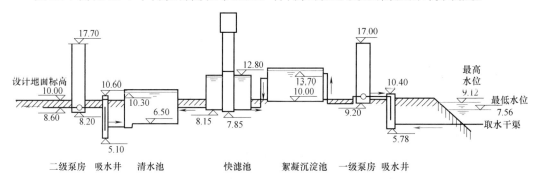

图 22-7 水厂常规处理工艺高程布置

22.5 水厂生产过程检测和自动控制

水厂生产过程中各工艺参数的连续检测,有利于生产监视和合理调度,有利于各种运行数据的积累分析，更为水厂自动化创造条件。水厂要实现生产过程自动控制，自动化仪表是必备前提。

水厂生产过程自动控制不仅是为了节省人力，更主要的是加强各自生产过程的合理运行，保证出水水质、水量和水压及生产安全，节省能耗和药耗，实行科学管理。

水厂自动化设计由电气自动化专业人员承担，这里仅就水厂运行检测要求和自动控制要求作一简要介绍。

22.5.1 水厂内检测仪表的设置

水厂所用仪表，按照功能可分一次仪表和二次仪表，一次仪表包括感受器和变送器。前者测定运行参数，后者把测定的参数值转化为电流、电压、脉冲信号等，传送到 RTU 柜（远程控制终端单元）或 PLC 系统。二次仪表把测得的参数再显示出来。二次仪表把参数值显示在盘面上或电视荧光屏上（CRT）或生产移动端 APP 上，用于生产监视或参与生产远程控制。水厂所用的仪表一部分是通用仪表，如压力、真空、差压、液位、流量、温度、电导率等仪表。一部分是水厂专用仪表、如浑浊度、余氯、pH 值、溶解氧、氨氮、COD、余臭氧等仪表。水厂仪表的设置标准，也反映了水厂操作管理的科学化水平和自动化程度。

随着数字化转型、智慧化水厂建设的发展，各类多参数检测仪表、大型水质仪器逐渐得到广泛的应用、仪表的集成和信息化管理得到了加强。根据我国目前现代化水厂发展的阶段，标准较高的检测仪表设置大体如下：

（1）原水仪表：温度、pH、电导率、浑浊度仪、耗氧量（COD_{Mn}）计、压力、溶解氧、流量、水位计。

（2）预处理及混合絮凝沉淀：浑浊度仪、余氯仪、泥水界面仪。

（3）过滤（砂滤池、V 型滤池）：浊度仪、余氯仪、液位计、滤池水头损失指示仪（阻塞值）、冲洗水箱液位。

（4）消毒接触池及清水池：余氯仪、氨氮仪（一氯胺仪）液位计、流量计。

（5）深度处理（预臭氧、后臭氧、炭滤池）：余臭氧仪、臭氧流量计、浑浊度仪、滤池水头损失指示仪（阻塞值）。

（6）清水泵房及出厂水：压力表、流量计、pH 值、电导率、浑浊度仪、余氯仪、COD、余氨仪、温度计。

（7）污泥脱水系统及排放水：污泥含水率检测仪、污泥浓度计、浑浊度仪、SS 仪、COD。

以上检测仪表需严格根据仪表安装要求安装在各生产工艺构筑物重要部位，信号传输至中心控制室，并要定期进行巡检、维护和更换耗材，按照规程定期进行仪表校验。

22.5.2 水厂自动化设计要求

水厂自动化程度可分成二类。第一类以水厂单项构筑物（如泵房、沉淀、澄清池、滤池、臭氧接触池）或加药系统（如加矾、加氯、聚丙烯酰胺投加系统等）为自动控制目标，实现小闭环；第二类以整条生产线或整合全厂 PLC 数据实现生产全流程自动控制，自动化程度主要以程控率和闭环率来衡量。

一些发达国家的自来水厂自动化程度较高，而我国自来水厂自动化起步较晚，但随着生活饮用水卫生标准的提高、水质检测技术的不断进步，特别是工业化和信息化的发展带动了自来水厂自动化水平的飞速发展，原来的集中监测、分散控制方式提高到自动化程度高的集中监测、集中控制（远程控制）方式，同时借助于数理模型、机理模型以及数字孪生、仿真、大数据、云计算等手段，大大提高了生产预警能力和水质安全管控水平，实现由原来的自动化、智能化向智慧化水厂的升级转型。

智慧化水厂内工艺过程自动控制典型模式如下：

（1）水量自动调度模型。基于供水管网或用户水量的历史数据大数据分析，预测当日供水量趋势，并根据机泵的机理模型和能效特点实现机泵的优选和配车运行，同时结合工艺流程推测出取水量，实现自来水厂全流程的水量自动调度，从而用于指导调度管理人员分析和决策。

（2）水质模型。如加矾模型、加氯模型等，围绕混合、沉淀环节，将进水量、搅拌速率、加矾量、加氯量、排泥量、回流量等影响因子进行分析研究，以出水浑浊度、余氯为控制目标，建立起水质模型，实现水质可控、成本较省、运行可靠的目标。

（3）过滤优化模型。以滤池过滤效果最佳为目标，将进水量、滤速、反冲洗强度、过滤周期、初滤水排放、滤料含泥率等相关因子进行分析研究，寻找在确保滤池出水浑浊度达标的条件下的经济运行模式。

（4）清水泵房提升模型。传统的二级泵房根据出水压力和流量来调节水泵运行台数和阀门的开启度，备用泵可以自动启动替代故障水泵，并依靠阀门的开启度来调节出水流量和压力。随着变频器技术的飞速发展，清水泵房的机泵逐渐由工频控制升级为变频控制，不仅启停平稳对管网压力无冲击、对电网波动影响较小，而且可以实现分时段恒压供水模式，发挥节能降耗的优势。同时利用振动仪、转速计、无线测温等技术手段实现机泵的健康监测，提高机泵的安全可靠运行水平。

以上各种智慧化模型或智能化控制软硬件均要依赖于可靠的网络通信安全、依赖于逻辑控制和数据计算，要求各自来水厂要加强对自控系统故障后的应急处置能力、培养净水、调度管理人员的应用自控系统的综合能力，要能够确保自控系统异常或故障后的手动与自动切换顺利、能够维持正常生产。

思 考 题

结合水厂参观，生产实习和毕业设计，理解本章内容。

第 23 章 特种水源水处理方法

23.1 地下水除铁除锰

含铁和含锰地下水在我国分布很广。铁和锰可共存于地下水中,但含铁量往往高于含锰量。我国地下水的含铁量一般小于 $515mg/L$,含锰量约在 $0.5\sim2.0mg/L$ 之间。

水中的铁以 Fe^{2+} 或 Fe^{3+} 形态存在。由于 Fe^{3+} 溶解度低,易被地层滤除,故地下水中的铁主要是溶解度高的 Fe^{2+} 离子。锰以 $+2$、$+3$、$+4$、$+6$ 或 $+7$ 价形态存在。其中除了 Mn^{2+} 和 Mn^{4+} 以外,其他价态锰在中性天然水中一般不稳定,故实际上可认为不存在。但 Mn^{4+} 的溶解度低,易被地层滤除,所以以溶解度高的 Mn^{2+} 为处理对象。地表水中含有溶解氧,铁锰主要以不溶解的 $Fe(OH)_3$ 和 MnO_2 状态存在,所以铁锰含量不高。地下水或湖泊和蓄水库的深层水中,由于缺少溶解氧,以致 $+3$ 价铁和 $+4$ 价锰还原成为溶解的 $+2$ 价铁和 $+2$ 价锰,因而铁锰含量较高,须加以处理。

水中含铁量高时,水有铁腥味,影响水的口味;作为造纸、纺织、印染、化工和皮革精制等生产用水,会降低产品质量;含铁水可使家庭用具如瓷盆和浴缸发生锈斑,洗涤衣物会出现黄色或棕黄色斑渍;铁质沉淀物 Fe_2O_3 会滋长铁细菌,阻塞管道,有时自来水会出现红水。

含锰量高的水所发生的问题和含铁量高的情况相类似,并更为严重,例如使水有色、臭、味,损坏纺织、造纸、酿酒、食品等工业产品的质量,家用器具会污染成棕色或黑色。洗涤衣物会有微黑色或浅灰色斑渍等。

我国《生活饮用水卫生标准》GB 5749—2022 中规定,铁、锰浓度分别不得超过 $0.3mg/L$ 和 $0.1mg/L$,这主要是为了防止水的腥臭或沾污生活用具或衣物,并没有毒理学的意义。铁锰含量超过标准的原水须经除铁、除锰处理。

23.1.1 地下水除铁方法

地下水中二价铁主要是重碳酸亚铁（$Fe(HCO_3)_2$），只有在酸性矿井水中才会含有硫酸亚铁（$FeSO_4$）。

重碳酸亚铁在水中离解:

$$Fe(HCO_3)_2 \Longleftrightarrow Fe^{2+} + 2HCO_3^- \tag{23-1}$$

当水中有溶解氧时,Fe^{2+} 易被氧化成 Fe^{3+}:

$$4Fe^{2+} + O_2 + 2H_2O \Longleftrightarrow 4Fe^{3+} + 4OH^- \tag{23-2}$$

氧化生成的 Fe^{3+} 以 $Fe(OH)_3$ 形式析出。因此,地下水中不含溶解氧是 Fe^{2+} 稳定存在的必要条件。一般,地下水中均不含溶解氧,故含铁地下水中的铁通常是 Fe^{2+}。

去除地下水中 Fe^{2+},通常采用氧化方法。可选用的氧化剂有氧、氯、高锰酸钾和臭氧等。由于利用空气中的氧既方便又较经济,所以生产上应用最广。本书重点介绍空气自然氧化法和接触催化氧化法等。

1. 空气自然氧化法除铁

采用空气中的氧除铁，称空气自然氧化法，或简称自然氧化法。空气中 O_2 的体积约占 20.93%，CO_2 占 0.03%。曝气时，O_2 溶解到水中，CO_2 则逸出到大气中，以保持平衡状态。氧除铁工艺如图 23-1 所示。

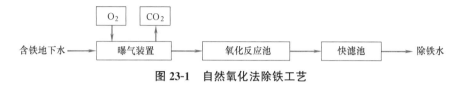

图 23-1 自然氧化法除铁工艺

根据式 (23-3) 计算，每氧化 1mg/L 的 Fe^{2+}，理论上需氧 0.14mg/L。但实际需氧量要高于理论值 2~5 倍。曝气充氧量按下式计算：

$$[O_2] = 0.14a[Fe^{2+}] \qquad (23-3)$$

式中　$[Fe^{2+}]$——水中 Fe^{2+} 浓度，mg/L；

　　　$[O_2]$——溶氧浓度，mg/L；

　　　a——过剩溶氧系数，a=2~5。

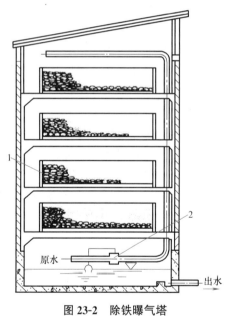

图 23-2　除铁曝气塔

1—焦炭层 30~40cm；2—浮球阀

水中 Fe^{2+} 的氧化速度即是 Fe^{2+} 浓度随时间的变化速率，与水中溶解氧浓度、Fe^{2+} 浓度和氢氧根浓度（或 pH 值）有关。当水中的 pH>5.5 时，Fe^{2+} 氧化速度可用下式表示：

$$-\frac{d[Fe^{2+}]}{dt} = k[Fe^{2+}][O_2][OH^-]^2$$

$$(23-4)$$

式中 k 值为反应速率常数。公式左端负号表示 Fe^{2+} 浓度随时间而减少。一般情况下，水中 Fe^{2+} 自然氧化速度较慢，故经曝气充氧后，应有一段反应时间，才能保证 Fe^{2+} 获得充分的氧化。

曝气的作用主要是向水中充氧。曝气装置有多种形式，常用的有曝气塔、跌水曝气、喷淋曝气、压缩空气曝气及射流曝气等。在空气自然氧化法除铁工艺中，为提高 Fe^{2+} 氧化速度，通常采用在曝气充氧的同时还可同时散除部分 CO_2，以提高水的 pH 值的曝气装置，如曝气塔等。提高水的 pH 值即增加了式 (23-4) 中 $[OH^-]$ 浓度。由于 Fe^{2+} 氧化速度与 $[OH^-]^2$ 成正比，故 pH 值的提高可大大加速 Fe^{2+} 的氧化速度。图 23-2 为除铁曝气塔示意图，适用于含铁量不高于 10mg/L 时。塔中可设多层板条或厚度为 0.3~0.4m 的焦炭或矿渣填料。填料层上、下净距离在 0.6m 以上以便空气流通。含铁地下水从塔顶穿孔管喷淋而下，成为水滴或水膜通过填料层，空气中的氧便溶于水中，同时

也散除了部分 CO_2。

曝气后的水进入氧化反应池，氧化池的作用除了使 Fe^{2+} 充分氧化为 Fe^{3+} 外，还可使 Fe^{3+} 水解形成 $Fe(OH)_3$ 絮体的一部分在池中沉淀下来，从而减轻后续快滤池的负荷。水在氧化反应池内停留时间一般在 1h 左右。

快滤池的作用是截留三价铁的絮凝体。除铁用的快滤池与一般澄清用的快滤池相同，只是滤层厚度根据除铁要求稍有增加。

2. 接触催化氧化法除铁

由于自然氧化法除铁时，Fe^{2+} 的氧化速度较缓慢，所需曝气装置和氧化反应池较复杂、庞大，便出现了接触催化氧化除铁方法。催化氧化方法的核心是，在除铁滤池滤料表面需形成化学成分为 $Fe(OH)_3$ 的铁质活性滤膜。该铁质活性滤膜即是催化剂，可加速水中 Fe^{2+} 的氧化。其催化氧化机理是，铁质活性滤膜首先吸附水中 Fe^{2+}，在水中含有溶解氧条件下，被吸附的 Fe^{2+} 在活性滤膜催化作用下，迅速氧化成 Fe^{3+}，并水解成 $Fe(OH)_3$，又形成新的催化剂。因此，铁质活性滤膜除铁的催化氧化过程是一个自催化过程。催化氧化除铁工艺如图 23-3 所示。

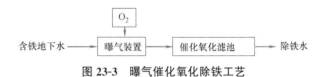

图 23-3 曝气催化氧化除铁工艺

接触催化氧化除铁工艺简单，不需设置氧化反应池。在催化氧化除铁过程中，曝气仅仅是为了充氧，无需散除 CO_2，故曝气装置也比较简单，例如简单的射流曝气就可达到充氧要求。图 23-4 为射流曝气除铁示意图。水射器利用高压水流吸入空气，并将空气带入深井泵吸水管中，达到充氧目的。高压水来自压力滤池出水回流。这种除铁形式构造简单，适用于小型水厂。

滤池中的滤料可以是天然锰砂、石英砂或无烟煤等粒状材料。这些滤料只是铁质活性滤膜的载体，本身对铁的吸附容量有限。相比之下，锰砂对铁的吸附容量大于石英砂

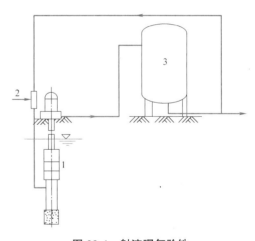

图 23-4 射流曝气除铁
1—深井泵；2—水射器；3—除铁滤池

和无烟煤。一般活性滤膜的形成过程是，将曝气充氧后的含铁地下水直接经过滤池过滤。由于新滤料表面尚无活性滤膜，仅靠滤料本身吸附作用去除少量铁质，故出水水质较差。随着过滤时间的延续，滤料表面活性滤膜逐渐增多，出水含铁量逐渐减少，直至滤料表面覆盖棕黄色滤膜，出水含铁量达到要求时，表面滤料已经成熟，可投入正常运行。滤料成熟期少则数日，多则数周。由于锰砂对铁的吸附容量较大，故成熟期较短。一旦铁质活性滤膜形成就获得稳定的除铁效果。而且随着过滤时间的延长，铁质活性滤膜逐渐累积，催化能力不断提高，滤后水质会越来越好。因此过滤周期并不决定于滤后水质，而是决定于

过滤阻力，这与一般澄清用的滤池不同。

接触催化氧化除铁滤池滤料粒径、滤层厚度和滤速，视原水含铁量、曝气方式和滤池型式等确定，滤料粒径通常为 0.5～2.0mm，滤层厚度在 0.7m 至 1.5m 范围内（压力滤池滤层一般较厚），滤速通常在 5～10m/h 内，含铁量高的采用较低滤速，含铁量低的采用较高滤速。也有天然锰砂除铁滤池的滤速高达 20～30m/h。由于接触催化氧化除铁工艺的设备简单，处理效果稳定，故目前应用较广。

3. 氯氧化法除铁

(1) 氯是比氧更强的氧化剂，可在广泛的 pH 范围内将二价铁氧化成三价铁，反应瞬间即可完成，氯与二价铁的反应式为：

$$2Fe^{2+} + Cl_2 = 2Fe^{3+} + 2Cl^- \tag{23-5}$$

按此反应式，每 1mg/L Fe^{2+} 理论上需 0.64mg/L Cl，但由于水中尚存在能与氯反应的其他还原性物质，所以实际所需投氯量要比理论值高。

(2) 含铁地下水经加氯氧化后，通过絮凝、沉淀和过滤以去除水中生成的 $Fe(OH)_3$ 悬浮物。当原水含铁量少时，可省去沉淀池；当含铁量更少时，还可省去絮凝池，采用投氯后直接过滤。

23.1.2 地下水除锰方法

铁和锰的化学性质相近，所以常共存于地下水中。地下水除锰仍以氧化法为主，但铁的氧化还原电位低于锰，容易被 O_2 氧化，相同 pH 时，二价铁比二价锰的氧化速率快，以至影响二价锰的氧化。因此地下水除锰比除铁困难。在 pH 中性条件下，Mn^{2+} 几乎不能被溶解氧氧化。只有当 pH>9.0 时，Mn^{2+} 才能较快地氧化成 Mn^{4+}，所以在生产上一般不采用空气自然氧化法除锰。目前常用的是催化氧化法除锰。氯、高锰酸钾和臭氧等氧化剂也可用于除锰，可根据地下水中的浓度和实际需要选用。

1. 高锰酸钾氧化法

高锰酸钾可以在中性和微酸性条件下迅速将水中二价锰氧化成四价锰。

$$3Mn^{2+} + 2KMnO_4 + 2H_2O = 5MnO_2 + 2K^+ + 4H^+ \tag{23-6}$$

按式 (23-6) 计算，每氧化 1mg/L 二价锰，理论上需要 1.9mg/L 高锰酸钾。实际使用时以试验值为准。高锰酸钾的投加量是需要控制的关键因素之一，投加量过高反而会导致锰超标，过量还会导致色度升高。

2. 氯接触过滤法

(1) 含 Mn^{2+} 地下水投加氯后，流经包覆着 $MnO(OH)_2$（碱式氧化锰）的滤层，Mn^{2+} 首先被 $MnO(OH)_2$ 吸附，在 $MnO(OH)_2$ 的催化作用下被强氧化剂迅速氧化为 Mn^{4+}，并与滤料表面原有的 $MnO(OH)_2$ 形成某种化学结合物，新生的 $MnO(OH)_2$ 仍具有催化作用，继续催化氯对 Mn^{2+} 的氧化反应。滤料表面的吸附反应与再生反应交替循环进行，从而完成除锰过程。

(2) 过滤的滤料可采用天然锰砂。天然锰砂对 Mn^{2+} 有相当大的吸附能力。

(3) 氯氧化 Mn^{2+} 的理论消耗量为 Mn^{2+}：Cl = 1：1.3。生产装置的实际消耗量与此相近。

3. 接触催化氧化法除锰

接触催化氧化法除锰方法和工艺系统与接触催化氧化法除铁类似。即在滤料表面首先形成黑褐色活性滤膜。活性滤膜即是催化剂。活性滤膜首先吸附水中的 Mn^{2+}。在水中含有溶解氧条件下，被吸附的 Mn^{2+} 在活性滤膜催化作用下，氧化成 Mn^{4+} 并形成 MnO_2 固体被去除。根据众多专家研究，活性滤膜化学成分有多种说法，有的认为是 MnO_2；有的认为是 Mn_3O_4 或某种待定混合物 MnO_x（$x=1.33$ 时，即为 Mn_3O_4，$x=1.33\sim1.42$ 为黑锰矿，$x=1.15\sim1.42$ 为水锰矿）；也有认为是某种待定化合物，可用 $Mn_x\cdot Fe_yO_z\cdot xH_2O$ 表示。总之，锰质活性滤膜比较复杂，尚待深入研究。若以 MnO_2 为催化剂，则 Mn^{2+} 的催化氧化反应为：

$$Mn^{2+}+MnO_2\longrightarrow MnO_2\cdot Mn^{2+}（吸附）\tag{23-7}$$

$$MnO_2\cdot Mn^{2+}+\frac{1}{2}O_2+H_2O\longrightarrow 2MnO_2+2H^+（氧化）\tag{23-8}$$

总反应式为：

$$2Mn^{2+}+O_2+H_2O\longrightarrow 2MnO_2+4H^+\tag{23-9}$$

由上可知，催化氧化法除锰也是自催化过程。根据式（23-9）计算，理论上每氧化 $1mg/L$ 的 Mn^{2+}，需氧 $0.29mg/L$。实际需氧量约为理论值的 2 倍以上。

滤料可用石英砂、无烟煤和锰砂等。由于石英砂滤料成熟期很长，催化氧化除锰的滤料通常采用锰砂。催化氧化除锰工艺如图 23-5 所示。

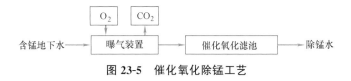

图 23-5 催化氧化除锰工艺

4. 生物除铁除锰

由于地下水中铁和锰往往共存，且除铁易、除锰难，故对含有铁锰的地下水，总是先除铁、后除锰。

当地下水中铁锰含量不高时，可上层除铁下层除锰而在同一滤层中完成，不致因锰的泄漏而影响水质。但如含铁、锰量大，则除铁层的范围增大，剩余的滤层不能截留水中的锰，为了防止锰的泄漏，可在流程中建造两个滤池，前面是除铁滤池，后面是除锰滤池。图 23-6 为上层除铁、下层除锰压力滤池示意图。

近年来，国内外都在进行生物法除铁除锰研究。因为氧化法除锰比除铁难得多，且要求较高的 pH 值，故生物法除锰尤其受到重视。

生物法除铁除锰也是在滤池中进行，称生物除铁除锰滤池。与澄清用的滤池和接触催化氧化除铁、除锰滤池不同的是，生物除铁除锰滤池的滤料层应通过微生物接种、培养、驯化形成生物滤层。滤料表面和空隙间的微生物中含有铁细菌。一般认为，当含铁、含锰地下水通过滤层时，在有氧条件下，通过铁细菌胞内酶促反应、胞外酶促反应及细菌分泌物的催化反应，使 Fe^{2+} 氧化成 Fe^{3+}，Mn^{2+} 氧化成 Mn^{4+}。生物除铁、除锰工艺较新，一般可在同一滤池内完成，如图 23-7 所示。生物除铁除锰需氧量较少，只需简单曝气即可（如跌水曝气）。滤池中滤料仅起微生物载体作用，可以是石英砂、无烟煤和锰砂等。生物滤层成熟期视细菌接种方法而不同，一般在数十天左右。目前，生物除铁除锰法我国已有生产应用，尚需不断积累经验和不断研究，使这一新技术得以推广。

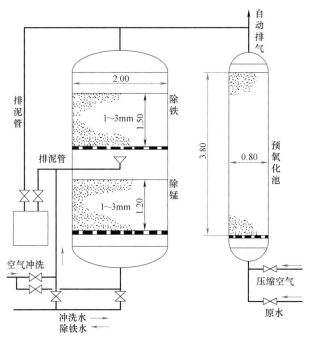

图 23-6　除铁除锰双层滤池

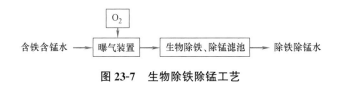

图 23-7　生物除铁除锰工艺

23.2　水 的 除 氟

　　氟是人体必需元素之一，当饮用水中含氟量低于 0.5mg/L 时有可能引起儿童龋齿。我国地下水含氟地区的分布范围很广，因长期饮用含氟量高的水可引起慢性氟中毒，高于 1.5mg/L 时对牙齿和骨骼产生严重危害，轻者患氟斑牙，表现为牙釉质损坏，牙齿过早脱落等，重者则骨关节疼痛，甚至骨骼变形，出现弯腰驼背等，完全丧失了劳动能力，高氟水的危害严重。我国饮用水标准中规定氟的含量不得超过 1mg/L。世界卫生组织（WHO）建议值为 1.5mg/L。一般认为适宜的浓度为 0.5～1.0mg/L。

　　我国饮用水除氟方法中，应用最多的是吸附过滤法。作为吸附剂的滤料主要是活性氧化铝，其次是骨炭，是由兽骨燃烧去掉有机质的产品，主要成分是磷酸三钙和炭，因此骨炭过滤称为磷酸三钙吸附过滤法。两种方法都是利用吸附剂的吸附和离子交换作用，是除氟的比较经济有效方法。其他还有混凝、电渗析等除氟方法，但应用较少。

23.2.1　活性氧化铝法

　　活性氧化铝是白色颗粒状多孔吸附剂，粒径 0.5～2.5mm，有较大的比表面积。活性氧化铝是两性物质，等电点约在 9.5，当水的 pH 值小于 9.5 时可吸附阴离子，大于 9.5 时可去除阳离子，因此，在酸性溶液中活性氧化铝为阴离子交换剂，对氟有极大的选择性。

活性氧化铝使用前可用硫酸铝溶液活化，使转化成为硫酸盐型，反应如下：

$$(Al_2O_3)_n \cdot 2H_2O + SO_4^{2-} \longrightarrow (Al_2O_3)_n \cdot H_2SO_4 + 2OH^- \tag{23-10}$$

除氟时的反应为：

$$(Al_2O_3)_n \cdot H_2SO_4 + 2F^- \longrightarrow (Al_2O_3)_n \cdot 2HF + SO_4^{2-} \tag{23-11}$$

活性氧化铝失去除氟能力后，可用 $1\% \sim 2\%$ 浓度的硫酸铝溶液再生：

$$(Al_2O_3)_n \cdot 2HF + SO_4^{2-} \longrightarrow (Al_2O_3)_n \cdot H_2SO_4 + 2F^- \tag{23-12}$$

活性氧化铝除氟有下列特性：

1. pH 影响

原水含氟量为 $C_0 = 20mg/L$，取不同 pH 得水样进行试验的结果如图 23-8 所示，可以看出，在 pH=5～8 范围内时，除氟效果较好，而在 pH 为 5.5 时，吸附量最大，因此如将原水的 pH 调节到 5.5 左右，可以增加活性氧化铝的吸氟效率。

2. 吸氟容量

吸氟容量是指每 1g 活性氧化铝所能吸附氟的质量，一般为 $1.2 \sim 4.5 mgF^-/gAl_2O_3$。它取决于原水的氟浓度、pH、活性氧化铝的颗粒大小等。在原水含氟量为 10 和 20mg/L 的平行对比试验中，如保持出水 F^- 在 1mg/L 以下时，所能处理的水量大致相同，说明原水含氟量增加时，吸氟容量可相应增大。进水 pH 值可影响 F^- 泄漏前可以处理的水量，pH=5.5 似为最佳值。颗粒大小和吸氟容量呈线性关系，颗粒小则吸氟容量大，但小颗粒会在反冲洗时流失，并且容易被再生剂 NaOH 溶解（当用 NaOH 再生时）。国内常用的粒径是 1～3mm，但已有粒径为 0.5～1.5mm 的产品。

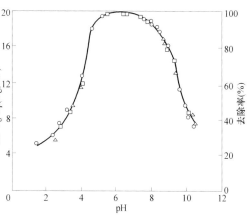

图 23-8　pH 与除氟效果关系

由上可见，加酸或加 CO_2 调节原水的 pH 到 5.5～6.5 之间，并采用小粒径活性氧化铝，是提高除氟效果和降低制水成本的途径。

活性氧化铝除氟工艺可分成原水调节 pH 和不调节 pH 两类。调节 pH 时为减少酸的消耗和降低成本，我国多将 pH 控制在 6.5～7.0 之间，除氟装置的接触时间应在 15min 以上。

除氟装置有固定床和流动床。固定床的水流一般为升流式，滤层厚度 1.1～1.5m，滤速一般为 3～6m/h，视原水含氟浓度而定。移动床滤层厚度为 1.8～2.4m，滤速一般为 10～12m/h。

活性氧化铝柱失效后，出水含氟量超过标准时，运行周期即告结束须进行再生。再生时，活性氧化铝柱首先反冲洗 10～15min，膨胀率为 30%～50%，以去除滤层中的悬浮物。再生液浓度和用量应通过试验，一般采用 $Al_2(SO_4)_3$ 再生时为 1%～2%，采用 NaOH 时为 1.0%。再生后用除氟水反冲洗 8～10min。再生时间约 1.0～1.5h。采用 NaOH 溶液时，再生后的滤层呈碱性，须再转变为酸性，以便去除 F^- 离子和其他阴离子。这时可在再生结束重新进水时，将原水的 pH 调节到 2.0～2.5 并以平时的滤速流过滤层，连续测定出水的 pH，当 pH 降低到预定值时，出水即可送入管网系统中应用，然后恢复原来的方式运行。和离子交换法一样，再生废液的处理是一个麻烦的问题，再生废液处理费用往往占运行维护费用很大的比例。

23.2.2　骨炭法

骨炭法或称磷酸三钙法，是我国应用较多的除氟方法，仅次于活性氧化铝法。骨炭的主要成分是羟基磷酸钙，其分子式可以是 $Ca_3(PO_4)_2 \cdot CaCO_3$，也可以是 $Ca_{10}(PO_4)_6(OH)_2$，交换反应见式（23-13）。

$$Ca_{10}(PO_4)_6(OH)_2 + 2F^- \Longleftrightarrow Ca_{10}(PO_4)_6F_2 + 2OH \tag{23-13}$$

当水的含氟量高时，反应向右进行，氟被骨炭吸收而去除。

骨炭再生一般用 1% NaOH 溶液浸泡，然后再用 0.5% 的硫酸溶液中和。再生时水中的 OH^- 浓度升高，反应向左进行，使滤层得到再生又成为羟基磷酸钙。

骨炭法除氟较活性炭氧化铝法的接触时间短，只需 5min，且价格比较便宜，但是机械强度较差，吸附性能衰减较快。

23.2.3　其他除氟方法

混凝法除氟是利用铝盐的混凝作用，适用于原水含氟量较低并须同时去除浑浊度时。硫酸铝的投加量太大会影响水质，处理后水中含有大量溶解铝会引起人们对健康的担心，使应用越来越少。电凝聚法除氟的原理和铝盐混凝法相同，应用也少。

膜分离技术除氟包括电渗析和反渗透等。膜分离技术除氟效率都较高，是具有良好应用前景的新型饮用水除氟技术。电渗析和反渗透除氟法可同时除盐，适用于苦咸高氟水地区的饮用水除氟，尽管在价格上和技术上仍然存在一些问题，预计其应用有增长的趋势。

23.3　水 的 除 砷

我国含砷地下水分布较广。迄今已发现新疆、内蒙古、山西等 13 个省区（含台湾省）地下水中含砷量较高，其中山西省"砷中毒"地方病已列入全国"重灾区"。地表水中的砷主要来源于工业污染。砷是一种有毒物质，其毒性随不同化合物而异。三价砷化物毒性大于五价砷化物。长期饮用含砷量高的水，砷可在人体内积蓄，引起慢性中毒。常见的砷中毒病是"黑脚病"（一种皮肤病）和皮肤癌等。我国《生活饮用水卫生标准》GB 5749—2022 规定，饮用水中砷含量最高为 0.01mg/L。

砷在水中通常以三价和五价的无机砷及有机砷形式存在。地表水中，砷主要是五价（As(V)）；地下水中，砷主要是三价（As(III)）。As(III) 和 As(V) 分别主要有 H_3AsO_3、$H_2AsO_3^-$ 和 $H_2AsO_4^-$、$HAsO_4^{2-}$，其存在形式与水的 pH 值有关，如图 23-9 所示，由图可见，在 pH<7 时，As(III) 主要是 H_3AsO_3；As(V) 主要

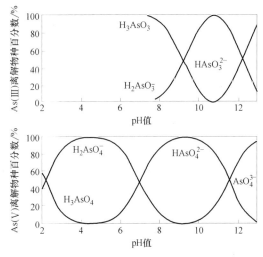

图 23-9　As(III)、As(V) 的物种与 pH 的关系

是 $H_2AsO_4^-$。

目前，水的除砷方法主要有混凝沉淀法、活性氧化铝吸附法、离子交换法及反渗透法等。

23.3.1 混凝沉淀法除砷

混凝沉淀法是目前运用得最广泛的除砷方法，混凝剂一般选用铁盐，铁盐除砷效果一般高于铝盐。混凝沉淀法对 As^{5+} 的去除效果明显好于 As^{3+}，所以在除砷过程中常对所处理的水进行预氧化，把三价 As^{3+} 氧化为五价 As^{5+}，再进行混凝。

铁盐混凝沉淀法是利用 $FeCl_3$ 或聚合硫酸铁等铁盐在水溶液中水解成 $Fe(OH)_3$ 絮凝体，吸除水中的五价砷（As^{5+}）使砷得以去除。此法最适宜被污染的地面水源除砷。混凝沉淀法简便、易于实施，如与氧化剂相配合，可同时去除水中的 As^{3+} 和 As^{5+}，但缺点是形成含砷废渣，造成对环境二次污染。有研究认为：当 $1.03 < pH < 5.35$ 时，投加铁盐混凝剂可使水中五价砷（As^{5+}）形成 $FeAsO_4$ 沉淀物。本法是在低 pH 的条件下，向水溶液中加入过量的三氯化铁（$FeCl_3$）溶液，使水溶液中的砷酸根离子与铁离子形成溶解度很低的 $FeAsO_4$，并与过量的铁离子形成羟基氧化铁（$FeOOH$），通过吸附沉淀使砷得到去除。本法多用于处理含砷浓度较低的饮用水，且得到的铁砷沉淀物毒性低，化学稳定性强，产渣率低，含砷浓度高，可以进行砷回收而不易造成渣的二次污染。

高铁酸盐作为一种多功能水处理剂，它具有氧化和絮凝双重水处理功能。利用高铁酸钾的强氧化性，先将水中的 As^{3+} 氧化成 As^{5+}，后续投加 $FeCl_3$ 絮凝共沉淀达到除砷目的。

23.3.2 活性氧化铝除砷

活性氧化铝在近中性溶液中对许多阴离子有亲和力。采用粒状活性氧化铝作为滤料，含砷水经过滤，通过吸附、络合和离子交换等作用，使砷从水中去除。为提高活性氧化铝的除砷效率及吸附容量，宜先加入酸把水调节成微酸性。每立方米（约合 830kg）粒径为 $0.4 \sim 1.2mm$ 的活性氧化铝在处理 4000 多立方米的水之后，可以进行再生，再生液可选用 1% 的氢氧化钠溶液，用量为滤料体积的 4 倍左右，再生后的活性氧化铝可以重复使用。

23.3.3 其他方法除砷

其他除砷方法包括离子交换法、电吸附法、物化吸附法和反渗透等方法。

离子交换法利用树脂（如聚苯乙烯树脂等）吸附交换原理除去水中的砷。在近中性pH 环境中，强碱性阴离子交换树脂主要去除五价砷（以 $H_2AsO_4^-$ 或 $HAsO_4^{2-}$ 形态存在）；而三价砷（H_3AsO_3）去除效果差。故水中含有 As^{3+} 时，应通过预氧化使 As^{3+} 氧化成 As^{5+}，然后经离子交换去除。预氧化剂可采用次氯酸钠、高锰酸钾和氯等。

离子交换树脂可采用盐溶液（NaCl）再生。除交换树脂外，新型的离子交换材料逐渐被发现和应用，如新型离子交换纤维等。

电吸附法利用电吸附材料形成的双电层对不同价态的含砷带电粒子具有特异的吸附和解吸性能，去除水中的砷。电吸附法中，在起始砷浓度为 0.3mg/L 时，去除率超过 96%；水的利用率达 80%，上述特点是目前流行的反渗透法不能比拟的，反渗透的去除率仅 83%，而一级反渗透仅为 30%。电吸附材料的再生不需要任何化学试剂，无二次污染，但必须用原水彻底排污，排污时只需将正负电极短接，并保持 0.5h，使电极上的粒子不断解析下来，至进出水电导率相近为止。

粉煤灰作为一种燃煤产生的一种粉尘状废弃物，具有一定的骨架结构和微孔，对许多物质都有一定的吸附作用，利用此特点可达到吸附去除水体砷的目的。稀土元素的水合氧化物和稀土盐类也具有较高的吸附阴阳离子的能力，可用于吸附水中的砷。

思考题与习题

1. 我国《生活饮用水卫生标准》GB 5749—2006 中规定铁、锰、氟和砷浓度分别不得超过多少 mg/L？

2. 水中含有铁、锰、氟和砷会有什么危害？

3. 地下水除铁、锰常用什么方法，并简述工艺系统。为什么除锰比除铁困难？

4. 简述接触催化氧化法除铁、除锰机理。除铁、除锰滤料成熟期是指什么？

5. 目前应用最广泛的除氟方法是什么？并简述其原理。

6. 水中砷通常以何种形态存在？常用的除砷的方法有哪几种？并简述其原理。

7. 若原水中含 10mg/L Fe^{2+} 和 2mg/L Mn^{2+}，求空气氧化法除铁和催化氧化法除锰时的理论需氧量和所需空气量分别约为多少？实际需氧量和空气量分别约为多少？

第5篇 特种水处理

第 24 章 水的软化与除盐

24.1 软化和除盐概述

硬度是水质的一个重要指标。生活用水与生产用水均对硬度指标有一定的要求，特别是锅炉用水中若含有硬度盐类，会在锅炉受热面上生成水垢，从而降低锅炉热效率、增大燃料消耗，甚至因金属壁面局部过热而烧损部件，引起爆炸。因此，对于低压锅炉，一般要进行水的软化处理；对于中、高压锅炉，则要求进行水的软化与脱盐处理。

硬度盐类包括 Ca^{2+}、Mg^{2+}、Fe^{2+}、Mn^{2+}、Al^{3+} 等易形成难溶盐类的金属阳离子。在一般天然水中，主要是钙离子和镁离子，其他离子含量很少，所以通常以水中钙、镁离子的总含量称为水的总硬度 H_t。硬度又可分为碳酸盐硬度 H_c 和非碳酸盐硬度 H_n。前者在加热时易沉淀析出，亦称为暂时硬度，而后者在加热时不沉淀析出，亦称为永久硬度。

硬度单位以往习惯用"meq/L"，国外也有以"10mgCaO/L"作为 1 度（如德国），也有换算成"mgCaCO$_3$/L"表示（如美国、日本）。它们之间的换算关系为

1meq/L=2.8 德国度=50mgCaCO$_3$/L

按照法定计量单位规定，硬度应统一采用物质的量浓度 c 及法定单位（mol/L 或 mmol/L）表示。一系统中某物质的基本单位数等于 6.022×10^{23}（称为阿伏伽德罗常数）时，其物质的量 n 为 1 摩尔（mol）。基本单位可以是原子、分子、离子或是这些粒子的特定组合，但应予指明，包括由 n 导出的量如摩尔质量 M、浓度 c 等。因此，物质的量 n 与基本单元 X 的粒子数 N 和阿伏伽德罗常数 L 之间的关系为

$$n(X) = N(X)/L \tag{24-1}$$

基本单元 X 的表示方法，可以采用 Ca^{2+}、Mg^{2+}，亦可采用 $1/2Ca^{2+}$、$1/2Mg^{2+}$，但以后者更为方便。它们之间的关系为

$$n\left(\frac{1}{2}Ca^{2+}\right) = 2 \cdot n(Ca^{2+})$$

其通式为

$$n\left(\frac{1}{z}X\right) = z \cdot n(X) \tag{24-2}$$

这里，z 等于离子电荷数。在实用中，称 $\frac{1}{z}X$ 为当量粒子。选用当量粒子作为基本单元时，以往的"meq/L"可代之以"mmol/L"，而数值保持不变。因此，在计算离子平

衡时，引用当量粒子概念比较方便。

另外，如以 n 表示物质的量（mol），以 c 表示物质的量浓度（mol/L），以 m 表示质量（g），以 M 表示摩尔质量（g/mol），以 V 表示溶液体积（L），它们之间关系可表示成

$$c_B = \frac{n_B}{V} = \frac{m}{M_B V}$$

或

$$m = n_B M_B = c_B M_B V \qquad (24-3)$$

这里 B 泛指基本单元。

基本单元选用当量粒子，既符合法定计量单位的使用规则，又保留了当量浓度表示方法的某些优点，有许多方便之处，在许多场合可得到广泛采用。

众所周知，天然水中的阳离子主要是 Ca^{2+}、Mg^{2+}、Na^+（包括 K^+），阴离子主要是 HCO_3^-、SO_4^{2-}、Cl^-，其他离子含量均较低。就整个水体来说是电中性的，亦即水中阳离子的电荷总数等于阴离子的电荷总数。实际上，这些离子并非以化合物形式存在于水中，但是一旦将水加热，便会按一定规律先后分别组合成某些化合物从水中沉淀析出。钙、镁的重碳酸盐转化成难溶的 $CaCO_3$ 和 $Mg(OH)_2$ 首先沉淀析出，其次是钙、镁的硫酸盐，而钠盐析出最难。在水处理中，往往根据这一现象将有关离子假想组合一起，写成化合物的形式。若以当量粒子作为基本单元，则水中各种阳离子的物质的量浓度总和应等于各种阴离子的物质的量浓度总和，见表 24-1。

水中离子假想组合 表 24-1

$c(1/2Ca^{2+}) = 2.4$		$c(1/2Mg^{2+}) = 1.2$		$c(Na^+) = 1.2$
$c(HCO_3^-) = 1.2$	$c(1/2SO_4^{2-}) = 1.8$		$c(Cl^-) = 1.8$	
$c(1/2Ca(HCO_3)_2) = 1.2$	$c(1/2CaSO_4) = 1.2$	$c(1/2MgSO_4) = 0.6$	$c(1/2MgCl_2) = 0.6$	$c(NaCl) = 1.2$

表 24-1 表明水中各种离子的假想组合及化合物含量的大小，这样，便于对水质进行分析研究。

目前水的软化处理主要有下面几种方法：

一是基于溶度积原理，加入某些药剂，将水中钙、镁离子转变成难溶化合物并使之沉淀析出，这一方法称为水的药剂软化法。

二是基于离子交换原理，利用某些离子交换剂所具有的阳离子（Na^+ 或 H^+）与水中钙、镁离子进行交换反应，达到软化的目的，称为水的离子交换软化法。

三是基于电渗析原理，利用离子交换膜的选择透过性，在外加直流电场作用下，通过离子的迁移，达到软化的目的。

此外，利用压力驱动膜如纳滤膜和反渗透膜的截留性能，也能有效地去除水中的钙、镁离子，参见第 25 章。

24.2 离子交换基本原理

离子交换法是水的软化和除盐的常用方法。它是利用离子交换剂的选择性吸附反应完成水中离子的去除。

水处理用的离子交换剂有离子交换树脂和磺化煤两类。离子交换树脂的种类很多，按其

结构特征，可分为凝胶型、大孔型等孔型；按其单体种类，可分为苯乙烯系、酚醛系和丙烯酸系等；根据其活性基团（亦称交换基或官能团）性质，又可分为强酸性、弱酸性、强碱性和弱碱性，前两种带有酸性活性基团，称为阳离子交换树脂，后两种带有碱性活性基团，称为阴离子交换树脂。磺化煤为兼有强酸性和弱酸性两种活性基团的阳离子交换剂。阳离子交换树脂或磺化煤可用于水的软化或脱碱软化，阴、阳离子交换树脂配合用于水的除盐。

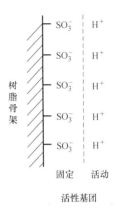

离子交换树脂是由空间网状结构骨架（即母体）与附属在骨架上的许多活性基团所构成的不溶性高分子化合物。活性基团遇水电离，分成两部分：（1）固定部分，仍与骨架紧密结合，不能自由移动，构成所谓固定离子；（2）活动部分，能在一定空间内自由移动，并与其周围溶液中的其他同性离子进行交换反应，称为可交换离子或反离子。以强酸性阳离子交换树脂为例，可写成 $R—SO_3^-H^+$，其中 R 代表树脂母体即网状结构部分，$—SO_3^-$ 为活性基团的固定离子，H^+ 为活性基团的活动离子，如图 24-1 所示，$R—SO_3^-H^+$ 还可进一步简写为 RH。因此，离子交换的实质是不溶性的电解质（树脂）与溶液中的另一种电解质所进行的化学反应。这种反应不是在均相溶液中进行，而是在固态的交换树脂和溶液接触的界面上进行。这一化学反应可以是中和反应、中性盐分解反应或复分解反应：

图 24-1 离子交换树脂活性基团结构图

$$R—SO_3H + NaOH \longrightarrow R—SO_3Na + H_2O（中和反应）$$
$$R—SO_3H + NaCl \rightleftharpoons R—SO_3Na + HCl（中性盐分解反应）$$
$$R—SO_3Na + CaCl_2 \rightleftharpoons (R—SO_3)_2Ca + 2NaCl（复分解反应）$$

24.2.1 离子交换树脂的命名与型号

离子交换树脂的全名称由分类名称（指微孔形态）、骨架（或基团）名称、基本名称排列组成，例如凝胶型苯乙烯系强酸性阳离子交换树脂。为了区别同一类树脂的不同品种，在全名称前冠以三位阿拉伯数字组成的型号。第一位数字代表产品分类（见表 24-2），第二位数字为骨架代号（见表 24-3）；第三位数字为顺序号，用以区别交换基团或交联剂等差异；在"×"号后的阿拉伯数字表示交联度。例如型号为 001×7 的树脂，即指强酸性苯乙烯系阳离子交换树脂，其交联度为 7%（见后文）。对于大孔型树脂，可在型号前加"D"表示，但无须标明交联度。例如 D111 即指大孔型弱酸性丙烯酸系交换树脂。

分类代号（第一位数字）

	0	1	2	3	4	5	6
	强酸性	弱酸性	强碱性	弱碱性	螯合性	两性	氧化还原

骨架代号（第二位数字）

	0	1	2	3	4	5	6
	苯乙烯系	丙烯酸系	酚醛系	环氧系	乙烯吡啶	脲醛系	氯乙烯系

24.2.2 离子交换树脂的基本性能

1. 外观

离子交换树脂外观呈不透明或半透明球状颗粒。颜色有乳白、淡黄或棕褐色等数种。

树脂粒径一般为 0.3~1.2mm。

2. 交联度

树脂骨架的交联程度取决于制造过程。例如，工业中常用的聚苯乙烯树脂即用 2%~12% 的二乙烯苯作为苯乙烯的交联剂，通过二乙烯苯架桥交联构成网状结构的树脂骨架。苯乙烯系树脂的交联度指二乙烯苯的质量占苯乙烯和二乙烯苯总量的百分率。交联度对树脂的许多性能具有决定性的影响。交联度的改变将引起树脂交换容量、含水率、溶胀度、机械强度等性能的改变。水处理用的离子交换树脂，交联度以 7%~10% 为宜。

3. 含水率

树脂的含水率一般以每克湿树脂所含水分的百分比表示（约 50%）。树脂交联度越小，孔隙度越大，含水率也越大。

4. 溶胀性

干树脂浸泡在水中时，成为湿树脂，体积增大；湿树脂转型时（例如阳树脂由钠型转换为氢型），体积也有变化。这种体积变化的现象称为溶胀。前一种所发生的体积变化率称为绝对溶胀度，后一种所发生的体积变化率称为相对溶胀度。溶胀是由于活性基团因遇水而电离出的离子起水合作用生成水合离子，从而使交联网孔胀大所致。由于水合离子半径随不同离子而异，因而溶胀后体积亦随之不同。树脂交联度越小或活性基团越易电离或水合离子半径越大，则溶胀度越大。例如强酸性阳离子交换树脂由 Na 型转换为 H 型，强碱性阴离子交换树脂由 Cl 型转换为 OH 型，相对溶胀度变化约为 +5%。

5. 密度

水处理中，树脂均处于湿态下工作，故通常所谓树脂真密度和视密度是指湿真密度和湿视密度。湿真密度指树脂溶胀后的质量与其本身所占体积（不包括树脂颗粒之间的孔隙）之比：

$$湿真密度 = \frac{湿树脂质量}{树脂颗粒本身所占体积}(g/mL) \tag{24-4}$$

苯乙烯系强酸树脂湿真密度约 1.3g/mL，强碱树脂约为 1.1g/mL。

湿视密度指树脂溶胀后的质量与其堆积体积（包括树脂颗粒之间的空隙）之比，亦称为堆密度。

$$湿视密度 = \frac{湿树脂质量}{树脂堆积体积}(g/mL) \tag{24-5}$$

该值一般为 0.60~0.85g/mL。

上述两项指标在生产上均有实用意义。树脂的湿真密度与树脂层的反冲洗强度、膨胀率以及混合床和双层床的树脂分层有关，而树脂的湿视密度则用于计算离子交换器所需装填湿树脂的数量。

6. 交换容量

交换容量是树脂最重要的性能，它定量地表示树脂交换能力的大小。交换容量又可分为全交换容量和工作交换容量。前者指一定量树脂所具有的活性基团或可交换离子的总数量，后者指树脂在给定工作条件下实际上可利用的交换能力。

树脂全交换容量可由滴定法测定。在理论上亦可从树脂单元结构式进行计算。以苯乙烯系强酸阳离子交换树脂为例，其单元结构式（未标明交联）为 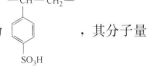，其分子量

为 184.2，即每 184.2g 树脂中含有 1g 可交换离子 H^+，亦相当于 1mol H^+ 的质量。扣去交联剂所占的分量（按 8% 计），强酸树脂全交换容量应为

$$\frac{1 \times 1000}{184.2} \times 92\% = 4.99 \text{mmol/g(干树脂)}$$

从离子交换反应看出，树脂的可交换离子均为 1 价，而水中被交换离子可为 1 价或 2 价。因此，树脂全交换容量可定义为树脂所能交换离子的物质的量 n_B 除以树脂体积 V 或质量 m，即

$$q_V = \frac{n_B}{V} \quad 或 \quad q_m = \frac{n_B}{m}$$

式中的 B 为可交换离子的基本单元，等于离子式除以电荷数，即一律以当量粒子为基本单元。

交换容量的单位可用"mmol/L"（湿树脂）或"mmol/g"（干树脂）。它们之间的关系为

$$q_V = q_m \times (1 - 含水率\%) \times 湿视密度 \tag{24-6}$$

如强酸树脂含水率为 48%，湿视密度为 800g/L，则

$$q_V = 4.99 \times (1 - 0.48) \times 800 = 2075 \text{mmol/L}$$

"mmol/g"在使用上不方便，这是因为①湿树脂交联网孔隙内充满了水分，故用饱和状态的湿树脂表示，使用上更方便；②使用时，树脂的用量不以质量计算，而按树脂的容积计算。所以，在水处理应用时，一般采用"mmol/L"作为交换容量的单位。

树脂工作交换容量与实际运行条件有关，诸如再生方式、原水含盐量及其组成、树脂层高度、水流速度、再生剂用量等。在其他条件一定的情况下，选择逆流再生方式，一般可获得较高的工作交换容量。在实际中，树脂工作交换容量可由模拟试验确定，亦可参考有关数据选用。

7. 有效 pH 范围

由于树脂活性基团分为强酸、强碱、弱酸、弱碱性，水的 pH 势必对交换容量产生影响。强酸、强碱树脂的活性基团电离能力强，其交换容量基本上与 pH 无关。弱酸树脂在水的 pH 低时不电离或仅部分电离，因而只能在碱性溶液中才会有较高的交换能力。弱碱树脂则相反，在水的 pH 高时不电离或仅部分电离，只是在酸性溶液中才会有较高的交换能力。各种类型树脂的有效 pH 范围见表 24-4。

各种类型树脂有效 pH 范围 表 24-4

树脂类型	强酸性	弱酸性	强碱性	弱碱性
有效 pH 范围	1~14	5~14	1~12	0~7

此外，树脂还应有一定的耐磨性、耐热性以及抗氧化性能。

24.2.3 离子交换平衡

离子交换是一种可逆反应。正反应为交换反应，逆反应为树脂再生。一价对一价的离

子交换反应通式为

$$R^-A^+ + B^+ \Longleftrightarrow R^-B^+ + A^+ \tag{24-7}$$

其离子交换选择系数表示为

$$K_{A^+}^{B^+} = \frac{[R^-B^+][A^+]}{[R^-A^+][B^+]} = \frac{\dfrac{[R^-B^+]}{[R^-A^+]}}{\dfrac{[B^+]}{[A^+]}} \tag{24-8}$$

式中　　　　[R⁻B⁺]、[R⁻A⁺]——树脂相中离子浓度，mmol/L；

　　　　　　[B⁺]、[A⁺]——溶液中离子浓度，mmol/L。

此时，选择系数为树脂中 [B⁺] 与 [A⁺] 的比率与溶液中 [B⁺] 与 [A⁺] 的比率之比。选择系数大于 1，说明该树脂对 [B⁺] 的亲合力大于对 [A⁺] 的亲合力，亦即有利于进行离子交换反应。

选择系数亦可用离子浓度分率表示：

若令　$c_0 = [A^+] + [B^+]$

　　　　$c = [B^+]$

　　　$q_0 = [R^-A^+] + [R^-B^+]$

　　　　$q = [R^-B^+]$

其中　　　溶液中两种交换离子的总浓度，mmol/L；

　　　　　溶液中的 [B⁺]，mmol/L；

　　　　　树脂的全交换容量，mmol/L；

　　　　　树脂中的 [B⁺]，mmol/L，则

$$\frac{[R^-B^+]}{[R^-A^+]} = \frac{q}{q_0 - q}; \quad \frac{[B^+]}{[A^+]} = \frac{c}{c_0 - c}$$

代入式（24-8），得

$$\frac{q/q_0}{1 - q/q_0} = K_{A^+}^{B^+} \frac{c/c_0}{1 - c/c_0} \tag{24-9}$$

式中　　　　　树脂中 [B⁺] 与全交换容量之比；

　　　　　　　溶液中 [B⁺] 与总离子浓度之比。

式（24-9）的图形如图 24-2 所示。

二价对一价的离子交换反应通式为

$$2R^-A^+ + B^{2+} \Longleftrightarrow R_2^-B^{2+} + 2A^+ \tag{24-10}$$

其离子交换选择系数为

$$K_{A^+}^{B^{2+}} = \frac{[R_2^-B^{2+}][A^+]^2}{[R^-A^+]^2[B^{2+}]} \tag{24-11}$$

式（24-11）亦可写成如下形式

$$\frac{q/q_0}{(1 - q/q_0)^2} = \frac{K_{A^+}^{B^{2+}} q_0}{c_0} \cdot \frac{c/c_0}{(1 - c/c_0)^2} \tag{24-12}$$

式中 $K_{A^+}^{B^{2+}} q_0/c_0$ 为一无因次数，可称之为表观选择系数。式（24-12）的图形如图 24-3 所示。可以看出，该系数随 $K_{A^+}^{B^{2+}}$ 和 q_0 值的增大或 c_0 值的减小而增大，从而有利于离子交换，反之则有利于再生反应。因此，改变液相中离子总浓度可改变离子交换体系的反应方向。常见的离子交换树脂的选择系数近似值见表 24-5 和表 24-6。

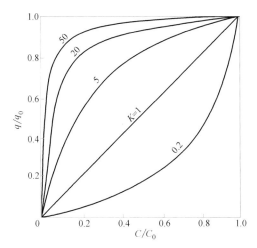

图 24-2　一价对一价离子交换平衡曲线

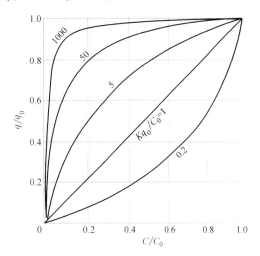

图 24-3　二价对一价离子交换平衡曲线

凝胶型强酸阳离子交换树脂对几种常见离子的选择系数　　　　　表 24-5

交联度	$K_{H^+}^{Li^+}$	$K_{H^+}^{Na^+}$	$K_{H^+}^{NH_4^+}$	$K_{H^+}^{K^+}$	$K_{H^+}^{Mg^{2+}}$	$K_{H^+}^{Ca^{2+}}$
4%	0.8	1.2	1.4	1.7	2.2	3.1
8%	0.8	1.6	2.0	2.3	2.6	4.1
16%	0.7	1.6	2.3	3.1	2.4	4.9

凝胶型强碱阴离子交换树脂对几种常见离子的选择系数近似值　　　　　表 24-6

离子	选择系数	离子	选择系数
$K_{Cl^-}^{NO_3^-}$	3.5~4.5	$K_{Cl^-}^{SO_4^{2-}}$	0.11~0.15
$K_{Cl^-}^{Br^-}$	3	$K_{CO_3^-}^{HSO_4^-}$	2~3.5
$K_{Cl^-}^{F^-}$	0.1	$K_{NO_3^-}^{SO_4^{2-}}$	0.04
$K_{Cl^-}^{HCO_3^-}$	0.3~0.8	$K_{OH^-}^{Cl^-}$	I 型 10~20
$K_{Cl^-}^{CN^-}$	1.5		II 型 1.5

由表 24-5 和表 24-6 可知，同一种树脂对不同离子进行交换反应，其选择系数是不同的，这取决于树脂和离子之间的亲合力。选择系数大，则亲合力亦大。强酸树脂对水中各种常见离子的选择性顺序为

$$Fe^{3+} > Ca^{2+} > Mg^{2+} > K^+ > NH_4^+ > Na^+ > H^+ > Li^+$$

位于顺序前面的离子可从树脂上取代位于顺序后面的离子。由此可知，原子价越高的阳离子，其亲合力越强；在同价离子（碱金属和碱土金属）中原子序数越大，则水合离子半径越小，其亲合力也越大。

应着重指出，上述有关选择性的顺序均指常温、稀溶液的情况而言。当高浓度时，顺序的前后变成次要的问题，而浓度的大小则成为决定离子交换反应方向的关键因素。

利用离子平衡方程式及选择系数，可以估算离子交换过程中某些极限值，从而得出水处理系统处理效果的有益启示。

根据离子交换平衡，可作如下计算：

（1）离子交换出水泄漏量的计算

经过再生后，大部分的树脂得到了再生，恢复了交换能力，但仍有一部分的树脂没得到再生。因此，树脂层底部的再生程度影响交换初期的出水水质。经再生后，一价对一价离子的交换初期的出水泄漏量为：

$$[B^+] = \frac{c_0}{K_A^B \cdot \frac{[R^-A^+]}{[R^-B^+]} + 1} \tag{24-13}$$

式中　$[R^-B^+]$——再生后未恢复交换能力的树脂交换容量，mmol/L；

　　　$[R^-A^+]$——再生后恢复了交换能力的树脂交换容量，mmol/L；

　　　$[B^+]$——交换初期的出水泄漏量，mmol/L。

由式（24-13）可见，在 c_0 和 K_A^B 不变的情况下，$[R^-A^+]$ 越大或 $[R^-B^+]$ 越小，则交换初期的出水泄漏量 $[B^+]$ 越小。因此，保证树脂层底部树脂的再生效果是提高水质的重要因素。

（2）树脂极限工作交换容量的计算

离子交换至完全丧失交换能力，出水离子组成接近或等于进水的离子组成，此时的工作交换容量为"极限工作交换容量"。一价对一价离子的极限交换容量为：

$$[R^-B^+] = \frac{K_A^B q_0}{K_A^B + \frac{[A^+]}{[B^+]}} \tag{24-14}$$

式中　$[R^-B^+]_0$——树脂的极限工作交换容量，mmol/L；

　　　$[A^+]$、$[B^+]$——原水的离子组成，mmol/L；

（3）树脂再生极限值的计算

树脂再生极限值指无限量的已知浓度的再生液使树脂能达到的最大再生程度，用下式计算：

$$\frac{[R^-A^+]}{q_0} = \frac{1}{1 + K_A^B \cdot \frac{[B^+]}{[A^+]}} \tag{24-15}$$

式中　$[R^-A^+]$——最大再生度时的交换容量，mmol/L；

　　　$[A^+]$、$[B^+]$——再生液的离子组成，mmol/L。

【例 24-1】　装填 Na 型强酸树脂的离子交换柱采用逆流再生操作工艺交换。层底部再生度为 98%，进水硬度 $c(1/2Ca^{2+}) = 4mmol/L$。试计算运行初期出水的剩余硬度（树脂全交换容量为 2mol/L，选择系数 $K_{Na^+}^{Ca^{2+}} = 3$）。

【解】

$c_0 = c(1/2Ca^{2+}) = 4mmol/L$

$q_0 = 2\text{mol/L}$

$K_{\text{Na}^+}^{\text{Ca}^{2+}} = 3$

$q = 2 \times 0.02 = 0.04\text{mol/L}$

代入式（24-12）

$$\frac{c/c_0}{(1-c/c_0)^2} = \frac{4 \times 10^{-3}}{3 \times 2} \times \frac{0.04/2}{(1-0.04/2)^2} = 0.000039$$

$$\frac{c}{c_0} \approx 0.0000139$$

出水剩余硬度　$c\left(\frac{1}{2}\text{Ca}^{2+}\right) = 0.0000139 \times 4 = 0.0556 \times 10^{-3}\text{mmol/L}$

24.2.4　离子交换速度

离子交换过程除受到离子浓度和树脂对各种离子亲合力的影响外，同时还受到离子扩散过程的影响。后者归结为有关离子交换与时间的关系，即离子交换速度问题。

以 Ca^{2+} 和 Na^+ 离子交换为例，离子扩散过程一般可分为如下五个步骤（见图24-4）：

（1）外部溶液中待交换的钙离子向树脂颗粒表面迁移并通过树脂表面的边界水膜；

（2）钙离子在树脂孔道中移动，到达某有效交换位置；

（3）钙离子与树脂上可交换离子 Na^+ 进行交换反应；

（4）被交换下来的离子 Na^+ 从有效交换位置上通过孔道向外面移动；

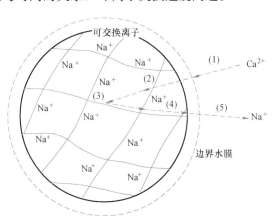

图24-4　离子扩散过程示意

（5） Na^+ 通过树脂表面的边界水膜进入外部溶液中。

在步骤（3）中，Ca^{2+} 与 Na^+ 的交换属于离子之间的化学反应，其反应速度非常快，在瞬间完成。但步骤（1）、（5）和（2）、（4）则分属于不同形式的扩散过程，其速度一般较慢，且受外界条件影响。其中步骤（1）和（5）为膜扩散过程；步骤（2）和（4）为孔道扩散过程。通常离子交换速度为上述两种扩散过程中的一个所控制。若离子的膜扩散速度大于孔道扩散速度，则后者控制着离子交换的速度。反之，若离子的膜扩散速度小于孔道扩散速度，则前者控制着离子交换的速度。离子交换反应由膜扩散过程控制还是由孔道扩散过程控制，其主要区别表现在如下几点：

（1）溶液浓度：浓度梯度是扩散的推动力，溶液浓度的大小是影响扩散过程的重要因素。当水中离子浓度在 0.1mol/L 以上时，离子的膜扩散速度很快，此时，孔道扩散过程成为控制步骤，通常树脂再生过程属于这种情况。当水中离子浓度低于 0.003mol/L 时，离子的膜扩散速度变得很慢，在此情况下，离子交换速度受膜扩散过程控制，水的离子交换软化过程属于这种情况。

（2）流速或搅拌速率：膜扩散过程与流速或搅拌速率有关，这是由于边界水膜的厚度

213

反比于流速或搅拌速率的缘故。而孔道扩散过程基本上不受流速或搅拌速率变化的影响。

（3）树脂粒径：对于膜扩散过程，离子交换速度与颗粒粒径成反比；而对于孔道扩散过程，离子交换速度则与颗粒粒径的二次方成反比；

（4）交联度：树脂的交联度越大，网孔越小，则孔道扩散过程越慢。

24.2.5 树脂层离子交换过程

在离子交换柱中装填钠型树脂，从上而下通过含有一定浓度钙离子的水。交换反应进行了一段时间后，停止运行，逐层取出树脂样品并测定树脂内的钙离子含量以及饱和程度。图 24-5 中，黑点表示钙型树脂，白点表示钠型树脂。由此可见，树脂层经过一段时间的交换后，可分为 3 部分。第 1 部分表示树脂内的可交换离子已全部变成钙离子；第 2 部分的树脂层中既有钙离子又有钠离子，表示正在进行离子交换反应；第 3 部分的树脂中基本上还是钠离子，表示尚未进行交换。如把整个树脂层各点饱和程度连成曲线，即得图 24-5 所示的饱和程度曲线。

实验证明，树脂层离子交换过程可分为两个阶段（图 24-5）。第一阶段为刚开始交换反应，树脂饱和程度曲线形状不断变化，随即形成一定形式的曲线，称为交换带形成阶段。第二阶段是已定形的交换带沿着水流方向以一定速度向前推移的过程。所谓交换带是指某一时刻正在进行交换反应的软化工作层。交换带并非在一段时间内固定不动，而是随着时间的推移而缓慢移动。交换带厚度可理解为处于动态的软化工作层的厚度。

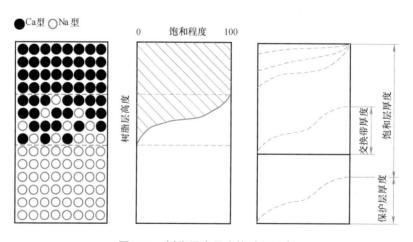

图 24-5 树脂层离子交换过程示意

当交换带下端到达树脂层底部时，硬度也开始泄漏。此时，整个树脂层可分为两部分：树脂交换容量得到充分利用的部分称为饱和层，树脂交换容量只是部分利用的部分称为保护层。可见，交换带厚度相当于此时的保护层厚度。在水的离子交换软化情况下，交换带厚度主要与进水流速及进水总硬度有关。

24.3 水 的 软 化

24.3.1 水的药剂软化法

水处理中常见的某些难溶化合物的溶度积见表 24-7。

化合物	$CaCO_3$	$CaSO_4$	$Ca(OH)_2$	$MgCO_3$	$Mg(OH)_2$
溶度积	4.8×10^{-9}	6.1×10^{-5}	3.1×10^{-5}	1.0×10^{-5}	5.0×10^{-12}

水的药剂软化是根据溶度积原理，按一定量投加某些药剂（如石灰、苏打）于水中，使之与水中的钙镁离子反应生成难溶化合物如 $CaCO_3$ 和 $Mg(OH)_2$，通过沉淀去除，达到软化的目的。

1. 石灰软化

石灰 CaO 是由石灰石经过煅烧制取，亦称生石灰。石灰加水反应称为消化过程，其生成物 $Ca(OH)_2$ 称为熟石灰或消石灰。

$Ca(OH)_2$ 首先与水中的游离 CO_2 反应，反应式如下：

$$CO_2 + Ca(OH)_2 \longrightarrow CaCO_3 \downarrow + H_2O \tag{24-16}$$

其次与水中的碳酸盐硬度 $Ca(HCO_3)_2$ 和 $Mg(HCO_3)_2$ 反应，反应式如下：

$$Ca(OH)_2 + Ca(HCO_3)_2 \longrightarrow 2CaCO_3 \downarrow + 2H_2O \tag{24-17}$$

$$Ca(OH)_2 + Mg(HCO_3)_2 \longrightarrow CaCO_3 \downarrow + MgCO_3 + 2H_2O$$

$$MgCO_3 + Ca(OH)_2 \longrightarrow CaCO_3 \downarrow + Mg(OH)_2 \downarrow \tag{24-18}$$

在式（24-17）的反应中，去除 1mol 的 $Ca(HCO_3)_2$，需要 1mol 的 $Ca(OH)_2$。式（24-18）第一步反应生成的 $MgCO_3$，其溶解度较高，还需要再与 $Ca(OH)_2$ 进行第二步反应，生成溶解度很小的 $Mg(OH)_2$ 才会沉淀析出。所以去除 1mol 的 $Mg(HCO_3)_2$，需要 2mol 的 $Ca(OH)_2$。

从上述的反应可以看出，石灰中的 OH^- 与水中的 HCO_3^- 反应，生成 CO_3^{2-}。CO_3^{2-} 与水中的 Ca^{2+} 反应，生成 $CaCO_3$ 沉淀析出。

$$H_2O + CO_2 \rightleftharpoons H^+ + HCO_3^- \rightleftharpoons 2H^+ + CO_3^{2-} \tag{24-19}$$

投加石灰的实质是使水中的碳酸平衡向右移动，生成 CO_3^{2-}，如式（24-19）所示。因此，投加石灰后，最先消失的应为 CO_2，亦即石灰首先与 CO_2 反应。当投加的石灰量有富余时，石灰继续与 $Ca(HCO_3)_2$ 和 $Mg(HCO_3)_2$ 反应。

石灰与非碳酸盐硬度的反应如下式：

$$MgSO_4 + Ca(OH)_2 \longrightarrow Mg(OH)_2 \downarrow + CaSO_4 \tag{24-20}$$

$$MgCl_2 + Ca(OH)_2 \longrightarrow Mg(OH)_2 \downarrow + CaCl_2 \tag{24-21}$$

由此可见，镁的非碳酸盐硬度虽也能与石灰作用，生成 $Mg(OH)_2$ 沉淀，但同时生成等物质量的钙的非碳酸盐硬度。所以，石灰软化无法去除水中的非碳酸盐硬度。

石灰反应生成的 $CaCO_3$ 和 $Mg(OH)_2$ 沉淀物常常不能完全成为大颗粒，而是有少量呈胶体状态残留在水中。特别是当水中有机物存在时，它们吸附在胶体颗粒上，起保护胶体的作用，使这些胶体在水中更稳定。这种情况的存在导致石灰处理后，残留在水中的 $CaCO_3$ 和 $Mg(OH)_2$ 增加。它不仅造成了处理效果的降低，而且还会使水质不稳定。因此，石灰软化与混凝处理经常同时进行。在这种情况下，混凝剂要用铁盐。

在进行石灰处理时，用量无法正确估算。因为石灰用量不仅与水质有关，石灰软化过程还有许多的次要反应。因此，最优的用量不能按理论来估算，而应通过试验确定。在进行设计或拟定试验方案时，需要预先知道石灰用量的近似值。

石灰用量 $\rho(CaO)$（以 $100\%CaO$ 计算）可按下列两种情况进行估算。

（1）当钙硬度大于碳酸盐硬度，此时水中碳酸盐硬度仅以 $Ca(HCO_3)_2$ 形式出现：

$$\rho(CaO)=56[c(CO_2)+c(Ca(HCO_3)_2)+c(Fe^{2+})+K+\alpha]\ (mg/L) \qquad (24-22)$$

（2）当钙硬度小于碳酸盐硬度，此时水中碳酸盐硬度以 $Ca(HCO_3)_2$ 和 $Mg(HCO_3)_2$ 形式出现，

$$\rho(CaO)=56[c(CO_2)+c(Ca(HCO_3)_2)+2c(Mg(HCO_3)_2)+c(Fe^{2+})+K+\alpha]\ (mg/L) \qquad (24-23)$$

式中　$c(CO_2)$——原水中游离 CO_2 浓度，mmol/L；

$\quad\quad c(Fe^{2+})$——原水中铁离子浓度，mmol/L；

$\quad\quad K$——混凝剂投加量，mmol/L；

$\quad\quad \alpha$——CaO 过剩量，一般为 $0.1\sim0.2$mmol/L。

经石灰处理后，水的剩余碳酸盐硬度可降低到 $0.25\sim0.5$mmol/L，剩余碱度约为 $0.8\sim1.2$mmol/L。石灰软化法虽以去除碳酸盐硬度为目的，但同时还可去除部分铁、硅和有机物。经石灰处理后，硅化合物可去除 $30\%\sim35\%$，有机物可去除 25%，铁残留量约 0.1mg/L。

2. 石灰—苏打软化

这一方法是同时投加石灰和苏打（Na_2CO_3）。石灰去除碳酸盐硬度，苏打去除非碳酸盐硬度。化学反应如下：

$$CaSO_4+Na_2CO_3\longrightarrow CaCO_3\downarrow+Na_2SO_4 \qquad (24-24)$$

$$CaCl_2+Na_2CO_3\longrightarrow CaCO_3\downarrow+2NaCl \qquad (24-25)$$

$$MgSO_4+Na_2CO_3\longrightarrow MgCO_3+NaSO_4 \qquad (24-26)$$

$$MgCl_2+Na_2CO_3\longrightarrow MgCO_3+2NaCl \qquad (24-27)$$

$$MgCO_3+Ca(OH)_2\longrightarrow Mg(OH)_2\downarrow+CaCO_3\downarrow \qquad (24-28)$$

此法适用于硬度大于碱度的水。

24.3.2　离子交换软化方法与系统

1. 离子交换软化方法

目前常用的有 Na 离子交换法、H 离子交换法和 H-Na 离子交换法等。

（1）Na 离子交换法（图 24-6）

Na 离子交换法是最简单的一种软化方法，其反应如下：

$$2RNa+Ca(HCO_3)_2\Longleftrightarrow R_2Ca+2NaHCO_3 \qquad (24-29)$$

$$2RNa+CaSO_4\Longleftrightarrow R_2Ca+Na_2SO_4 \qquad (24-30)$$

$$2RNa+MgCl_2\Longleftrightarrow R_2Mg+2NaCl \qquad (24-31)$$

该法的优点是处理过程中不产生酸水，但无法去除碱度。在锅炉给水中，含碱度（HCO_3^-）的软水进入锅炉内，在高温高压下，$NaHCO_3$ 会被浓缩并发生分解和水解反应生成 $NaOH$ 和 CO_2（见式（24-32）），造成锅炉水系统的腐蚀并恶化蒸气品质。Na 离子交换法的再生剂是食盐。设备和管道防腐设施简单。

$$\left.\begin{array}{l} 2NaHCO_3\longrightarrow Na_2CO_3+CO_2\uparrow+H_2O \\ NaCO_3+H_2O\longrightarrow 2NaOH+CO_2\uparrow \\ 2NaHCO_3\longrightarrow 2NaOH+2CO_2\uparrow \end{array}\right\} \qquad (24-32)$$

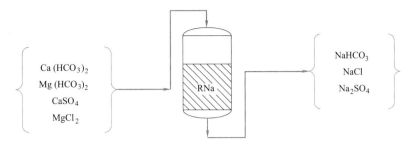

图 24-6　Na 离子交换软化系统

（2）H 离子交换法

强酸性 H 离子交换树脂的软化反应如下：

$$2RH + Ca(HCO_3)_2 \rightleftharpoons R_2Ca + 2CO_2 + 2H_2O \tag{24-33}$$

$$2RH + Mg(HCO_3)_2 \rightleftharpoons R_2Mg + 2CO_2 + 2H_2O \tag{24-34}$$

$$2RH + CaCl_2 \rightleftharpoons R_2Ca + 2HCl \tag{24-35}$$

$$2RH + MgSO_4 \rightleftharpoons R_2Mg + H_2SO_4 \tag{24-36}$$

由此可见，原水中的碳酸盐硬度在交换过程中形成碳酸，因此除了软化外还能去除碱度。非碳酸盐硬度在交换过程中，除软化外生成相应的酸。所以，H 离子交换法能去除碱度，但出水为酸水，无法单独作为处理系统，一般与 Na 离子交换法联合使用。

（3）H-Na 离子交换脱碱软化法

同时应用 H 和 Na 离子交换进行软化的方法，根据两者的连接情况，可分为 H-Na 并联和 H-Na 串联离子交换法，如图 24-7 所示。由此可见，经 H-Na 并联离子交换后，同时达到软化和脱碱作用。所产生的 CO_2 可用脱气塔去除。

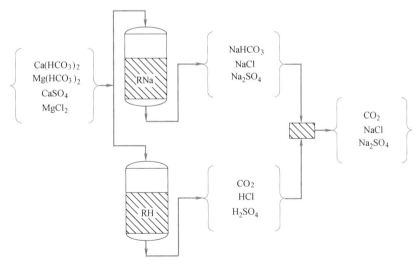

图 24-7　H-Na 并联离子交换脱碱软化系统

2. 离子交换软化装置

离子交换装置，按照运行方式的不同，可分为固定床和连续床两大类：

固定床是离子交换装置中最基本的一种形式。离子交换树脂装填在离子交换器内。在处理过程中，软化和再生均在同一交换器内完成，所以称之为固定床。固定床离子交换工艺有两个缺陷：一是离子交换器的体积较大，树脂用量多。这是因为在离子交换需要再生之前，大量的树脂已呈失效状态，所以交换器的大部分容积，实际上用来存储失效树脂的仓库。容积利用率低。二是离子交换的运行方式不连续，无法连续供水。故发展了移动床和流动床工艺。

固定床按其再生运行方式不同，可分为顺流和逆流两种。

（1）顺流再生固定床

1）顺流离子交换器的构造

顺流式是指运行时的水流方向和再生时的再生液流动方向一致，通常是由上向下流动。

软化用的离子交换器分为钠离子交换器和氢离子交换器。交换器为能承受 $0.4\sim0.6MPa$ 压力的钢罐。内部构造分为上部配水系统、树脂层和下部配水系统等 3 部分。其构造类似于压力式过滤器。树脂层高度一般为 $1.5\sim2.0m$。上部有足够空间，以保证反洗时树脂层膨胀之用。

2）顺流离子交换器的运行

顺流固定床离子交换器的运行通常分为四个步骤：反洗、再生、正洗和交换。

① 反洗。交换结束后，在再生之前用水自下而上进行反洗，其目的是松动树脂层和清除树脂层上部的悬浮物、碎粒和气泡，以利再生顺利进行。反洗的强度一般为 $3L/(m^2 \cdot s)$。反洗进行到出水不浑浊为止，一般需要 $10\sim15min$。

② 再生。再生的目的是使树脂恢复交换能力。再生剂的用量是影响再生程度的重要因素，对交换容量的恢复和制水成本有直接的关系。由于离子反应是可逆和等当量的，故再生反应只能进行到化学平衡状态，所以用理论的再生剂量再生，无法使树脂的交换容量完全恢复，故在生产上再生剂的用量要超过理论值。单位体积树脂所消耗的纯再生剂的量与树脂工作交换容量的比值（mol/mol）称为再生比耗。顺流的再生比耗为理论值的 $2\sim3.5$ 倍。再生比耗的增加可以提高再生程度，但增加到一定程度后，再生程度提高得很少。再生液的浓度也是影响再生程度的影响因素。再生液的浓度太低，则再生时间长，自用水量大，再生效果差；再生液浓度太高，反而会使再生效果下降。氯化钠的浓度为 10%，盐酸浓度 $5\%\sim10\%$ 较为合适。再生流速为 $4\sim8m/h$。

③ 正洗。正洗的目的是清除过剩的再生剂和再生产物。开始可用 $3\sim5m/h$ 的较小流速清洗约 $15min$，主要是为了充分利用残留在树脂层中的再生液，然后加大流速到 $6\sim10m/h$。正洗时间一般为 $25\sim30min$。

④ 交换。交换流速为 $20\sim30m/h$。

顺流再生固定床的优点是设备结构简单，操作方便。但存在如下主要缺点：树脂层底部的再生不彻底，再生效率差，再生比耗大；交换初期的出水水质差，硬度提早泄漏；工作交换容量较低等。因此，顺流再生固定床只适用于处理水量较少，原水硬度较低的场合。

（2）逆流再生固定床

再生液流向与交换时的水流流向相反的，称逆流再生工艺。常见的是再生液向上流，原水向下流的逆流再生固定床。再生时，再生液首先接触饱和程度低的底层树脂，然后再生饱和程度较高的中、上层树脂。这样，再生液被充分利用，再生剂用量显著降低，并能保证底层树脂得到充分再生。软化时，处理水在经过相当软化之后又与底层树脂接触，进行充分交换，从而提高了出水水质。该特点在处理高硬度水时更为突出。逆流再生离子交换器如图 24-8 所示。

逆流再生所以能降低泄漏，也可以从离子交换平衡得到解释。以 H 型树脂与含钠盐的水进行交换反应为例，根据式（24-13），Na^+ 的泄漏量可表达为：$[Na^+] = \dfrac{c_0}{1 + K_{H^+}^{Na^+} \dfrac{[RH]}{[RNa]}}$，显然，$[RNa]$ 和 c_0

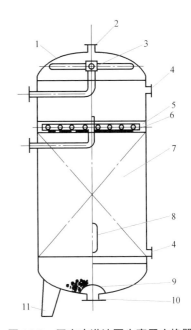

图 24-8　固定床逆流再生离子交换器
1—壳体；2—排气管；3—上配水装置；
4—树脂装卸口；5—压脂层；6—中间排液管；
7—树脂层；8—视镜；9—下配水装置；
10—出水管；11—底脚

越小，$[RH]$ 和 $K_{H^+}^{Na^+}$ 越大，则泄漏量 $[Na^+]$ 就越小。在特定的情况下，当 c_0 和 $K_{H^+}^{Na^+}$ 为定值时，再生后底层树脂的组成 $[RH]$ 与 $[RNa]$ 直接影响 $[Na^+]$ 数值。逆流再生能做到底层的 $[RH]$ 值最大和 $[RNa]$ 值最小，因而出水漏钠量可大为降低。

实现逆流再生，有两种操作方式：一是采用再生液向上流、水流向下流的方式，应用比较成熟的有气顶压法、水顶压法等；二是采用再生液向下流、水流向上流的方式、应用比较成功的有浮动床法。气顶压法是在再生之前，在交换器顶部送进压强约为 30～50kPa 的压缩空气，从而在正常再生流速（5m/h 左右）的情况下，做到离子树脂层次不乱。构造上与普通顺流再生设备的不同处在于，在树脂层表面处安装有中间排水装置，以便排出向上流的再生液和清洗水，借助上部压缩空气的压力，防止乱层。另外，在中间排水装置上面，装填一层厚约 15cm 的树脂或相对密度小于树脂而略重于水的惰性树脂（称为压脂层），它一方面使压缩空气比较均匀而缓慢地从中间排水装置逸出，另一方面起到截留水中悬浮物的作用。

逆流再生操作步骤（图 24-9）如下：

1）小反洗：从中间排水装置引进反洗水，冲洗压脂层，流速约 5～10m/h，历时 10～15min；

2）放水：将中间排水装置上部的水放掉，以便进空气顶压；

3）顶压：从交换器顶部进压缩空气，气压维持在 30～50kPa，防止乱层；

4）进再生液：从交换器底部进再生液，上升流速约 5m/h；

5）逆向清洗：用软化水逆流清洗（流速 5～7m/h），直到排出水符合要求；

6）正洗：顺向清洗到出水水质符合运行控制指标，即可转入运行，正洗流速为 10～15m/h。

逆流再生固定床运行若干周期后要进行一次大反洗，以便去除树脂层内的污物和碎粒。大反洗后的第一次再生时，再生剂耗量适当增加。逆流再生要用软化水清洗，否则底层已再生好的树脂在清洗过程中又被消耗，导致出水水质下降，失去了逆流再生的优点。

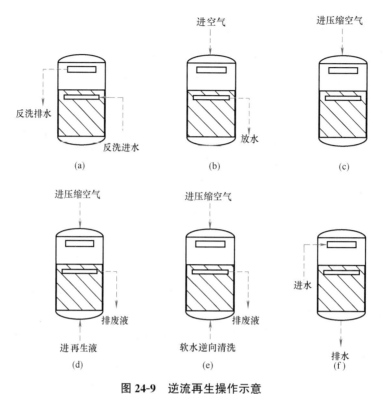

图 24-9 逆流再生操作示意

(a) 小反洗；(b) 放水；(c) 预压；(d) 进再生液；(e) 逆向清洗；(f) 正洗

水顶压法的装置及其工作原理与气顶压法相同，仅是用带有一定压力的水替代压缩空气。再生时将水引入交换器顶部，经压脂层进入中间排水装置与再生废液同时排出。水压一般为 50kPa，水量约为再生液用量的 1～1.5 倍。

无顶压逆流再生的操作步骤与顶压基本相同，只是不进行顶压。此法的特点在于：增加中间排水装置的开孔面积，使小孔流速低于 0.1～0.2m/s。这样，在压脂层厚 20cm，再生流速小于 7m/h 的情况下，无需任何顶压手段，即可保证不乱层，而再生效果完全相同。

低流速再生法也属无顶压再生。此法是将再生液以很低流速由下向上通过树脂层，保持层次不乱，多用于小型交换器。

另一类逆流再生即是浮动床逆流再生。与上述逆流再生不同的是，软化时，原水由下向上流动，高速上升水流将树脂层流态化。再生时，再生液由上而下流经树脂层，故同样具有逆流再生特点。逆流再生固定床几种再生方法的比较详见表 24-8。

逆流再生固定床几种再生方法的比较 表 24-8

操作方式	条件	优点	缺点
气顶压法	1. 压缩空气压力 0.3～0.5kg/cm²，压力稳定，不间断； 2. 气量 0.2～0.3m³/(m²·min)； 3. 再生液流速 3～5m/h	1. 不易乱层，稳定性好 2. 操作容易掌握 3. 耗水量少	需设置净化压缩空气系统

操作方式	条件	优点	缺点
水顶压法	1. 水压 0.5kg/cm²； 2. 压脂层厚 500mm； 3. 顶压水量为再生液用量的 1～1.5 倍	操作简单	再生废液量大,增加废水中和处理的负担
低流速法	再生流速 2m/h	设备及辅助系统简单	不易控制,再生时间长
无顶压法	1. 中间排水装置小孔流速低于 0.1m/s 2. 压脂层厚 280mm,再生时处于干的状态； 3. 再生流速 5～7m/h	1. 操作简便； 2. 外部管道系统简单； 3. 无需任何顶压系统,投资省	采用小阻力分配,容易偏流
浮动床法		1. 运行流速高,水流阻力小； 2. 操作方便,设备投资省； 3. 无需顶压系统,再生操作简便	1. 对进水浊度要求较高； 2. 需体外反洗装置； 3. 不适合水量变化较大的场合

综上所述,与顺流再生比较,逆流再生具有如下优点:

1）再生剂耗量可降低 20％以上；

2）出水水质显著提高；

3）原水水质适用范围扩大,对于硬度较高的水,仍能保证出水水质；

4）再生废液中再生剂有效浓度明显降低,一般不超过 1％；

5）树脂工作交换容量有所提高。

3. 固定床软化设备的设计计算

离子交换器的计算基于下述物料衡算关系式

$$Fhq = QTH_1 \qquad (24\text{-}37)$$

式中　F——离子交换器截面积,m²；

h——树脂层高度,m；

q——树脂工作交换容量,mmol/L；

Q——软化水水量,m³/h；

T——软化工作时间,即从软化开始到出现硬度泄漏的时间,h；

H_1——软化离子量,mmol/L。

式（24-37）左边表示交换器在给定工作条件下所具有的实际交换能力,式右边表示树脂交换的离子总量。其中的关键是如何确定树脂工作交换容量。图 24-10 表示阳离子交换器软化水剩余硬度与出水量的关系曲线。出水量到达 b 点时,硬度开始泄漏,b 点称为硬度泄漏点。如交换反应继续进行,则软化水剩余硬度很快上升,直到接近或等于原水硬度。此时,交换器

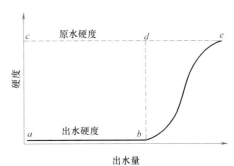

图 24-10　漏出曲线

221

的交换能力几乎耗竭。图中面积 $abedca$ 表示在给定条件下交换器总的交换能力，面积 $abdca$ 为交换器的工作交换能力。后者除以树脂体积即等于树脂工作交换容量。此外，工作交换容量还可以表示为

$$q = \eta \cdot q_0 \tag{24-38}$$
$$\text{或 } q = \{\eta_r - (1 - \eta_s)\} \cdot q_0 \tag{24-39}$$

式中 q_0——树脂全交换容量，mmol/L；

η——树脂实际利用率；

η_r——树脂再生程度，简称再生度；

η_s——树脂饱和程度，简称饱和度。

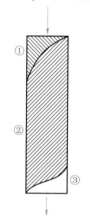

图 24-11 硬度开始漏泄时树脂层饱和程度情况示意

上面这些系数可由图 24-11 形象地表达出来。该图为逆流再生固定床开始泄漏硬度时，树脂层饱和程度情况示意图。面积①表示再生后的整个树脂层内的交换能力未能恢复的部分。面积②表示软化工作期间树脂层交换能力实际用于离子交换所占的部分。面积③表示当交换器开始泄漏硬度时，树脂层交换能力尚未利用的部分。由图 24-11 可知：

$$\eta = \frac{②}{①+②+③}$$

$$\eta_r = \frac{②+③}{①+②+③}$$

$$\eta_s = \frac{①+②}{①+②+③}$$

由此可得出

$$\eta = \frac{②}{①+②+③} = \frac{②+③}{①+②+③} - \frac{③}{①+②+③} = \eta_r - (1-\eta_s)$$

这里应着重指出，所谓再生度系指树脂处在再生之后、交换之前的恢复状态而言；饱和度系指树脂处在交换之后、再生之前的失效状态而言，在概念上不应混淆。在实际生产中，树脂再生度和饱和度均在 80%～90% 范围内。对于逆流再生，这两个指标趋于上限，对于顺流再生，则趋于下限。树脂实际利用率根据具体条件大约在 60%～80% 的范围内。

24.3.3 离子交换软化系统的选择

1. 强酸离子交换树脂软化系统

Na 离子交换软化一般用于原水碱度低，只需进行软化的场合，可用作低压锅炉的给水处理系统。该系统的局限性在于，当原水硬度高、碱度较大的情况下，单靠这种软化处理难以满足要求。该系统处理后的水质是：碱度不变，去除了硬度，但蒸发残渣反而略有增加，这是因为 Na^+ 取代了水中的 Ca^{2+}、Mg^{2+}，而 Na^+ 的摩尔质量大于 $1/2\ Ca^{2+}$ 或 $1/2\ Mg^{2+}$ 摩尔质量。

H 离子交换不单独自成系统，多与 Na 离子交换联合使用。这里，着重对强酸树脂用于 H 离子交换的出水水质变化过程进行分析。

当进水流经 H 离子交换器时，由于强酸树脂对水中离子选择性顺序为 $Ca^{2+} > Mg^{2+} >$

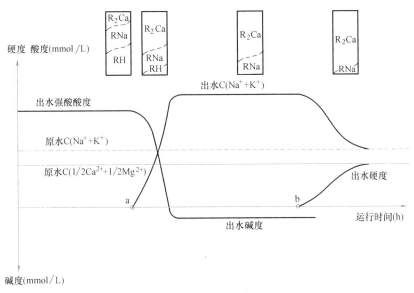

图 24-12　氢离子交换出水水质变化的全过程

Na^+，所以出水中离子出现的次序为 H^+、Na^+、Mg^{2+} 和 Ca^{2+}，而此次序与原水中这些离子的相对浓度无关。图 24-12 表示氢离子交换出水水质变化的全过程。在开始阶段，原水中所有阳离子均被树脂上的 H^+ 所交换，出水强酸酸度保持定值，并与原水中 $c(1/2SO_4^{2-}+Cl^-)$ 浓度相当。从点 a 开始，出水出现 H^+ 泄漏，其含量迅速上升，与之相应，出水酸度开始急剧下降，这是由于阳离子总量为定值，随着出水中 Na^+ 含量增加的同时，H^+ 含量则相应减小的缘故。随后到某一时刻，出水 Na^+ 含量超过原水的 Na^+ 含量，这表明水中 Mg^{2+}、Ca^{2+} 已开始将先前交换到树脂内的 Na^+ 置换出来。当出水 Na^+ 含量与原水 $c(1/2SO_4^{2-}+Cl^-)$ 浓度相当时，出水酸度等于零，随后呈碱性。当此碱度等于原水碱度，出水 Na^+ 含量也达到最高值，即与原水中阴离子总浓度 $c(1/2SO_4^{2-}+Cl^-+HCO_3^-)$ 相当。此后，在一段时间内，出水碱度与 Na^+ 含量保持不变，此时氢离子交换运行完全转变为钠离子运行，对水中的 Na^+ 不起交换反应，而对 Mg^{2+}、Ca^{2+} 仍然具有交换能力，直到点 b，硬度开始泄漏，说明交换柱内的交换带前沿已到达树脂层底部，与之相应，出水 Na^+ 含量从最高值开始下降。最后，出水硬度接近原水硬度，出水 Na^+ 含量亦接近于原水 Na^+ 含量，整个树脂层交换能力几乎完全耗竭。由此可见，在氢离子交换过程中，根据原水水质与处理要求，对失效点的控制应有所不同。在水的除盐系统中，失效点应以 Na^+ 泄漏为准，而在水的软化系统中，亦可考虑以硬度开始泄漏作为失效点。

H-Na 离子交换脱碱软化系统适用于原水硬度高、碱度大的情况。该系统分为并联和串联两种形式。

H-Na 并联离子交换系统如图 24-13 所示，原水一部分（Q_{Na}）流经钠离子交换器，另一部分（Q_H）流经氢离子交换器。前者出水呈碱性，后者出水呈酸性。这两股出水混合后进入除二氧化碳器去除 CO_2。

原水的流量分配与原水水质及其处理要求有关。如氢离子交换器的失效点以 Na^+ 泄漏为准，则整个运行期间出水呈酸性，其酸度等于原水 $c(1/2SO_4^{2-}+Cl^-)$ 浓度。考虑到

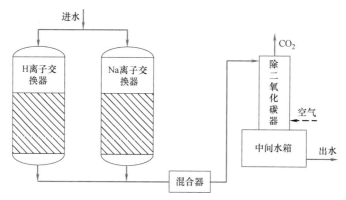

图 24-13　H-Na 离子并联交换系统

混合后的软化水应含有少量剩余碱度，流量分配可按下式计算

$$Q_H \cdot c(1/2SO_4^{2-}+Cl^-)=(Q-Q_H) \cdot c(HCO_3^-)-QA_r \qquad (24\text{-}40)$$

式中　　Q——处理水总流量，m^3/h；

$c(HCO_3^-)$——原水碱度，$mmol/L$；

A_r——混合后软化水剩余碱度，约为 0.5$mmol/L$。

上式移项后，得

$$Q_H=\frac{c(HCO_3^-)-A_r}{c(1/2SO_4^{2-}+Cl^-)+c(HCO_3^-)}Q=\frac{c(HCO_3^-)-A_r}{c(\Sigma A)}Q(m^3/h) \qquad (24\text{-}41)$$

$$Q_{Na}=\frac{c(1/2SO_4^{2-}+Cl^-)+A_r}{c(\Sigma A)}Q(m^3/h) \qquad (24\text{-}42)$$

式中　$c(\Sigma A)=c(1/2SO_4^{2-}+Cl^-+HCO_3^-)$，$mmol/L$，亦即原水阴离子总浓度。

若氢离子交换器运行到硬度开始泄漏，从图 24-12 看出，在到达点 b 时刻，运行前期所交换的 Na^+，到运行后期已几乎全部被置换了出来。从整个运行周期来看，就好像水中 Na^+ 并没有参与交换反应似的，亦即周期出水平均 Na^+ 含量仍等于原水 Na^+ 含量。因此，在 $H_t>H_e$ 的条件下，经氢离子交换的周期出水平均酸度在数值上与原水非碳酸盐硬度相当。以此为依据，亦可计算出当氢离子交换器运行失效以硬度为泄漏点的 H-Na 并联的流量分配。

氢离子交换出水与钠离子交换出水一般采取瞬间混合方式，混合水立即进入除二氧化碳器。要使任何时刻都不会出现酸性水，氢离子交换过程运行到 Na^+ 泄漏为宜。如运行到硬度泄漏，则初期混合水仍可能呈酸性，这不仅给后续设备（除二氧化碳器、管道、软水池、水泵等）在防腐蚀上加重负担，而且即使软水池容量能起一定调节作用，也难以保证任何时刻不出现酸水。

H-Na 串联离子交换系统如图 24-14 所示。原水一部分（Q_H）流经氢离子交换器，出水与另一部分原水混合后，进入除二氧化碳器脱气，然后流入中间水箱，再由泵打入钠离子交换器进一步软化。流量分配比例也要根据原水水质与处理要求而定，计算方法与 H-Na 并联情况完全一样。

H-Na 串联离子交换系统适用于原水硬度较高的场合。因为部分原水与氢离子交换出水混合后，硬度有所降低，然后再经过 Na 离子交换，这样既减轻 Na 离子交换器的负担，

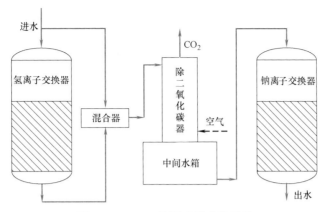

图 24-14　H-Na 离子串联交换系统

又能提高软化水质。

综上所述可知，H-Na 并联系统与 H-Na 串联系统的不同之处在于，前者只是一部分流量经过钠离子交换器，而后者则是全部经过钠离子交换器。因此，就设备而言，并联系统比较紧凑，投资省。但从运行来看，串联系统安全可靠，更适合于处理高硬度水。经过 H-Na 离子交换处理，蒸发残渣可降低 1/3～1/2，能满足低压锅炉对水质的要求。

上述各种离子交换系统的出水水质列于表 24-9。

离子交换软化系统出水水质变化情况　　　　　　　　　表 24-9

指标	钠离子交换	氢离子交换	H-Na 离子交换
$c(1/2SO_4^{2-}+Cl^-)$	无变化	无变化	无变化
$c(HCO_3)$	无变化	全部去除	与软化水剩余碱度相当
$c(1/2Ca^{2+}+1/2Mg^{2+})$	等浓度为 $c(Na^+)$ 所替代	等浓度为 $c(H^+)$ 所替代	—
$c(Na^+)$	等于 $c(1/2SO_4^{2-}+Cl^-+HCO_3^-)$	1）Na^+ 泄漏为控制点时，几乎全部去除 2）硬度泄漏为控制点时，几乎无变化	与软化水阴离子浓度总和相当
$c(H^+)$	—	1）Na^+ 泄漏为控制点时，等于原水 $c(1/2SO_4^{2-}+Cl^-)$ 浓度 2）硬度泄漏为控制点时，与原水非碳酸盐硬度相当	—
剩余硬度 $c(1/2Ca^{2+}+1/2Mg^{2+})$	≤0.05	≤0.05	≤0.05
$\rho(CO_2)$,mg/L	无变化	分解 1mmol/L 的 HCO_3^- 产生 44mg CO_2/L	分解 1mmol/L 的 HCO_3^- 产生 44mg CO_2/L

注：浓度单位为 mmol/L。

关于离子软化系统处理后水中蒸发残渣的变化情况讨论如下。在蒸发过程中，HCO_3^- 按式（24-43）进行下列反应

$$2HCO_3^- \xrightarrow{\Delta} CO_3^{2-} + CO_2 + H_2O \tag{24-43}$$

其中一部分的 HCO_3^- 转变成 CO_2 逸出，残渣中只存在 CO_3^{2-}，亦即 2mol HCO_3^- 只生成 1mol CO_3^{2-}，其质量比为 60/2×61＝0.49。因此，在计算时应将 HCO_3^- 的质量数乘以 0.49 换算为 CO_3^{2-} 的质量数。据此，原水以及离子交换出水蒸发残渣可分别表达如下。

（1）原水蒸发残渣可表示为

$$S_{k(y)}=\rho(Na^++K^+)+\rho(Ca^{2+})+\rho(Mg^{2+})+\rho(\sum A)(mg/L) \tag{24-44}$$

式中 $S_{k(y)}$ 为原水蒸发残渣，质量浓度 $\rho(X)$ 的单位均为 mg/L，其中 $\sum A$ 表示阴离子总量，并已考虑将 HCO_3^- 换算成 CO_3^{2-}。

（2）钠离子交换出水蒸发残渣可表示为

$$S_{k(Na)}=\rho(Na^++K^+)+1.15\rho(Ca^{2+})+1.89\rho(Mg^{2+})+\rho(\sum A)(mg/L) \tag{24-45}$$

式中换算系数 1.15 和 1.89 根据下式得出

$$\frac{2molNa^+\ 所具有的质量}{1molCa^{2+}\ 所具有的质量}=\frac{2\times23}{40}=1.15$$

$$\frac{2molNa^+\ 所具有的质量}{1molMg^{2+}\ 所具有的质量}=\frac{2\times23}{24.3}=1.89$$

将式（24-44）代入式（24-45），可得

$$S_{k(Na)}=S_{k(y)}+0.15\rho(Ca^{2+})+0.89\rho(Mg^{2+})(mg/L) \tag{24-46}$$

上式亦是钠离子交换出水蒸发残渣的另一表达式。

H-Na 离子交换出水蒸发残渣为

$$S_{k(H-Na)}=S_{k(y)}+0.15\rho(Ca^{2+})+0.89\rho(Mg^{2+})-53[c(HCO_3^-)-A_r](mg/L)$$

$$\tag{24-47}$$

式中　$c(HCO_3^-)$——原水碱度，mmol/L；

　　　A_r——出水剩余碱度，mmol/L；

　　　53——相当于 $1/2Na_2CO_3$ 的摩尔质量。

式（24-47）右边最后一项考虑到原水经 H-Na 离子交换后，原有的碱度只有剩余碱度 A_r，并且在蒸发残渣中以 Na_2CO_3 形式出现。

2. 弱酸树脂的工艺特性及其应用

弱酸性阳离子交换树脂目前得到推广使用的是一种丙烯酸型。我国近年生产的型号 111 即属于此类型。其化学结构式为

由于起活性基团作用的主要是羧酸（—COOH），所以也称为羧酸树脂，表示为 RCOOH，实际参与离子交换反应的可交换离子为 H^+。

弱酸树脂主要与水中碳酸盐硬度起交换反应

$$2RCOOH+Ca(HCO_3)_2\rightleftharpoons(RCOO)_2Ca+2H_2CO_3 \tag{24-48}$$

$$2RCOOH+Mg(HCO_3)_2\rightleftharpoons(RCOO)_2Mg+2H_2CO_3 \tag{24-49}$$

反应产生的 H_2CO_3，只有极少量离解为 H^+，并不影响树脂上的可交换离子 H^+ 继续

离解出来并和水中 Ca^{2+}、Mg^{2+} 进行反应。由于 H_2CO_3 是弱酸，容易分解为 CO_2 逸出，更有利于 H^+ 继续离解。弱酸树脂对于水中非碳酸盐硬度以及钠盐一类的中性盐基本上不起反应，即使开始时也能进行某些交换反应，但亦极不完全。

$$2RCOOH + CaCl_2 \rightleftharpoons (RCOO)_2Ca + 2HCl \tag{24-50}$$

$$RCOOH + NaCl \rightleftharpoons RCOONa + HCl \tag{24-51}$$

这是因为反应的产物（如 HCl、H_2SO_4）离解度极大，立即产生可逆反应，抑制了交换反应的继续进行。因此，弱酸树脂无法去除非碳酸盐硬度。

另一方面，对 H^+ 的亲合力，弱酸树脂与强酸树脂差别很大，这主要与树脂上的活性基团与 H^+ 形成的酸的强弱有关。弱酸树脂很容易吸附 H^+，是由于羧酸根（—COO^-）与 H^+ 结合所生成的羧酸离解度很小的缘故。因此，用酸再生弱酸树脂比再生强酸树脂要容易得多。从式（24-50）、式（24-51）来看，再生反应即逆反应能自动地向左边进行，不必用过量的或高浓度的酸进行强制反应，再生用酸量接近于理论值。这样，再生液既能充分利用，浓度也可以很低。

弱酸树脂单体结合的活性基团多，所以交换容量大。如国产 111 全交换容量 $\geqslant$ 12.0mmol/g（干树脂），比普通强酸树脂（例如 001×7）高一倍多。

弱酸树脂与 Na 型强酸树脂联合使用可用于水的脱碱软化。联用方式有两种：一是前面提到的 H-Na 串联系统，二是在同一交换器中装填氢型弱酸和钠型强酸树脂，构成 H-Na 离子交换双层床。

前已述及，磺化煤具有磺酸和羧酸两种活性基团，当再生剂用量减少到与弱酸活性基团等物质量时，磺化煤上的弱酸活性基团优先得到再生，可作为交换容量较低的弱酸性阳离子交换剂使用。上述再生方式称为贫再生。将全部进水流量通过贫再生的氢离子交换器（以磺化煤作为交换剂），经脱气后，再进行钠离子交换，即构成所谓氢型交换剂采用贫再生方式的 H-Na 串联离子交换系统。

【例 24-2】已知某原水水质为：

$1/2Ca^{2+} = 2.39mmol/L$	$1/2Mg^{2+} = 1.23mmol/L$	$Na^+ = 0.84mmol/L$
$HCO_3^- = 2.94mmol/L$	$1/2SO_4^{2-} = 0.92mmol/L$	$Cl^- = 0.6mmol/L$

（1）如果软水量为 100m³/h，采用氢—钠并联软化脱碱法，试计算氢离子交换器和钠离子交换器的尺寸；

（2）试计算原水和氢—钠并联系统出水的蒸发残渣。

（剩余碱度为 0.6mmol/L，系统自用水量为 10%）

【解】

$$Q = 1.1 \times 100 = 110 \text{m}^3/\text{h}$$

$$Q_H = \frac{c(HCO_3^-) - A_r}{c(\sum A)} Q = \frac{2.94 - 0.6}{4.46} \times 110 = 57.7 \text{m}^3/\text{h}$$

$$Q_{Na} = Q - Q_H = 110 - 57.7 = 52.3 \text{m}^3/\text{h}$$

（1）氢离子交换器和钠离子交换器的尺寸计算

1）氢离子交换器的尺寸计算

选用 001×7 强酸性阳离子交换树脂，其工作交换容量为 900mol/m³，树脂层高度 h 取 1.8m，则交换周期 T 为：

交换周期　$T = \dfrac{hq}{vH_t} = \dfrac{1.8 \times 900}{18 \times 4.46} = 20.2 \text{h}$

交换流速　$v = 15 \sim 20 \text{m/h}$，取 $v = 18 \text{m/h}$。

交换器总面积　$F = \dfrac{Q}{v} = \dfrac{57.7}{18} = 3.2 \text{m}^2$

交换器采用 3 台，二用一备

每台交换器的面积　$F_1 = \dfrac{F}{n} = \dfrac{3.2}{2} = 1.6 \text{m}^2$

选用 $\phi 1500 \text{mm}$ 逆流再生交换器，实际面积为 1.76m^2

每台交换器的湿树脂质量 G

$G = V\gamma = Fh\gamma = 1.76 \times 1.8 \times 800 = 2534 \text{kg}$

式中 γ 为树脂的湿真密度，$\gamma = 800 \text{kg/m}^3$。

2）钠离子交换器的尺寸计算

选用 001×7 强酸性阳离子交换树脂，其工作交换容量为 900mol/m^3，树脂层高度 h 取 2m，则交换周期 T 为：

交换周期　$T = \dfrac{hq}{vH_t} = \dfrac{2 \times 900}{15 \times 3.62} = 33.1 \text{h}$

交换流速 v 取 15m/h。

交换器总面积　$F = \dfrac{Q}{v} = \dfrac{52.3}{15} = 3.49 \text{m}^2$

交换器采用 3 台，二用一备

每台交换器的面积　$F_1 = \dfrac{F}{n} = \dfrac{3.49}{2} = 1.75 \text{m}^2$

选用 $\varPhi 1500 \text{mm}$ 逆流再生交换器，实际面积为 1.76m^2

每台交换器的湿树脂质量 G

$G = V\gamma = Fh\gamma = 1.76 \times 2 \times 800 = 2816 \text{kg}$

（2）计算蒸发残渣

原水　$S_{k(y)} = \rho(\text{Na}^+ + \text{K}^+) + \rho(\text{Ca}^{2+}) + \rho(\text{Mg}^{2+}) + \rho(\Sigma A)$

$= 0.84 \times 23 + 2.39 \times 20 + 1.23 \times 12.1 + (0.49 \times 2.94 \times 61 + 0.92 \times 48 + 0.6 \times 17)$

$= 224 \text{mg/L}$

氢—钠离子并联系统出水的蒸发残渣为：

$S_{k(\text{H-Na})} = S_{k(y)} + 0.15\rho(\text{Ca}^{2+}) + 0.89\rho(\text{Mg}^{2+}) - 53[c(\text{HCO}_3^-) - A_r]$

$\qquad = 181 + 0.15 \times 2.39 \times 20 + 0.89 \times 1.23 \times 12.1 - 53 \times (2.94 - 0.6)$

$\qquad = 77.4 \text{mg/L}$

3. 连续床

流动床内的树脂在装置内连续循环流动，失效树脂在流动过程中（经再生、清洗设备）恢复交换能力，连续定量地补充新鲜树脂，从而保证交换不间断地进行。连续床离子交换可分为移动床和流动床两类。移动床是指交换器中的树脂层在运行中是周期性移动的，即定期排出一部分已失效的树脂同时补充等量的再生好的新鲜树脂。失效树脂的再生过程是在另一专用设备中进行的，故移动床的交换过程和再生过程分别在不同设备中进行，制水过程是连续的，移动床交换系统的形式较多，按其设置的设备可分为三塔式、双塔式和单塔式；按其运行方式可分为多周期式和单周期式。

三塔式移动床的组成和运行流程如图 24-15 所示（图中虚线表示树脂输送管线）

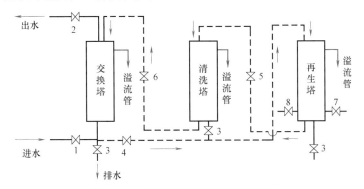

图 24-15　三塔式移动床运行示意图
1—进水阀；2—出水阀；3—排水阀；4—失效树脂输出阀；5—再生后树脂输出阀；
6—清洗后树脂输出阀；7—进再生液阀；8—进清水阀

交换时，原水由交换塔底部进入并将树脂层托起，即为成床（成为浮动床），进行离子交换；处理后的水由上部流出。运行一段时间后，停止进水并进行排水使树脂层下落，即为落床。与此同时清洗后的新鲜树脂由上部进入交换塔的树脂层上层，同时排水过程中将失效树脂排出塔底部并进入再生塔。因此，落床过程中，交换塔内同时完成新鲜树脂补充和失效树脂排出，两次落床之间的交换运行时间，称移动床的一个大周期。

树脂再生时，再生液由再生塔下部进入，对失效树脂进行再生，再生废液由上部流出。再生后的树脂由再生塔底部依靠进水水流输送到清洗塔中进行清洗。两次输送再生后树脂的间隔时间为一个小周期。交换塔内一个大周期中输送过来的失效树脂可分成几次再生，称多周期再生。若对交换塔输送来的失效树脂进行一次再生，则称单周期再生。

再生后树脂的清洗是在清洗塔内进行，清水由下而上流经树脂层进行清洗，清洗后的新鲜树脂输送至交换塔。

若把再生塔和清洗塔合为一塔，上部用于再生，下部用于清洗，则称双塔式。若将再生塔和清洗塔置于交换塔上部，则称单塔式。实际上，双塔式和单塔式，仍包括交换、再生和清洗三部分，只是三部分设置方式不同。

移动床的主要优点是运行流速高；可连续供水，减少设备备用量；树脂利用率高。主要缺点是树脂移动频繁、磨损大；再生剂比耗高；运行管理要求高。

流动床内的树脂在装置内连续循环流动，失效树脂在流动过程中（经再生、清洗设备）恢复交换能力，连续定量地补充新鲜树脂，从而保证交换不间断地进行。

4. 再生设备

（1）食盐系统

食盐系统包括试验储存、盐液配制及输送等设备。一般为湿法储存，当盐日用量小于500kg 时，亦可干法储存。图 24-16 为用水射器输送的湿存食盐系统。储盐槽兼作储存和溶解之用。用盐量较大时，可设置两个储盐槽，以便轮换，清洗。储盐槽内壁应有耐腐蚀措施。槽底部填有厚约 35～45m 的石英砂和卵石，其级配规格从 1～4mm 到 16～32mm。

溶解好的饱和食盐溶液经固体食盐层和滤料层过滤后流入计量箱。在由水射器输送的同时，将盐液稀释到所需的浓度。计量箱容积相当于一次再生的用量。该系统操作方便，但水射器工作水压要保持稳定。此外，还可用泵输送。

干法储存食盐则将食盐堆放在附近盐库，平时随用随溶解，备有溶解和过滤装置。

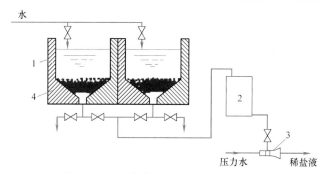

图 24-16　湿存食盐系统（水射器输送）

1—储盐槽；2—计量箱；3—水射器；4—滤料层

（2）酸系统

酸系统主要由储存、输送、计量以及投加等设备组成。酸储存量一般按 15～30d 用量考虑。工业盐酸浓度为 30％～31％，硫酸浓度为 91％～93％。盐酸腐蚀性强，与盐酸接触的管道、设备均应有防腐蚀措施。盐酸还释放氯化氢气体，对周围设备有腐蚀作用，而且污染环境，损害健康。因此，酸槽应密闭，设置在仪表盘和水处理设备的下风向，并保持必要的距离。储酸的钢槽（罐）内壁要衬胶。浓硫酸虽不引起腐蚀，但浓度在 75％以下的硫酸仍有腐蚀性。

图 24-17 为盐酸配制、输送系统。储酸池中的盐酸经泵输送到高位酸罐内，再自流到计量箱。再生时，用水射器将酸稀释并送往离子交换器。采用浓硫酸为再生剂时，考虑浓硫酸在稀释过程中释放大量的热能，应先稀释成 20％左右的浓度，然后再配制成所需的浓度。

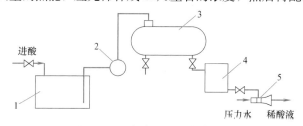

图 24-17　盐酸配制、输送系统

1—储酸池；2—泵；3—高位酸罐；4—计量箱；5—水射器

（3）再生剂用量计算

再生剂用量 G 表示单位体积树脂所消耗的纯再生剂量（g/L 或 kg/m^3）；再生剂比耗 n 表示单位体积树脂所消耗的纯再生剂物质的量与树脂工作交换容量的比值（mol/mol），则每台离子交换器再生一次需要的再生剂总量为：

$$G = \frac{QM_t M_B nT}{1000\alpha}(kg) \tag{24-52}$$

式中　α——工业用酸和盐的浓度或纯度，％；

M_1——进水硬度，mol/m^3；

M_B——再生剂摩尔质量，g/mol。

5. 除二氧化碳器

天然水中溶解的气体主要有 O_2 和 CO_2。另外，在氢离子交换过程中，处理水中产生大量的 CO_2。水中 $1mmol/L$ 的 HCO_3^- 可产生 $44mg/L$ 的 CO_2。这些气体腐蚀金属，而且二氧化碳还对混凝土有侵蚀作用。此外，游离碳酸进入强碱阴离子交换器，加重强碱树脂的负荷。因此，在离子交换脱碱软化或除盐系统中，均应考虑去除 CO_2 的措施。

在平衡状态下，CO_2 在水中的溶解度仅为 $0.6mg/L$（水温 $15℃$）。当水中溶解的 CO_2 浓度大于溶解度，则 CO_2 逐渐从水中析出，即所谓的解吸过程。又由于空气中 CO_2 含量极低（约 0.03%），因而可创造一种条件使含有 CO_2 的水与大量新鲜空气接触，促使 CO_2 从水中转移到空气中的解吸过程能加速进行。这种脱气设备称为除二氧化碳器（或脱气塔）。

碳酸是一种弱酸，水的 pH 值越低，游离碳酸越不稳定。这可从式（24-19）的碳酸平衡中明显看出。水的 pH 值低，则平衡向左方移动，有利于碳酸的分解。碳酸几乎全部以游离 CO_2 的形态存在于水中。这给脱气提供了良好的条件。所以，在水的脱碱软化或除盐系统中，往往将除二氧化碳器放置在紧接氢离子交换器之后。

图 24-18 为鼓风填料式除二氧化碳器示意图。布水装置将进水沿整个截面均匀淋下。经填料层时，水被淋洒成细滴或薄膜，从而大大增加了水和空气的接触面。空气从下而上由鼓风机不断送入，在与水充分接触的同时，将析出的二氧化碳气体随之排出。脱气后的水则由出水口流出。

常用填料有拉希环、聚丙烯鲍尔环、聚丙烯多面空心球等。

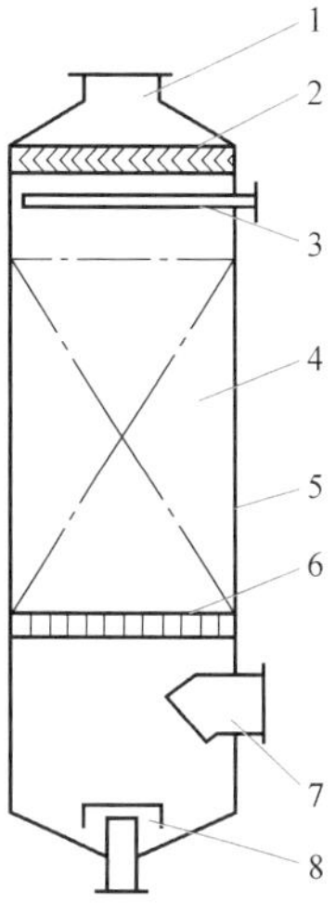

图 24-18 鼓风填料式除二氧化碳器

1—排风口；2—收水器；
3—布水器；4—填料；
5—外壳；6—承托架；
7—进风口；8—水封及出水口

24.4 水的除盐与咸水淡化

24.4.1 概述

1. 水的纯度

在工业上，水的纯度常以水中含盐量或水的电阻率来衡量。电阻率是指断面 $1cm \times 1cm$，长 $1cm$ 体积的水所测得的电阻，单位为欧姆·厘米（$\Omega \cdot cm$）。根据各工业部门对水质的不同要求，水的纯度可分为下列 4 种：

（1）淡化水：一般指将高含盐量的水经过除盐处理后，变成为生活及生产用的淡水，含盐量低于 $1000mg/L$。海水及苦咸水的淡化属于此类。

（2）脱盐水：相当于普通蒸馏水。水中强电解质的大部分已去除，剩余含盐量约为 $1\sim5mg/L$。$25℃$ 时，水的电阻率为 $0.1\sim1.0\times10^6\Omega \cdot cm$。

（3）纯水：亦称为去离子水。水中的强电解质的绝大部分已去除，而弱电解质如硅酸和碳酸等也去除到一定程度，剩余含盐量低于 $1.0mg/L$。$25℃$ 时，水的电阻率为 $1.0\sim1.0\times10^5\Omega \cdot cm$。

（4）高纯水：又称为超纯水。水中的导电介质几乎已全部去除，而水中胶体微粒、微生物、溶解气体和有机物等亦已去除到最低的程度。高纯水的剩余含盐量应在 0.1mg/L 以下。25℃时，水的电阻率在 $1.0 \times 10^6 \Omega \cdot cm$ 以上。理论上纯水的电阻率为 $18.3 \times 10^6 \Omega \cdot cm$（25℃）。

2. 海水（咸水）淡化与水的除盐方法

海水（咸水）淡化的主要方法有多级闪蒸、反渗透法、电渗析法和冷冻法等。多级闪蒸和反渗透法主要用于海水淡化，而电渗析法主要用于苦咸水淡化，冷冻法还处于探索阶段。多级闪蒸技术成熟，运行安全性高，适合于大型化的海水淡化，因而淡化水产量最大。由于反渗透法在分离过程中，没有相态的变化，无需加热，能量消耗少，设备比较简单。据 1998 年的全球统计，在海水淡化产量中，多级闪蒸占 44.1%，反渗透法占 39.5%，多效蒸馏占 4.05%；而 2000 年的全球统计表明，多级闪蒸降到 42.4%，反渗透法上升到 41.1%。反渗透法发展迅速，将超过多级闪蒸。各种海水淡化方法所耗的能量见表 24-10。

离子交换法主要用于除盐。该法可与电渗析或反渗透法联合使用。这种联合系统可用于水的深度除盐。离子交换法制取纯水的纯度见表 24-11。

海水淡化方法的能耗　　　　　　　　　　　　　　　表 24-10

淡化方法	能耗（kWh/m³）	淡化方法	能耗（kWh/m³）
多级闪蒸法	30～37	电渗析法	8～16
反渗透法	8～14	冷冻法	28

离子交换法制取纯水的纯度（25℃）　　　　　　　　表 24-11

除盐方法	水的电阻率，（$10^6 \Omega \cdot cm$）	除盐方法	水的电阻率，（$10^6 \Omega \cdot cm$）
纯水理论值	18.3	离子交换混合床	5.0
离子交换复床	0.1～1.0	离子交换复床-混合床	>10

24.4.2 离子交换除盐方法与系统

1. 阴离子交换树脂的工艺特性

阴离子交换树脂通常是在粒状高分子化合物母体的最后处理阶段导入伯胺、仲胺或叔胺基团而构成的。胺是氨 NH_3 中的氢原子被烃基取代的化合物。氨分子中的 1 个、2 个、3 个氢原子被 1 个、2 个、3 个烃基取代的胺分别称为伯胺 $R\,NH_2$、仲胺 $R=NH$ 和叔胺 $R\equiv N$。氨与水作用，生成氢氧化铵 NH_4OH，氨与酸作用，生成铵盐 NH_4X。当它们中的四个氢原子为四个烃基所取代，则分别成为季铵碱 $R\equiv NOH$ 和季铵盐 $R\equiv NX$。例如，将聚苯乙烯经氯甲基醚处理，再用叔胺使其胺化，即得季铵型强碱性阴离子交换树脂。由于阴树脂所具有的活性基团均呈碱性，所以称为碱性基团。根据基团碱性的强弱，又可分为强碱性和弱碱性两类。季铵型属强碱性基团，伯胺型、仲胺型和叔胺型属弱碱性基团。弱碱性基团是由于胺基水解反应而得的：

$$R—NH_2 + H_2O \longrightarrow R—NH_3^+ OH^-$$
$$R=NH + H_2O \longrightarrow R=NH_2^+ OH^-$$
$$R\equiv N + H_2O \longrightarrow R\equiv NH^+ OH^-$$

这里的 R 代表某些简单的脂肪烃烃基。

碱性基团与树脂母体的关系犹如强酸性树脂上的磺酸基—SO_3H 与其母体的关系，只是碱性基团结构较为复杂而已。碱性基团的可交换离子为羟基 OH^-。为方便起见，一般将阴离子交换树脂表示成 ROH（R 代表树脂母体及其所属固定活性基团）。正是 OH^- 使阴树脂具有碱性，如 OH^- 属于季胺基，即为强碱性树脂，如 OH^- 属于其他 3 种胺基，则为弱碱性树脂。

强碱性树脂又可分为Ⅰ型和Ⅱ型。Ⅰ型树脂碱性较强，除硅能力较强，适用于制取纯水。但Ⅰ型再生时所需的再生剂量较大，工作交换容量较低。Ⅱ型树脂的碱性较Ⅰ型的弱，除硅能力较差，但交换容量大于Ⅰ型。

（1）强碱树脂的工艺特性

在水的除盐过程中，经 H 离子交换的出水含有各种强酸、弱酸阳离子，这些离子的去除由强碱性阴离子交换树脂承担，其交换反应如下：

$$ROH + HCl \rightleftharpoons RCl + H_2O \qquad (24\text{-}53)$$

$$\left.\begin{array}{l} ROH + H_2SO_4 \rightleftharpoons RHSO_4 + H_2O \\ 2ROH + H_2SO_4 \rightleftharpoons R_2SO_4 + 2H_2O \end{array}\right\} \qquad (24\text{-}54)$$

$$ROH + H_2CO_3 \rightleftharpoons RHCO_3 + H_2O \qquad (24\text{-}55)$$

$$ROH + H_2SiO_3 \rightleftharpoons RHSiO_3 + H_2O \qquad (24\text{-}56)$$

从反应式来看，阴离子交换出水应呈中性，但实际上呈弱碱性，这是由于阳床出水中总是有微量 Na^+ 泄漏，致使阴床出水含有微量氢氧化钠的缘故。另外，实验表明，式（24-54）的两个反应是同时存在的。

强碱树脂对水中常见阴离子的选择性顺序一般为：

$$SO_4^{2-} > Cl^- > OH^- > HCO_3^- > HSiO_3^-$$

在交换过程中，SO_4^{2-} 能置换出先前吸附在树脂的 Cl^-，而 Cl^- 又能置换出先前吸附在树脂的弱酸阴离子。表 24-12 说明强碱树脂层饱和时被吸附的各种阴离子在层内分布的情况。

强碱树脂层饱和时被吸附离子的分布   表 24-12

组成	第一层（厚 30.5cm）	第二层（厚 30.5cm）	第三层（厚 30.5cm）	第四层（厚 60.1cm）
SO_4^{2-}	70%	25%	5%	0%
Cl^-	痕迹	36%	50%	14%
HCO_3^-	痕迹	痕迹	6%	94%
$HsiO_3^-$	0.5%	0.5%	1%	98%

图 24-19 表示强碱阴离子交换器的运行过程曲线。清洗分为两步：第一步将清洗水排出，直到清洗排水总溶解固体等于进水总溶解固体；第二步将清洗水循环回收到阳离子交换器的入口，直到出水电导率符合要求，即开始正常运行。在运行阶段，出水电导率和硅含量均较稳定。当到达运行终点时，在电导率上升之前，硅酸已开始泄漏。而在硅酸泄漏过程中，电导率出现瞬时下降，这是由于出水中含有的微量氢氧化钠为突然出现的弱酸所中和，生成硅酸钠和碳酸氢钠，其导电性能低于氢氧化钠的缘故。若阴床运行以硅酸开始泄漏作为失效控制点，则电导率瞬时下降可视为周期终点的信号。由图 24-19 看出，在开

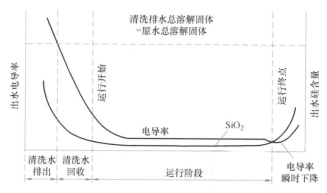
图 24-19　强碱阴离子交换器的运行过程曲线

始泄漏之后，出水硅含量迅速上升。

强碱树脂除硅还有如下要求：

1）进水应呈酸性。用强碱树脂除硅应在低的 pH 值下进行。此时，水中硅酸化合物以 H_2SiO_3 的形式存在，其交换反应如式（24-56）所示，生成电离度极小的水，有利于反应向右方进行。若进水酸性降低，则水中溶解状态的硅酸有部分以 $HSiO_3^-$ 形式存在（其假想化合物有如 $NaHSiO_3$），与强碱树脂进行交换反应如下式所示：

$$ROH + NaHSiO_3 \rightleftharpoons RHSiO_3 + NaOH \tag{24-57}$$

由于生成物 NaOH 离解出大量 OH^- 离子，由强碱树脂的选择性顺序可知，强碱树脂对 OH^- 的亲合力大于对 $HSiO_3^-$ 的亲合力，OH^- 离子阻碍了反应向右方进行。因此，进水要求酸性的实质是利用进水中的 H^+ 与 OH^- 生成离解度极小的水，保证除硅的顺利进行。

2）进水漏钠量要低。阳床出水漏钠量的增加，Na^+ 与 $HSiO_3^-$ 组成假想化合物 $NaHSiO_3$，从而妨碍除硅的进行。

3）再生条件要求高。必须采用 OH 型的碱类，常用的再生剂一般为 NaOH。再生液浓度 2%～4%，再生时间不少于 1h。实践证明，适当提高再生液的温度（对强碱 I 型为 40～50℃，II 型为 35℃）能改善再生效果，有利于提高下一周期的出水水质。

（2）弱碱树脂的工艺特性

弱碱树脂只能与强酸阳离子起交换反应，而不能吸附弱酸阳离子。由于弱酸活性基团在水中离解能力很低，弱碱树脂对强酸阳离子的交换反应，只有在低 pH 条件下才能进行。

$$R—NH_3OH + HCl \longrightarrow R—NH_3Cl + H_2O \tag{24-58}$$

$$2R—NH_3OH + H_2SO_4 \longrightarrow (R—NH_3)_2SO_4 + 2H_2O \tag{24-59}$$

在中性溶液中，弱碱树脂不与这些强酸根起交换反应，因此，在除盐系统中，弱碱阴床往往设置在强酸阳床之后。

弱碱树脂极易用碱再生。作为再生剂可用 NaOH，也可用 $NaHCO_3$、Na_2CO_3 或 NH_4OH，碱比耗只需理论值 1.2 倍。弱碱树脂交换容量高于强碱树脂。此外，弱碱树脂抗有机物污染能力较强，若在强碱阴床之前，设置弱碱阴床，既可减轻强碱树脂的负荷，又能保护其不受有机物的污染。

2. 复床除盐

复床系指阳、阴离子交换器串联使用，达到水的除盐目的。复床除盐的组成方式有多种，下面介绍最常用的复床系统。

（1）强酸—脱气—强碱系统

该系统是一级复床除盐中最基本的系统，由强酸阳床、除二氧化碳器和强碱阴床组成，如图 24-20 所示。进水先通过阳床，去除 Ca^{2+}、Mg^{2+}、Na^+ 等阳离子，出水为酸性水，随后通过除二氧化碳器去除 CO_2，最后由阴床去除水中的 SO_4^{2-}、Cl^-、HCO_3^-、$HSiO_3^-$ 等阴离子。为了减轻阴床的负荷，除二氧化碳器设置在阴床之前，水量很小或进水碱度较低的小型除盐装置可省去脱气措施。

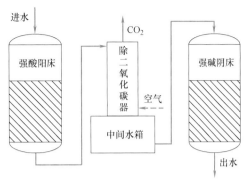

图 24-20　强酸-脱气-强碱系统

强碱阴床设置在强酸阳床之后的原因在于：

1）若进水先通过阴床，容易生成 $CaCO_3$、$Mg(OH)_2$ 沉积在树脂层内，使强碱树脂交换容量降低。

2）若进水先经过阴床，更不利于除硅。

3）强酸树脂抗有机物污染的能力优于强碱树脂；

4）若原水先通过阴床，本应由除二氧化碳器去除的碳酸，都要由阴床承担，从而增加了再生剂耗用量。

该系统适用于制取脱盐水。含盐量不大于 500mg/L 的原水经处理后，出水电阻率可达到 $0.1 \times 10^6 \Omega \cdot cm$ 以上，硅含量在 0.1mg/L 以下。在运行中，有时出水的 pH 值和电导率都偏高，这往往是由于阳床泄漏 Na^+ 过量所致。为提高出水水质，可采用逆流再生。另外，强碱阴床采用热碱液再生，有利于除硅。

（2）强酸-脱气-弱碱-强碱系统

该系统流程适用于有机物含量较高，强酸阴离子含量较大的原水。弱碱树脂用于去除强酸阴离子，强碱树脂主要用于除硅。再生采用串联再生方式，全部 NaOH 再生液先用来再生强碱树脂，然后再生弱碱树脂。对于强碱树脂来说，再生水平是很高的，强碱树脂再生后的废液又能为弱碱树脂充分利用，再生剂能充分利用，再生比耗低。除二氧化碳器设置在阴床前面，以便于强碱阴床与弱碱阴床串联再生。该系统出水水质与强酸-脱气-强碱系统大致相同，但运行费用略低。

3. 混合床除盐

（1）基本原理与特点

阴、阳离子交换树脂填在同一个交换器内，再生时使之分层再生，使用时先将其均匀混合。这种阴、阳树脂混合一起的离子交换器称为混合床。由于混合床中阴、阳树脂紧密交替接触，构成无数由阳床和阴床串联的复床，反复进行多次脱盐。混合床的反应过程（以 NaCl 为例）可表示为

$$\left.\begin{array}{ll} RH + NaCl \rightleftharpoons RNa + HCl & ROH + HCl \longrightarrow RCl + H_2O \\ ROH + NaCl \rightleftharpoons RCl + NaOH & RH + NaOH \longrightarrow RNa + H_2O \end{array}\right\} \quad (24\text{-}60)$$

上述的阴、阳离子交换反应是同时进行的，影响阳离子交换反应的 H^+ 离子和影响阴离子交换反应的 OH^- 离子能立即反应生成离解度极小的水，因此，逆反应几乎没有，交

换反应彻底。混合床由于上述的优点，具有出水纯度高，水质稳定，间断运行影响小，失效终点明显等特点。混合床的出水电阻率可达 $(5\sim10)\times10^6\Omega\cdot cm$。混合床是纯水以及超纯水制备必不可少的除盐设备。

混合床的缺点是，再生时阴、阳离子树脂很难彻底分层。特别是当有部分阳树脂混杂在阴树脂层时，经碱液再生，这一部分阳树脂转为 Na 型，造成运行后 Na^+ 泄漏，即所谓的交叉污染。另外，混合床对有机物污染很敏感。运行初期的出水电阻率可达到 $10\times10^6\Omega\cdot cm$，但经反复使用后，出现出水电阻率逐渐下降的现象，其原因主要是阴树脂的变质和污染所致。变质表现在季铵型阴树脂的强碱性活性基团的数量逐渐减少；污染表现为运行中吸附了油脂、有机物（如腐殖酸）以及铁的氧化物等杂质。为了防止有机物污染强碱树脂，在混合床之前，应进行必要的预处理。

为了克服交叉污染所引起的 Na^+ 泄漏，近年来曾发展了三层混床新技术。此法是在普通混床中另装填一层厚约 $10\sim15cm$ 的惰性树脂，其密度介于阴、阳树脂之间，其颗粒大小也能保证在反洗时将阴、阳树脂分隔开来。实践表明，三层混床水质优于普通混床，出水的 Na^+ 含量不大于 $10\mu g/L$。

（2）装置及再生方式

混合床内设有上部进水、中间排水、底部配水等管系。另外，在树脂层上、下部还装有进碱、进压缩空气以及进酸管。

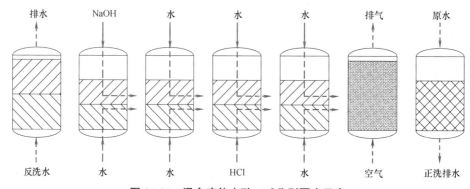

图 24-21　混合床体内酸、碱分别再生示意

混合床反洗分层主要借助于阴、阳树脂湿真密度的差别。再生方式有体内再生与体外再生两种。体内再生又区分为酸、碱分别再生和同时再生。以体内再生为例（图 24-21），混合床再生操作步骤有：

1）反洗分层：反洗流速 10m/h 左右，反洗到阴、阳树脂明显分层约需时 15min。

2）进碱再生：浓度 4% 再生液以约 5m/h 流速通过阴树脂层，经由中间排水管排出，与此同时，少量水流经阳树脂层向上流，防止碱液下渗。碱耗量为 $200\sim250g/mol$。

3）阴树脂正洗：用脱盐水以约 $12\sim15m/h$ 流速通过阴树脂层，正洗到出水碱度低于 0.5mmol/L，正洗水量约为 10L/L 树脂。

4）进酸再生：浓度 5% HCl（或 1.5% H_2SO_4）再生液由底部向上流经阳树脂层，由中间排水管排出，与此同时，阴树脂层保持少量正洗水流，防止酸液渗入。酸耗量为 $100\sim150g/mol$。

5）阳树脂正洗：用脱盐水以 $12\sim15m/h$ 流速上下同时正洗到出水酸度 0.5mmol/L

左右为止，正洗水量约为 15L/L 树脂。

6）混合：将水放至树脂层表面上约 10cm 处，通入压缩空气约 2～3min 使之均匀混合，立即快速排水，使整个树脂层迅速下落，防止重新分层。

7）最后正洗：流速 15～20m/h，正洗到出水电阻率大于 $0.5\times10^{6}\Omega\cdot cm$，pH 值接近于 7，即可投入运行。

混合床体外再生是将失效树脂用水力输送方式输入到专设的再生器内进行再生，再生步骤与体内再生大致相同。

（3）高纯水制备与终端处理

复床与混合床串联或二级混合床串联是当前制取纯水以至高纯水的有效方法。如强酸-脱气-强碱-混合床系统，出水电阻率可达到 $10\times10^{6}\Omega\cdot cm$，硅含量为 0.02mg/L 的水平。又如强酸-弱碱-混合床系统的出水水质可达到电阻率 $10\times10^{6}\Omega\cdot cm$ 以上，硅含量 0.005mg/L 的水平。然而，电子工业对高纯水水质要求越来越高，不仅要求去除水中全部的电解质，而且还要去除水中微粒以及有机物等。为此，生产用于集成电路的高纯水系统，在混床后，还需进行终端处理，包括紫外线消毒、精制混床、超滤等工艺。

4. 氢型精处理器（Hipol）

为了克服混合床再生操作复杂，阴、阳树脂难以彻底分开等缺点，可采用氢型精处理工艺，即在复床之后设置一高速阳床以替代混合床。其原理基于如下事实：复床出水产生电导率的微量电解质主要是 NaOH。这种情况部分是由于阳床泄漏 Na^{+} 所引起，部分是由于阴床中残留的 NaOH 再生液缓慢释放所致。在经过一道阳床（即氢型精处理器）后，将进行如下交换反应

$$RH+NaOH\longrightarrow RNa+H_2O$$

这样就可以简单而且彻底地达到去除 Na^{+} 的目的。实践表明：

（1）氢型精处理器流速高（100m/h 左右），出水水质好。

（2）当阴床 SiO_2 泄漏时，氢型精处理器出水电导率就会上升，因此可替代硅酸盐表监视终点。

（3）该工艺使用条件是：只有当复床出水水质达到规定要求时，才能取代混合床提纯水质。

5. 离子交换双层床

（1）阳离子交换双层床

阳离子交换双层床即在同一交换器内装有弱酸和强酸两种树脂，借助两种树脂的湿真密度的差别，经反洗分层后，使弱酸树脂位于上层，强酸树脂位于下层，组成了如图 24-22 所示的双层床。由于弱酸树脂以及逆流串联再生的应用，使阳双层床的交换能力提高，酸比耗降低，废酸量亦显著减少。

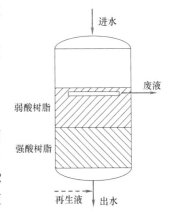

图 24-22　阳离子交换双层床

为了使分层效果好，与弱酸 111 相配的最好用强酸 001×11 树脂。两种树脂的湿真密度差大于 0.09g/mL，有利于分层。

再生时，酸比耗只需 1.1，但由于采用逆流串联再生，再生效果仍然很好。这是因为全部再生液先与下层强酸树脂接触，对强酸树脂而言，酸比耗不仅是 1.1，而是理论值的

237

3～4倍，加上又是逆流再生，所以再生程度相当高。对于上层弱酸树脂而言，由于极易再生，可充分利用强酸树脂的再生废液。

从离子交换过程来看，弱酸树脂主要去除水中碳酸盐硬度，强酸树脂主要去除非碳酸盐硬度和钠盐。当原水从上而下流经弱酸树脂层，碳酸盐硬度的 Ca^{2+}、Mg^{2+} 为 H^+ 所取代，进入强酸树脂层时，虽然阳离子总量减少，但 Na^+ 占阳离子的百分比增大，这本应造成 Na^+ 泄漏量的增加，由于强酸树脂层的再生程度高，所以 Na^+ 泄漏量仍保持低值。为了保证出水水质，强酸树脂高度应不低于 80cm。至于弱酸树脂层，只要体积比选用适当，其交换容量可发挥全部作用，甚至达到饱和状态。

在阳双层床中，弱酸、强酸树脂的体积比主要取决于树脂交换容量与原水水质。设计计算时，树脂体积比的选择应通过实验确定，亦可按下式进行初步估算

$$\frac{弱酸树脂体积}{强酸树脂体积}=\frac{q_J}{q_r}\cdot\frac{H_c-0.3}{H_n+c(Na^+)+0.3}=\frac{q_J}{q_r}\cdot\frac{H_c-0.3}{c(\sum K)-H_c+0.3} \quad (24-61)$$

式中　q_J——强酸树脂工作交换容量，mmol/L；

　　　q_r——弱酸树脂工作交换容量，mmol/L；

　　　H_c——进水碳酸盐硬度或碱度，mmol/L；

　　　H_n——进水非碳酸盐硬度，mmol/L；

　$c(Na^+)$——进水 Na^+ 浓度，mmol/L；

　　　0.3——出水剩余碱度，mmol/L；

　$c(\sum K)$——进水阳离子总浓度，mmol/L，亦即

$$c(\sum K)=c(1/2Ca^{2+}+1/2Mg^{2+}+Na^+)$$

弱酸、强酸树脂工作交换容量差别较大，前者约为 2000～2500mmol/L，后者大约1200～1500mmol/L。实用中应以实测为准。

阳离子交换双层床适用于硬度/碱度的比值接近于 1 或略大于 1 而 Na^+ 含量不大的水质。对于硬度/碱度比值很小（例如 0.55～0.64）的水，所需的弱酸树脂层很薄，双层床就失去了它的优越性。另一方面，若不按原水水质情况，过分增加弱酸树脂层的高度，也是没有意义的，因为当双层床失效时，弱酸树脂交换容量并没有充分利用，结果反而降低了整个双层床的工作交换容量，提高了酸比耗。

（2）阴离子交换双层床

阴离子交换双层床由弱碱 301 和强碱 201×7 两种树脂组成，再生型的湿真密度分别为 1.04 和 1.09g/mL。在较高的反洗流速下，使全部树脂层的膨胀率达到 80%，然后降低流速，稳定一段时间，即可分层。上层弱碱树脂主要去除强酸阴离子，下层强碱树脂主要去除弱酸阴离子。前者工作交换容量为 850～1000mmol/L，后者为 350～400mmol/L。据此可初步估算出弱碱、强碱树脂的体积比，并按以下条件进行校核：强碱树脂层高度不低于 80cm；在双层床高度超过 1.6m 的情况下，根据进水水质，弱碱树脂层高度可超过总高度的 50%，但少于 30% 就失去了双层床的意义。

实践表明，弱碱树脂和逆流串联再生的采用给阴双层床增添了如下特点：

1）由强碱单层床改为弱碱、强碱双层床，整个床的交换能力显著提高，出水量亦相应增加。

2）碱比耗减少，废碱量亦降低。

3）阴双层床对原水含盐量的适用范围较之强碱单层床有所扩大。

4）阴双层床碱比耗虽只有1.1，而对于强碱树脂，由于逆流串联再生，碱比耗可达3～4。如伴以加热再生，能进一步提高出水水质，减少硅含量。

5）阴双层床对于用工业低质液碱再生的适应性较强。

阴双层床在运行过程中必须掌握再生条件，否则会出现大量胶体硅（甚至胶冻）聚积在弱碱树脂上，使出水水质恶化，甚至无法正常运转。这种现象之所以产生是由于，当阴双层床失效时，下层强碱树脂吸附了大量的硅酸和碳酸，若在逆流再生中很集中地将它们再生出来，含有大量的Na_2SiO_3、Na_2CO_3的废碱液进入上层弱碱树脂层时，会发生如下反应：

$$R-NH_3Cl+NaOH \longrightarrow R-NH_3OH+NaCl \tag{24-62}$$
$$2(R-NH_3Cl)+Na_2SiO_3+2H_2O \longrightarrow 2(R-NH_3OH)+2NaCl+H_2SiO_3 \tag{24-63}$$
$$2(R-NH_3Cl)+Na_2CO_3+2H_2O \longrightarrow 2(R-NH_3OH)+2NaCl+H_2CO_3 \tag{24-64}$$

废碱液中的NaOH与吸附在树脂上的强酸阴离子起交换反应，形成中性盐，而废碱液中的Na_2SiO_3、Na_2CO_3因水解生成NaOH亦参与交换反应，产生了大量的硅酸和碳酸，使溶液中的pH值迅速下降，硅酸聚合作用加强，从再生废液中析出胶体硅，附着在弱碱树脂颗粒上。为此，阴双层床的再生工艺应采取如下措施：

1）失效后应立即再生，以避免在长时间放置过程中，强碱树脂上的硅酸发生聚合，给再生带来困难，并影响下一周期的出水水质。

2）在再生过程中，不仅再生碱液要加热，而且要使交换器内温度保持约40℃，这对于避免产生胶体硅以及降低出水硅含量都很重要。

3）先用浓度1%的碱液以较快流速通过双层床，以洗脱强碱树脂层的部分硅酸，同时也使弱碱树脂层得到初步再生并提高碱性，然后用浓度3%的碱液以正常流速进行再生。此外，亦可采用同一浓度（2%）的碱液以先快后慢的流速进行再生。碱液与树脂的接触时间约1h。

24.4.3 纯水制备系统

这里所用的"纯水"一词并无具体水质标准，而是泛指原水经常规处理去除了水中悬浮物后，进一步去除了水中溶解性物质（包括水中各种阴、阳离子）的水。水的纯度达到何种程度，或达到何种水质标准，视工业用水的要求确定，可以是前文所指的"脱盐水"，也可以是"纯水"或"高纯水"等。

纯水制备工艺主要取决于原水水质和用户对纯水水质的要求，一般由预处理、脱盐、后处理三个主要工序组成。

预处理主要去除原水中的悬浮物、色度、胶体、有机物、微生物、余氯等杂质，使其主要水质指标达到下一步除盐设备进水要求。预处理常用过滤器、预软化器、热交换器、脱碳器、保安过滤器等。

脱盐主要为反渗透和离子交换法的组合，以去除水中大部分的有机物、离子和各种杂质。

由于脱盐工序后的水仍含有微生物、微粒（死的微生物、树脂碎片及预处理泄漏的胶体物质等），这些杂质的去除由后处理完成，使其出水达到用户的要求。后处理由精制混床、紫外线杀菌、微滤等基本单元组成。

图 24-23 是几种典型的高纯水制备系统。

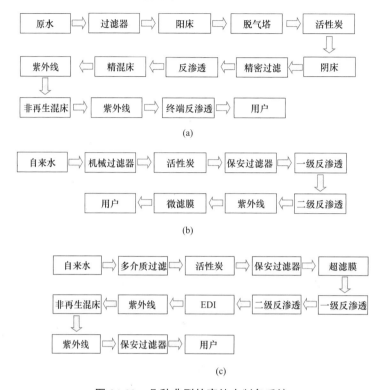

图 24-23　几种典型的高纯水制备系统

（a）某兆位级高纯水制备系统；（b）某药厂的纯水制备系统；（c）反渗透—填充床电渗杆（EDI）高纯水制备系统

思考题与习题

1. 水质分析见表 24-13。

水质分析 表 24-13

$\rho(Ca^{2+})$	70mg/L	$\rho(HCO_3^-)$	140.3mg/L
$\rho(Mg^{2+})$	9.7mg/L	$\rho(SO_4^{2-})$	95mg/L
$\rho(Na^+)$	6.9mg/L	$\rho(Cl^-)$	10.6mg/L

（1）试用物质的量浓度（mmol/L）表示水中离子的假想组合形式；

（2）如果软水量为 $90m^3/h$，采用氢—钠离子并联软化脱碱系统，试分别求出以漏钠为运行终点和以漏硬度为运行终点的流量分配（剩余碱度为 0.6mmol/L）。

2. 在 $H_t \geqslant H_c$ 的条件下，经 H^+ 交换（到硬度开始泄漏）的周期出水平均强酸酸度在数值上为何与原水 H_n 相当？此时 H-Na 离子交换系统的 Q_H 和 Q_{Na} 的表达式为何？若原水碱度大于硬度，情况又如何？

3. 在固定床逆流再生中，用工业盐酸再生强酸阳离子交换树脂。若工业盐酸中 HCl 含量为 31%，而 NaCl 含量为 3%，试估算强酸树脂的极限再生度（$K_{H^+}^{Na^+} = 1.5$）

4. 在一级复床除盐系统中如何从水质变化情况来判断强碱阴床和强酸阳床即将失效？

第25章 水的冷却和循环冷却水水质处理

25.1 水 的 冷 却

工业生产中，往往会产生大量热量，使生产设备或产品（气体或液体）温度升高，必须及时冷却，以免影响生产的正常进行和产品质量。水的冷却有多种方法，本书重点介绍冷却塔。

25.1.1 冷却塔的分类

按通风方式分类有自然通风冷却塔和机械通风冷却塔。按热水和空气的接触方式分类有湿式冷却塔、干式冷却塔和干湿式冷却塔。按热水和空气的流动方向分类有逆流式冷却塔和横流式冷却塔。

1. 自然通风冷却塔

塔外冷空气进入冷却塔后，吸收热水的热量，温度增加，湿度变大，密度变小。由于塔内外的空气密度差异，产生了内外的压力差，塔外空气在压力差的作用下进入塔内。由于无需通风机械提供动力，故称为自然通风。为了满足冷却所需的空气流量，自然通风冷却塔必须建造一个高大的塔筒。自然通风冷却塔建造费用高，运行费用低。从节能角度，自然通风冷却塔显得更为经济，被采用的有逐渐增多的趋势。自然通风冷却塔有逆流式和横流式两种。

2. 干式冷却塔

干式冷却塔的热水在散热翅管内流动，依靠与管外空气的温差进行冷却。干式冷却塔没有水的蒸发损失，也无风吹和排污损失，所以它适合于缺水地区。由于水的冷却靠接触散热，冷却极限为空气的干球温度，冷却效率低。此外，干式冷却塔的建造需要大量的金属管，造价为同容量湿式塔的 4～6 倍。

3. 干湿式冷却塔

这种塔为湿式塔和干式塔的结合，干部在上，湿部在下。采用这种塔的目的主要是消除塔出口排出的饱和空气的凝结而造成塔周围的污染。该塔也有节水的作用。

4. 机械通风逆流湿式冷却塔

湿式是指热水和空气直接接触，与干式塔相比，湿塔冷却效率高，但水损失较大。机械通风是指依靠风机强制造成空气的流动进行冷却。机械通风逆流湿式冷却塔分为鼓风式和抽风式两种。目前多采用抽风式。逆流是指空气和热水作相对运动，其特点是冷却效果好，但阻力较大。因此，逆流塔的淋水密度较低。

5. 机械通风横流湿式冷却塔

该类型塔的空气和热水作交叉流动，故也称为十字式冷却塔。与逆流塔相比，横流塔的阻力较小，可采用较大的淋水密度，但冷却效果不如逆流塔。

6. 喷流式冷却塔

热水通过压力喷嘴喷向塔内，成为散开的喷流体，同时将大量空气带入塔内，热水通过蒸发和接触传热将热量传给空气，冷却后的水落入集水池，空气通过收水器后排出。这种塔不用填料和风机。处理水量可从每小时几吨到几百吨。

25.1.2 冷却塔的工艺构造

1. 冷却塔的组成部分及工艺过程

冷却塔构造主要包括：热水分配装置（配水系统、淋水填料），通风及空气分配装置（风机、风筒、进风口）和其他装置（集水池、除水器、塔体）等部分。

图 25-1 为抽风式逆流冷却塔。热水经进水管 10 流入冷却塔内，经配水系统 1 的支管上喷嘴均匀地洒至下部淋水填料 2 上。水在这里以水滴或水膜形式向下流。冷空气从下部进风口 5 进入塔内。热水与冷空气在淋水填料中逆流条件下进行传热和传质过程以降低水温。吸收了热量的湿空气则由抽风机 6 经风筒 7 抽出塔外。随气流挟带的一些雾状小水滴经除水器 8 分离后回流至塔内。冷水便流入下部集水池 4 中，再泵送到冷却水循环系统中。

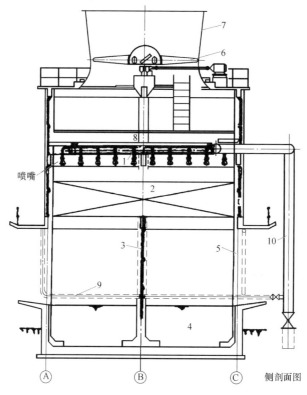

图 25-1 逆流式冷却塔工艺构造

1—配水管系；2—淋水填料；3—挡风墙；4—集水池；5—进风口；
6—风机；7—风筒；8—除水器；9—化冰管；10—进水管

图 25-2 为横流式冷却塔。热水从上部经配水系统 1 洒下，冷空气由侧面经进风百叶窗 2 水平进入塔内。水和空气的流向相互垂直，在淋水填料 3 中进行传热和传质过程，冷水则流到下部集水池众，湿热空气经除水器 4 流到中部空间，再由顶部风机抽出塔外。

242

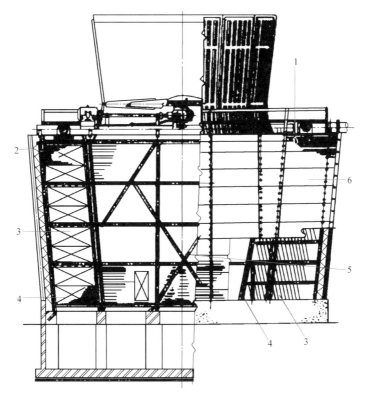

图 25-2 横流式冷却塔工艺构造

1—配水系统；2—进风百叶窗；3—淋水填料；4—除水器；5—支架；6—围护结构

2. 配水系统

配水系统的作用是将热水均匀地分配到冷却塔的整个淋水面积上。如分配不均，会使淋水填料内部水流分布不均，从而在水流密集部分通风阻力增大，空气流量减少，热负荷集中，冷效降低；而在水量过少的部位，大量空气未充分利用而逸出塔外。

配水系统可分为管式、槽式和池（盘）式。管式可分为固定式和旋转式两种。固定式主要用于大、中型冷却塔，旋转式多用于小型的玻璃钢逆流冷却塔。槽式配水系统主要用于大型塔或水质较差或供水余压较低的系统。该系统维护管理方便，缺点是槽断面大，通风阻力大，槽内易沉积污物。池（盘）式配水系统适用于横流塔。优点是配水均匀，供水压力低，维护方便，缺点是受太阳辐射，易生藻类。

3. 淋水填料

淋水填料的作用是将配水系统溅落的水滴，经多次溅散成微细小水滴或水膜，增大水和空气的接触面积，延长接触时间，从而保证空气和水的良好热、质交换作用。水的冷却过程主要是在淋水填料中进行，是冷却塔的关键部位。

淋水填料可分为点滴式、薄膜式和点滴薄膜式 3 种类型。淋水填料应满足下列要求：①具有较高的冷却能力，即水和空气的接触表面积较大、接触时间较长；②亲水性强，容易被水湿润和附着；③通风阻力小以节省动力；④材料易得，加工方便；⑤价廉、施工维修方便；⑥质量轻、耐用。

（1）点滴式淋水填料

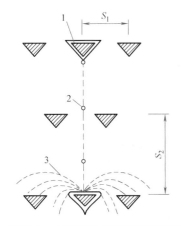

图 25-3 点滴式淋水填料散热情况

1—水膜；2—大水滴；3—小水滴

点滴式淋水填料主要依靠水在填料上溅落过程中形成的小水滴进行散热。以横断面为三角形的板条为例（图 25-3）。热水在下落过程中，通过反复的溅散，形成细小水滴。水在环绕板条流动时，形成水膜。因此，在点滴式淋水填料中，也有一部分热水是通过水膜进行散热。在点滴式淋水填料中，水滴散热约占总散热量 $65\%\sim70\%$，水膜散热占 $25\%\sim30\%$。由此可见，点滴式淋水填料以水滴散热为主，设法增多小水滴以扩大散热面是提高点滴式淋水填料冷却效果的关键。常见的点滴式淋水填料有塑料十字形、M 形、T 形等。

点滴式淋水填料目前主要用于大型的横流式冷却塔。

（2）薄膜式淋水填料

薄膜式淋水填料是使水在填料表面形成薄膜状的缓慢水流，从而具有较大的水气接触面积和较长的接触时间。薄膜式填料中，水膜散热为主，占总散热量的 70%。增加水膜表面积是提高这种填料冷却效果的关键。

薄膜式淋水填料有多种类型。主要有斜交错（斜波）淋水填料，梯形斜波淋水填料和折波淋水填料（图 25-4）。

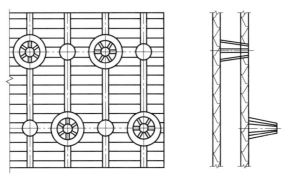

图 25-4 折波淋水填料

（3）点滴薄膜式淋水填料

点滴薄膜式淋水填料的性能在点滴式和薄膜式淋水填料之间，主要有水泥格网淋水填料和蜂窝淋水填料。

4. 通风及空气分配装置

（1）风机

在机械通风冷却塔中，空气的流动是靠风机来形成的，目前一般采用抽风式。风机和传动装置安装在塔的顶部，这样可使塔内气流分布更均匀。风机启动后，在风机下部形成负压，冷空气从下部进风口进入塔内。冷却塔的风机采用轴流风机，轴流风机的特点是风量大，静压小。

（2）风筒

风筒包括进风收缩段、进风口和上部扩散筒。风筒的作用是：①减少气流出口的动能损失；②减小或防止从冷却塔排出的湿热空气，又回流到塔的进风口，重新进入塔内。

（3）空气分配装置

空气分配装置的作用是将空气均匀分布在填料内。在逆流塔中，空气分配装置包括进风口和导风装置；在横流塔中仅指进风口。

逆流塔的进风口指填料以下到集水池水面以上的空间，也称为雨区。如进风口面积较大，则进口空气的流速小，不仅塔内空气分布均匀，而且气流阻力也小，但增加了塔体高度，提高了造价。反之，如进风口面积较小，虽然造价降低，但空气分布不均匀，进风口涡流区大，影响冷却效果。逆流塔的进风口面积与淋水面积之比不小于 0.5，当小于 0.5 时，宜设导风装置以减少进口涡流。横流式冷却塔的进风口高度等于整个淋水装置的高度，淋水填料高度和径深比宜为 2～2.5。

在机械通风冷却塔的进风口处，一般都要加百叶窗。百叶窗的作用，主要是防止塔内的淋水溅出塔外，造成水的损失并影响塔周围环境；百叶窗也起导流的作用。百叶窗常布置成倾斜的，其轴线与地面成一定角度，这是考虑当塔在运行时淋水是倾斜的。

5. 其他装置

（1）除水器

从冷却塔排出的湿热空气中，带有一些水分，其中一部分是混合在空气中的水蒸气，无法采用机械方法分离；另一部分是随气流带出的小水滴，可用除水器分离。除水器的作用是减少水量损失和改善周围环境。弧形除水器如图 25-5 所示。它利用了惯性分离原理，当细小水滴被塔内气流挟带上升遇到弧形片，因接近饱和状态的气流相对质量较大，运动惯性大，在惯性作用下，撞击到除水器的弧形片上，被分离和回收。

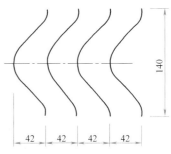

图 25-5　弧形除水器

（2）集水池

集水池起储存和调节水量作用，有时还可作为循环水泵的吸水井。集水池的容积应满足循环水处理药剂在循环系统内的停留时间的要求。循环水系统的容积约为循环水小时流量值的 1/5～1/3。

25.1.3　水冷却的理论基础

1. 湿空气的性质

湿空气是由于空气和水蒸气所组成的混合气体。大气一般都含有水蒸气，故大气实际都是湿空气。

在大气压力下，空气中的水蒸气含量很少，而且大都处于过热状态。湿空气中的水蒸气或湿空气本身可当作理想气体来处理。

湿空气有诸多的热力学参数，包括压力、湿度、密度、干球温度（即大气温度）、湿球温度、焓等。

（1）压力

1）湿空气的压力

对冷却塔来说，湿空气的总压力就是当地的大气压，按照气体分压定律，其总压力 P 等于干空气的分压力 P_g 和水蒸气分压力 P_q 之和。

$$P = P_g + P_q \qquad (kPa) \tag{25-1}$$

气体方程可写成：

$$PV = \frac{G'RT}{1000} \tag{25-2}$$

或
$$P = \frac{G'}{V} \cdot \frac{RT}{10000} = \frac{\rho RT}{1000} \quad (\text{kPa}) \tag{25-3}$$

式中　$\rho = \dfrac{G'}{V}$——为气体的密度，kg/m^3；

V——气体体积，m^3；

G'——气体质量，kg；

R——气体常数，$J/(kg \cdot K)$；

T——绝对温度，K。

将式（25-3）分别用于干空气和湿空气，则得：

$$\left.\begin{array}{l} P_g = \dfrac{\rho_g R_g T}{1000} \quad (\text{kPa}) \\[3mm] P_q = \dfrac{\rho_q R_q T}{1000} \quad (\text{kPa}) \end{array}\right\} \tag{25-4}$$

式中　ρ_g, ρ_q——干空气和水蒸气在其本身分压下的密度，kg/m^3；

R_g——干空气的气体常数，287.14$J/(kg \cdot K)$；

R_q——水蒸气气体常数，461.53 $J/(kg \cdot K)$。

2）饱和水蒸气分压力

当空气在某一温度下，吸湿能力达到最大值时，空气中的水蒸气处于饱和状态，称为饱和空气。水蒸气的分压称为饱和蒸汽压力（P_q''）。湿空气中所含水蒸气的数量，不会超过该温度下的饱和蒸汽含量，从而水蒸气分压 P_q 也不会超过该温度条件下的饱和蒸气压力 P_q''，即 $P_q < P_q''$，P_q 在 $0 \sim P_q''$ 之间变化。当温度 θ 为 $0 \sim 100℃$，及气压在通常范围内时，P_q'' 可按下列经验公式计算：

$$\lg P_q'' = 0.0141966 - 3.142305\left(\frac{10^3}{T} - \frac{10^3}{373.15}\right) + 8.2\lg\left(\frac{373.15}{T}\right) - 0.0024804(373.16 - T)$$

$$\tag{25-5}$$

式中　P_q''——饱和蒸汽压力，kgf/cm^2；

T——绝对温度，K；

$T = 273.15 + \theta$，θ 为空气的温度，（℃）。

利用式（25-5）计算出的 P_q'' 的单位是"kgf/cm^2"，应化为单位"kPa"（$1kgf/cm^2 \approx 98kPa$）。

从式（25-5）可知，P_q'' 只与空气温度 θ 有关，而与大气压力无关。空气的温度越高，蒸发越快，P_q'' 也越大。因此在一定温度下已达到饱和的空气，当温度升高时成为不饱和；反之，不饱和的空气，当温度降低到某一值时，空气又趋于饱和。

（2）湿度

1）绝对湿度

每立方米湿空气中所含水蒸气的质量称为空气的绝对湿度。其数值等于水蒸气在分压

P_q 和湿空气温度 T 时的密度。由式（25-4）可知：

$$\rho_q = \frac{P_q}{R_q T} \times 10^3 = \frac{P_q}{461.53T} \times 10^3 \quad (\text{kg/m}^3) \qquad (25\text{-}6a)$$

饱和空气的绝对湿度 P_q'' 为：

$$\rho_q'' = \frac{P_q''}{R_q T} \times 10^3 = \frac{P_q''}{461.53T} \times 10^3 \quad (\text{kg/m}^3) \qquad (25\text{-}6b)$$

2）相对湿度

空气的绝对湿度和同温度下饱和空气的绝对湿度之比，称为湿空气的相对湿度，用 φ 表示。

$$\varphi = \frac{\rho_q}{\rho_q''} \qquad (25\text{-}7)$$

将式（25-6）代入式（25-7），得

$$\varphi = \frac{P_q}{P_q''} \qquad (25\text{-}8)$$

相对湿度表示湿空气接近饱和的程度。相对湿度低的空气较干燥，易吸收水分，反之则差。

由式（25-8）可求得

$$P_q = \varphi P_q'', \text{则 } P_g = P - P_q = P - \varphi P_q'' \qquad (25\text{-}9)$$

相对湿度的计算公式为

$$\varphi = \frac{P_\tau'' - 0.000662P(\theta - \tau)}{P_\theta''} \qquad (25\text{-}10)$$

式中 θ, τ —— 湿空气的干球、湿球温度，℃；

P_θ'', P_τ'' —— 相当于 θ 和 τ 的饱和水蒸气压力，kPa；

P —— 大气压力，kPa。

3）含湿量

在含有 1kg 干空气的湿空气混合气体中，所含水蒸气的质量 x（kg）称为湿空气的含湿量，也称为比湿，单位为"kg/kg（干空气）"。

$$x = \frac{\rho_q}{\rho_g} \qquad (25\text{-}11)$$

将式（25-6）代入式（25-11），得

$$x = \frac{\rho_q}{\rho_g} = \frac{R_g P_q}{R_q P_g} = \frac{287.14P_q}{461.53P_g} = 0.622\frac{P_q}{P - P_q} = 0.622\frac{\varphi P_q''}{P - \varphi P_q''} \qquad (25\text{-}12)$$

由式（25-12）可知，当 P 一定时，空气中的含湿量 x 随着水蒸气分压 P_q 的增加而增加。

大气压 P 一定时，使湿空气变成饱和空气的温度称为露点。当空气温度低于露点温度时，水蒸气开始凝结。

在一定温度下，每千克干空气中最大可容纳的水蒸气量称为饱和含湿量（x''）。由式（25-12）可知，当 $\varphi = 1$ 时，含湿量达最大值，此时 x'' 为

$$x'' = 0.622\frac{P_q''}{P - P_q''} \qquad (25\text{-}13)$$

一定温度下，x 值等于 x'' 的空气称为饱和空气，它不能再吸收水蒸气。如果 $x < x''$，则每千克干空气允许增加（$x'' - x$）的水蒸气；$x'' - x$ 值越大，说明空气越干燥，吸湿能力越强，反之亦然。

如已知含湿量，由式（25-12）、式（25-13）可求得 P_q，P''_q

$$\left.\begin{array}{l} P_q = \dfrac{x}{0.622 + x} P \\[3mm] P''_q = \dfrac{x''}{0.622 + x''} P \end{array}\right\} \tag{25-14}$$

（3）湿空气的密度

湿空气的密度等于 $1 m^3$ 湿空气中所含的干空气和水蒸气在各自分压下的密度之和。

$$\rho = \rho_g + \rho_q \quad (kg/cm^3) \tag{25-15}$$

将式（25-6）代入式（25-15）

$$\begin{aligned} \rho &= \frac{P_g \times 10^3}{R_g T} + \frac{P_q \times 10^3}{R_q T} \\[2mm] &= \frac{(P - P_q) \times 10^3}{R_g T} + \frac{P_q \times 10^3}{R_q T} \\[2mm] &= \frac{P \times 10^3}{R_g T} - \frac{P_q \times 10^3}{T}\left(\frac{1}{R_g} - \frac{1}{R_q}\right) \\[2mm] &= \frac{1000}{287.14}\frac{P}{T} - \frac{P_q}{T}\left(\frac{1}{287.14} - \frac{1}{461.53}\right) \times 10^3 \\[2mm] &= 3.483\frac{P}{T} - 1.316\frac{P_q}{T} \end{aligned} \tag{25-16}$$

式（25-16）表明，湿空气的密度随大气压力的降低和温度的升高而减少。

（4）湿空气的比热

使总质量为（$1 + x$）kg 的湿空气（包括 1kg 干空气和 $x$kg 水蒸气）温度升高 1℃所需的热量，称为湿空气的比热，用 C_{sh} 表示。

$$C_{sh} = C_g + C_q x \quad (kJ/kg \cdot ℃) \tag{25-17}$$

式中　C_g——干空气的比热，在压力一定，温度小于 100℃时，约为 1.005kJ/(kg·℃)；

　　　C_q——水蒸气的比热，约为 1.842kJ/(kg·℃)。

故　　　　　$C_{sh} = 1.005 + 1.842x \quad [kJ/(kg \cdot ℃)] \tag{25-18}$

在冷却塔中，C_{sh} 一般采用 1.05kJ/(kg·℃)。

（5）湿空气的焓

焓表示气体含热量的大小，用 i 表示。

湿空气的焓等于 1kg 干空气和含湿量 $x$kg 水蒸气的含热量之和

$$i = i_g + x i_q \quad (kJ/kg) \tag{25-19}$$

式中　i_g——干空气的焓，kJ/kg；

　　　i_q——水蒸气的焓，kJ/kg；

　　　x——湿空气的含湿量，kg/kg（干空气）。

计算含热量时，要有一个基点。国际水蒸气会议规定，在水汽的热量计算中，以水温为 0℃的水的热量为零。因此，1kg 干空气的焓 i_g 为

$$i_g = C_g \theta = 1.005\theta \quad (kJ/kg)$$

水蒸气的焓由两部分组成

1）1kg 0℃的水变为 0℃ 的水蒸气所吸收的热量称为汽化热，用 γ_0 表示，

$$\gamma_0 = 2500 \text{kJ/kg}$$

2）1kg 水蒸气由 0℃ 升高到 θ 所需的热量

$$i_q = C_q \theta = 1.842\theta$$

$$i = i_g + x i_q = 1.005\theta + (2500 + 1.842\theta)x \tag{25-20}$$

经整理得

$$i = (1.005 + 1.842x)\theta + 2500x = C_{sh}\theta + \gamma_0 x \quad \text{（kJ/kg）} \tag{25-21}$$

式（25-21）中，前项与温度 θ 有关，称为显热；后项与温度无关，称为潜热。

将式（25-12）中的 x 值代入式（25-21），得

$$i = 1.005\theta + 0.622(2500 + 1.842\theta)\frac{\varphi P''_q}{P - \varphi P''_q} \tag{25-22}$$

当空气达到饱和时，即 $\varphi = 1$，空气的焓达到温度 θ 下的最大值。此时：

$$i'' = 1.005\theta + 0.622(2500 + 1.842\theta)\frac{P''_q}{P - P''_q} \tag{25-23}$$

根据水面饱和气层的概念，空气饱和焓发生在该气层中，此时的气温为水温，因此，式（25-23）中的气温 θ 应为水温 t 所替代。

在湿空气的诸参数中，只有干球温度 θ、湿球温度 τ 和大气压通过实际测定获得，其余参数可通过上述公式计算得到。为了计算方便，一般将时空气的主要热力学参数（φ、P、i、θ）之间相应的关系绘制成图表。

（6）湿球温度

干球温度和湿球温度是湿空气的主要热力学参数。图 25-6 为干湿球温度计。不包纱布的一支为干球温度计，即用一般温度计测得的气温。包有纱布并将纱布的自由端浸入水中的一支称为湿球温度计，它的水银球上附着了一层薄水层。因此，湿球温度计测定的是这层水膜的温度。

如果大气温度为 θ，相应的水蒸气分压和含湿量为 P_q 和 x；水膜的初始水温为 t，且 $t > \theta$，相应的饱和水蒸气分压和饱和含湿量为 P''_q 和 x''。由于大气是大量的，水膜的蒸发和传导的热量对大气几乎不产生任何影响，可认为大气的热力学参数（θ、x、i、P_q）不变。开始时，接触散热和蒸发的方向均由水向大气传送，在它们的作用下，水膜温度 t 下降。当 t 下降至 θ 时，无接触散热作用。但由于蒸发的散热，t 进一步下降，$t < \theta$，此时接触散热的方向改变，由大气向水膜传送。蒸发丧失的热量大于接触散热所提供的热量，水膜温度 t 继续下降。由于 t 降低的同时大气温度 θ 又保持不变，接触散热的推动力（$\theta - t$）增加，接触散热量增大。另一方面，水膜温度 t 的降低使水膜表面饱和气层的 P''_q 下降，同时由于大气的

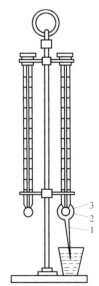

图 25-6　湿球温度计
1—纱布；2—水层；
3—空气层

水蒸气分压 P_q 不变，蒸发推动力（$P''_q - P_q$）下降，导致蒸发传热量减少。当接触散热量与蒸发散热量相等时，水膜的温度为湿球温度 τ。由此可见，湿球温度代表在当地气象

条件下，水被冷却的最低温度，也即冷却构筑物出水温度的理论极限值。

2. 水的冷却原理

当热水表面直接与未被水蒸气所饱和的空气接触时，热水表面的水分子将不断化为水蒸气，在此过程中，将从热水中吸收热量，达到冷却的效果。

根据分子运动理论，水的表面蒸发是由分子热运动引起的。根据分子运动的不规则性，各个分子的运动速度的变化幅度很大。当液体表面的某些水分子的动能足以克服液体内部对它的内聚力时，这些水分子即从液面逸出，进入空气中。由于水中动能较大的水分子逸出，剩下的其他水分子的平均动能减少，水的温度随之降低。这些逸出的水分子之间以及与空气分子之间相互碰撞，又有可能重新返回水面。若单位时间内逸出的分子多于返回的分子，水即不断蒸发，水温不断降低。反之，若返回水面的分子多于逸出的分子，则将产生水蒸气凝结；当逸出的与返回的水分子数的平均值相等时，蒸汽和水处于动平衡状态，此时空气中的水蒸气是饱和的。

水的表面蒸发，在自然界中大部分是在水温低于沸点时发生的。水相和气相的界面上存在一定的蒸汽压力差。一般认为空气和水接触的界面上有一层极薄的饱和空气层，称为水面饱和气层。水首先蒸发到水面饱和气层中，再扩散到空气中。水面饱和气层的温度 t' 可认为与水面温度 t_f 相同。水滴越小或水膜越薄，t' 与 t_f 越接近。设水面饱和气层的饱和水蒸气分压为 P''_q，而远离水面的空气中，温度为 θ 时的水蒸气分压为 P_q，则分压差 $\Delta P = P''_q - P_q$ 是蒸发的推动力。只要 $P''_q > P_q$，水的表面就会蒸发，而与水面温度 t_f 高于还是低于空气温度 θ 无关。因此，蒸发的方向总是由水向空气。

为了加快水的蒸发速度，可采取下列措施：①增加热水与空气之间的接触面积。接触面积越大，则水分子逸出的机会就越多，蒸发就越快。冷却塔采用填料来达到此目的；②提高水面空气流动的速度，使逸出的水蒸气分子迅速扩散，降低接近水面的水蒸气分压 P_q，提高蒸发的推动力。冷却塔采取提高气水比来达到此目的。

除蒸发传热外，当热水水面和空气直接接触时，如水的温度与空气的温度不一致，将会产生传热过程。例如水温高于空气温度，水将热量传给空气；空气接受了热量，温度上升，这种现象称为接触散热。温度差（$t_f - \theta$）是接触散热的推动力。接触散热的热量传送方向可以从水流向空气，也可以从空气流向水，其方向取决于两者温度的高低。

综上所述，水的冷却过程是通过蒸发传热和接触传热实现的，而水温的变化则是两者作用的结果。

在冷却塔中，蒸发散热和接触散热同时存在。随着季节的不同，两者的比例相差较大。冬季气温很低，$t_f - \theta$ 值很大，冷却以接触散热为主，接触散热量可占 50%，严冬时甚至达 70% 左右。夏季气温较高，$t_f - \theta$ 值不仅很小，而且经常发生气温高于水温的现象。此时，冷却主要依靠蒸发散热，蒸发散热量可达 80%～90%。不同水温下的接触

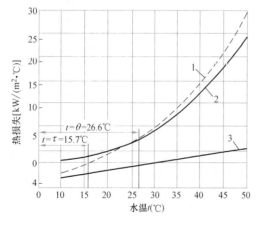

图 25-7　接触散热与蒸发散热间的关系

1—总散热；2—蒸发散热；3—接触散热

散热和蒸发散热的关系可由给定气象条件下的散热量和水温的关系来表示，如图 25-7 所示。从图 25-7 可以看出：随着水温的增高，总散热量也增大；而且蒸发散热量的增加速度明显高于接触散热量。因此，在总散热量中，蒸发散热占主导地位。

3. 接触散热量和蒸发散热量

假设在单位时间内，水和空气接触的微元面积为 $dF(m^2)$，则接触散热量（H_a）为：

$$H_a = \alpha(t_f - \theta)dF \quad (kJ/h) \tag{25-24}$$

式中　t_f——水体表面的温度，℃；

　　　θ——空气温度，℃；

　　　α——接触散热系数，$kJ/(m^2 \cdot h \cdot ℃)$。

在微元面积上，单位时间内蒸发的水量 dQ_u 与水面饱和气层和空气的分压差成正比，其蒸发水量为：

$$dQ_u = \beta_p(P_q'' - P_q)dF \quad (kg/h) \tag{25-25}$$

　　　P_q''——与水温 t_f 相应的饱和水蒸气分压，kPa；

　　　P_q——温度为 θ 时的空气水蒸气分压，kPa；

　　　β_p——以分压差为基准的蒸发传质系数，$kg/(m^2 \cdot h \cdot kPa)$。

由式（25-14）可知，分压差也可用含湿量差代替。式（25-25）中的 β_p 相应地以 β_x 取代。因此，蒸发水量又可表示为：

$$dQ_u = \beta_x(x'' - x)dF \quad (kg/h) \tag{25-26}$$

式中　x''——与水温 t_f 相应的饱和空气含湿量，kg/kg；

　　　x——温度为 θ 时的空气含湿量，kg/kg；

　　　β_x——以含湿量差为基准的蒸发传质系数，$kg/(m^2 \cdot h)$。

在蒸发冷却时，单位时间内的蒸发散热量等于蒸发水量与水的汽化热的乘积，故：

$$dH_\beta = \gamma_0 dQ_u = \gamma_0\beta_p(P_q'' - P_q)dF = \gamma_0\beta_x(x'' - x)dF \quad (kJ/h) \tag{25-27}$$

式中　γ_0——水的汽化热，kJ/kg。

在单位时间内，冷却的散热量 dH 等于蒸发散热量 dH_β 和接触散热量 dH_a 之和：

$$dH = dH_a + dH_\beta = \alpha(t_f - \theta)dF + \gamma_0\beta_x(x'' - x)dF \quad (kJ/h) \tag{25-28}$$

在冷却塔中，淋水填料全部接触表面积 F 的总散热量 H 为：

$$H = \int_0^H dH = \int_0^F \alpha(t_f - \theta)dF + \int_0^F \gamma_0\beta_x(x'' - x)dF = \alpha(t_f - \theta)_m F + \gamma_0\beta_x(x'' - x)_m F \tag{25-29}$$

式中　$t_f - \theta_m$——塔内水面温度与空气温度差的平均值；

　　　$x'' - x_m$——含湿量差的平均值；

式（25-29）中的水气接触面积 F 很难确定，它与淋水填料的表面积有关，但在实际应用时，采用填料表面积很不方便，而填料的体积很容易确定。因此，在实际计算时，通常采用填料体积以及与填料单位体积相应的系数，有：

$$\left.\begin{array}{l}总接触散热量：H_a = \alpha(t_f - \theta)_m F = \dfrac{\alpha F}{V}(t_f - \theta)_m V \\[4mm] 总蒸发水量：Q_u = \beta_x(x'' - x)_m F = \dfrac{\beta_x F}{V}(x'' - x)_m V\end{array}\right\} \tag{25-30}$$

令： $$\alpha_V = \frac{\alpha F}{V}; \quad \beta_{xV} = \frac{\beta_x F}{V} \tag{25-31}$$

式中 α_V——容积散热系数，kJ/(m³·h·℃)；

β_{xV}——与含湿量差有关的淋水填料的容积散质系数，kg/(m³·h)；

V——淋水填料的体积，m³。

因此，冷却的总散热量为：

$$H = H_\alpha + H_\beta = \alpha_V (t_f - \theta) V + \gamma_0 \beta_{xV} (x'' - x) V \tag{25-32}$$

25.1.4 冷却塔的热力计算基本方程

冷却塔的热力计算方法可分为两类：一类是根据冷却塔内水和空气之间的热交换和物质交换过程，按蒸发冷却理论推导的理论公式计算；另一类是按经验公式或图表计算。

理论公式计算法目前国内外常用的有两种：

1. 3个变量分析法（t，P，θ）

取冷却塔中淋水填料某一微小高度 dZ 分析，相应的淋水填料体积为 dV，其中变量有水温 t，空气干球温度 θ 和水蒸气分压 P_q。

热水由接触散热传给空气的热量使干球温度 θ 升高，热水通过蒸发将大量水蒸气传给空气，导致空气中的水蒸气分压 P_q 的增加，而热水散失热量导致了水温 t 的下降。通过接触散热、蒸发散热和水气热量的平衡计算，可建立下列热平衡方程：

$$\frac{d\theta}{dV} = \alpha(t - \theta)$$

$$\frac{dP_q}{dV} = b(P_q'' - P_q)$$

$$\frac{dt}{dV} = A(t - \theta) + B(P_q'' - P_q)$$

上述非线性方程，需给定边界条件或用分段积分法才可解得 t，P_q，θ，这种计算法称为压差法，因计算烦琐，目前采用较少。

2. 2个变量分析法（t，i）

该法是用焓（i）代替空气温度 θ 和分压 P_q。在冷却塔中，空气诸热力学参数的变化是由于热水通过接触散热和蒸发散热将热量传给空气造成的，因此，空气参数的变化反映了空气中"热量"的变化。麦克尔（Merkel）在 1925 年应用了"焓"的概念，建立了焓差方程。利用焓差方程和水温降低的热量平衡关系，可求解出水温和空气焓。此法具有计算简便的优点，因而得到了广泛的应用。

（1）麦克尔（Merkel）焓差方程

麦克尔在推导焓差方程时，引进了刘易斯（Lewis）数。刘易斯数表示热量交换和质量交换之间的速度关系。在水气交换过程中，接触散热系数 α 和含湿量散质系数 β_x 之间，近似地存在下列关系：

$$\frac{\alpha}{\beta_x} = \frac{\alpha_V}{\beta_{xV}} = C_{sh} = 1.05 \text{ (kJ/kg·℃)} \tag{25-33}$$

式（25-33）称为刘易斯关系式，习惯上称为刘易斯准则。刘易斯关系成立的条件是绝热蒸发，而冷却塔内水的蒸发冷却过程并不符合绝热蒸发的条件。因此，由麦克尔焓差理论作为基础的热力计算并不完全精确，尽管如此，该方法的精度满足工程应用。

由式（25-21）可知，空气温度为 θ℃时，湿空气的焓为：

$$i=C_{\mathrm{sh}}\theta+\gamma_0 x$$

水面饱和气层的温度为 t_{f} 时，其含湿量为 x''，则饱和焓为：

$$i''=C_{\mathrm{sh}}t_{\mathrm{f}}+\gamma_0 x'' \tag{25-34}$$

则有：

$$
\begin{aligned}
\mathrm{d}H &= \mathrm{d}H_{\alpha}+\mathrm{d}H_{\beta} \\
&= \alpha_{\mathrm{V}}(t_{\mathrm{f}}-\theta)\mathrm{d}V+\gamma_0\beta_{x\mathrm{V}}(x''-x)\mathrm{d}V \\
&= \beta_{x\mathrm{V}}\left[\frac{\alpha_{\mathrm{V}}}{\beta_{x\mathrm{V}}}(t_{\mathrm{f}}-\theta)+\gamma_0(x''-x)\right]\mathrm{d}V \\
&= \beta_{x\mathrm{V}}\left[(C_{\mathrm{sh}}t_{\mathrm{f}}+\gamma_0 x'')-(C_{\mathrm{sh}}\theta+\gamma_0 x)\right]\mathrm{d}V \\
&= \beta_{x\mathrm{V}}(i''-i)\mathrm{d}V
\end{aligned}
\tag{25-35}
$$

式（25-35）为麦克尔方程，麦克尔方程的意义是明确指出水冷却的推动力为焓差。

（2）逆流冷却塔热力计算

1）逆流塔热力学平衡基本方程推导

如图 25-8 所示，冷却塔顶部的水流量为 $Q(\mathrm{kg/h})$，水温为 t_1，经过淋水填料的水气热量交换后，水温冷却到 t_2。由冷却塔底部，即水流相反方向通入空气，流量为 $G(\mathrm{kg/h})$。进入塔内的空气接受了水的热量，空气的诸热力学参数由进口处的 θ_1，φ_1，x_1，i_1 变化到出口处的 θ_2，φ_2，x_2，i_2。

淋水填料高度为 Z。一般认为，逆流塔的水气热力学参数沿淋水填料宽度方向不变，它仅随高度的变化而变化，即水气热力学参数为填料高度 Z 的一维函数。在淋水填料中，沿宽度划出微元层，微元高度为 $\mathrm{d}z$。进入微元层的水量为 Q_z，水温为 t，则进水中所含热量为 $C_{\mathrm{w}}Q_z t$，$C_{\mathrm{w}}(\mathrm{kJ/(kg\cdot℃)})$ 为水的比

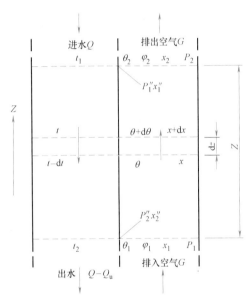

图 25-8 逆流式冷却塔中的水冷却过程

热。设在该层中蒸发的水量为 $\mathrm{d}Q_{\mathrm{u}}$，水温降低了 $\mathrm{d}t$，则该层出水中所含的热量为：$C_{\mathrm{w}}(Q_z-\mathrm{d}Q_{\mathrm{u}})(t-\mathrm{d}t)$。所以，在该层内的水所散发的热量 $\mathrm{d}H_{\mathrm{s}}$ 应为以上两部分热量之差：

$$\mathrm{d}H_{\mathrm{s}}=C_{\mathrm{w}}Q_z t-C_{\mathrm{w}}(Q_z-\mathrm{d}Q_{\mathrm{u}})(t-\mathrm{d}t) \tag{25-36}$$

上式简化并略去二阶微量 $C_{\mathrm{w}}\mathrm{d}Q_{\mathrm{u}}\mathrm{d}t$，得：

$$\mathrm{d}H_{\mathrm{s}}=C_{\mathrm{w}}Q_z \mathrm{d}t+C_{\mathrm{w}}Q_z \mathrm{d}Q_{\mathrm{u}} \tag{25-37}$$

由于水的蒸发量较小，可忽略不计，即 $Q_z\approx Q$，则得：

$$\mathrm{d}H_{\mathrm{s}}=C_{\mathrm{w}}Q\mathrm{d}t+C_{\mathrm{w}}Q_z \mathrm{d}Q_{\mathrm{u}} \tag{25-38}$$

空气通过微元层时，含热量提高，增值为 $\mathrm{d}i$，则空气吸收的热量 $\mathrm{d}H_{\mathrm{k}}$ 为：

$$\mathrm{d}H_{\mathrm{k}}=G\mathrm{d}i \tag{25-39}$$

水温下降所散发的热量 $\mathrm{d}H_{\mathrm{s}}$ 等于空气所吸收的热量 $\mathrm{d}H_{\mathrm{k}}$，则有：

$$G\mathrm{d}i = C_\mathrm{w}Q\mathrm{d}t + C_\mathrm{w}t\mathrm{d}Q_\mathrm{u} \tag{25-40}$$

移项得：

$$G\mathrm{d}i - C_\mathrm{w}t\mathrm{d}Q_\mathrm{u} = C_\mathrm{w}Q\mathrm{d}t$$

$$G\mathrm{d}i\left(1 - \frac{C_\mathrm{w}\mathrm{d}Q_\mathrm{u}}{G\mathrm{d}i}\right) = C_\mathrm{w}Q\mathrm{d}t$$

得：

$$G\mathrm{d}i = \frac{C_\mathrm{w}Q\mathrm{d}t}{1 - \dfrac{C_\mathrm{w}t\mathrm{d}Q_\mathrm{u}}{G\mathrm{d}i}} \tag{25-41}$$

设：

$$K = 1 - \frac{C_\mathrm{w}t\mathrm{d}Q_\mathrm{u}}{G\mathrm{d}i}$$

K 为考虑蒸发水量传热的流量系数。在忽略了接触传热，而蒸发传热仅考虑汽化潜热的条件下，K 可近似表示成：

$$K = 1 - \frac{C_\mathrm{w}t_2}{\gamma_\mathrm{m}}$$

生产中，K 值按以下经验公式计算：

$$K = 1 - \frac{t_2}{586 - 0.56(t_2 - 20)} \tag{25-42}$$

式（25-41）可写成：

$$G\mathrm{d}i = \frac{1}{K}C_\mathrm{w}Q\mathrm{d}t \tag{25-43}$$

根据麦克尔焓差方程，对于微元层体积 $\mathrm{d}V$，水散发的热量 $\mathrm{d}H$ 可表示为：

$$\beta_\mathrm{xv}(i'' - i)\mathrm{d}V = \frac{1}{K}C_\mathrm{w}Q\mathrm{d}t \tag{25-44}$$

移项得：

$$\frac{\beta_\mathrm{xv}\mathrm{d}V}{Q} = \frac{1}{K}\frac{C_\mathrm{w}\mathrm{d}t}{i'' - i} \tag{25-45}$$

假定 β_xv 在整个淋水填料中为常数，将式（25-45）积分得：

$$\int_0^V \frac{\beta_\mathrm{xv}\mathrm{d}V}{Q} = \frac{C_\mathrm{w}}{K}\int_{t_2}^{t_1}\frac{\mathrm{d}t}{i'' - i}$$

$$\frac{\beta_\mathrm{xv}V}{Q} = \frac{C_\mathrm{w}}{K}\int_{t_2}^{t_1}\frac{\mathrm{d}t}{i'' - i} \tag{25-46}$$

式（25-46）就是建立在麦克尔焓差方程基础上的逆流塔热力计算的基本方程式。

式（25-46）右端表示冷却任务的大小，与外部气象条件有关，而与冷却塔的构造和形式无关。称为冷却数（或交换数），用 N 表示

$$N = \frac{C_\mathrm{w}}{K}\int_{t_2}^{t_1}\frac{\mathrm{d}t}{i'' - i} \tag{25-47}$$

冷却数 N 的意义为当地气象条件下的冷却任务。N 是一个无量纲数。

式（25-46）左端表示在一定淋水填料和冷却塔型下，冷却塔本身具有的冷却能力。它与淋水填料的特性、构造、几何尺寸、散热性能以及气、水流量有关。称为冷却塔的特性数，用 N' 表示

$$N' = \frac{\beta_\mathrm{xv}V}{Q} \tag{25-48}$$

特性数表示冷却塔的冷却能力。特性数越大则塔的冷却性能越好。冷却塔的计算就是要使设计的冷却塔的冷却能力满足当地气象条件下的冷却任务。

2）逆流塔焓差法热力学基本方程图（i-t）

已知条件：当地湿球温度 τ，大气压力 P 以及进、出水温度 t_1、t_2 和气水比 λ。

① 水面饱和气层的饱和焓曲线

以 t 为横坐标，i 为纵坐标，已知当地大气压 P，在 $\varphi=1$ 的条件下，给定不同的水温，可求出相应的饱和焓 i''，从而画出空气饱和焓 i''-t 关系曲线，即图 25-9 中的 A'-B' 曲线。

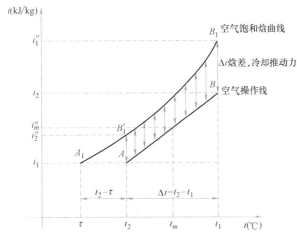

图 25-9 气、热交换基本图式（i-t 图）

在 t 坐标上找到 t_1、t_2 值，并分别作垂线，与 A'-B' 曲线相交于 A'、B' 两点，相应的饱和焓在纵坐标上为 i_1''、i_2''。

② 空气工作操作线

空气操作线反映淋水填料中空气焓 i 和水温 t 的关系。从淋水填料微元层中，水的散热与空气吸热的平衡关系式（25-43）可知

$$G\mathrm{d}i=\frac{1}{K}C_\mathrm{w}Q\mathrm{d}t$$

令 $\dfrac{G}{Q}=\lambda$，λ 称为气水比，代入上式得：

$$\frac{\mathrm{d}i}{C_\mathrm{w}\mathrm{d}t}=\frac{1}{K\lambda}=\tan\varphi \tag{25-49}$$

式（25-49）表示淋水填料内的空气焓的增加与水温的降低为线性关系，其斜率为 $\dfrac{1}{K\lambda}$。

以塔底的空气焓 i_1 和出水水温 t_2 为边界条件，将式（25-49）积分得：

$$G(i-i_1)=\frac{C_\mathrm{w}}{K}Q(t-t_2)$$

$$i=i_1+\frac{(t-t_2)}{K}\cdot\frac{Q}{G}\cdot C_\mathrm{w}=i_1+\frac{t-t_2}{K\lambda}\cdot C_\mathrm{w} \quad(\mathrm{kJ/kg}) \tag{25-50}$$

冷却塔顶部空气出口的焓 i_2 为

$$i_2 = i_1 + \frac{C_w \cdot \Delta t}{K\lambda} \quad (\text{kJ/kg}) \tag{25-51}$$

空气操作线的作法如下：在 t 坐标上找到当地湿球温度 τ 值，作垂线交饱和焓曲线于 B' 点。B' 点的纵坐标为 i_1，就是进入塔内空气的焓值。由 B' 点引水平线交 i_2-B_1 线于 A 点。A 点坐标为 (t_2, i_1)，表示塔底的水温 t_2 与进塔空气焓 i_1 的关系。

从 A 点以 $\tan\varphi = 1/K\lambda$ 为斜率作直线交 $A'-t_1$ 线于 B_1 点，B_1 点的焓 i_2 便是塔顶空气的焓，B_1 点的坐标为 (t_1, i_2)。直线 AB_1 表示塔中不同高度的空气焓与水温值的变化关系，称为空气操作线。

③ 焓差的物理意义

从图 25-9 可以看出，在 AB_1 直线上，相应于水温 t 的 i 为水温 t 时的空气焓，而 AB' 曲线上相应于同一水温的 i'' 则为该点水气交界面饱和气层的焓。因此，AB_1 线上各点的纵坐标差值就是焓差，它是热交换的推动力。

对式（25-46）和操作线的位置进行分析，可得到以下结果：

a. 饱和焓线与操作线离开越远，即焓差越大，则式（25-46）冷却数 N 越小，填料体积 V 即冷却塔的体积可减小。

b. 如果空气操作线的起点 A 向左移动，即缩小 $(t_2-\tau)$ 值，由于饱和焓曲线的斜率是先小后大，所以，空气操作线左移，焓差缩小，冷却推动力减小。这说明出水温度 t_2 越接近理论冷却极限 τ，冷却越困难，填料体积 V 越大。从经济上考虑，$(t_2-\tau)$ 值一般不应小于 3～5℃。

c. 气水比 λ 越大，操作线的斜率越小，则焓差越大。这说明增加气水比会增大冷却推动力，使冷却容易进行。但增大气水比会增加风机的电耗，使冷却塔运行费用增加。

3）冷却数 N 的求解

冷却数的求解就是如何求下式的积分

$$N = \frac{C_w}{K} \int_{t_2}^{t_1} \frac{dt}{i''-i}$$

为了积分，必须将 i'' 和 i 表示成水温 t 的函数。由式（25-50）和式（25-23）可知，空气焓与水温是线性关系，而饱和焓与水温是复杂的非线性关系，直接积分很困难。因此，冷却数的求解方法可分为两类，一类是将饱和焓和水温的关系进行简化，如假设为线性或二次抛物线关系，这类方法有平均焓差法和抛物线积分法；另一类是采用数学方法进行数值计算，有辛普逊（Simpson）法。

① 抛物线积分法

在一定水温区间内，饱和焓和水温之间的关系可用下列的抛物线方程表示：

$$i'' = at^2 + bt + c \tag{25-52}$$

式（25-52）中的常数 a，b，c 值，对于冷却塔进出水温 t_1 和 t_2 的各个区间，用最小二乘法求得。此时，冷却数 N 可表示为

$$N = \frac{C_w}{K} \int_{t_2}^{t_1} \frac{dt}{i''-i} = \frac{C_w}{K} \int_{t_2}^{t_1} \frac{dt}{At^2 + Bt + C} \tag{25-53}$$

② 平均焓差法

以焓差的倒数 $\left(\dfrac{1}{i''-i}\right)$ 为纵坐标，温度为横坐标，可绘制图 25-10，则求解冷却数转化为求面积 ABt_1t_2。由于在 (t_1-t_2) 范围内，$\left(\dfrac{1}{i''-i}\right)$ 呈非线性变化，故曲线面积无法直接计算。假设存在某一焓差，在 (t_1-t_2) 范围内保持不变，而该焓差形成的矩形面积等于曲线面积，则冷却数 N 可容易地由下式表示：

$$N=\frac{C_{\mathrm{w}}}{K}\int\frac{\mathrm{d}t}{i''-i}=\frac{C_{\mathrm{w}}}{K}\frac{\Delta t}{\Delta i_{\mathrm{m}}} \tag{25-54}$$

式中的 Δi_{m} 即为平均焓差。假设饱和焓 i'' 与水温 t 为线性关系，则可推导出 Δi_{m} 的表达式。

$$\Delta i_{\mathrm{m}}=\frac{\Delta i_{\mathrm{c}}-\Delta i_{\mathrm{z}}}{2.3\lg\dfrac{\Delta i_{\mathrm{c}}}{\Delta i_{\mathrm{z}}}}\quad(\mathrm{kJ/kg}) \tag{25-55}$$

$$\Delta i_{\mathrm{c}}=i''_1-i_2\quad(\mathrm{kJ/kg})$$

$$\Delta i_{\mathrm{z}}=i''_2-i_1\quad(\mathrm{kJ/kg})$$

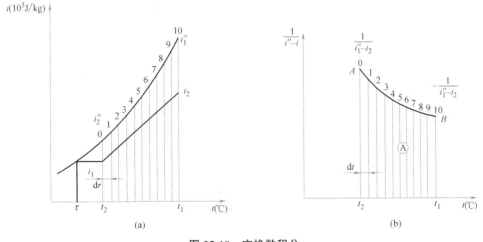

(a) 　　　　　　　　　　　(b)

图 25-10 交换数积分

③ 辛普逊（Simpson）近似积分法

将冷却数的积分式分项计算，求得近似解。图 25-10 (a) 中，在水温差 $\Delta t=t_1-t_2$ 的范围内，将 Δt 分成 n 等分（n 为偶数），每等分为 $\mathrm{d}t=\dfrac{\Delta t}{n}$，求得相应水温 t_2，$t_2+\dfrac{\Delta t}{n}$，$t_2+2\dfrac{\Delta t}{n}$，$\cdots$，$t_2+(n-1)\dfrac{\Delta t}{n}$ 和 $t_2+n\dfrac{\Delta t}{n}=t_1$ 时的焓差 $(i''-i)$，其值分别为 Δi_0，Δi_1，Δi_2，$\cdots$，Δi_{n-1}，Δi_n。将各点的温度及相应的焓差倒数点绘在图 25-10 (b) 上，得 AB 曲线，此线为抛物线，求 ABt_1t_2 面积积分。得

$$N=\frac{C_{\mathrm{w}}}{K}\int_{t_2}^{t_1}\frac{\mathrm{d}t}{i''-i}=\frac{C_{\mathrm{w}}\mathrm{d}t}{3K}\left(\frac{1}{\Delta i_0}+\frac{1}{\Delta i_1}+\frac{1}{\Delta i_2}+\frac{1}{\Delta i_3}+\frac{1}{\Delta i_4}+\cdots+\frac{2}{\Delta i_{n-2}}+\frac{1}{\Delta i_{n-1}}+\frac{1}{\Delta i_n}\right)$$

$$\tag{25-56}$$

此法需计算每项分母 $\Delta i_n = i''_n - i_n$ 中的 i_n 值。由式（25-51）可知，i_n 与 i_{n-1} 的关系如下

$$i_n - i_{n-1} = \frac{C_w}{K\lambda} \cdot \frac{\Delta t}{n} \quad (\text{kJ}/\text{kg}) \tag{25-57}$$

通过大气的热力学参数可计算出大气焓 i_0，因此，计算时应从淋水填料层的底部开始。根据大气焓和上式，可计算填料各层中的 i。应用辛普逊积分法的计算过程见表 25-1。

辛普逊积分法计算表 表 25-1

	i''	i	Δi	$\dfrac{1}{\,}$	
$t_0 = t_2$	$i''_0 = f(t_0, P)$	$i_0 = i_1 = f(\theta_1, \varphi_1)$	$\Delta i_0 = i''_0 - i_0$	$\dfrac{1}{\Delta i_0}$	$\dfrac{1}{\Delta i_0}$
$t_1 = t_0 + dt$	$i''_1 = f(t_1, P)$	$i_1 = i_0 + \dfrac{C_w dt}{K\lambda}$	$\Delta i_1 = i''_1 - i_1$	$\dfrac{1}{\Delta i_1}$	$\dfrac{4}{\Delta i_1}$
$t_2 = t_1 + dt$	$i''_2 = f(t_2, P)$	$i_2 = i_1 + \dfrac{C_w dt}{K\lambda}$	$\Delta i_2 = i''_2 - i_2$	$\dfrac{1}{\Delta i_2}$	$\dfrac{2}{\Delta i_2}$
$t_3 = t_2 + dt$	$i''_3 = f(t_3, P)$	$i_3 = i_2 + \dfrac{C_w dt}{K\lambda}$	$\Delta i_3 = i''_3 - i_3$	$\dfrac{1}{\Delta i_3}$	$\dfrac{4}{\Delta i_3}$
...	...	...	...	...	...
$t_{n-1} = t_{n-2} + dt$	$i''_{n-1} = f(t_{n-1}, P)$	$i_{n-1} = i_{n-2} + \dfrac{C_w dt}{K\lambda}$	$\Delta i_{n-1} = i''_{n-1} - i_{n-1}$	$\dfrac{1}{\Delta i_{n-1}}$	$\dfrac{4}{\Delta i_{n-1}}$
$t_n = t_{n-1} + dt = t_1$	$i''_n = f(t_n, P)$	$i_n = i_{n-1} + \dfrac{C_w dt}{K\lambda} = i_2$	$\Delta i_n = i''_n - i_n$	$\dfrac{1}{\Delta i_n}$	$\dfrac{1}{\Delta i_n}$
					$\sum\limits_1^n N_i$
					$N = \dfrac{C_w dt}{3K} \sum\limits_1^n N_i$

当水温差 $\Delta t < 15℃$ 时，辛普逊法的 n 可取 2，从而式（25-56）可简化成下式

$$N = \frac{C_w \Delta t}{6K} \left(\frac{1}{i''_2 - i_1} + \frac{4}{i''_m - i_m} + \frac{1}{i''_1 - i_2} \right) \tag{25-58}$$

式中，i_m 为 $i_1 + i_2$ 的平均值，i''_m 为水温 $t_m = \dfrac{t_1 + t_2}{2}$ 时的饱和空气焓，其余符号同前。

采用辛普逊积分法计算时，n 取的越大，则结果越精确，但同时计算工作量也增加。可将辛普逊法进行编程计算，也可采用 Excel 进行计算。

（3）逆流冷却塔的性能

冷却塔淋水填料的性能主要包括两个方面，热力特性和阻力特性。选择淋水填料时应通过技术经济综合评定。

1）热力特性

① 容积散质系数 β_{xv} 的表达式

热力特性表示填料的散热能力。根据麦克尔的焓差方程，水的冷却与焓差有关外，还与填料的容积散质系数 β_{xv} 有关。因此，β_{xv} 反映了填料的散热能力。β_{xv} 与冷却水量、风

量、水温和大气条件有关。当塔的尺寸和填料一定时，β_{xv} 可表示成下列函数形式

$$\beta_{xv} = f(g, q, t_1, \tau) \tag{25-59}$$

式中　g——空气流量密度，$kg/(m^2 \cdot s)$；

　　　q——淋水密度，$m^3/(m^2 \cdot h)$。

通过试验表明，湿球温度 τ 对 β_{xv} 的影响很小，可忽略不计。进水水温 t_1 与 β_{xv} 成反比关系。β_{xv} 可表示为

$$\beta_{xv} = A \cdot g^m \cdot q^n \cdot t_1^{-p} \tag{25-60}$$

当进水水温较低时，可不考虑 t_1 的因素，则式（25-60）表示如下

$$\beta_{xv} = A \cdot g^m \cdot q^n \tag{25-61}$$

式中　A, m, n——试验常数。

填料的热力特性是通过试验得到的。当填料的尺寸一定时，改变冷却水量，风量，进水水温和气象参数如湿球温度和干球温度等，得到相应的冷却水温 t_2。计算冷却数 N 并根据热力学基本方程得到相应的 β_{xv}。由此得到了若干组的 (β_{xv}, g, q, t_1)，通过回归分析，可得到式（25-60）或式（25-61）。

② 特性数 N'

设 Z 为冷却塔淋水填料的高度，由式（25-48）可知

$$N' = \frac{\beta_{xv} V}{Q} = \beta_{xv} \frac{\dfrac{V}{F}}{\dfrac{Q}{F}} = \beta_{xv} \frac{Z}{q} \tag{25-62}$$

将式（25-61）代入式（25-62）

$$N' = A g^m q^n \frac{Z}{q} = A Z g^m q^{n-1} \tag{25-63}$$

当 $m + n = 1$ 时，式（25-63）可写为

$$N' = A Z \left(\frac{g}{q}\right)^m = A' \lambda^m \tag{25-64}$$

式中　Z——淋水填料高度，m；

　　　λ——气水比；

　　　A'——试验常数。

2）阻力特性

阻力特性反映淋水填料中的风压损失，用下式表达

$$\frac{\Delta P}{\rho g} = A v_m^n \quad (m) \tag{25-65}$$

式中　ΔP——淋水填料中的风压损失，Pa；

　　　ρ——进塔空气密度，kg/m^3；

　　　g——重力加速度，m/s^2；

　　　v_m——淋水填料中的平均风速，m/s；

　　　A, n——与淋水密度有关的试验系数。

表 25-2 为部分淋水填料的性能。

编号	填料形式	填料规格	淋水填料高度 (m)	热力特性表达式	阻力特性表达式 (淋水密度 $10m^3/(m^2 \cdot h)$)
1	塑料折波	二层错排	1.0	$N=1.57\lambda^{0.57}$ $\beta_{xv}=3510g^{0.54}q^{0.43}$	$\dfrac{\Delta P}{\rho g}=0.92v_m^{2.01}$
2	塑料梯形波	T25-60°	1.0	$N=1.71\lambda^{0.58}$ $\beta_{xv}=4100g^{0.51}q^{0.39}$	$\dfrac{\Delta P}{\rho g}=0.79v_m^{1.97}$
3	塑料斜波	50×20-60°	1.0	$N=1.59\lambda^{0.67}$ $\beta_{xv}=4891g^{0.53}q^{0.25}$	$\dfrac{\Delta P}{\rho g}=0.5v_m^{2.29}$
4	塑料人字形	二层错排	1.0	$N=1.63\lambda^{0.61}$ $\beta_{xv}=3142g^{0.62}q$	$\dfrac{\Delta P}{\rho g}=0.76v_m^{2.05}$
5	塑料复合波	二层	1.0	$N=1.69\lambda^{0.62}$ $\beta_{xv}=3616g^{0.65}q^{0.42}$	$\dfrac{\Delta P}{\rho g}=0.7v_m^{1.86}$

（4）横流式冷却塔的热力计算

横流式冷却塔有单边或双边进风的矩形塔，有周边进风的圆形塔。由于进水与进风方向垂直，塔内的湿热交换比逆流塔复杂。现以矩形塔为主介绍。

1）矩形横流塔热力学基本方程推导

设空气平行于 X 轴方向流动，水沿 Y 轴方向流动进入塔内，与 X、Y 轴构成的平面相垂直的轴为 Z 轴。淋水填料的宽度、高度和长度分别为 X、Y 和 Z。假定在沿 Z 轴方向上，空气和水的状态参数不变。由于水将热量传递给空气，水温沿着 Y 轴流动方向不断下降，而空气接受热量，湿空气的含湿量和焓等沿 X 轴流动方向增加。横流塔内的水和湿空气的参数为二维，即是 (x, y) 的函数。

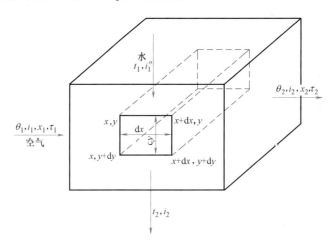

图 25-11 横流式冷却塔分析简图

如图 25-11 所示，取淋水填料中的宽为 dx，高为 dy，长度为 Z 的微元容积 $Zdxdy$，研究该微元的热量交换情况。热水从上向下，淋水密度为 q，进水温度为 t_1；空气从左方均匀进入，其质量流量为 g，焓为 i_1。单位时间内水所散发的热量 dH_s 为：

$$dH_s = -Z \frac{q}{K} \cdot \frac{C_w \partial t}{\partial y} dx dy \qquad (25\text{-}66)$$

单位时间内空气所吸收的热量 dH_k 为:

$$dH_k = Zg \frac{\partial i}{\partial x} dx dy \qquad (25\text{-}67)$$

式中　$\dfrac{\partial t}{\partial y}$——在 dy 距离内的水温变化;

$\dfrac{\partial i}{\partial x}$——在 dx 距离内的空气焓的变化。

考虑到水温在 x 方向也有变化,空气焓 i 在 y 方向上也有变化,式(25-66)和式(25-67)可变化为:

$$dH_s = -Z \frac{q}{K} C_w \frac{\partial^2 t}{\partial x \partial y} dx dy \qquad (25\text{-}68)$$

$$dH_k = Zg \frac{\partial^2 i}{\partial x \partial y} dx dy \qquad (25\text{-}69)$$

根据麦克尔焓差方程,水在单位体积淋水填料 $Z dx dy$ 所散发的热量为:

$$dH = \beta_{xv}(i'' - i) Z dx dy \qquad (25\text{-}70)$$

由于 $dH_s = dH_k = dH$,将式(25-68)和式(25-69)代入式(25-70),得

$$-\frac{q}{K} \frac{C_w \partial^2 t}{\partial x \partial y} dx dy = g \frac{\partial^2 i}{\partial x \partial y} dx dy = \beta_{xv}(i'' - i) dx dy \qquad (25\text{-}71)$$

经变换后积分得:

$$-\int_0^y \int_0^x \frac{1}{i'' - i} \cdot \frac{\partial^2 t}{\partial x \partial y} \cdot C_w dx dy = \int_0^y \int_0^x \frac{K \beta_{xv}}{q} dx dy \qquad (25\text{-}72)$$

$$\int_0^y \int_0^x \frac{1}{i'' - i} \cdot \frac{\partial^2 i}{\partial x \partial y} \cdot dx dy = \int_0^y \int_0^x \frac{\beta_{xv}}{g} dx dy \qquad (25\text{-}73)$$

2)平均焓差法

横流塔热力计算基本方程的求解用有限差分分段计算或近似积分法。这里仅介绍平均焓差法。将式(25-73)中的 x 改为淋水填料宽度 L,y 改为填料高度 H,得:

$$-\int_0^H \int_0^L \frac{1}{i'' - i} \cdot \frac{\partial^2 t}{\partial x \partial y} \cdot C_w dx dy = \int_0^H \int_0^L \frac{K \beta_{xv}}{q} dx dy \qquad (25\text{-}74)$$

方程式两边分别积分得

右边:
$$\int_0^H \int_0^L \frac{K \beta_{xv}}{q} dx dy = \frac{K \beta_{xv}}{q} HL \qquad (25\text{-}75)$$

左边:
$$-\int_0^H \int_0^L \frac{1}{i'' - i} \frac{\partial^2 t}{\partial y} C_w dx dy = \frac{C_w \Delta t}{\Delta i_m} L \qquad (25\text{-}76)$$

则有:

$$N = \frac{C_w \Delta t}{\Delta i_m} = \frac{K \beta_{xv}}{q} H \qquad (25\text{-}77)$$

当已知温差和平均焓差 Δi_m 时,即可求得 N 值。Δi_m 的求法为

$$\Delta i_m = x(i_1'' - \delta i'' - i_1) \qquad (25\text{-}78)$$

式中　$x = f(\eta, \xi)$

$$\eta = \frac{i''_1 - i''_2}{i''_1 - \delta i'' - i_1} \tag{25-79}$$

$$\xi = \frac{i_2 - i_1}{i''_1 - \delta i'' - i_1} \tag{25-80}$$

$$\delta i'' = \frac{i''_1 + i''_2 - 2i''_m}{4} \tag{25-81}$$

根据计算求得的 η、ξ 值，查图 25-12 可求得 x，再求得 Δi_m。

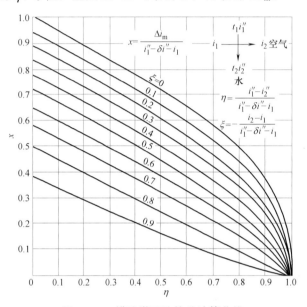

图 25-12　横流塔平均焓差计算曲线

25.1.5　冷却塔的设计与计算

1. 设计任务、范围和技术指标

（1）工艺设计任务

冷却塔的工艺设计主要是热力计算，包括两类问题。

第一类问题：在规定的冷却任务下，即已知冷却水量 Q，冷却前后水温 t_1、t_2 和当地气象参数（τ，θ，φ，P），选定淋水填料。通过热力、空气动力和水力计算，决定冷却塔的尺寸、选定塔的个数、风机、配水系统和循环水泵等。

如果已经选定某一定型塔，则按照选定的冷却塔与当地气象参数，确定冷却数曲线与特性数曲线的交点，从而求得所需要的气水比 λ。最后确定所需冷却塔的总面积，个数，校核或选定风机。

第二类问题：已知标准塔或定型塔的各项条件（如尺寸，淋水填料形式等），在当地气象参数（τ，θ，φ，P）下，按照给定的气水比 λ 和水量 Q，验算冷却塔的出水水温是否符合设计要求。

（2）设计范围

冷却塔的工艺设计主要包括 3 部分：

1）冷却塔类型的选择、包括塔型、淋水填料、其他装置和设备的选择。

2）工艺计算，包括热力、空气动力和水力计算。

3）冷却塔的平面、高程、管道布置和循环水泵站设计。

2. 基础资料

（1）冷却水量 Q，进水温度 t_1 和出水温度 t_2。

（2）气象参数：按照湿球温度频率统计法，绘制频率曲线求出频率为 $5\%\sim10\%$ 的日平均气象条件，查出设计频率下的湿球温度值，并在原始资料中找出与此湿球温度相对应的干球温度，相对湿度和大气压力的日平均值，计算密度，焓和含湿量等。

（3）淋水填料性能试验资料：淋水填料的热力特性 $N=f(\lambda)$ 和 $\beta_{xv}=f(g，q)$，阻力特性 $\dfrac{\Delta P}{\rho g}=f(v)$。

3. 设计步骤和方法

首先根据设计地区的气象资料，工艺要求，计算具有一定保证率下的 τ，θ，φ，P。其次，根据设计任务选定冷却塔塔型和淋水资料。选择时可参考表 25-3。

常用冷却塔比较表

表 25-3

名称	优点	缺点	适用条件
自然通风冷却塔	1. 冷效稳定 2. 风吹损失小 3. 维护简单，管理费小 4. 受场地建筑面积影响小	1. 投资高，施工技术较复杂 2. 冬季维护复杂	1. 冷却水量大于 $1000m^3/h$ 2. 高温、高湿、低气压地区及水温差要求较小时不宜采用
机械通风冷却塔	1. 冷效高而稳定 2. 布置紧凑，可设在厂区建筑物和泵站附近 3. 造价较自然塔低	1. 经常运行费高 2. 机械设备维护复杂，故障多	1. 气温、湿度较高地区 2. 对冷却后水温及稳定性要求严格的工艺 3. 建筑场地狭窄，通风条件不良时
逆流塔	1. 冷效高 2. 占地面积小	1. 通风阻力大 2. 淋水密度低于横流塔 3. 需有专门进风口，塔体较高，水泵扬程大	1. 淋水密度小 2. 水温差大 3. 冷幅高小 4. 不受建筑场地限制
横流塔	1. 通风阻力小，进风均匀 2. 塔体低，水泵扬程小 3. 配水方便	1. 占地面积大 2. 单位体积淋水填料的冷效低于逆流塔	1. 淋水密度大 2. 可用于大水量 3. 水温差小 4. 冷幅高大

然后进行冷却塔工艺计算和平面布置，其步骤如下：

（1）热力计算

热力计算的目的是在规定的冷却任务下，确定冷却塔所需的总面积，即已知 Q，t_1，t_2，P，τ 和 φ，求 F（第一类问题）；或计算所设计的冷却塔在不同情况下，冷却后的实际水温，亦即已知 Q，λ，t_1，P，τ，φ 和 f，求 t_2（第二类问题）。

（2）空气动力计算

进行冷却塔内空气动力计算的目的是为了选择适当的风机或验算选定的风机是否符合要求，或确定自然通风冷却塔风筒的高度。

（3）水力计算

水力计算的目的主要是确定配水管渠尺寸，配水喷嘴个数、布置，计算全程阻力，并为选择循环水泵提供依据。

【例 25-1】 已知某逆流冷却塔的冷却水量 $Q=600\text{m}^3/\text{h}$，进水水温 $t_1=54℃$，出水水温 $t_2=30℃$，干球温度 $\theta_1=30℃$，湿球温度 $\tau_1=24℃$，大气压力 $P=99.32\text{kPa}$。填料的热力特性方程为：

$$\beta_{xv}=2633\times g^{0.73}\times q^{0.39}$$

气水比 λ 为 0.8，淋水面积为 75m²，干空气密度为 1.13kg/m³，求冷却塔的填料高度。

【解】 $\Delta t=54-30=24℃$

取 $dt=2$，$n=\dfrac{24}{2}=12$，即划分为 12 等分。

根据 $\theta_1=30℃$，$\tau_1=24℃$，求得 $\varphi=0.60$

根据 $\theta_1=30℃$，$\varphi=0.60$，$P=99.32\text{kPa}$，求得：

$i_1=17.1\times4.19=71.65$ kJ/kg

计算结果见表 25-4。

计算结果 表 25-4

t	i	i''	Δi	$\dfrac{1}{\Delta i}$	Σ
30	72.65	101.03	28.38	0.0352	0.0352
32	83.67	112.14	28.47	0.0351	0.1404
34	94.69	124.32	29.62	0.0337	0.0675
36	105.71	137.69	31.97	0.0312	0.1250
38	116.74	152.39	35.64	0.0280	0.0561
40	127.76	168.57	40.80	0.0245	0.0980
42	138.78	186.41	47.62	0.0209	0.0419
44	149.81	206.10	56.29	0.0177	0.0710
46	160.83	227.89	67.05	0.0149	0.0298
48	171.85	252.03	80.17	0.0124	0.0498
50	182.88	278.82	95.94	0.0104	0.0208
52	193.9	308.63	114.72	0.0087	0.0348
54	204.92	341.86	136.93	0.0073	0.0073
					0.778

$$N=\frac{C_w dt}{3K}\sum_1^n\frac{1}{\Delta i}=\frac{4.18\times2}{3\times0.948}\times0.778=2.28$$

$$\lambda=\frac{G\cdot\gamma}{Q\times1000}\times0.8=\frac{G1.13}{600\times1000}$$

$$G=424778\text{m}^3/\text{h}$$

$$g=\frac{424778\times1.13}{75\times3600}=1.78\text{kg}/(\text{m}^2\cdot\text{s})$$

$$\beta_{xv}=2633\times1.78^{0.73}\times8^{0.39}=9004\text{kg}/(\text{m}^3\cdot\text{h})$$

$$V = \frac{Q \times 1000 \times N}{\beta_{xv}} = \frac{600000 \times 2.28}{9004} = 151.9 \text{m}^3$$

$$H = \frac{151.9}{75} = 2.02 \text{m}$$

25.2 循环冷却水处理

冷却水有直流式、密闭式循环和敞开式循环 3 种系统。水通过换热器后即排放的称为直流系统。采用直流系统的优点是设备管理简单，但会造成水源的热污染，浪费水资源。该系统目前较少采用。冷却水在完全封闭的、由换热器和管路构成的系统中进行循环称为密闭式循环系统。

在密闭式循环系统中，冷却水所吸收的热量一般由空气进行冷却，在水的循环过程中除渗漏外并无其他水量损失，也无排污所引起的环境污染问题，系统中含盐量及所加药剂几乎保持不变，故水质处理较单纯。密闭式循环冷却水存在严重的腐蚀问题。密闭式循环系统冷却效率低，基建造价和经常电耗高。该系统一般只用于小水量或缺水地区。

敞开式循环冷却水系统是应用最广泛的系统，也是水质处理技术最复杂的系统。本节所讨论的就是敞开式循环冷却水的水质处理。

25.2.1 循环冷却水水质特点和处理要求

1. 循环冷却水的水质特点

冷却水在循环系统中不断循环使用，会产生下列问题：

（1）结垢。水中碳酸钙等溶解盐类在换热器及管道的表面形成的沉积物称为结垢。结垢使传热效率下降，过水断面减小，不仅影响循环冷却水系统的正常运行，使生产受到影响，甚至会出现严重事故。

（2）腐蚀。循环冷却水在循环过程中与空气充分接触，使水中的溶解氧得到补充。水中的溶解氧会造成金属的电化学腐蚀。

（3）污垢和黏垢。冷却水和空气充分接触，吸收了空气中大量的灰尘、泥砂、微生物等，使系统的污泥增加，在换热器和管道表面沉积形成污垢。污垢不仅使传热效率下降，过水断面减小，同时也促进了腐蚀。同时，冷却塔内的光照、适宜的温度、充足的溶解氧和养分都有利于细菌和藻类的生长。细菌和藻类的大量繁殖会产生许多的代谢产物，这些代谢产物所形成的污垢具有黏性，故往往又把微生物形成的垢称为黏垢。

在冷却水循环过程中，结垢、腐蚀、污垢和黏垢不是单独存在，它们之间是互相影响和转化的。腐蚀形成的腐蚀产物会引起污垢，而污垢会进一步促进腐蚀。

循环冷却水处理的任务是防止或减轻结垢沉积、腐蚀以及抑制微生物的生长，防止或减轻系统中产生污垢或黏垢，简称阻垢、缓蚀和杀生。

2. 循环冷却水的基本水质要求

像其他水处理一样，进行循环冷却水处理同样也需要水质标准。但由于影响因素复杂，要制订通用的水质标准是相当困难的。通常将循环冷却水水质按腐蚀和沉积物控制要求作为基本水质指标。实际上这是反映水质要求的间接指标。表 25-5 为敞开式循环冷却系统冷却水的主要水质指标，表中的腐蚀率和年污垢热阻分别表达对水的腐蚀性和积垢的控制。

项目		要求条件	允许值
浊度(度)	I	1. 年污垢热阻小于 $9.5 \times 10^{-5} m^2 \cdot h \cdot ℃/kJ$ 2. 有油类黏性污染物时,年污垢热阻小于 $1.4 \times 10^{-4} m^2 \cdot h \cdot ℃/kJ$ 3. 腐蚀率小于 0.125mm/a	<20
	II	1. 年污垢热阻小于 $1.4 \times 10^{-4} m^2 \cdot h \cdot ℃/kJ$ 2. 腐蚀率小于 0.2mm/a	<50
	III	1. 年污垢热阻小于 $1.4 \times 10^{-4} m^2 \cdot h \cdot ℃/kJ$ 2. 腐蚀率小于 0.2mm/a	<100
电导率(μs/cm)		采用缓蚀剂处理	<3000
总碱度(mmol/L)		采用阻垢剂处理	<7
pH			$6.5 \sim 9.0$

（1）腐蚀率

1）均匀腐蚀

腐蚀率表示金属的腐蚀速度，单位为"mm/a"。其物理意义是：如果金属表面各处的腐蚀是均匀的，则金属表面每年的腐蚀深度是多少毫米。腐蚀率可用失重法测定，即将金属材料试件挂在热交换器冷却水中的某个部位，经过一定时间，由试验前后的试片质量差计算出年平均腐蚀深度，即腐蚀率 C_L。

$$C_L = 8.76 \frac{P_0 - P}{\rho \cdot F \cdot t} \tag{25-82}$$

式中　C_L——腐蚀率，mm/a；

　　　P_0——腐蚀前的金属质量，g；

　　　P——腐蚀后的金属质量，g；

　　　ρ——金属密度，g/cm³；

　　　F——金属与水接触面积，m²；

　　　t——腐蚀作用时间，h。

2）局部腐蚀（点蚀）

对于局部腐蚀，如点蚀（或坑蚀），通常用"点蚀系数"反映点蚀的危害程度。点蚀系数是金属最大腐蚀深度与平均腐蚀深度之比。点蚀系数越大，对金属危害越大。

3）缓蚀率

经水质处理后使腐蚀率降低的效果称为缓蚀率，以 η 表示：

$$\eta = \frac{C_0 - C_L}{C_0} \times 100\% \tag{25-83}$$

式中　C_0——循环冷却水处理前的腐蚀率；

　　　C_L——循环冷却水处理后的腐蚀率。

（2）污垢热阻

热阻为传热系数的倒数。热交换器传热面由于结垢及污垢沉积使传热系数下降，从而使热阻增加，此热阻称为污垢热阻。

热交换器的热阻在不同时刻由于垢层不同而有不同的污垢热阻值。一般在某一时刻测得的称为即时污垢热阻 R_t，即为经 t 小时后的传热系数的倒数与开始时（热交换器表面未积垢时）的传热系数倒数之差：

$$R_t = \frac{1}{K_t} - \frac{1}{K_0} = \frac{1}{\psi_t K_0} - \frac{1}{K_0} = \frac{1}{K_0}\left(\frac{1}{\psi_t} - 1\right) \tag{25-84}$$

式中　R_t——即时污垢热阻，$m^2 \cdot h \cdot ℃/kJ$；

　　　K_0——开始时，传热表面清洁（未结垢）所测得的总传热系数，$kJ/(m^2 \cdot h \cdot ℃)$；

　　　K_t——循环水在传热面积垢经 t 时间后所测得的总传热系数，$kJ/(m^2 \cdot h \cdot ℃)$；

　　　ψ_t——积垢后传热效率降低的百分数。

3. 循环冷却水结垢控制指标

（1）影响循环冷却水水质的因素

1）循环冷却水水质污染

① 补充水水质，如补充水的溶解盐类、溶解气体、微生物及其他有机物等会影响循环水水质。

② 外界进入循环冷却水系统的污染物，形成污垢。空气中灰尘、泥砂、可溶性气体等起核心作用和吸附架桥作用，混杂无机盐类晶体和藻类微生物，结团，逐渐增大，产生沉降网捕作用，形成污垢。沉积在流速缓慢或滞流区以及死角部位。

③ 加入药剂后产生结垢。用聚磷酸盐作为缓蚀剂时，会水解成正磷酸，正磷酸与水中的钙离子生成难溶的磷酸钙垢。

④ 微生物的生长及腐蚀产物。空气或原水带入了大量的微生物和藻类，由于循环水中的氮磷充足、水温合适、溶解氧过饱和等因素，给微生物和藻类的生长提供了最佳的环境。微生物和藻类的生长繁殖迅猛。藻类群体的生长使过水断面变小，影响了水和空气的流动。此外，微生物和藻类的新陈代谢产物，即生物黏泥，沉积在管道和设备表面，妨碍热传递，促进腐蚀。

2）循环冷却水的脱二氧化碳作用

大气中的二氧化碳含量很少，分压低。水在冷却塔中与空气接触后，水中原有的二氧化碳大量逸出，使碳酸平衡破坏，产生了碳酸盐沉淀。因此，由于循环冷却水的脱二氧化碳作用，有产生结垢的趋势。

3）循环冷却水的浓缩作用

冷却水在循环过程中，会产生 4 种水量损失，即蒸发损失，风吹损失，漏泄损失和排污损失，可用下式表示：

$$P = P_z + P_f + P_l + P_p \tag{25-85}$$

式中，P_z、P_f、P_l、P_p 和 P 分别表示蒸发损失、风吹损失、漏泄损失、排污损和总水量损失，均以循环水流量的百分数计。

循环冷却水在蒸发时，水分损失了，但溶解盐类仍留在水中，使循环冷却水的溶解盐不断浓缩，盐类浓度不断增高，为了控制盐类浓度，必须补充新鲜水，排出浓缩水。补充的新鲜水量应等于式（25-85）的总水量损失 P，以保持循环水量的平衡。

补充的新鲜水和循环水中的含盐量是不同的。令补充水的含盐量为 S_B（mg/L），循环水的含盐量为 S_x（mg/L），S_x 和 S_B 之比称为浓缩倍数 K：

$$K = \frac{S_x}{S_B} \qquad (25\text{-}86)$$

在冷却水循环过程中，风吹、漏泄和排污排出的循环系统的总盐量为 $S_x(P_f + P_l + P_p)$，补充水带入循环系统的总盐量为 $S_B(P_z + P_f + P_l + P_p)$。在循环冷却水系统运行初期，循环水中含盐量 S_x 与补充水中含盐量基本相等，即 $S_x = S_B$，则 $S_B(P_z + P_f + P_l + P_p) > S_x(P_f + P_l + P_p)$。随着循环系统的持续运行，如果系统中既无沉淀，又无腐蚀，也不加入引起盐量变化的化学药剂，则由于蒸发作用，循环水中含盐量不断增加，即 S_x 不断增大。当 S_x 增大至排出系统的总盐量与补充水带入系统的总盐量相等时，则达到浓缩平衡，用公式表示：

$$S_B(P_z + P_f + P_l + P_p) = S_x(P_f + P_l + P_p) \qquad (25\text{-}87)$$

当进、出系统的盐量达到平衡时，循环水中含盐量将保持稳定。

将式（25-86）代入式（25-87），可得：

$$K = \frac{P_z + P_f + P_l + P_p}{P_f + P_l + P_p} = \frac{P}{P - P_z} = 1 + \frac{P_z}{P - P_z} \qquad (25\text{-}88)$$

由式（25-87）可知，浓缩倍数 K 值总是大于 1，即循环冷却水中含盐量总是大于补充水的含盐量。

蒸发损失 P_z 与气候条件和冷却幅度有关；风吹损失 P_f 除与风速有关外，还与冷却塔的形式和结构有关；漏泄损失 P_l 与管道连接质量，泵的进出口和水池结构等有关；唯有排污损失 P_p 可根据所要求的浓缩倍数 K 值人为加以控制。

浓缩倍数的大小反映了水资源复用率的大小，是衡量循环冷却水系统运行状况的一项重要技术经济指标。如果排污量大，K 值小，则补充水量和水处理药剂耗量较大，并且会由于药剂浓度不足而难以控制腐蚀。适当减少系统中的排污水量和补充水量，增大 K，可以节约用水和水处理药剂，减少对环境的污染。但是，如果过分提高 K，会导致循环冷却水中的含盐量显著增大，有结垢和腐蚀的危险。因此，应综合考虑当地水源水质、水处理药剂情况和运行管理条件，选择技术经济合理的浓缩倍数。《工业循环冷却水处理设计规范》GB/T 50050—2017 中规定敞开式系统的设计浓缩倍数大于 2，一般设计运行的浓缩倍数在 3～5。

（2）循环冷却水结垢和腐蚀的判别方法

水的结垢性和腐蚀性往往是由水—碳酸盐系统的平衡决定的。当水中碳酸钙含量超过其饱和值时，则会出现碳酸钙沉淀，引起结垢；当水中碳酸钙含量小于其饱和值时，则水对碳酸钙具有溶解能力，可使已沉积的碳酸钙溶于水。前者称结垢性水；后者称腐蚀性水。两者均称为不稳定水。腐蚀性水不仅可腐蚀混凝土管道，也可使金属管内原先沉积在管壁上的碳酸钙溶解，使金属表面裸露在水中，产生腐蚀。结垢和腐蚀在一般给水系统中都会存在，而在循环冷却水系统中，尤其突出。判断水的结垢和腐蚀性有多种方法，下面主要介绍以下 3 种方法。

1）极限碳酸盐硬度法

极限碳酸盐硬度法指循环冷却水在一定的水质、水温条件下，保持不结垢的水中碳酸盐硬度最高限值，即当水中游离二氧化碳很少时，循环冷却水可能维持 HCO_3^- 的最高限量。由于影响碳酸钙析出的因素很多。如有机物会干扰碳酸钙的析出，又如不同的水质、水温条件下，影响的程度均不相同，故难以用理论推导计算。

极限碳酸盐硬度可根据相似条件下的实际运行数据确定或根据小型试验确定。试验条件应和实际运行相似，如温度、pH、悬浮固体含量、有机物含量、钙离子浓度以及水力条件等。试验时，每隔2～4小时取一次水样分析，测定水温、pH、碳酸盐硬度等，当水的碳酸盐硬度不变时，其值即为极限碳酸盐硬度。极限碳酸盐硬度只能用于判断结垢与否，而不可用于腐蚀性的判断。

2）朗格利尔指数法（Langelier Saturation Index，LSI）

在一定的溶液体系内，可采用相同条件（水温，含盐量，硬度和碱度）下达到碳酸钙饱和溶解度时的pH作为衡量的标准。以pH_s表示。实际的pH以pH_0表示，则Langelier指数定义为：

$$I_L = pH_0 - pH_s \qquad\qquad (25\text{-}89)$$

式中　　pH_0——水的实际pH；

　　　　pH_s——水为$CaCO_3$所平衡饱和时的pH。

当$I_L = 0$时，则水质稳定；

$I_L > 0$时，则水中$CaCO_3$处于过饱和，有析出结垢的倾向；

$I_L < 0$时，则水中$CaCO_3$低于饱和值，水有腐蚀倾向。

一般认为，$I_L = \pm(0.25\sim0.30)$范围内，可判断为稳定。

LSI只能判断冷却水是否腐蚀、结垢，但无法指出腐蚀或结垢的程度，有时甚至会有误判现象。

3）雷兹纳尔稳定指数法（Ryznar Stability Index，RSI）

RSI针对LSI的缺陷，概括了大量生产数据，提出了一个半经验性的指数，其定义是：

$$I_R = 2pH_s - pH_0 \qquad\qquad (25\text{-}90)$$

$I_R = 4.0\sim5.0$时，水有严重的结垢倾向；

$I_R = 5.0\sim6.0$时，水有轻微的结垢倾向；

$I_R = 6.0\sim7.0$时，水有轻微结垢或腐蚀倾向；

$I_R = 7.0\sim7.5$时，腐蚀显著；

$I_R = 7.5\sim9.0$时，严重腐蚀。

25.2.2　循环冷却水处理技术

循环冷却系统虽然包括许多组成部分，但循环冷却水处理的目的则主要是为了保护换热器免遭损害。

为了达到循环冷却水所要求的水质指标，必须对腐蚀、沉积物和微生物三者的危害进行控制。由于腐蚀、沉积物和微生物三者相互影响，故必须采用综合处理方法。为便于分析问题，先分别进行讨论。实际上，采用药剂处理时，某些药剂往往同时兼具缓蚀和阻垢的双重作用。

1. 腐蚀控制

防止循环冷却水腐蚀的方法主要是投加某些药剂—缓蚀剂，使之在金属表面形成一层薄膜将金属表面覆盖起来，从而与腐蚀介质隔绝，达到缓蚀的目的。缓蚀剂所形成的膜有氧化物膜、沉淀物膜和吸附膜三种类型。在阳极形成保护膜的缓蚀剂称为阳极缓蚀剂；在阴极形成保护膜的称为阴极缓蚀剂。

（1）氧化膜性缓蚀剂

这类缓蚀剂直接或间接产生金属氧化物或氢氧化物，在金属表面形成保护膜。此类缓蚀剂所形成的膜薄而致密，与基体金属黏附性强，结合紧密，能阻碍溶解氧扩散，使腐蚀反应速度降低。当保护膜达到一定厚度时，膜的增长自动停止，不再加厚。氧化膜型缓蚀剂的缓蚀效果良好，而且有过剩的缓蚀剂也不会产生结垢。但此类缓蚀剂均为重金属含氧酸盐，如铬酸盐等，排放到水体，会污染环境，基本上禁止使用。

（2）离子沉淀膜型缓蚀剂

这类缓蚀剂与溶解于水中的离子生成难溶盐或络合物，在金属表面上析出沉淀，形成保护膜。所形成的膜多孔、较厚、比较松散，多与基体金属的密合性较差。因此，防止氧扩散不完全。当药剂过量时，薄膜会不断增长，引起垢层加厚而影响传热。这种缓蚀剂有聚磷酸盐和锌盐。聚磷酸盐的缓蚀作用与它的螯合作用有关。即聚磷酸盐和水中的 Ca^{2+}、Mg^{2+}、Zn^{2+} 等离子形成的络合盐在金属表面构成保护膜。

正磷酸盐是阳极缓蚀剂，它主要形成以 Fe_2O_3 和 $FePO_4$ 为主的保护膜，抑制阳极反应。

聚磷酸盐能与水中的 Ca^{2+}、Mg^{2+}，形成聚磷酸钙，在阴极表面形成沉淀型保护膜。因此，采用聚磷酸盐作为缓蚀剂时，水中应该有一定浓度的 Ca^{2+}、Mg^{2+} 离子。

聚磷酸盐的缺点是容易水解成正磷酸盐，这样会降低它的缓蚀效果，而且正磷还是微生物和藻类的营养成分，会促进微生物的繁殖。

锌盐也是一种阴极型缓蚀剂，锌离子在阴极部位产生 $Zn(OH)_2$ 沉淀，起保护膜的作用。锌盐往往和其他缓蚀剂联合使用，有明显的增效作用。锌盐在水中的溶解度很低，容易沉淀。此外，锌盐对环境的污染也很严重，这就限制了锌盐的使用。

（3）金属离子沉淀膜型缓蚀剂

这种缓蚀剂是使金属活化溶解，并在金属离子浓度高的部位与缓蚀剂形成沉淀，产生致密的薄膜，缓蚀效果良好。保护膜形成后，即使在缓蚀剂过剩时，薄膜也停止增厚。这种缓蚀剂如巯基苯并噻唑（简称 MBT）是铜的很好阳极缓蚀剂。剂量仅为 $1\sim2mg/L$。因为它在铜的表面进行螯合反应，形成一层沉淀薄膜，抑制腐蚀。这类缓蚀剂还有杂环硫醇。

巯基苯并噻唑与聚磷酸盐共同使用，对防止金属的点蚀有良好的效果。

（4）吸附膜型缓蚀剂

这种有机缓蚀剂的分子具有亲水性基和疏水性基。亲水基即极性基能有效地吸附在清洁的金属表面上，而将疏水基团朝向水侧，阻碍水和溶解氧向金属扩散，抑制腐蚀。缓蚀效果与金属表面的洁净程度有关。这类缓蚀剂主要有胺类化合物及其他表面活性剂类有机化合物。

这类缓蚀剂的缺点在于分析方法比较复杂，难以控制浓度；价格较贵，在大量用水的冷却系统中使用还有困难，但有发展前途。

2. 结垢控制

（1）结垢控制方法

结垢控制主要防止水中的微溶盐类 $CaCO_3$、$CaSO_4$、$Ca_3(PO_4)_2$ 和 $CaSiO_3$ 等从水中

析出，黏附在设备或管壁上，形成水垢。

结垢控制的方法主要有两类：一类方法是控制循环水中结垢的可能性或趋势的热力学方法，如减少钙镁离子浓度、降低水的 pH 和碱度；另一类方法是控制水垢生长速度和形成过程的化学动力学方法，如投加酸或化学药剂，改变水中盐类的晶体生长过程和生长形态，提高容许的极限碳酸盐硬度。

经常排放循环水系统中累积的污水量，减少循环水中的盐类等杂质浓度，控制浓缩倍数来防止结垢。

$$S = \left(1 + \frac{P_z}{P_f + P_l + P_p}\right) \cdot S_B \tag{25-91}$$

$$P_p = \frac{S_B \cdot P_z}{S - S_B} - (P_f + P_l) \tag{25-92}$$

由上式可知，补充水含盐量 S_B 越大，则排污量 P_4 越大。排污量太大不经济，一般小于 3%～5%。故此方法适用于 S_B 远小于 S，且新鲜补充水源充足的地区。

采用酸化法将碳酸盐硬度转化为溶解度较高的非碳酸盐硬度。化学反应如下：

$$Ca(HCO_3)_2 + H_2SO_4 \longrightarrow CaSO_4 + 2CO_2 \uparrow + 2H_2O \tag{25-93}$$

$$Mg(HCO_3)_2 + 2HCl \longrightarrow MgCl_2 + 2CO_2 \uparrow + 2H_2O \tag{25-94}$$

投加阻垢剂来改变循环冷却水中的碳酸钙的晶体生长过程和形态，使其分散在水中不易成垢，使水中的碳酸钙等处于相应的过饱和的亚稳状态，提高水的极限碳酸盐硬度。

1）阻垢机理

① 静电排斥作用：阻垢剂投入水中后，它会吸附到悬浮在水中的一些泥砂、尘土等杂质上，使其表面带相同的负电荷，使颗粒间相互排斥，呈分散状态悬浮在水中。

② 增溶作用：阻垢剂在水中能离解出氢离子，本身成为带负电的阴离子，如羧基。这些负离子能与钙镁等金属离子形成稳定的络合物，从而提高了碳酸钙晶体析出的过饱和度，即增加了碳酸钙在水中的溶解度。

③ 晶格畸变作用：碳酸钙为结晶体，其成长按照严格顺序，由带正电荷的钙离子与带负电荷的碳酸根离子相撞才能彼此结合，并按一定的方向成长。在水中加入阻垢剂后，阻垢剂会吸附到碳酸钙晶体的活性增长点上与钙螯合，抑制晶格向一定的方向成长，使晶格歪曲。另外，部分吸附在晶体上的化合物随着晶体增长被卷入晶格中，使碳酸钙晶格发生错位，在垢层中形成一些空洞，分子与分子间的相互作用减少，使硬垢变软。

④ 絮凝作用：阻垢剂多为线性的高分子化合物，它除了一端吸附在碳酸钙晶体上以外，其余部分则围绕到晶粒的周围，使其无法增长，晶体增长受到干扰，晶体变得细小，所形成的垢层松软，极易被水流冲洗掉。

（2）常用的阻垢剂以及性能、作用

1）聚磷酸盐

在循环冷却水中使用的聚磷酸盐有六偏磷酸钠和三聚磷酸钠，它们既有阻垢作用，又有缓蚀作用。

聚磷酸盐能在水中离解出有—O—P—O—P—链的阴离子，其中磷原子与两个氧原子相连，而氧容易给出两个电子，与金属离子共同形成配价键，生成溶解度较大的螯合物。

聚磷酸盐的螯合能力与磷原子的总数成正比。磷原子的数目越多，螯合金属离子的能力也越强。

聚磷酸盐可在水中形成—O—P—O—P—的长链形状，具有良好的表面活性，可吸附在 $CaCO_3$ 的微小晶体上，使电负性增加，相互排斥，难以结垢。

聚磷酸盐的缺点是在水中会水解成正磷酸盐。这是由于聚磷酸盐上的—O—P—O—P—链，其—O—P—键能小，容易被水解。聚磷酸盐的水解会降低其缓蚀和阻垢效果，而且正磷酸根离子会与钙离子生成溶解度很小的磷酸钙垢。

聚磷酸盐的水解速度受到很多因素的影响：水在工艺冷却设备中的升温过程中得到了聚磷酸盐水解所需的热能；氢离子对水解起催化作用，pH 高则水解速度缓慢，在 pH＝9～10 时基本稳定；水中有铁和铝的氢氧化物溶胶时，水解加快；有微生物存在时也会加速水解的速度；如水中有可被络合的阳离子，大多数情况下可加快水解速度；最后，聚磷酸盐本身的浓度越高，水解速度也越大。

从这些影响因素可以看出，在一般水质和水温不高的情况下，水解速度很慢，但在水温超过 30～40℃以后，特别是在一些催化因素的作用下，聚磷酸钠会在数小时，甚至在几分钟内发生很显著的水解变化。

在实际应用中，往往考虑聚磷酸盐投量的一半可水解为正磷酸盐，以此控制磷酸钙的沉淀和聚磷酸盐的投量。

2）有机磷酸盐（膦酸盐）

有机磷酸盐阻垢剂主要有膦酸盐和二膦酸盐。有机磷酸盐含 C—P 键，键能大，稳定，不易水解。有机磷酸盐能在水中离解出氢离子，成为带负电的阴离子。这些阴离子能与水中的多价金属离子形成稳定的络合物，从而提高了碳酸钙的析出饱和度。膦酸盐还具有较高的表面活性，会吸附在晶体表面，阻碍结晶的正常生长，使之产生畸变，难以形成密实的垢层。

3）聚羧酸类阻垢剂

常用的聚羧酸类阻垢剂有聚丙烯酸和聚马来酸等。这类阻垢剂含羧酸官能团或羧酸衍生物的聚合物。其官能团—COOH 在水中离解成—COO⁻，成为 Ca^{2+}、Mg^{2+} 和 Fe^{3+} 很好的螯合剂。聚羧酸的阻垢性能与其分子量、羧基的数目和间隔有关。如果分子量相同，则碳链上的羧基数越多，阻垢效果越好。这类化合物不仅对碳酸钙水垢具有良好的阻垢作用，而且对泥土、粉尘、腐蚀产物等污物也起分散作用，使其不凝结，呈分散状态悬浮在水中，从而被水流冲走。

3. 微生物控制

微生物和藻类的生长会产生黏垢，黏垢会导致腐蚀和污垢。因此，如何控制微生物的滋长是很重要的。

微生物控制的化学药剂，也称为杀生剂，可以分为氧化型、非氧化型和表面活性剂。

（1）氧化型杀生剂

目前循环冷却水中使用的氧化型杀生剂，主要有氯和次氯酸盐。氯具有杀生能力强，价格低廉，来源方便等优点。氯在水中水解成盐酸和次氯酸。次氯酸是很强的氧化剂，它容易扩散通过微生物的细胞壁。冷却水的 pH 直接控制次氯酸的电离度，最佳 pH＝5，但金属的腐蚀速度加快，故 pH 以 6.5～7.5 为佳。一般氯的浓度可控制在 0.5～1.0mg/L。

二氧化氯的杀生能力较氯强，杀生作用较氯快，药剂持续时间长。二氧化氯的特点是适用的 pH 范围广，它在 pH＝6～10 的范围内能有效杀灭绝大多数的微生物，其次是它不会与冷却水中的氨或有机胺起反应。

臭氧杀生效果与冷却水的温度、pH、有机物含量等因素有关。臭氧作为杀生剂不会增加水中氯离子浓度，冷却水排放时不会污染环境或伤害水生生物。臭氧不仅能杀生，还有缓蚀阻垢效果。残余的臭氧浓度应保持在 0.5mg/L。

（2）非氧化型杀生剂

硫酸铜常被作为杀生剂，仅投加 1～2mg/L 就可有效灭藻。但硫酸铜对水生生物的毒性较大，而且铜离子会析出，沉积在碳钢表面，形成腐蚀电极的阴极，引起腐蚀。

氯酚类杀生剂主要有双氯酚、三氯酚和五氯酚的化合物。氯酚类杀生剂的杀生作用是由于它们能吸附在微生物的细胞壁上，然后扩散到细胞结构中，在细胞质内生成一种胶态溶液，并使蛋白质沉淀。

氯酚类杀生剂毒性大，容易污染环境。

（3）表面活性剂杀生剂

表面活性剂杀生剂主要以季铵盐化合物为代表。季铵盐的杀生作用归功于其正电荷。这些正电荷与微生物细胞壁上带负电的基团生成电价键。电价键在细胞壁上产生应力，导致溶菌作用和细胞的死亡。

最常用的两种表面活性剂杀生剂为洁尔灭（十二烷基二甲基苄基氯化铵）和新洁尔灭（十二烷基二甲基苄基溴化铵），两种杀生剂都具有杀生能力强，使用方便，毒性小和成本低等优点，使用浓度为 50～100mg/L，适宜的 pH 为 7～9。

季铵盐在使用过程中会产生以下问题：在被尘埃、油类严重污染的系统中，会失效。这是因为它们具有表面活性，因而用于油类乳化而失去了杀生的作用；其次是起泡多，故常常和消泡剂一起使用。

4. 复方缓蚀、阻垢剂

在循环冷却水处理中，很少单用一种药剂来控制腐蚀或阻垢，一般总是用两种以上药剂配合使用，即所谓复方缓蚀阻垢剂。采用复方药剂的优点是：一方面可发挥不同药剂的增效作用，提高处理效果，减少药剂用量；另一方面在配方时可综合考虑腐蚀、结垢和微生物的控制。

5. 循环冷却水的预处理

为防止换热器受循环水损害，应在换热器管壁上预先形成完整的保护膜的基础上，在进行运行过程的腐蚀、结垢和微生物控制。预处理就是要形成保护膜，简称预膜。预膜形成后，在运行过程中，只是维持或修补已形成的保护膜。

为了有效地预膜，必须先对金属表面进行清洁处理。用化学清洗剂是一种处理方法。用化学清洗剂清洗后，要用清水冲洗，将化学清洗剂和杂质全部冲洗干净，然后进行预膜。在现代循环冷却水处理中，循环冷却系统的预处理包括：①化学清洗剂清洗；②冲洗干净；③预膜，然后才转入正式运行。

在循环冷却系统第一次投产运行之前；在每次大修、小修之后；在系统发生特低 pH 之后；在新换热器投入运行之前；在任何机械清洗或酸洗之后；以及在运行过程中某种意外原因引起保护膜损坏等情况，都必须进行循环系统的预处理。

循环冷却系统中所使用的化学清洗剂有很多种，要结合所清除的污垢成分来选用。总体说来，以黏垢为主的污垢应选用杀生剂为主的清垢剂；以泥垢为主的污垢应选用以混凝剂或分散剂为主的清垢剂；以结垢为主的垢物应选用以螯合剂和分散剂为主的清垢剂等。

预膜的好坏往往决定缓蚀效果的好坏。预膜一般要在尽可能短的时间如几小时之内完成。预膜剂可以采用循环冷却水正常运行下缓蚀剂配方，但以远大于正常运行时的浓度来进行。也可以用专门的预膜剂配方。

思考题与习题

1. 自然塔与机力塔，横流塔与逆流塔在工艺构造和运行工况上各有何异同？自然塔与机力塔在工艺设计的内容、步骤、方法上又各有何异同？

2. 为什么说淋水填料是冷却塔的关键部位？新型淋水填料应具有哪些特点和类型？

3. 何谓湿球温度？为什么湿球温度是水冷却的理论极限？

4. 在冷却塔中，水为什么会被冷却？水在塔内散发的热量如何计算？受何因素影响？

5. 何谓麦克尔焓差理论方程？该方程为什么具有近似性？既然有近似性，冷却塔计算公式中还认为与生产实际吻合，为什么？

6. 麦克尔方程意义是什么？为什么麦克尔方程既适用于逆流塔，也适用于横流塔？既适用于机力塔也适用于自然塔？

7. 在循环冷却水系统中，结垢、污垢和黏垢的涵义有何区别？

8. 何谓污垢热阻？何谓腐蚀率？何谓极限碳酸盐硬度？

9. 简要叙述循环冷却水结垢与腐蚀的机理。如何判别循环冷却水结垢和腐蚀倾向？试述各种方法的优缺点。

10. 水质不稳定时，为什么投加磷酸盐？常用的磷系综合配方有哪些？

11. 金属腐蚀是如何引起的？简要叙述铁的电化学腐蚀原理。

12. 什么叫缓蚀剂？常用的有哪几类缓蚀剂？简要叙述各类缓蚀剂的防蚀原理和特点。

13. 什么叫循环冷却水碳酸盐的浓缩倍数？若循环冷却水在密闭系统中循环，浓缩倍数应为多少？

14. 哪几种药剂既可作阻垢剂，又可作缓蚀剂，并简述其阻垢和缓蚀机理。

15. 在循环冷却水系统中，控制微生物有何作用？常用的有哪几种微生物控制方法？并简述其优缺点。

16. 循环冷却水系统中所用化学清洗剂有哪几类，并简述其适用条件。

17. 某工厂循环冷却水量 Q 为 $2000m^3/h$，进水温度 t_1 为 $45℃$，出水温度 t_2 为 $29℃$，当地湿球温度 τ 为 $24℃$，干球温度 θ 为 $29℃$，干空气密度 γ 为 $1.11kg/m^3$。拟采用一座逆流式冷却塔，风机风量 G 为 $150000m^3/h$，淋水填料为塑料斜波，淋水面积为 $250m^2$。该填料在 $1.2m$ 高度上试验获得的热力特性方程为：

$$\beta_{xv} = 2972g^{1.24}q^{0.27}$$

试问该冷却塔是否满足冷却任务。

主要参考文献

［1］ 住房和城乡建设部. 室外给水设计标准（GB 50013—2018）［S］. 北京：中国计划出版社，2019.

［2］ 严煦世，范瑾初等. 给水工程（第四版）［M］. 北京：中国建筑工业出版社，1999.

［3］ 许保玖著. 给水处理理论［M］. 北京：中国建筑工业出版社，2000.

［4］ 范瑾初，金兆丰等. 水质工程［M］. 北京：中国建筑工业出版社，2009.

［5］ 上海市政工程设计研究总院. 给水排水设计手册（第三版）第 3 册 城镇给水［M］. 北京：中国建筑工业出版社，2017.

［6］ 住房和城乡建设部. 工业循环冷却水处理设计规范（GB/T 50050—2017）［S］. 北京：中国计划出版社，2017.

［7］ 中华人民共和国卫生部. 生活饮用水卫生标准（GB 5749—2006）［S］. 北京：中国计划出版社，2021.